抽水蓄能
高质量发展

High-Quality Development of
Pumped Storage Power Station

《抽水蓄能高质量发展》编写组　编著

中国电力出版社
CHINA ELECTRIC POWER PRESS

图书在版编目（CIP）数据

抽水蓄能高质量发展 /《抽水蓄能高质量发展》编写组编著 . -- 北京：中国电力出版社，

2025.1（2025.2 重印）. -- ISBN 978-7-5198-9105-3

Ⅰ. TV743

中国国家版本馆 CIP 数据核字第 2024RA5708 号

出版发行：中国电力出版社

地　　址：北京市东城区北京站西街 19 号（邮政编码 100005）

网　　址：http://www.cepp.sgcc.com.cn

责任编辑：杨敏群　谭学奇　赵　鹏　孙世通　孙建英　安小丹

责任校对：黄　蓓　常燕昆

装帧设计：张俊霞

责任印制：钱兴根

印　　刷：北京博海升彩色印刷有限公司

版　　次：2025 年 1 月第一版

印　　次：2025 年 2 月北京第二次印刷

开　　本：787 毫米×1092 毫米　16 开本

印　　张：26

字　　数：445 千字

定　　价：120.00 元

《抽水蓄能高质量发展》
编 写 组

主　编	潘敬东	季明彬		
副 主 编	刘永奇	郭　炬	郑　林	
编　委	吴　骏	孙盛鹏	乐振春	宋　倩	宋高峰
	任志武	王胜军	何一纯	郝　峰	陈龙翔
	黄　坤	陈海波	荆岫岩	陈伟勇	周亦夫
	张新雨	王震洲	杨　柳	官　澜	王卿然
	张晋芳	张富强	吕梦璇	马萧萧	李　斌
	葛家晟	陈枫楠	杨　雷	邹中林	王德强
	王婷婷	唐修波	杨子强	李东辉	汤春义
	曾建平	陈小兰	李智机	梁权伟	张学清
	苗胜坤	涂新斌	彭晨芳	李沐阳	卞秀杰
	陈小攀	李一铮	刘传军	葛军强	张　鑫
	宋旭峰	何张进	罗远林	刘国云	杨贵程
	刘　勇	张　闵	尤培培	刘思佳	卿　琛
	张　超	能锋田	赵杰君		

我国抽水蓄能高质量发展之路

习近平总书记在二十届中央政治局第十二次集体学习时强调，积极发展清洁能源，推动经济社会绿色低碳转型，已经成为国际社会应对全球气候变化的普遍共识。要顺势而为、乘势而上，以更大力度推动我国新能源高质量发展，为中国式现代化建设提供安全可靠的能源保障，为共建清洁美丽的世界作出更大贡献。

随着我国能源绿色低碳转型和新型电力系统建设进程加速推进，风能、太阳能等新能源在电力系统中的占比不断提高，其间歇性和波动性给电力供应的稳定性带来了挑战，这就迫切需要调节电源快速响应及时弥补新能源发电的波动，确保电力输出平稳可靠。新型电力系统中，清洁能源代替传统的化石能源，而清洁能源中新能源占绝对优势，因此，没有新能源就没有新型电力系统，没有技术创新就没有新型电力系统的发展。新型电力系统关系到能源"不可能三角"的破解，关系到电力系统"供得上供不上、供得好不好、供得绿不绿"的问题。相较传统电力系统，新型电力系统的电网调控从"源随荷动"向"源网荷储协同互动"转变，调节任务也由单一电源来完成演变为由多主体电源来完成，这其中储能最为关键。从储能技术发展到今天来看，抽水蓄能作为技术最成熟、经济最优、最具大规模开发条件、生命周期最长的绿色低碳灵活调节电源，以其与新能源适配性强、联合运行效果好的独特优势，在现代能源领域中扮演着不可或缺的角色，为新能源的高效合理利用和电力系统的平稳运行奠定了坚实的基础。

我国抽水蓄能的发展历程始于20世纪60年代，当时对抽水蓄能技术的认知极为有限，面对的是一片几乎空白的技术领域。1968年，我国首次在河北岗南水库安装了1台从日本引进的容量为11兆瓦的抽水蓄能机组，1972年在北京密云水库安装了2台单机容量为12兆瓦的国产抽水蓄能机组。但由于调度和机组质量问题，加之水头低、容量小，这些机组并未受到电网的重视。20世纪80年代，国家实施"引滦入津"计划，潘家口水利枢纽工程紧急启动。 1984年开工、1992年投产的潘家口抽水蓄能电站，安装了3台单机容量90兆瓦的可变速抽水蓄能机组，在电网中发挥了重要作用，抽水蓄能电站首次得到电网的认可和重视。随着改革开放和社会经济快速发展，我国电力系统需求不断扩大，开始发展核电，广东大亚湾核电站的建设催生了广州抽水蓄能电站，抽水蓄能电站建设迎来了第一个高潮。广蓄电站一期4台30万千瓦机组于1994年3月全部建成并网，并网后的广蓄电站较大地提升了大亚湾核电站的运行经济性，也标志着"核电＋抽水蓄能"发展模式的开启。几乎同时，在华北、华东两个用电规模最大的区域电网，城市负荷中心峰谷差逐年上升，电力系统低谷调峰压力越来越大，先后兴建了北京十三陵、浙江天荒坪等大型抽水蓄能电站，逐步形成了抽水蓄能可以解决电网调峰问题的共识。但由于缺乏成熟的抽水蓄能电站建设经验和技术体系，当时电站主机设备全靠进口，土建工程技术以学习借鉴国外工程为主，设计单位为此也交了一些学费，技术方面也留有一些遗憾，如北京十三陵电站机组安装高程下沉，以及发电机电压回路电气设计考虑不周导致设备稳定运行的压力较大，浙江天荒坪电站引水系统安全裕度考虑不足导致运行受限等。总体上看，随着广州抽水蓄能一期、北京十三陵、浙江天荒坪三个电站的相继建成，我国进入了开发大型抽水蓄能电站的时代，抽水蓄能电站的稳定运行也为区域电力系统负荷中心的调控发挥了重要作用。

20世纪90年代以后，我国在抽水蓄能功能定位的技术认同上走了一段不平坦的路，因此抽水蓄能的发展也沉寂了一段时期。当时虽然电力系统对抽水蓄能有一定调节需求，但社会上以及能源领域对抽水蓄能产生了不同看法，认为抽水蓄能的运行是"四度电换三度电"，转换效率低，属于耗能项目，而且抽水蓄能的技术不掌握在我们手上，建设造价和运营成本整体偏高，建成后"躺在"已出台的电价上，调运上更加"惜用"等，这些看法严重影响了抽水蓄能的技术发展和功能作用的发挥。现在回头去看，当时把抽水蓄能技术看简单了，甚至看负面了。进入21世纪后，随着国家电力体制改革的推进，立足电网结构发展，国家电网公司超前谋划，在当时国家没有启动研究抽水蓄能规划的条件下，率先启动了浙江桐柏、山东泰山、安徽琅琊山、江苏宜兴、河北张河湾、山西西龙池等一批大型抽水蓄能电站建设，推动我国抽水蓄能的发展进入了第二个高潮，也为下一步抽水蓄能的大规模使用打下了一定基础。

随着大量抽水蓄能电站的上马，国家对抽水蓄能的重视程度和理论认识明显提高，国家发展改革委主持启动了我国抽水蓄能技术的国产化发展。2003年，国家发展改革委通过统一招标和技贸结合的方式，以广东惠州、河南宝泉、湖北白莲河电站为依托，全面引进法国阿尔斯通的抽水蓄能机组设备设计和制造技术。2005年，国家发展改革委依托辽宁蒲石河、湖南黑麋峰、呼和浩特蓄能电站，坚持"国内负责、必要时国外支持"原则，以中方作为主承保方、法国阿尔斯通作为技术合作方的形式，使我国拥有了独立成套研制大型抽水蓄能机组的技术能力。2007年，为了促进引进技术的消化吸收、巩固提高，国家发展改革委组织了第三批抽水蓄能电站，如安徽响水涧、福建仙游、江苏溧阳等，通过议标方式确定国内制造厂家（哈电电机、东方电机），独立进行抽水蓄能主机和相关辅机系统的设计、制造和成套设备研制。2011年10月，我国第一座实现机组设备完全自主化的抽水蓄能电站——安徽响水涧抽水蓄能电站建成，标志着我国成功掌握了抽水蓄能机组成套设备研制的核心技术。2013年4月，国产自主福建仙游抽水蓄能电站正式投产，该工程填补了国内高水头国产化抽水蓄能机组的空白。至此，哈电电机和东方电机两厂均已实现抽水蓄能装备制造国产自主可控，完全攻克了发电电动机、水泵水轮机设计制造技术。同时依托抽水蓄能实践，我国系统集成厂商也同步实现了监控、励磁、发变组保护以及变频器系统国产化。通过实施国产化，抽水蓄能电站设备安装调试水平大幅提升，设备运行的安全性、稳定性水平大幅提升，电站投产效率和投产速度大幅提升。目前在运的浙江长龙山抽水蓄能电站和在建的浙江天台抽水蓄能电站，机组额定水头、额定转速、单机容量分别达710米、600转/分、35万千瓦和724米、500转/分、42.5万千瓦，标志着抽水蓄能行业进入高转速、高水头、大容量的时代。20年间，中国抽水蓄能历经技术引进、消化吸收和自主创新三个阶段，无论在抽水蓄能机组及成套设备，还是关键技术和工程应用方面，均已达到国际领先水平，已然为"走出去"打下了坚实基础。

抽水蓄能电站的发展，最初为解决负荷中心峰谷差的问题，那时普遍认为一个区域或者省级电网内，抽水蓄能的装机容量要占到负荷中心地区装机容量的7%~10%。到"十一五"期间，随着新能源装机规模增长，电力系统的调节不仅要面临峰谷差问题，还要面临弃风弃光问题。电网一线运行人员发现，在弃风弃光期间，如果把抽水蓄能机组启用为抽水状态，就可以很好地把风、光的电能储存起来。已投运抽水蓄能电站的抽发电量、启动次数、调频台次、旋转备用台次、短时运行次数均明显增加，如抽水蓄能电站年利用小时数不低于2700小时，如"一发一抽"改为"两发两抽"甚至"多发多抽"，在凌晨负荷低谷和午间光伏大发时段抽水、在早晚高峰发电，有效保证电力安全可靠供应，发挥电力保供生力军作用。经过一系列运行实践，已投运的抽水蓄能电站在新能源消纳方面发挥了重要作用，特别是在"十三五"期间，国家电网公司经营区域内新能源利用率从"十二五"末的84.6%提高到97.1%，这其中抽水蓄能发挥了至关重要的作用。

2020年全国风光新能源装机容量为5.4亿千瓦，2024年11月底达到13.1亿千瓦，预计2025年将达到16亿千瓦。面对新能源如此快的增速，2021年，国家发展改革委、国家能源局先后发布抽水蓄能电价政策和《抽水蓄能中长期发展规划（2021—2035年）》，提出到2025年，抽水蓄能投产总规模较"十三五"翻一番，达到6200万千瓦以上；到2030年，抽水蓄能投产总规模较"十四五"再翻一番，达到1.2亿千瓦左右。《规划》有力推动我国抽水蓄能发展进入到第三个高潮，社会各界就抽水蓄能在构建新型电力系统中的重要作用和进一步加快开发抽水蓄能形成广泛共识，对抽水蓄能的关注和参与也呈现出前所未有的新局面。抽水蓄能因此迎来更加广阔的发展前景。

回顾我国抽水蓄能发展之路，建设起步虽晚，但基于大型水电建设所积累的技术和工程经验，加上引进和消化吸收国外先进技术，及一批大型抽水蓄能电站的建设实践，我国累积了丰富的建设经验，掌握了较先进的机组制造技术，形成了较为完备的规划、设计、建设、运行管理体系，电站的整体设计、制造和安装技术更是达到了国际先进水平。从早期的技术认知有限到实现国产自主，从发展滞后到全面开花，从电力系统调节的"奢侈品"发展成为保障电力系统安全稳定运行、促进新能源消纳、提升能源利用效率的常规配置，抽水蓄能成为了新能源开发的"储能仓库"。作为保障电力系统安全运行的"最后一根火柴"，抽水蓄能在构建新型电力系统、推动能源绿色低碳转型中发挥着不可或缺的重要作用。

展望未来，要把世界能源发展大势和国情紧密结合起来看。随着新型能源体系、新型电力系统和新型电网的加速推进，发展抽水蓄能成为我国构建新型电力系统的长期战略和重要举措。我们要充分挖掘抽水蓄能的功能作用，透彻地研究新型电力系统，尤其要清楚认识抽水蓄能在新型电力系统中的功能定位，这样才能在新型能源体系和新型电力系统建设上化被动为主动。

为更好推动抽水蓄能高质量发展，国家电网公司联合中国电建集团和哈电集团、东方电气集团等单位，系统研究了我国在抽水蓄能发展战略、规划设计、关键技术等方面取得的原创性科技成果，针对抽水蓄能电站全生命周期管理存在的焦点问题，总结经验措施，提出系列观点，作出分析研判，相信这本抽水蓄能专业著作，将为行业高质量发展提供宝贵的参考和指导。

中国工程院院士

前 言

PREFACE

我国力争 2030 年前实现碳达峰、2060 年前实现碳中和，是以习近平同志为核心的党中央经过深思熟虑作出的重大战略决策，事关中华民族永续发展和构建人类命运共同体。

习近平总书记在二十届中央政治局第十二次集体学习时强调，要适应能源转型需要，进一步建设好新能源基础设施网络，推进电网基础设施智能化改造和智能微电网建设，提高电网对清洁能源的接纳、配置和调控能力。这是自 2014 年 6 月习近平总书记提出"四个革命、一个合作"能源安全新战略以来，再次对能源电力发展作出的系统阐述，明确了新型电力系统在实现"双碳"目标中的基础地位，为能源电力发展指明了科学方向、提供了根本遵循。

当前，我国正处于能源绿色低碳转型发展的关键时期，风光等新能源的大规模并网推动抽水蓄能电站步入新的发展期。抽水蓄能电站作为新型电力系统的重要组成部分，是服务新能源开发的大容量储能"仓库"、服务电力系统的"灵活调节电源"和新型电力系统的"最后一根火柴"，起到稳定、调节、保供的作用，在全面构建清洁低碳、安全高效的新型能源体系中发挥着极其重要的作用。在构建新型电力系统的过程中，我国有条件将抽水蓄能产业打造成为满足新能源高比例大规模发展需求的，技术先进、管理优质、全产业链自主创新程度高、国际竞争力强的抽水蓄能现代化产业体系。

在国家推动抽水蓄能发展过程中，国家电网公司始终定位于做好抽水蓄能行业的主力军，坚持做到"量"的增长和"质"的提升，"十二五"开工建设 1460 万千瓦、"十三五"开工建设 2853 万千瓦，为新能源大规模发展打下了良好的基础，同时有力促进抽水蓄能技术实现国产自主，在抽水蓄能工程设计、施工、建设运营等方面积累了丰富的经验。经过对抽水蓄能技术的引进、创新和在电力系统运行实践中摸索出来的经验，在新型电力系统中抽水蓄能的储能、调节和保系统安全的三大作用更加突出。进入"十四五"，随着抽水蓄能电价政策和中长期发展规划的发布，我国抽水蓄能产业快速发展，抽水蓄能市场环境发生深刻变化，逐渐形成各类企业共同参与、建设的多元化局面，预计到 2035 年抽水蓄能投产总规模将达到 3 亿千瓦以上。在新的发展时期，国家电网公司将联合各有关单位，共同研究抽水蓄能行业高质量发展的工作机制和创新举措，推动抽水蓄能在未来能源领域发挥更加重要的作用。

在此背景下，国家电网公司组织中国电建集团等单位启动专著编撰工作，旨在梳理总结抽水蓄能行业的建设经验，推动行业的高质量发展。其中，中电建北京设计院、华东设计院和中南设计院参与编写了抽水蓄能开发建设、数字化智能化抽水蓄能电站建设等内容，东方电气集团、哈电集团全面梳理了抽水蓄能装备技术的成就与发展，国网经研院、国网能源院、国网新源集团、南瑞集团参与编写了抽水蓄能的发展历程、抽水蓄能在新型电力系统中的功能定位、抽水蓄能与生态环境、抽水蓄能电价与市场等内容。英大传媒集团中国电力出版社对书稿进行了精心组织和精细化校审。这些单位的周密组织和高水平写作，使得本书展现出有力推动抽水蓄能进入新发展阶段的较高理论水平和学术水平。

在此，还要特别感谢舒印彪院士、郭剑波院士、陈维江院士、张宗亮院士以及水电总院李昇院长、全国勘察设计大师张春生、清华大学康重庆教授等专家的认真审阅和提出的宝贵意见，使得书稿内容在高度和质量方面有了较大提升。

本书侧重专业性和可读性，启迪性强，主要为能源主管部门、抽水蓄能投资企业以及行业从业管理人员提供业务指导，同时有助于从事电网建设、管理的领导和工作人员以及水电院校师生了解抽水蓄能开发、建设、运营的业务重点，掌握行业相关设计、施工和装备制造及行业发展趋势。

考虑抽水蓄能在新型电力系统中的稳定性、经济性、可用性等方面的作用还有待工程实际验证，书稿中的观点，欢迎各位专家学者交流指正。

国家电网有限公司
《抽水蓄能高质量发展》编写组
2024 年 10 月

目 录
CONTENTS

CHAPTER ONE | 第一章

抽水蓄能
发展历程及现状

▶ 浙江天荒坪抽水蓄能电站上水库

摘 要

　　本章对影响抽水蓄能发展的重要政策进行了梳理，介绍了我国抽水蓄能规划和开发机制的演变，并以时间为线索，分三个阶段对我国抽水蓄能的发展历程进行了回顾，总结了我国抽水蓄能的发展成就。

　　抽水蓄能是目前电力系统中应用最为广泛、寿命周期最长、容量最大、技术最成熟的一种储能技术。抽水蓄能电站是利用电力系统的富余电能从下水库向上水库抽水，将电能转换为水的势能储存起来，当电力系统需要时，从上水库向下水库放水发电，再将水的势能转换为电能的一种水电站，按照电网调度的需要可做调峰、填谷、调频、调相及紧急事故备用运行等。其"低吸高发"的功能，可实现电能的存储和释放，有效调节电力系统的生产供应和使用。

　　自 1882 年世界上首座抽水蓄能电站诞生以来，抽水蓄能经历了从单纯的蓄水配合常规水电运行，到多任务运行的漫长转变，至今已有百余年历史。欧洲是抽水蓄能技术的发源地，1950 年以前，抽水蓄能电站的建设主要集中在瑞士、意大利和德国等欧洲国家。1950 年以后，抽水蓄能迎来了世界范围内的大规模开发，经过一段时间的发展，美国和日本后来者居上占据了全球抽水蓄能开发的主要位置。

　　我国研究开发抽水蓄能电站始于 20 世纪 60 年代，1968 年河北岗南水库建成的装机容量 1.1 万千瓦混合式抽水蓄能电站，是我国建设的第一座抽水蓄能电站。改革开放后，我国社会经济快速发展，电网规模不断扩大，电网调峰矛盾日渐突出，以河北潘家口抽水蓄能电站的建设为标志，我国迎来了抽水蓄能建设的第一个高峰。之后随着政策和电网需求的不断变化，我国抽水蓄能的发展规模和质量一步步不断提高。截至 2024 年底，我国在运、在建抽水蓄能电站装机容量合计 25922.1 万千瓦，其中，在运抽水蓄能电站 48 座（总装机容量 5846.5 万千瓦），在建抽水蓄能电站 150 座（总装机容量 20075.6 万千瓦），在运和在建规模均位居世界第一。

　　在"双碳"目标引领下，我国能源转型加速推进，可再生能源大规模开发利用，对电力系统建设提出了新的要求。抽水蓄能安全保证性高，调节性能好，造价水平优，是构建以新能源为主的新型电力系统必不可少的调节电源，其发展建设将是我国长期的能源战略。

第一节 我国抽水蓄能发展政策

我国抽水蓄能的发展与国家政策密切相关，抽水蓄能发展历程的背后是我国抽水蓄能发展政策在不同时期的体现。电价政策是我国抽水蓄能发展政策不断变化的核心。随着我国市场化改革的不断推进，电价政策逐步完善，直接影响了我国抽水蓄能的开发建设，开发依据从选点规划过渡到中长期规划，开发主体从电网企业过渡到多元化主体。与此同时，我国抽水蓄能电站的核准机制也发生变化，由最初的国家投资主管部门采用审批制方式管理改变为省级人民政府采用核准制方式管理。

一、发展政策沿革

2004 年之前，我国开发抽水蓄能电站较少，尚未形成成熟完善的抽水蓄能投资体制。2004 年，国家发展改革委印发《关于抽水蓄能电站建设管理有关问题的通知》（发改能源〔2004〕71 号），提出原则上由电网经营企业建设和管理抽水蓄能电站。2004—2014 年期间，抽水蓄能电站作为电网企业调度平衡的重要资源，主要由电网企业统一运营或租赁运营，抽水蓄能成本纳入电网购销价差进行疏导。

2014 年，国家首次明确抽水蓄能电站实行两部制电价，电价按照合理成本 + 准许收益核定，同时提出容量电费和抽发损耗纳入当地电网运行费用统一核算，随销售电价统筹考虑。

随着新一轮电力体制改革的推进，国家于 2016—2019 年间陆续提出抽水蓄能不纳入电网准许收益或成本考虑，导致抽水蓄能电站投资积极性受挫。2021 年 3 月，国家发布《中华人民共和国国民经济和社会发展第十四个五年规划和 2035 年远景目标纲要》，提出加快抽水蓄能电站建设和新型储能技术规模化应用，此后抽水蓄能电站投资建设迎来高峰。

基于以上政策节点的情况，我国抽水蓄能发展建设相关政策总体上可以分为三个阶段：2004—2013 年为第一阶段，2014—2020 年为第二阶段，2021 年至今为第三阶段。

（一）第一阶段（2004—2013 年）

2004 年 1 月，国家发展改革委印发《关于抽水蓄能电站建设管理有关问题的通知》（发改能源〔2004〕71 号），指出抽水蓄能电站原则上由电网经营企业建设和管理，具体规模、投资与建设条件由国务院投资主管部门严格审批，其建设和运行成本纳入电网运行费用统一核定。此文明确了我国抽水蓄能电站的发展建设以电网企业为主。

2005 年 2 月，国家发展改革委和科学技术部联合印发了《国家重大技术装备研制和重大产业技术开发专项规划》（发改高技〔2005〕275 号），决定依托河南宝泉、广东惠州、湖北白莲河等抽水蓄能电站工程建设项目，研制 200 米以上水头、30 万千瓦大型抽水蓄能机组成套设备。此文从提高重大技术装备和重大产业技术水平、增强产业核心竞争力入手，以提升产业技术创新能力和国际竞争能力为出发点，明确了重大技术装备研制和产业技术发展的指导思想、原则和目标。

2007 年 4 月，国家发展改革委印发《关于桐柏、泰安抽水蓄能电站电价问题的通知》（发改价格〔2007〕1517 号），明确此文下发后审批的抽水蓄能电站，由电网企业全资建设，不再核定电价，其成本纳入电网运行费用统一核定。此文下发前审批但未定价的抽水蓄能电站，作为遗留问题由电网企业租赁经营。

我国经济的快速发展和能源结构的调整步伐加快，对电力系统运行的安全性和可靠性要求越来越高，有必要适度加快抽水蓄能电站建设步伐。2011 年 7 月，国家能源局针对抽水蓄能电站规划建设中出现的问题，印发《关于进一步做好抽水蓄能电站建设的通知》（国能新能〔2011〕242 号），进一步规范抽水蓄能电站的建设管理。此文明确抽水蓄能电站由电网经营企业全资建设，建设运行成本纳入电网运行费用。

（二）第二阶段（2014—2020 年）

2014 年，国家发展改革委印发《关于完善抽水蓄能电站价格形成机制有关问题的通知》(发改价格〔2014〕1763号)和《关于促进抽水蓄能电站健康有序发展有关问题的意见》(发改能源〔2014〕2482号),明确在电力市场形成前,抽水蓄能电站实行两部制电价,逐步对新投产抽水蓄能电站实行标杆容量电价,电网企业向抽水蓄能电站提供的抽水电量,电价按燃煤机组标杆上网电价的75%执行。此后我国开始逐步建立健全抽水蓄能价格机制,推动形成合理的抽水蓄能投资模式和回报机制。

2016年12月,为推进输配电价改革,建立规则明晰、水平合理、监管有力、科学透明的独立输配电价体系,国家发展改革委发布《省级电网输配电价定价办法(试行)》(发改价格〔2016〕2711号),提出抽水蓄能电站不纳入电网输配电可计提收益的固定资产范围。2019年5月,国家发展改革委发布《输配电定价成本监审办法》(发改价格规〔2019〕897号),进一步明确抽水蓄能电站成本费用不得计入输配电定价成本。

(三)第三阶段(2021年至今)

为贯彻落实党中央、国务院关于深化电力体制改革、完善价格形成机制的决策部署,促进抽水蓄能电站加快发展,构建以新能源为主体的新型电力系统,2021年4月,国家发展改革委发布《关于进一步完善抽水蓄能价格形成机制的意见》(发改价格〔2021〕633号),指出坚持以两部制电价政策为主体,进一步完善抽水蓄能价格形成机制,以竞争性方式形成电量电价,将容量电价纳入输配电价回收,同时强化与电力市场建设发展的衔接,逐步推动抽水蓄能电站进入市场。文件附件《抽水蓄能容量电价核定办法》,明确抽水蓄能电站经营期内资本金内部收益率按6.5%核定。此文提升了电价形成机制的科学性、操作性和有效性,充分发挥了电价信号作用,调动各方面积极性,为抽水蓄能电站加快发展、充分发挥综合效益创造了更加有利的条件。

2023年5月,国家发展改革委发布《关于抽水蓄能电站容量电价及有关事项的通知》(发改价格〔2023〕533号,简称533号文),按照《关于进一步完善抽水蓄能价格形成机制的意见》(发改价格〔2021〕633号,简称633号文)的有关规定,核定了在运及2025年底前拟投运的48座抽水蓄能电站的容量电价。文件还指出电网企业要统筹保障电力供应、确保电网安全、促进新能源消纳等,合理安排抽水蓄能电站运行,与抽水蓄能电站签订年度调度运行协议,公平公开公正实施调度，严格执行核定的抽水蓄能电站容量电价，按月及时结算电费，结算情况单独归集、单独反映。

2023 年 4 月，国家能源局发布《关于进一步做好抽水蓄能规划建设工作有关事项的通知》（国能综通新能〔2023〕47 号），指出抽水蓄能电站本身并不增加电力供应，其功能作用主要是为电力系统提供调节服务，应根据新能源发展和电力系统运行需要，科学规划、合理布局、有序建设。根据文件要求，全国以电力系统调节需求为重要前提和基本依据，分省分区域开展了需求论证，并以此为基础开展抽水蓄能项目的纳规工作。

二、规划和开发机制演变

长期以来，我国抽水蓄能电站的开发建设主要是以规划选点为基础开展。在已有规划选点的基础上，电网企业根据电力系统需求，选择优质站点进行开发建设。为促进抽水蓄能电站健康有序发展，2009 年国家能源局首次提出开展全国范围的抽水蓄能选点规划工作。此后几年全国各省陆续完成的抽水蓄能选点规划，奠定了我国后来抽水蓄能开发建设的基础。"十三五"期间，为了优化抽水蓄能的发展，又进一步开展了选点规划调整工作。

进入"十四五"以后，为推进抽水蓄能快速发展，适应新型电力系统建设和大规模高比例新能源发展需要，助力实现"碳达峰、碳中和"目标，国家能源局发布了《抽水蓄能中长期发展规划（2021—2035 年）》，以中长期规划代替选点规划和开发规划，拉开了我国抽水蓄能大规模开发的序幕。此后抽水蓄能电站项目投资主体以招标、市场竞价等方式确定，正式开启了我国抽水蓄能电站建设投资的多元化。

（一）抽水蓄能选点规划

2009 年 8 月，国家能源局在山东省泰安市召开抽水蓄能电站建设工作座谈会。会上各方充分认识到做好抽水蓄能电站建设工作的重要性，要切实加强选点规划工作。2010 年 4 月至 2013 年 9 月，水电水利规划设计总院会同电网公司及地方政府有关部门，结合国家能源发展规划，组织开展抽水蓄能电站的选点工作，按照距负荷中心近、地形地质条件和技术指标优越的原则，以省或区域（电网）为单位，全面系统地开展了全国 22 个省（自治区、直辖市）抽水蓄能选点规划勘测设计及审查工作。国家能源局共批复推荐项目 59 个，规划装机容量 7485 万千瓦，备选项目 14 个，规划装机容量 1660 万千瓦。这是国家层面首次在全国范围内全面系统地开展抽水蓄能站址选点工作，为我国抽水蓄能建设提供了规划依据和管理基础。

在选点规划工作基础上，结合抽水蓄能发展需要，"十三五"期间，国家能源局批复了 8 个省份的抽水蓄能选点规划（调整）工作，新增了一批建设条件较优的抽水蓄能项目，新增推荐项目 17 个，规划装机容量 2390 万千瓦，新增备选项目 3 个，规划装机容量 260 万千瓦。

（二）抽水蓄能中长期发展规划

为适应新型电力系统建设和大规模高比例新能源发展需要，2020 年 12 月，国家能源局组织各省开展了新一轮抽水蓄能规划资源普查工作，并于 2021 年 9 月发布了《抽水蓄能中长期发展规划（2021—2035 年）》（简称《规划》）。

《规划》坚持"生态优先、和谐共存，区域协调、合理布局，成熟先行、超前储备，因地制宜、创新发展"的基本原则，在全国范围内普查筛选抽水蓄能资源站点的基础上，建立了抽水蓄能中长期发展项目库。对满足规划阶段深度要求、条件成熟、不涉及生态保护红线等环境制约因素的项目，按照"应纳尽纳"的原则，作为重点实施项目，纳入重点实施项目库，此类项目总装机容量 4.21 亿千瓦。对满足规划阶段深度要求，但可能涉及生态保护红线等环境制约因素的项目，作为储备项目，纳入储备项目库，这些项目待落实相关条件、做好与生态保护红线等环境制约因素避让和衔接后，可滚动调整进入重点实施项目库，此类项目总装机容量 3.05 亿千瓦。

《规划》要求加快抽水蓄能电站核准建设，各省（自治区、直辖市）能源主管部门根据中长期规划，结合本地区实际情况，统筹电力系统需求、新能源发展等，在规划重点实施项目库内核准建设抽水蓄能电站。如图 1-1 所示，到 2025 年，抽水蓄能投产总规模较"十三五"翻一番，达到 6200 万千瓦以上；到 2030 年，抽水蓄能投产总规模较"十四五"再翻一番，达到 1.2 亿千瓦左右。到 2035 年，形成满足新能源高比例大规模发展需求的，技术先进、管理优质、国际竞争力强的现代化产业。

图 1-1 我国抽水蓄能装机容量规划情况

（三）抽水蓄能投资主体

2004 年之前，我国开发抽水蓄能电站较少，仅建设了北京十三陵（见图 1-2）、浙江天荒坪（见图 1-3）和广东广州抽水蓄能电站 3 座大型抽水蓄能电站，以及河北潘家口（见图 1-4）、浙江溪口、安徽响洪甸（见图 1-5）等少数小型抽水蓄能电站。

图 1-2 北京十三陵抽水蓄能电站

图 1-3 浙江天荒坪抽水蓄能电站

图 1-4 河北潘家口抽水蓄能电站

图 1-5 安徽响洪甸抽水蓄能电站

2004—2014 年期间，主要由电网经营企业建设抽水蓄能电站。2004 年，国家发展改革委印发《关于抽水蓄能电站建设管理有关问题的通知》（发改能源〔2004〕71 号），提出原则上由电网经营企业建设和管理抽水蓄能电站。2011 年，国家能源局印发《关于进一步做好抽水蓄能电站建设的通知》（国能新能〔2011〕242 号），进一步明确原则上由电网经营企业有序开发、全资建设抽水蓄能电站。其间，主要由电网经营企业开发建设了湖北白莲河（见图 1-6）、山东沂蒙（见图 1-7）等一批大型抽水蓄能电站。

图 1-6　湖北白莲河抽水蓄能电站

图 1-7　山东沂蒙抽水蓄能电站

2014 年至今，多元化主体投资抽水蓄能电站。2014 年，国务院印发《关于创新重点领域投融资机制鼓励社会投资的指导意见》（国发〔2014〕60 号），提出鼓励社会资本投资常规水电站和抽水蓄能电站。国家发展改革委印发《关于促进抽水蓄能电站健康有序发展有关问题的意见》（发改能源〔2014〕2482 号），明确抽水蓄能电站目前以电网经营企业全资建设和管理为主，逐步建立引入社会资本的多元市场化投资体制机制。2015 年，国家能源局印发《关于鼓励社会资本投资水电站的指导意见》（国能新能〔2015〕8 号），明确鼓励和积极支持社会资本投资常规水电站和抽水蓄能电站的原则，鼓励通过市场方式配置和确定项目开发主体。2021 年，国家能源局印发《抽水蓄能中长期发展规划（2021—2035 年）》，提出进一步完善相关政策，稳妥推进以招标、市场竞价等方式确定抽水蓄能电站项目投资主体，鼓励社会资本投资建设抽水蓄能电站。全国多元化投资抽水蓄能电站的局面基本形成。

（四）抽水蓄能核准机制

2004 年之前，我国抽水蓄能电站项目主要由国务院投资主管部门采用审批制方式管理，需经过批准项目建议书、可行性研究报告和开工报告的程序。

2004—2014 年期间，抽水蓄能电站项目主要由国家投资主管部门采用核准制方式管理。2004 年，国务院印发《关于投资体制改革的决定》（国发〔2004〕20 号），明确转变政府管理职能，确立企业的投资主体地位，改革项目审批制度，规范政府核准制，落实企业投资自主权。政府对企业提交的项目申请报告，主要从维护经济安全、合理开发利用资源、保护生态环境、优化重大布局、保障公共利益、防止出现垄断等方面进行核准。《政府核准的投资项目目录（2004 年本）》进一步明确，抽水蓄能电站由国务院投资主管部门核准。

2014 年至今，抽水蓄能电站项目主要由省级人民政府能源电力主管部门采用核准制方式管理。2014 年，国务院印发《关于发布政府核准的投资项目目录（2014 年本）的通知》（国发〔2014〕53 号），明确抽水蓄能电站由省级政府核准。2016 年，国务院印发《关于发布政府核准的投资项目目录（2016 年本）的通知》（国发〔2016〕72 号），进一步明确抽水蓄能电站由省级政府按照国家制定的相关规划核准。项目单位在报送项目申请报告时，应当根据国家法律法规的规定和省级人民政府核准要求，一般附具建设项目用地预审与选址意见书、移民安置规划审查意见、项目社会稳定风险评估报告及审核意见、法律行政法规规定需要办理的其他相关手续等支撑材料。

🌿 第二节　我国抽水蓄能发展历程

抽水蓄能在我国的发展主要经历了三个阶段，即 20 世纪 60 年代至 20 世纪末的研究起步阶段、21 世纪前 10 年的引进发展阶段和 2011 年至今的自主发展阶段。探索发展阶段，我国抽水蓄能电站建设主要以探索发展为主，大容量机组设计制造主要依赖进口。引进发展阶段，我国抽水蓄能电站建设从学习借鉴国外技术逐渐过渡到开拓创新发展，机组设备逐渐实现国产化。自主发展阶段，我国抽水蓄能发展迅速，建设经验进一步丰富，技术标准进一步完善，机组设备制造全面实现自主化。

一、探索发展阶段（1968—2000 年）

我国自 20 世纪 60 年代后期开始抽水蓄能电站的开发，先后在河北岗南水库和北京密云水库白河水电站建成两座小型混合式抽水蓄能电站。

（一）起步发展阶段（1968—1983 年）

1968 年河北岗南水库和 1973 年北京密云水库白河水电站所建小型混合式抽水蓄能电站，装机容量分别为 1.1 万千瓦和 2.2 万千瓦，它们的建设标志着我国抽水蓄能电站建设正式拉开序幕。截至 1979 年，我国水电装机容量达到 1911 万千瓦，其中抽水蓄能仅为 3.3 万千瓦。

1958 年 3 月，河北岗南水库主体工程开工兴建，工程承担着"治理滹沱河、调节洪水、开发利用水利资源的大型水利枢纽工程"的使命。随后，由于三年困难时期和连续多年的自然灾害，河北岗南水电站工程被迫停建，转入维护，仅两台 1.5 万千瓦的发电机组开始发电。续建工程于 1966 年重启，三年后基本竣工。同时，河北岗南水电站被选中作为抽水蓄能工程试点。1968 年，一台容量 1.1 万千瓦的进口抽水蓄能机组被安装在了河北岗南水电站，从而开启了我国抽水蓄能建设的先河。

我国抽水蓄能真正起步的标志性事件是1973年和1975年，在当时已经运营了15年的北京密云水库白河水电站，分别改建安装了两台1.1万千瓦抽水蓄能机组。与河北岗南抽水蓄能机组不同的是，北京密云水库白河水电站改建安装的抽水蓄能机组并非进口设备，而是由天津发电设备厂生产。因此，这两座小型混合式抽水蓄能电站的投运在我国抽水蓄能发展历史上具有特殊的意义。

（二）开拓发展阶段（1984—2000年）

以1984年河北潘家口抽水蓄能电站开工建设为标志，开启了我国抽水蓄能电站建设的开拓发展阶段，随着建设经验的积累和探索深入，尤其是广东大亚湾核电站和浙江秦山核电站的建设，在2000年前后持续推动了广东广州抽水蓄能电站和浙江天荒坪抽水蓄能电站的建设。

20世纪80年代中后期，电网负荷特性也因用电结构的改变而发生很大变化，总的趋势是负荷水平迅速提高，负荷率下降，峰谷差逐渐加大，调峰问题日益严重。广东省和华北、华东地区等以火电为主的电网缺少经济的调峰手段，电网调峰矛盾日渐突出，缺电局面由电量缺乏转变为电量、调峰容量缺乏，修建抽水蓄能电站以解决火电为主的电网调峰问题成为共识。随着电网经济运行和电源结构调整的要求，一些以水电为主的区域电网也开始研究兴建一定规模的抽水蓄能电站。为此，国家有关部门组织开展了较大范围的抽水蓄能电站资源普查和规划选点，制定了抽水蓄能电站发展规划，抽水蓄能电站的建设步伐得以加快。

1991年，装机容量27万千瓦的河北潘家口混合式抽水蓄能电站首先投入运行，从而迎来了抽水蓄能电站建设的第一次高潮。

20世纪90年代，随着改革开放的深入，国民经济快速发展，抽水蓄能电站建设也进入了快速发展期。国内先后兴建了广东广州抽水蓄能一期、北京十三陵、浙江天荒坪等几座大型抽水蓄能电站。"十五"期间，又相继开工了河北张河湾、山西西龙池、湖北白莲河等一批大型抽水蓄能电站。

广东广州抽水蓄能电站一期工程1988年9月开工，第一台机组于1993年6月发电，并在次年全部建成；2000年6月，广东广州抽水蓄能电站二期工程的4台可逆式水泵水轮机全部投入商业运行。该电站单台机组装机容量达到30

万千瓦，总装机容量为240万千瓦，成为当时世界上装机容量最大的抽水蓄能电站。

1992年9月，北京十三陵抽水蓄能电站开工建设，总装机容量80万千瓦，于1997年全部建成，是当时国内第一座上水库采用钢筋混凝土全库盆防渗、防渗面积最大的抽水蓄能电站。同期，总装机容量180万千瓦的浙江天荒坪抽水蓄能电站开工建设。截至2000年，我国大陆地区抽水蓄能运行容量为552万千瓦。尽管这个时期我国抽水蓄能电站的单机容量、装机规模已达到较高水平，但机组设计制造依然严重依赖进口。

在此期间，我国台湾地区于1985年建成投运装机容量100万千瓦的明湖抽水蓄能电站，于1995年建成投运装机容量160万千瓦的明潭抽水蓄能电站。

二、引进发展阶段（2001—2010年）

21世纪的前10年，是我国抽水蓄能电站建设的引进发展阶段，经过一段较短的停滞期后，我国抽水蓄能电站进入新一轮的开发建设高潮。这一时期我国抽水蓄能电站建设从学习借鉴国外技术过渡到开拓创新发展，土建工程技术日趋成熟，机组设备通过引进、吸收消化国外设计制造技术，逐渐发展为国内厂商自主设计制造；工程建设全面推行项目法人责任制、工程监理制和招投标制，电站投资体制、建设与运营成本和投资收益回收机制、经营管理模式逐步建立。2001—2009年，我国建设、投产抽水蓄能电站13座，总装机容量1252万千瓦，见表1-1。

表1-1　　　　　　　　2001—2009年我国投产的抽水蓄能电站

序号	电站名称	地点	装机规模（万千瓦）	额定水头（米）	投产年份
1	沙河	江苏溧阳	10	97.7	2002
2	回龙	河南南召	12	379	2005
3	泰安	山东泰安	100	225	2006
4	桐柏	浙江天台	120	244	2006
5	白山	吉林桦甸	30	105.8	2006
6	琅琊山	安徽滁州	60	126	2007
7	张河湾	河北井陉	100	305	2008

续表

序号	电站名称	地点	装机规模（万千瓦）	额定水头（米）	投产年份
8	宜兴	江苏宜兴	100	363	2008
9	西龙池	山西忻州	120	620	2009
10	宝泉	河南辉县	120	510	2009
11	白莲河	湖北黄冈	120	195	2009
12	黑麋峰	湖南望城	120	295	2009
13	惠州	广东惠州	240	501	2009

2006 年，山东泰安抽水蓄能电站和浙江桐柏抽水蓄能电站建成投产。山东泰安抽水蓄能电站总装机容量 100 万千瓦，安装 4 台 25 万千瓦机组，额定水头 225 米，电站上水库库盆采用钢筋混凝土面板与库底土工膜及垂直防渗帷幕相结合的防渗形式。浙江桐柏抽水蓄能电站总装机容量 120 万千瓦，安装 4 台 30 万千瓦机组，额定水头 244 米，电站上水库利用已有的桐柏水库加固改建而成，主坝为均质石坝。

2008 年，河北张河湾抽水蓄能电站和江苏宜兴抽水蓄能电站建成投产。河北张河湾抽水蓄能电站是河北省第一个利用亚洲开发银行贷款建设的公益性电力项目，总装机容量 100 万千瓦，安装 4 台 25 万千瓦机组，额定水头 305 米。江苏宜兴抽水蓄能电站是江苏省第一座百万千瓦装机的大型水电项目，也是世界银行贷款项目，总装机容量 100 万千瓦，安装 4 台 25 万千瓦机组，额定水头 363 米，2008 年 12 月全部机组投入运行，2010 年荣获我国建设工程最高奖——中国建设工程鲁班奖（国家优质工程）。

2009 年，河南宝泉抽水蓄能电站、湖北白莲河抽水蓄能电站和广东惠州抽水蓄能电站建成投产。三座电站通过"打捆招标"，引进了法国阿尔斯通公司成套机组制造技术，为 30 万千瓦抽水蓄能机组国产化作出了重大贡献。

在本发展阶段，我国还建成了四川寸塘口、浙江溪口、安徽响洪甸、湖北天堂、江苏沙河等一批中、小型抽水蓄能电站。

三、自主发展阶段（2011 年以来）

2011 年以来，我国抽水蓄能电站建设步入自主化快速发展阶段，期间虽有波动但总体上保持快速发展。我国抽水蓄能电站建设经验进一步丰富，建设发展规划、技术标准等进一步完善，机组设备制造全面实现自主化，工程建设技术全面处于世界先进水平；对抽水蓄能电站功能作用有了新认识，两部制电价机制初步建立，电站建设投资体制、建设与运营成本和投资收益回收机制在探索中不断改进和完善。这一时期，我国抽水蓄能成熟稳步发展，电站装机规模跃居世界前列。

2009—2013 年，国家能源局组织开展了抽水蓄能选点规划工作。2011—2020 年期间，为适应新能源、特高压电网快速发展，抽水蓄能发展迎来新的高峰。2015 年以来，我国抽水蓄能建设进入蓬勃发展期。"十三五"期间全国累计核准开工建设抽水蓄能电站 24 座，总装机容量 3183 万千瓦。通过引进、消化、吸收、创新，我国在抽水蓄能工程勘察设计施工、成套设备设计制造，以及电站运行等方面已经达到世界先进水平。

2024 年底，我国已建在运抽水蓄能电站共计 48 座，总装机容量 5846.5 万千瓦，华北、华东、华中、东北、西北、西南、南方区域电网抽水蓄能装机容量分别为 1207 万、2018.5 万、644 万、560 万、260 万、129 万、1028 万千瓦，华东区域电网抽水蓄能装机规模最大，其次是华北区域电网和南方区域电网。

第三节　我国抽水蓄能发展成就

我国研究开发抽水蓄能电站始于 20 世纪 60 年代，随着社会经济和电网的高速发展，抽水蓄能的开发建设进入了快车道。在国家政策指导和开发企业的努力之下，通过集中资源力量研究先进技术、开发关键设备，依托工程建设，不断迭代改进提升，我国抽水蓄能工程设备技术、建设技术、建设质量、建设管理等方面均取得了举世瞩目的成就。目前我国抽水蓄能电站装机容量已跃居世界第一。

1968 年，河北岗南水电站安装一台可逆式机组，建成了我国第一座混合式抽水蓄能电站，电站投入运行后，调峰填谷作用明显，在改善系统火电运行条件及缓和发电与其他用水矛盾方面取得了良好的效果。

20世纪80年代中后期，随着改革开放带来的社会经济快速发展，我国电网规模不断扩大，广东省和华北、华东地区修建抽水蓄能电站以解决火电为主的电网调峰问题。20世纪90年代，伴随着经济进一步发展，抽水蓄能电站的建设也进入了快速发展期。为配合核电、火电运行，先后兴建了广东广州一期、北京十三陵、浙江天荒坪等几座大型抽水蓄能电站。

进入21世纪，"十五"期间为满足电网调峰、调频、事故备用需要，又相继开工建设了河北张河湾、山西西龙池、湖北白莲河等抽水蓄能电站。"十二五"以来，为适应新能源、特高压电网快速发展，满足电网安全稳定运行需要，抽水蓄能发展迎来新的高峰，相继开工了安徽绩溪、河北丰宁等大型抽水蓄能电站。特别是2021年国家能源局印发《抽水蓄能中长期发展规划（2021—2035年）》以来，我国抽水蓄能建设规模不断快速增长。

经过半个多世纪的发展，我国抽水蓄能产业实现了从无到有、从探索到蓬勃发展的历史性跨越。截至2024年底，我国在运抽水蓄能电站48座，总装机容量5846.5万千瓦，其中华东区域在运17座，位于各区域第一位，占全国抽水蓄能在运装机容量的34%，西南和西北区域较少；我国在建（含核准）抽水蓄能电站150座，总装机容量20075.6万千瓦，其中华中区域在建35座，位于各区域第一位，占全国抽水蓄能在建装机容量的23%，华东区域紧随其后。图1-8和图1-9分别为我国在运和在建抽水蓄能装机容量分布情况。

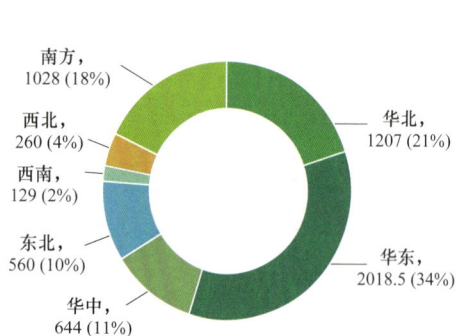

图1-8　我国在运抽水蓄能装机容量分布情况（单位：万千瓦）

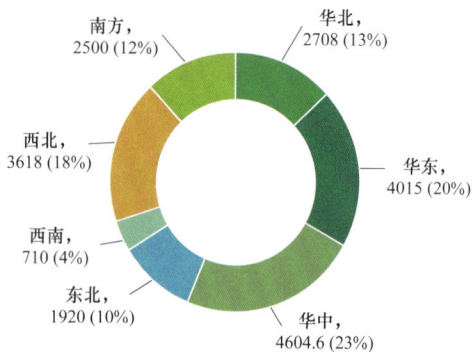

图1-9　我国在建抽水蓄能装机容量分布情况（单位：万千瓦）

工程设备技术方面，我国全面掌握了单机容量25万～40万千瓦、水头200～700米级的抽水蓄能机组及辅助系统设备成套关键技术。2016年投运的浙江仙居抽水蓄能电站单机容量达37.5万千瓦，是我国在运的最大单机容量，运行情况良好。2022年投运的浙江长龙山抽水蓄能电站，其最大发电水头达756米，位居世界第一，其高压钢岔管HD值位居世界第一。

工程建设技术方面，我国全面掌握了复杂大型地下洞室群的设计与建设关键技术。目前在建的河北丰宁抽水蓄能电站装设12台机组、总装机容量360万千瓦，地下厂房长达414米，装机容量和建设规模均为世界第一，工程建设成功解决了复杂地质条件下超长地下厂房开挖、加固支护、变形控制难题。2016年投运的广东清远抽水蓄能电站采用"一管四机"（四台机组共用一条输水管道）设计，经受住了最为严苛的四机同时甩负荷试验。我国攻克了高寒地区抽水蓄能设计和施工难题，东北地区兴建了吉林敦化、黑龙江荒沟等抽水蓄能电站，标志着我国具备了在全国各地建设电站的能力。

工程建设质量方面，我国全面掌握了抽水蓄能电站工程土建及机电工程施工工艺，总结形成了具有我国抽水蓄能特色的施工工艺和工法。山东泰山、江苏宜兴、湖南黑糜峰等抽水蓄能电站获得中国建设工程鲁班奖（国家优质工程），福建仙游、江西洪屏、江苏溧阳等抽水蓄能电站获得国家优质工程金奖。

工程建设管理方面，我国通过长期工程实践，积累了丰富的建设管理经验，形成了可推广应用的建设管理理念。一是"建设集群"理念。抽水蓄能电站由最初的电网企业主导开发建设，发展为目前的市场多元化开发局面，为行业高质量发展创造了条件。设计、施工、设备厂商等专业人才在不同工程之间有序流动，相互交流支援，减少了人力成本；行业发展所形成的规模建设效益，减少了招标采购成本，减少了备品备件，增强了业主单位协调力度，有利于建设推进；及时共享技术创新、管理创新成果，促进建设水平和管理水平的共同提升。二是"标准化建设"理念。电站群建设有利于积累建设经验，形成统一的管理标准，并经过工程实践不断改进提升，增加工程安全、质量、技术等管控能力。特别是水电站因势而建，枢纽布局、参数特性各异，难以进行标准化设计，但抽水蓄能电站建设充分研究不同工程的"共性特征"，对地下厂房形成了数种典型设计，对进出水口等关键局部形成标准设计，目前抽水蓄能行业已形成了通用设计和标准化施工工艺，有力促进了工程质量提升。三是"成果共享"理念。抽水蓄能电站对地质地形、水资源等自然条件要求较高，电力系统需求与站址资源分布不匹配。特高压输电和新能源大规模发展，为在更大范围内发挥抽水蓄能的调峰、调频、事故备用作用创造了条件。进入"十三五"时期后，抽水蓄能电站均实施了区域化应用，由区域电网电力调控中心开展统一调度，实现调节资源的跨省运用、共享。

第四节　国外抽水蓄能发展历程

> 历史上第一座抽水蓄能电站——奈特拉抽水蓄能电站，于1882年诞生在瑞士苏黎世，装机容量515千瓦，但一直到20世纪50年代，抽水蓄能电站才迎来了世界范围内的较大规模开发。从全球范围看，20世纪70年代和80年代是抽水蓄能电站发展的黄金时期，年均增长率分别达到11.26%和6.45%；到20世纪90年代末，全球抽水蓄能电站装机容量增至8688万千瓦；20世纪90年代至21世纪初，抽水蓄能发展进入了成熟期，但全球增长速度放缓；21世纪以来的20余年，随着世界范围内新能源的快速发展，电力系统对抽水蓄能有了新的需求。到2023年底，全球抽水蓄能装机容量已达1.80亿千瓦，中国、日本和美国装机容量位于前三位，合计占全球的55.6%。

一、整体情况

抽水蓄能在国际上的发展主要经历了四个阶段，即1882年至20世纪50年代阶段、20世纪60年代至80年代阶段、20世纪90年代至21世纪初阶段以及21世纪以来20余年阶段。

第一个阶段：1882年至20世纪50年代，此时段抽水蓄能电站发展缓慢，以蓄水为主要目的，主要用于调节常规水电站发电的季节不平衡性，大多是汛期蓄水、枯水期发电，分布在欧洲等少数国家，主要是瑞士、意大利、德国、奥地利、捷克、法国、西班牙等。其中，西班牙 1929 年建成的乌尔迪赛电站最早采用可逆式机组，装机容量 0.72 万千瓦。第二次世界大战后，美国、日本和欧洲等国家和地区进入了经济高速增长期，随着工业化进程持续推进，家用电器广泛普及，电力需求快速增加，同时调峰需求也随着生产生活方式升级转型而不断扩大，抽水蓄能电站因其良好的削峰填谷性能受到重视，迎来高速发展的起步阶段，到 20 世纪 60 年代初，全球抽水蓄能装机容量达到 342 万千瓦。

1950 年以来全球抽水蓄能装机规模变化趋势如图 1-10 所示。

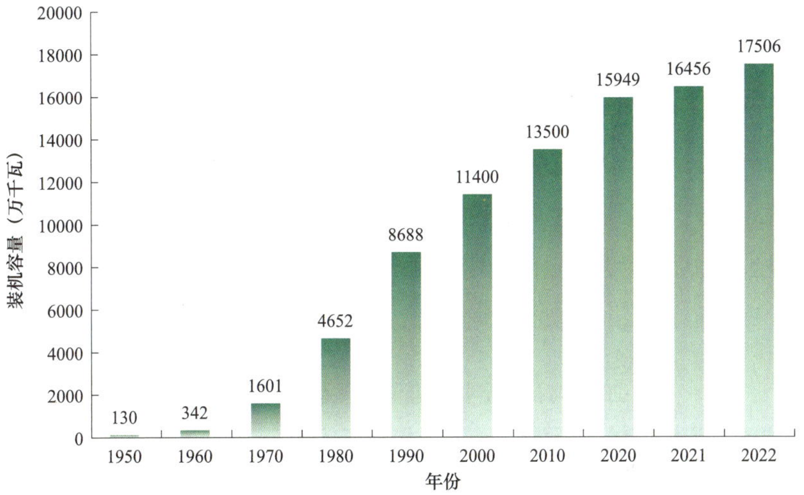

图 1-10　1950 年以来全球抽水蓄能装机规模变化趋势

第二个阶段：20 世纪 60 年代至 80 年代，美国、日本和欧洲等发达国家和地区陆续建造了大量核电站，带来了较大的调峰需求。为配合核电运行，这一时期建设了较多的抽水蓄能电站，两者的建设近似保持"同步"的节拍。该时段是抽水蓄能建设蓬勃发展的黄金时期，抽水蓄能电站主要承担调峰和备用功能。其中，从 1960 年到 1970 年增加了 1259 万千瓦，从 1970 年到 1980 年增加了 3051 万千瓦，从 1980 年到 1990 年增加了 4036 万千瓦。在此期间，美国超过欧洲国家成为抽水蓄能装机规模最大的国家，并保持到 20 世纪 90 年代。

第三个阶段：20 世纪 90 年代至 21 世纪初，抽水蓄能发展进入了成熟期，增长速度开始放缓。这并非由于合适的水文站址资源开发殆尽，主要是发达国家率先完成工业化进程后经济增速大幅放缓，导致电力需求增长放慢；同时，天然气管网迅速发展，液化天然气（Liquefied Natural Gas，LNG）和液化石油气（Liquefied Petroleum Gas，LPG）电站快速增加，在满足电力系统灵活调节资源需求上，也挤占了部分抽水蓄能电站的发展空间。到 2000 年，全球抽水蓄能装机容量突破 1 亿千瓦，达到 1.14 亿千瓦，10 年增加 2712 万千瓦。在此期间，新增抽水蓄能电站主要位于亚洲国家，特别是日本逐步取代美国，成为全球抽水蓄能装机规模最大的国家。

第四个阶段：21 世纪以来 20 余年，随着世界范围新能源的快速发展，抽水蓄能电站因其灵活调节特性成为保障风电、太阳能发电等不可控新能源发电高效消纳的重要手段，随着亚洲国家经济增速持续提升，电力需求增长旺盛，抽水蓄能电站的规划建设又一次进入各主要国家，特别是发展中国家决策者的视野，全球抽水蓄能装机容量 2000—2010 年增加了 2100 万千瓦，年均增速 1.71%；2010—2020 年增加了 2449 万千瓦，年均增速 1.68%。特别需要指出，2017 年中国超过日本，成为全球抽水蓄能装机规模最大的国家。根据水电水利规划设计总院发布的《抽水蓄能产业发展报告（2023 年度）》，到 2023 年底，全球抽水蓄能装机容量已达 1.80 亿千瓦，中国、日本和美国装机容量位于前三位，合计占全球的 55.6%，见表 1-2。

表 1-2　　　　　　　2023 年底世界抽水蓄能电站装机容量排序

排名	国家	装机容量（万千瓦）
1	中国	5094
2	日本	2705
3	美国	2185
4	德国	931
5	意大利	699
6	西班牙	555
7	法国	502
8	韩国	466
9	印度	466
10	瑞士	394
全球		17973

二、国外主要地区发展历程

抽水蓄能在西方国家的发展历史悠久，尤其是在瑞士、意大利、德国等欧洲国家的技术积累为抽水蓄能在全球的发展奠定了基础。随着社会经济和能源结构的发展，美国、日本陆续成为抽水蓄能发展的主力。

（一）欧洲发展历程

欧洲是全球抽水蓄能发展建设的肇始之地。世界上最早的抽水蓄能电站在瑞士苏黎世建成，装机容量仅 515 千瓦，但却是真正意义上的季节性调节电站，主要为了解决常规水电站枯水期发电出力不足问题。20 世纪 50 年代之前，抽水蓄能电站发展缓慢，到 1950 年全世界抽水蓄能电站装机容量仅几十万千瓦，主要集中在几个欧洲国家。至 20 世纪 50 年代，欧洲各国始终领导着全世界抽水蓄能电站建设的潮流，其抽水蓄能电站装机容量一直占全球抽水蓄能电站总装机容量的 35%~40%。图 1-11 所示为欧洲抽水蓄能发展历程。

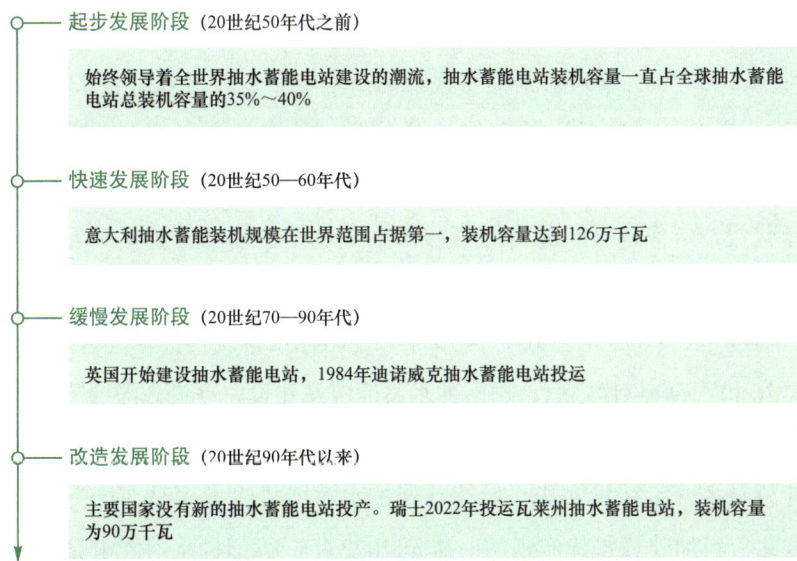

起步发展阶段（20世纪50年代之前）

始终领导着全世界抽水蓄能电站建设的潮流，抽水蓄能电站装机容量一直占全球抽水蓄能电站总装机容量的35%~40%

快速发展阶段（20世纪50—60年代）

意大利抽水蓄能装机规模在世界范围占据第一，装机容量达到126万千瓦

缓慢发展阶段（20世纪70—90年代）

英国开始建设抽水蓄能电站，1984年迪诺威克抽水蓄能电站投运

改造发展阶段（20世纪90年代以来）

主要国家没有新的抽水蓄能电站投产。瑞士2022年投运瓦莱州抽水蓄能电站，装机容量为90万千瓦

图 1-11 欧洲抽水蓄能发展历程

欧洲是世界抽水蓄能技术开发中心之一，例如超高水头多级水泵水轮机技术始终处于世界领先地位。意大利埃多洛抽水蓄能电站（装机容量 12.7 万千瓦）的 5

级水泵水轮机最高水头 1266 米，是世界之最；两级可调水泵水轮机，首先在装机容量 3.8 万千瓦的法国勒特吕耶尔抽水蓄能电站投入运行。

在 20 世纪 60 年代以前，意大利抽水蓄能装机规模不仅在欧洲国家中而且在世界范围内都始终占据第一。意大利第一座抽水蓄能电站建成于 1908 年，比世界第一座抽水蓄能电站晚了 26 年。20 世纪 60 年代以后，意大利陆续被美国、日本、中国超过，但始终是欧洲抽水蓄能装机规模最大的国家。1960 年，意大利抽水蓄能装机容量为 24 万千瓦，主要是在径流式水电站夏季汛期低价抽水，进而在冬季枯期发电，为季调节类型。后续随着火电、核电等电源比重上升，系统调峰需求进一步激发了抽水蓄能建设步伐，1970 年，意大利抽水蓄能装机容量达到 126 万千瓦，占全球抽水蓄能装机容量的 7.9%，10 年年均增加 10 万千瓦左右。20 世纪 70—80 年代，抽水蓄能建设持续加速，特别是大型抽水蓄能电站的投入运营，使得意大利抽水蓄能装机容量在 1980、1990 年分别达到 362.2 万、703 万千瓦，分别增加约两倍和一倍，投运 100 万千瓦以上装机规模电站 8 座。进入 20 世纪 90 年代之后，意大利抽水蓄能电站进入低速发展阶段，几乎没有新抽水蓄能电站投入运营。

德国第一批抽水蓄能电站集中在 20 世纪 30 年代投运，包括 8 座电站，装机容量达到 61.1 万千瓦。20 世纪 40 年代投运 1 座电站，装机容量为 22 万千瓦。50 年代投运 10 座电站，装机容量为 40.6 万千瓦。到 1960 年，德国（联邦德国、民主德国）抽水蓄能装机容量达到 123.7 万千瓦。进入 20 世纪 60 年代，投产 5 座电站，70 年代投产 5 座电站，80 年代仅投产 1 座电站，装机容量 0.44 万千瓦，其中 1975 年投入运行的德国霍恩贝格（Hornbergstufe）纯抽水蓄能电站，装机容量为 4×25 万千瓦，水头 575 米。截至 1990 年，德国抽水蓄能装机容量达到 641.5 万千瓦。进入 20 世纪 90 年代之后，德国抽水蓄能电站建设一度进入滞缓阶段，之后没有新的抽水蓄能电站投产。德国共有抽水蓄能电站 31 座，现有适宜开发的抽水蓄能站址资源基本开发建设完毕，后续新建抽水蓄能机组大多是在已有水电站或抽水蓄能电站机组加建或扩建实现的。截至 2022 年，德国抽水蓄能电站装机容量为 641 万千瓦，与 20 世纪 90 年代持平。但在 2014 年至 2016 年间，德国抽水蓄能装机容量一度达到 680 万千瓦，后续受电站退役影响，装机容量有所减小。

和欧洲其他国家不同，英国作为岛国，无法像其他国家一样可通过互联电网交互电力来满足电力供需，开发抽水蓄能有其必要性。英国的电力系统以火电为主，从 20 世纪 60 年代开始建设抽水蓄能电站，10 年内投运抽水蓄能电站 2 座，即位于英格兰的费斯廷约格（Ffestiniog）电站（36 万千瓦）和苏格兰的克鲁亚川（Cruachan）电站（44 万千瓦），到 1970 年抽水蓄能装机容量达到 80 万千瓦。20 世纪 70 年代，英国投产运行 1 座抽水蓄能电站，即位于英格兰的福耶（Foyers）电站（30 万千瓦）。再到 1984 年全部机组投入运行的苏格兰迪诺威克（Dinorwic）抽水蓄能电站，装机容量 168.6 万千瓦（6×28.1 万千瓦），水头超过 500 米，主要担任调频和备用容量。此后，英国没有新增抽水蓄能装机，保持 4 座抽水蓄能电站，装机容量一直保持 274 万千瓦左右。

瑞士是全球第一座抽水蓄能电站的诞生之地，在世界抽水蓄能历史上具有重要地位。瑞士抽水蓄能电站多位于南部阿尔卑斯山区，由于山高坡陡，瑞士抽水蓄能电站利用水头高，距高比也小。20 世纪 50 年代之前，瑞士有 7 座抽水蓄能电站，其中 6 座建成于 20 世纪 20 年代，30 年代和 40 年代没有新增电站，截至 1950 年，瑞士抽水蓄能装机容量为 24 万千瓦，其中 1909 年投产的 1 座小型抽水蓄能电站运行到 1941 年退役，装机容量 0.18 万千瓦，运行年限 32 年；1923 年投产的 1 座抽水蓄能电站运行到 1977 年退役，装机容量 13.6 万千瓦，运行年限 54 年。20 世纪 50 年代、60 年代、70 年代，分别投产抽水蓄能电站 5 座、2 座、6 座，新增抽水蓄能装机容量 72.7 万、31 万、120.8 万千瓦，70 年代退役 2 座，合计装机容量 69.3 万千瓦。到 1980 年，瑞士抽水蓄能装机容量为 179.2 万千瓦。20 世纪 80 年代，瑞士投产抽水蓄能电站 2 座，合计装机容量 42.2 万千瓦，累计装机容量在 1990 年达到 221.4 万千瓦。2022 年，瑞士投运德朗斯（Nant de Drance）抽水蓄能电站，装机容量 90 万千瓦，累计装机容量提升到 442 万千瓦。

（二）美国发展历程

美国于 1929 年建造了第一座抽水蓄能电站，即落基河抽水蓄能电站。该电站位于康涅狄格州，上水库是 1920 年修建成的堪德勒伍德湖，下水库是休萨特尼科河，上、下水库高差 73 米，额定装机容量为 2.4 万千瓦，1952 年进行了改造，装机容量进一步提升到 3.2 万千瓦。其后 30 年，美国抽水蓄能电站建造数目少，1956 年海沃西抽水蓄能电站建成投运，装机规模 5.95 万千瓦，上、下水库落差 74 米，机组台数 9 台。直到 20 世纪 50 年代末，美国抽水蓄能装机容量仅为 9 万千瓦，而经过改造后的落基河抽水蓄能电站装机容量占到全部装机容量的 35.5%，海沃西抽水蓄能电站装机容量占到全部装机容量的 64.5%。图 1-12 所示为美国抽水蓄能发展历程。

20世纪60—90年代	21世纪以来
受核电站规模快速增加和能源危机的影响，美国大多数抽水蓄能电站建成于这一时期。 1985年达1636万千瓦，超过欧洲，位居世界第一位	平均每十年增加100万千瓦抽水蓄能装机容量，主要来自更新改造和扩建增容。2022年底装机规模达到2200万千瓦

起步发展阶段	快速发展阶段	缓慢发展阶段	改造升级阶段

20世纪20年代末到50年代末	20世纪90年代
于1929年建造了第一座抽水蓄能电站，即落基河抽水蓄能电站	石油和天然气价格的下降以及联合循环燃气轮机电站投资成本的大幅下降，对抽水蓄能电站投资兴趣大减。 2000年，规模达到1952万千瓦，被日本超过

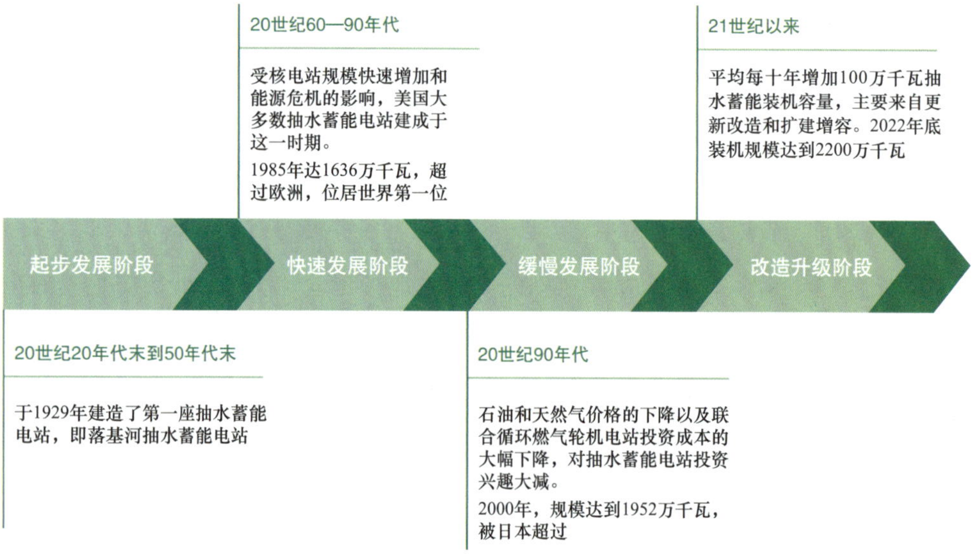

图 1-12　美国抽水蓄能发展历程

与欧洲一样，由于核电站规模的快速增加以及 20 世纪 70 年代能源危机的影响，美国大多数抽水蓄能电站在 20 世纪 60—90 年代建成。20 世纪 70 年代，由于石油和天然气价格的大幅上涨以及未来价格的不确定性，美国公用事业公司选择抽水蓄能电站作为化石燃料峰荷电站的替代品。从装机容量及年均增长看，1960 年美国抽水蓄能装机容量为 9 万千瓦，到 1970 年达到 369 万千瓦，年均增长 36 万千瓦；1980 年达到 1327 万千瓦，年均增长 96 万千瓦；1985 年达到 1636 万千瓦，年均增长 62 万千瓦，超过欧洲，位居世界第一位。特别是 1972—1976 年 5 年间，美国抽水蓄能电站装机容量增加 580 万千瓦，是同期常规水电站装机容量的 1.6 倍。从建成电站个数及规模看，20 世纪 60 年代、70 年代美国分别建成了 12 座（其中 1963—1969 年占到 7 座）和 18 座（其中 1972—1979 年占到 10 座），80 年代建成了 4 座。20 世纪 60 年代，美国建成的电站个数较多，但单个电站建设规模平均不大，电站容量多在 10 万～80 万千瓦之间。随着不断总结积累运行和建设实践经验，美国持续提升设计施工和设备制造水平，到了 20 世纪 70—80 年代，电站单机容量有了较大提升，特别是 70 年代中后期，电站容量多在 100 万~200 万千瓦之间，除特殊情况外，水头均高于 180 米。从电站建设特点来看，美国大多数抽水蓄能电站利用已建的水库作为下水库，在近高处利用有利地形筑坝形成上水库。通过优化上、下水库设置以节约投资，这是美国抽水蓄能电站建设的突出特点，但也有少数电站利用天然湖泊作下水库，或不筑坝直接以天然河流作下水库。

进入 20 世纪 90 年代以后，随着石油和天然气价格的下降以及联合循环燃气轮机（Combined Cycle Gas Turbine，CCGT）电站投资成本的大幅下降，同时环保要求愈发严格，增加了水电工程施工许可证获得难度，导致美国对抽水蓄能电站投资兴趣大减。具体表现为自 1990 年以来在美国只建成了很少的抽水蓄能电站，新建的抽水蓄能电站仅有巴德溪抽水蓄能电站（装机容量 102.8 万千瓦，1992 年建成投运）和落基河抽水蓄能电站（装机容量 84.6 万千瓦，1995 年建成投运）2 座，抽水蓄能装机容量增加值绝大多数是因为老抽水蓄能电站更新改造升级。截至 2000 年，美国抽水蓄能装机规模达到 1952 万千瓦。在持续领先全球抽水蓄能装机发展规模 20 年后，美国在 20 世纪 90 年代末被日本超过。

21 世纪的前 20 年，美国平均每 10 年增加 100 万千瓦抽水蓄能装机容量，主要来自更新改造和扩建增容。2010、2020 年美国抽水蓄能装机容量分别增加到 2054 万、2196 万千瓦，2021—2022 年基本保持不变，2022 年底达到 2200 万千瓦。2023 年美国水电市场报告显示，2010—2022 年，美国抽水蓄能装机容量增加约 140 万千瓦，其中 97% 新增容量来自对已有抽水蓄能电站的改造升级，其间仅新增装机容量为 4.2 万千瓦的奥利文海恩—霍奇斯（Olivenhain–Hodges）抽水蓄能电站 1 座。在美国处于不同发展阶段的大中型抽水蓄能电站都有若干项目等待美国联邦能源管理委员会（FREC）审核通过，但获得许可证并不意味着最终能够建成。2023 年美国水电市场报告同样显示，2020—2029 年期间大量水电建设施工许可证到期，其中包括 910 万千瓦规模的抽水蓄能电站项目，占到了已颁发许可证抽水蓄能电站项目容量的 50%，约为同时期到期的常规水电容量的 1.94 倍。

（三）日本发展历程

由于本土化石燃料资源匮乏，日本选择核电作为主要的发电来源。优先使用核能发电作为基荷，意味着必须有一定比例的气电和水电等灵活电源与之配合。出于能源安全的原因，日本选择了大容量的抽水蓄能电站来补充其核电并提供峰值电力。此外，日本也没有与周边国家进行电气互联，这也是日本抽水蓄能电站容量占比显著高于其他国家的一个原因。图 1–13 所示为日本抽水蓄能发展历程。

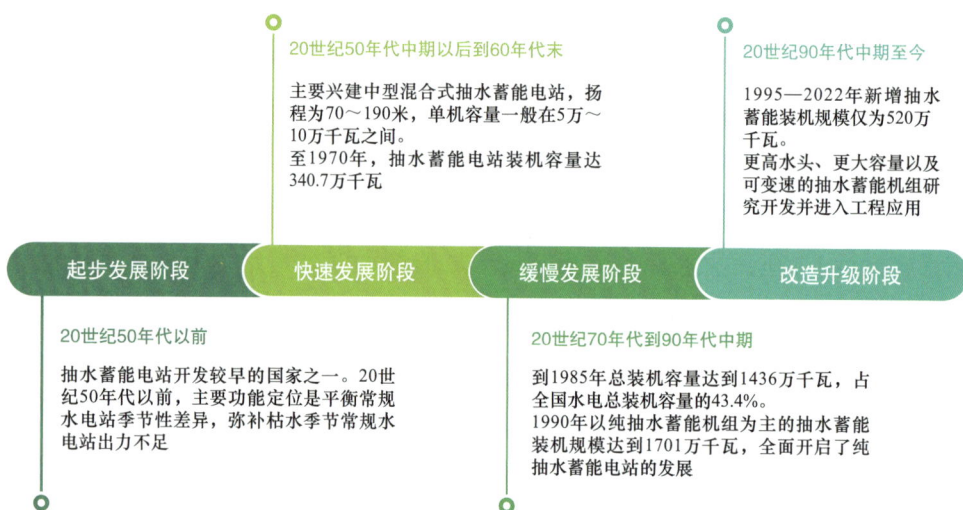

20世纪50年代中期以后到60年代末
主要兴建中型混合式抽水蓄能电站，扬程为70～190米，单机容量一般在5万～10万千瓦之间。
至1970年，抽水蓄能电站装机容量达340.7万千瓦

20世纪90年代中期至今
1995—2022年新增抽水蓄能装机规模仅为520万千瓦。
更高水头、更大容量以及可变速的抽水蓄能机组研究开发并进入工程应用

| 起步发展阶段 | 快速发展阶段 | 缓慢发展阶段 | 改造升级阶段 |

20世纪50年代以前
抽水蓄能电站开发较早的国家之一。20世纪50年代以前，主要功能定位是平衡常规水电站季节性差异，弥补枯水季节常规水电站出力不足

20世纪70年代到90年代中期
到1985年总装机容量达到1436万千瓦，占全国水电总装机容量的43.4%。
1990年以纯抽水蓄能机组为主的抽水蓄能装机规模达到1701万千瓦，全面开启了纯抽水蓄能电站的发展

图 1–13　日本抽水蓄能发展历程

日本是抽水蓄能电站开发较早的国家之一。20 世纪 50 年代以前，属于抽水蓄能第一发展阶段，主要功能定位是平衡常规水电站季节性差异，弥补枯水季节常规水电站出力不足。该阶段抽水蓄能主要开发类型为利用天然湖泊兴建的具有季调节性能的小型混合式抽水蓄能电站。1931 年建成的小口川抽水蓄能电站是日本第一座抽水蓄能电站，装机容量为 1.4 万千瓦，随后又建成了装机容量 0.23 万千瓦的池尻川抽水蓄能电站，以及装机容量 4.36 万千瓦的沼泽沼抽水蓄能电站。

与世界抽水蓄能发展趋势同频，20 世纪 50 年代中期以后到 60 年代末，日本抽水蓄能发展进入第二阶段。全国经济保持高速增长，日本社会进入电气化全盛时期，电力需求年增速超过两位数，达到 13%，同时电网负荷峰谷差持续拉大，高至 55% 左右，电力系统调峰需求急剧提升。随着火电电源规模增加，日本自 20 世纪 60 年代初进入了"火主水辅"阶段，到 1970 年，火电装机比重达 64.7%，

水电比重进一步下降到 33%，约为 1955 年的一半；同时，重油发电装机规模比重达到 41.4%，高于燃煤发电装机规模比重的 19.3%，意味着火电发电燃料以煤为主向以石油为主转变。由于水电开发经济坝址基本开发完毕，为了解决具有调节性能水电站的不足以及充分利用水电站季节性电能，主要兴建中型混合式抽水蓄能电站，普遍采用可逆式机组，扬程为 70～190 米，单机容量一般在 5 万～10 万千瓦。20 世纪 60 年代，日本抽水蓄能电站装机容量平均年增长 47.27%，为系统总装机容量增长速度的 4 倍，10 年增加了 330 万千瓦。至 1970 年，抽水蓄能电站装机容量已达 340.7 万千瓦，占总装机容量的 5%，共建成 19 座抽水蓄能电站。

进入 20 世纪 70 年代后，为配合兴建高效率大容量的火电站和发展核电站，日本对更大容量更优性能抽水蓄能电站的需求持续加大，其抽水蓄能发展进入了第三阶段。这一时期兴建的抽水蓄能电站多为水头 200～500 米、单机容量 20 万～30 万千瓦的纯抽水蓄能电站，从此日本在抽水蓄能机组最大容量、最高水头等指标方面持续位居世界最高水平，抽水蓄能技术一直引领世界抽水蓄能发展潮流。20 世纪 70 年代，日本抽水蓄能电站装机容量增加 810 万千瓦，年均增速 13%，仍高于全国水电总装机容量增速。到 1980 年，日本抽水蓄能电站总装机容量为 1078 万千瓦，占全国水电总装机容量的 37.7%；到 1985 年，日本抽水蓄能电站装机容量达到 1436 万千瓦，装机占比达 43.4%，其中百万千瓦以上规模的抽水蓄能电站达到 6 座。到 1990 年，日本以纯抽水蓄能机组为主的抽水蓄能装机容量达到 1701 万千瓦，占全国水电装机容量的 46.8%，占全国总装机容量的 10%，全面开启了纯抽水蓄能电站的发展阶段。

进入 20 世纪 90 年代中期以后，日本抽水蓄能电站建设速度大幅放缓，低增长趋势一直延续至今。1995—2022 年，日本新增抽水蓄能装机容量仅为 520 万千瓦。但随着更高水头、更大容量以及可变速的抽水蓄能机组研究开发以及工程应用，日本抽水蓄能电站研发、建设、运行、管理进入了新阶段。该阶段可变速抽水蓄能技术得以在新建电站中应用，以实现抽水工况能有效支持电网频率控制调节，可变速抽水蓄能单机容量达到 40 万千瓦级、水头达到 700 米级，特别是该阶段投运的 7 座抽水蓄能电站有 4 座安装了可变速抽水蓄能机组。2011 年以后，日本可变速抽水蓄能机组规模突破 319.7 万千瓦，约占 1990—2011 年新增抽水蓄能装机规模的 61.5%。

三、国内外发展历程总结

抽水蓄能发展阶段性特征与经济发展、能源安全、系统调峰、清洁能源消纳紧密相关。随着经济发展阶段不同，欧美等原来一度主导抽水蓄能发展长达30年之久的国家，由于工业化进程结束，电力需求增长进入平缓期，环保要求日益提高等因素，欧美国家抽水蓄能电站建设重点已从新建电站转为对老电站的更新改造和扩建增容。世界其他国家尚处于工业化进程不同阶段，重工业耗能叠加家用电器耗能，电力负荷规模和峰谷差也将持续拉大，建设抽水蓄能电站是满足电力系统多项调节需求的最佳选择。

抽水蓄能运营模式并不统一，与各个国家的电力管理体制、电力市场条件、电价疏导机制等紧密相关。全球来看，抽水蓄能电站市场化电量并不高，仅有约4%的抽水蓄能电站进入了自由竞争的电力市场。抽水蓄能电站提供的紧急事故备用、黑启动等辅助服务对电力系统安全稳定运行作用巨大，但效益难以定量确定。同时，竞争性的电力批发市场引导市场价格逼近短期边际成本，导致抽水蓄能电站通过电能量市场回收成本面临挑战。

欧洲是抽水蓄能的起源之地，其一度引领着抽水蓄能技术的发展，根据欧盟预测，欧洲未来抽水蓄能仍存较大增长空间。预计到2030年欧洲抽水蓄能较2020年水平增加1500万千瓦，到2050年增加5000万千瓦。美国为匹配核电站的快速发展，在20世纪60—90年代有过一段抽水蓄能建设的高潮，但随着燃气发电的建设，抽水蓄能发展遭遇瓶颈。近年来为应对气候变化，可再生能源不断发展，美国渐渐意识到抽水蓄能在新能源储能方面不可替代的作用，开始着手开发新的抽水蓄能项目。日本本土化石燃料资源匮乏，为确保核能发电作为基荷的使用，其一直较为重视抽水蓄能的发展，抽水蓄能电站的装机容量一直保持在世界前列。自福岛核电站事故之后，日本核电受到限制，能源发展重心开始转移到可再生能源上来，抽水蓄能电站功能定位也从主要服务核电运行消纳向兼顾可再生能源消纳方向转移。

抽水蓄能在我国发展初期，由于水头低、容量小，未能得到足够的重视。改革开放后，随着社会经济的发展，电网规模不断扩大，以火电为主的电网调峰需求突出，抽水蓄能的发展得以加快。21世纪以来，通过吸收国外先进技术和经验，我国抽水蓄能建设逐渐走上了自主发展之路。经过近60年的发展，我国抽水蓄能电站在运、在建规模均位居世界首位，在工程建设、设备制造、运行管理等方面均达到了世界先进水平。

自我国向世界作出"2030年前实现碳达峰、2060年前实现碳中和"的庄严承诺以来，一系列相关政策举措加速落地，我国能源革命的进程加速推进，对能源转型和新能源发展提出了新的要求。从发展趋势来看，未来可再生能源将成为我国能源消费的增量主体，并逐步走向存量替代。由于风、光等新能源具有随机性、波动性等特点，在可再生能源大规模开发利用下，为确保新能源规模化、高比例发展，提升新能源消纳比例、应用占比，构建以新能源为主的新型电力系统，需要统筹网、源、荷、储协调发展，对调节性电源的需求将更为迫切。

当前我国正处于能源转型和新能源发展的关键时期，为确保到2030年，可再生能源占一次能源消费比重达到25%左右，从经济性、可靠性等多因素综合分析，当前及未来一段时间内电力系统发展的调节电源主要为抽水蓄能。加快发展抽水蓄能，对于可再生能源的发展和能源结构调整，具有重大意义。抽水蓄能的长期有序开发也将是发展我国新型能源体系、新型电力系统和新型电网的重要应对策略。

抽水蓄能在新型电力系统中的功能定位

▶ 安徽响水涧抽水蓄能电站上下水库

摘 要

推动能源清洁低碳转型是实现全球应对气候变化战略目标的重要手段。由于清洁能源主要转化为电力使用，因此构建新型电力系统是推动能源转型的重要手段。我国新型电力系统具备清洁低碳、安全充裕、经济高效、供需协同和灵活智能五大特点。然而，构建新型电力系统是一个复杂而艰巨的经济社会系统工程，不可能一蹴而就，需要将顶层设计与基层实践有机结合，持续有序推进。根据初步规划，2030 年前是加速转型期，到 2045 年新型电力系统初步建成，2045—2060 年将进一步完善和巩固新型电力系统建设。

新能源为主体是新型电力系统的本质特征，随着新能源大规模接入，构建新型电力系统面临多方面挑战，包括电力供应安全保障、系统平衡调节、电网安全稳定运行、系统整体成本变化等方面。抽水蓄能单机容量大、功率成本低、服务种类多，运行安全度和环境友好度高，是大电网安全经济运行不可或缺的综合调节工具。

我国抽水蓄能的发展历程表明，其功能已从局部电网调节工具逐步演变为区域内电网调节和安全备用电源，再到保障电力安全、促进新能源消纳和服务电网灵活互联的关键。在新型电力系统的背景下，抽水蓄能的核心功能定位可总结为建设新型电力系统的关键支撑、构建风光蓄大基地的核心依托、构建流域可再生能源一体化基地的重要组成，以及规模化拉动经济发展和促进乡村振兴的重要手段。

抽水蓄能是电力系统中不可或缺的特殊生产资源，为电力系统提供源网荷储各方面的公共服务，不仅可以优化电力系统能源资源配置，改善全系统运行条件，还因其本身的绿色属性和基础设施属性，附加了巨大的生态价值和社会价值。需要指出的是，抽水蓄能站点资源属于国家稀缺资源，在项目开发过程中应加强规划布局论证，最大限度发掘其资源价值。

第一节 新型电力系统的特征

在全球共同应对气候变化的背景下，实现能源清洁低碳转型是世界各国能源发展的共同战略选择。由于清洁能源主要转化为电力使用，构建新型电力系统将是推动能源转型的重要抓手。我国新型电力系统具备"清洁低碳、安全充裕、经济高效、供需协同、灵活智能"五大特征，从当前至2060年实现碳中和目标，新型电力系统将按照加速转型期（当前至2030年）、总体形成期（2030—2045年）、巩固完善期（2045—2060年）三阶段发展路径持续深入推进。

一、新型电力系统发展背景

（一）全球能源转型趋势

全球气候变化危及地球生态安全和人类生存与发展，是当前人类面临的一个最大威胁。自1992年通过《联合国气候变化框架公约》以来，全球开展了合作应对气候变化的进程。2015年12月联合国气候变化巴黎大会成功达成《巴黎协定》，促进全球应对气候变化的新进程。

1. 全球应对气候变化形势

（1）全球气候变化趋势及影响

科学研究和观测数据表明，近百年来全球气候正在发生以变暖为主要特征的变化。2013年，政府间气候变化专门委员会（IPCC）发布第五次评估报告显示，过去3个10年地表温度连续偏暖于1850年以来的任何一个10年，另外，过去20年，格陵兰岛和南极的冰盖已大量消失，世界范围内的冰川持续萎缩，海平面上升的速度不断加快。

气候变化导致冰川和积雪融化加速，水资源分布失衡，生物多样性受到威胁，灾害性气候事件频发，给人类生活带来极大的伤害，世界经济也遭到难以挽回的损失。2016 年，英国《自然·气候变化》月刊发表的一份研究报告显示，气候变化可能给全球金融资产造成 2.5 万亿美元损失，造成损失的原因包括极端天气带来的直接破坏和由干旱、高温等导致的部分行业收入下降等。

（2）全球气候变化的主要原因

目前，全球气候变化已经成为不争的事实。关于气候变化的原因有多种观点与假说，概括起来分为自然因素与人类活动因素两大类。自然因素包括太阳活动、大气环流、海洋环流等。人类活动也在不断改变自然环境，例如，砍伐森林、开垦草原、围湖造田、修建水库、灌溉土地等各种土地利用方式极大改变了全球土地覆被状况，从而改变地表反照率和植被的蒸腾作用，直接或间接影响着区域乃至全球的气候。关于两类因素对气候变化的影响，当前专家普遍认为，工业化以前由于人类活动规模较小，全球气候变化主要由自然因素引起；但工业革命以后由于人类大规模改变土地利用格局和大量排放温室气体，人类活动越来越成为全球气候变化的主要驱动因素[1]。

在人类活动中，能源消费的碳排放又占温室气体排放的大部分。根据 2005 年 2 月 16 日生效的《京都议定书》，温室气体的构成为二氧化碳、甲烷、氧化亚氮、氢氟碳化合物、全氟碳化合物和六氟化硫 6 种。根据世界资源研究所的数据，目前全球排放的温室气体构成大致为：二氧化碳占比约 74%，甲烷占比约 17%，氧化亚氮占比约 6%，包括氢氟碳化物、全氟碳化合物和六氟化硫的其他温室气体占比约 3%。人类活动产生温室气体的四大行业为能源类、工业类、农业类和废弃物类，产生温室气体行业的比重为：能源类占比约 74%，工业类占比 6%，农业类占比 16%，废弃物类占比 4%[2]。

国际能源署（IEA）报告数据显示，2022 年，全球与能源相关的温室气体总排放量增长 1.0%，达到 413 亿吨二氧化碳当量，为历史最高水平[3]。其中，能源燃烧和工业过程产生的二氧化碳排放量，占能源相关温室气体排放总量的 89%；能源燃烧、泄漏和排放产生的甲烷占 10%，主要来自陆上油气田作业以及动力煤的生产。

[1] 郑大玮，潘志华. 怎样适应气候变化. 北京：气象出版社，2022 年。
[2] 从七幅图认识 2022 年全球的二氧化碳排放. 全说能源. 文件编号：A411/0435. 刊发时间：2023 年 5 月 15 日。
[3] 国际能源署《2022 年二氧化碳排放报告》。

（3）全球应对气候变化要求与目标

积极应对气候变化是当今世界各国携手合作的全球性、多边性、长期性重大国际事务，涉及政治、法律、经济、能源等一系列战略政策的调整。2015 年 12 月第 21 届联合国气候变化巴黎大会上，包括中国、美国在内的近 200 个缔约国代表签字一致通过《巴黎协定》，187 个国家提交了应对气候变化"国家自主贡献"文件。各方认为，《巴黎协定》的达成标志着 2020 年后的全球气候治理将进入一个前所未有的新阶段，具有里程碑式的非凡意义。

《巴黎协定》把"全球气温控制在升高 2℃以内"作为目标，并为把"升温幅度控制在 1.5℃以内"而努力。2020 年后，协议各国将以"自主贡献"的方式参与全球应对气候变化行动。发达国家将继续带头减排，并加强对发展中国家的资金和技术支持。同时，为解决各国"国家自主贡献"力度不足以实现控温目标等问题，从 2020 年后，每 5 年将有一次全球应对气候变化的总体盘点，以帮助各国提高行动力度。

《巴黎协定》开创了应对环境危机的全球治理新模式，但实现《巴黎协定》仍面临诸多挑战和艰巨任务。根据《巴黎协定》，为实现全球控制温升不超过 2℃目标，到 21 世纪下半叶全球要实现温室气体的人为排放源与吸收之间的平衡，即实现温室气体的净零排放。这也意味着到 21 世纪下半叶要结束化石能源时代，这将加速经济与能源的低碳转型步伐，各国都将面临严峻挑战。

在积极应对气候变化的全球背景下，世界各国纷纷提出温室气体减排目标。美国、德国、日本、中国四国温室气体减排目标如图 2-1 所示。我国在《强化应对气候变化行动——中国国家自主贡献》中承诺：将于 2030 年使二氧化碳排放达到峰值并争取尽早实现，2030 年单位国内生产总值二氧化碳排放比 2005 年下降

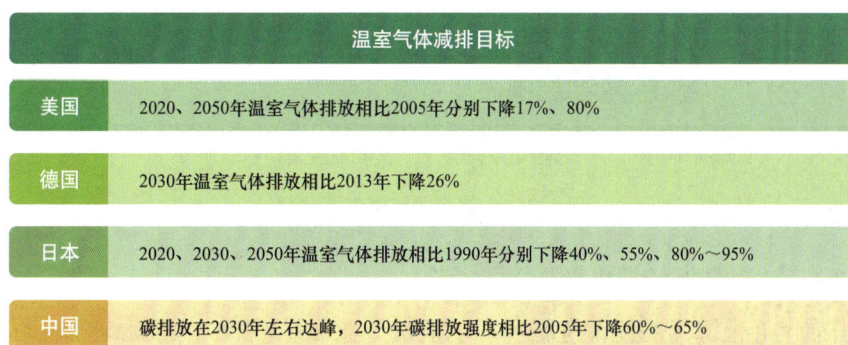

温室气体减排目标
美国　2020、2050 年温室气体排放相比 2005 年分别下降 17%、80%
德国　2030 年温室气体排放相比 2013 年下降 26%
日本　2020、2030、2050 年温室气体排放相比 1990 年分别下降 40%、55%、80%～95%
中国　碳排放在 2030 年左右达峰，2030 年碳排放强度相比 2005 年下降 60%～65%

图 2-1　美国、德国、日本、中国四国温室气体减排目标

60%～65%，非化石能源占一次能源消费比重约20%，森林蓄积量比2005年增加45亿米³左右。

2. 全球能源转型进程及未来特点

（1）全球能源转型进程及驱动因素

能源是人类生活中最重要的资源，历次工业革命对人类社会带来的大飞跃都得益于对能源的开发利用。工业革命和能源革命成为推动人类社会不断向更高阶段发展的两个车轮，破解发展危机、激发勃勃生机，促进人类文明持续发展。

随着近代工业萌芽，人类对动力的需求不断增加，蒸汽机技术的突破带来了第一次工业革命，使人类迈入工业文明，煤炭成为主要能源；随着工业的蓬勃发展，人类对能源的需求快速增加，煤炭供应难以为继，石油和天然气成为继煤炭后的主要能源，电力和内燃机的发明引发了第二次工业革命，人类社会也迅速由"蒸汽时代"进入"电气时代"；随着环境危机、能源资源危机、人口增长危机和新经济危机不断显现，以互联网经济为代表的知识经济蓬勃发展，第三次工业革命开始孕育发生，可再生能源逐渐替代传统化石能源成为主要能源，促进人与自然、人与人之间和谐共生。全球能源转型发展趋势如图2-2所示。

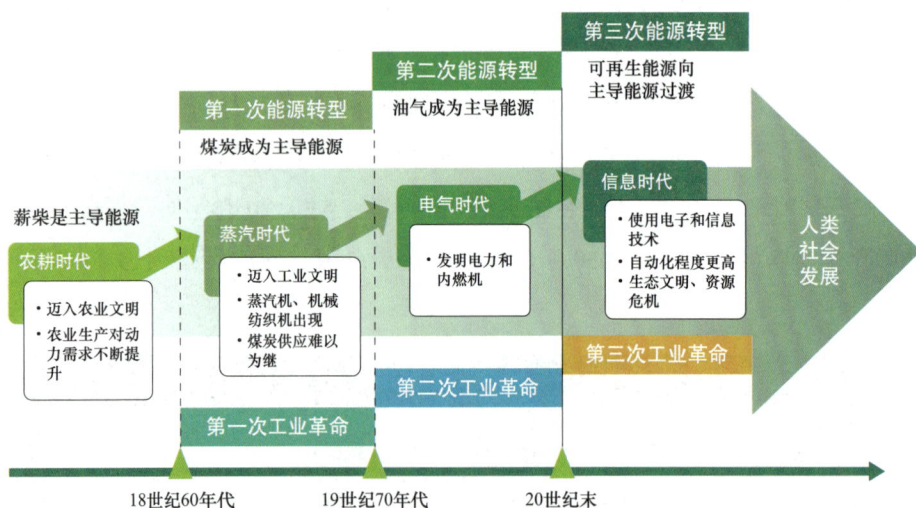

图2-2　全球能源转型发展趋势

（2）新一轮能源转型趋势及特征

当前世界范围内的能源危机和环境危机日益凸显，第三次能源转型正在孕育和发展，将推动人类能源利用从以化石能源为主向以清洁能源为主进行战略转型。

能源转型以优化能源结构、提高能源效率、促进节能降耗、共享社会资源、实现可持续发展为目标，是涵盖能源开发、生产、配置和消费的重大变革，是以低碳、清洁、高效和智慧为主要特征的清洁能源系统取代传统能源系统的过程，呈现出以下发展趋势特征：

能源生产和消费向清洁低碳化演变。为了有效应对气候变化、能源安全和环境破坏等挑战，世界各主要国家都将发展可再生能源作为重要举措。德国 2000 年通过《可再生能源法》，确立了可再生能源强制收购补贴体系，并通过投资补贴和科技创新大力推动太阳能、风能等可再生能源的推广和应用。美国奥巴马政府承诺到 2050 年将温室气体排放量在 2005 年水平上减少 83%；拜登政府上任之初，拜登即作出重返《巴黎协定》的决定，之后通过国内行政和立法，推进了一系列关键的气候变化新政策和目标。我国《中共中央　国务院关于完整准确全面贯彻新发展理念做好碳达峰碳中和工作的意见》提出，2030 年非化石能源消费比重达到 25%左右，风电、太阳能发电总装机容量达到 12 亿千瓦以上，到 2060 年，非化石能源消费比重达到 80% 以上。随着可再生能源的大规模开发利用，能源生产和消费结构向低碳清洁化转变将成为新一轮能源转型的一个必然趋势。

能源供应体系向多元化转变。新一轮能源转型中主导能源由化石能源向可再生能源转变，从可再生能源品种属性来看，水能只能转换为电力使用，可以进行水力发电的水能资源有限；风能和太阳能资源丰富，分布广泛，但是能量密度低，出力不稳定；生物质能和地热能受资源供应量和位置的限制较大，任何一种可再生能源品种都不具备成为单一主导能源的潜质。未来能源供应体系将会形成以水能、风能、太阳能、生物质能等多种可再生能源为主，以煤炭、石油、天然气、核能等为辅的格局。

数字技术和能源技术深度融合。21 世纪以来，数字、通信、互联网等新技术快速进步，能源科技创新不断发展，以能源技术为主导的传统能源体系正在发生深刻变化。一方面，随着可再生能源的大规模开发利用，风电和太阳能发电规模化并网使得传统电力系统安全稳定运行面临挑战，大规模间歇式能源的智能发电与友好并网要求能源技术与现代信息技术深度融合。另一方面，储能、电动汽车等新型用能设施在能源系统广泛应用，智慧用能、绿色能源灵活交易、能源大数据服务应用等新模式和新业态相继涌现，要实现能源智能双向按需传输和动态平衡使用，最大限度地适应新型用户接入并满足不同用户需求，需要有效利用大数据、云计算、物联网和移动互联网等数字技术。

终端用能电气化水平不断提高。电能具有清洁、高效、便捷的优势，所有的一次能源都可以转换成电能，电能又可以较为方便地转换为机械能、热能等其他形式的能源并实现精密控制，这些特性使电能在现代经济社会中得到了广泛应用。世界经济工业化和城市化水平不断提高的过程，也是电能在工业生产和居民生活中不断普及的过程。随着电能替代技术的发展和进步，通过电能满足各种能源需求，将日益成为社会生产生活方式变革的常态，电能在终端能源消费中的比重将日益提高。根据国际能源署预测，未来工业、居民等终端部门电力需求增长最快，采暖和交通领域电能应用范围不断扩大，推动电力在终端能源消费中的比重持续提升。

（二）我国能源转型面临的挑战

1. 碳排放情况

我国是能源生产与消费大国，2020年，我国温室气体排放总量为139亿吨二氧化碳当量，占全球排放总量的27%；二氧化碳排放总量为116亿吨，其中能源活动排放的二氧化碳量约101亿吨，占全球能源活动排放量的30%左右。

美国、英国、德国等发达国家当前已处于工业化后期，第二产业占比大体处于30%以下（见图2-3），经济增长与碳排放脱钩，二氧化碳排放已经达峰并稳步下降。当前，我国尚处于工业化的中后期，产业结构偏重，第二产业占比保持在

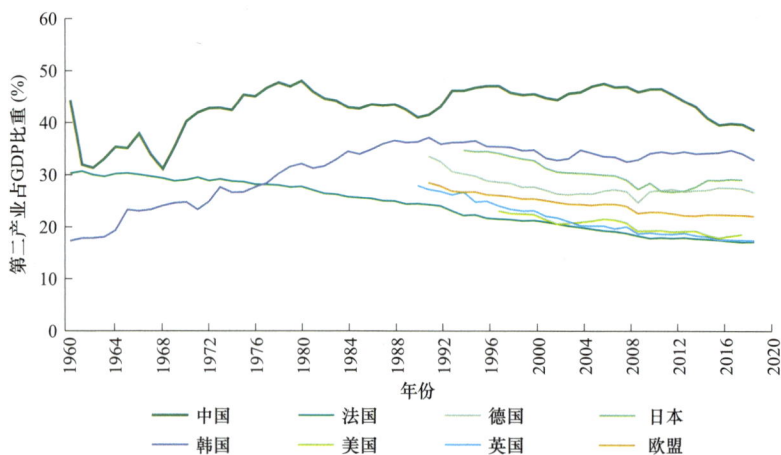

图2-3 全球主要国家第二产业占GDP的比重

40%以上，经济发展与碳排放尚存在强耦合关系。未来一段时期内能源需求还会增加，相关碳排放也会继续增长。

2. 油气对外依存度

我国油气对外依存度屡创新高，2023 年石油、天然气对外依存度分别攀升至 70% 和 40%，国际公认的安全警戒线为 50%。海上运输通道是我国目前最主要的油气进口通道。我国 80% 以上的原油进口依赖连接印度洋与太平洋的马六甲海峡，38% 海运途经霍尔木兹海峡。对海上咽喉要道的依赖构成我国能源安全的薄弱环节。

3. 能源消费结构

当前，我国化石能源消费占一次能源消费的比重超过 80%，单位能源的二氧化碳排放比世界平均水平高约 30%；我国煤炭消费占一次能源消费的比重仍近 56%，比全球平均水平的 27% 仍然高 29%，人均煤炭消费是世界平均水平的 10 倍以上。2000—2021 年，我国煤炭消费总量增长近 210%，在主要发达国家积极推动"去煤化"趋势下，作为全球煤炭生产消费第一大国，我国面临进一步强化煤炭减量替代、调整优化能源结构的巨大压力。

我国及全球主要国家地区煤炭消费占一次能源消费比例如图 2-4 所示。

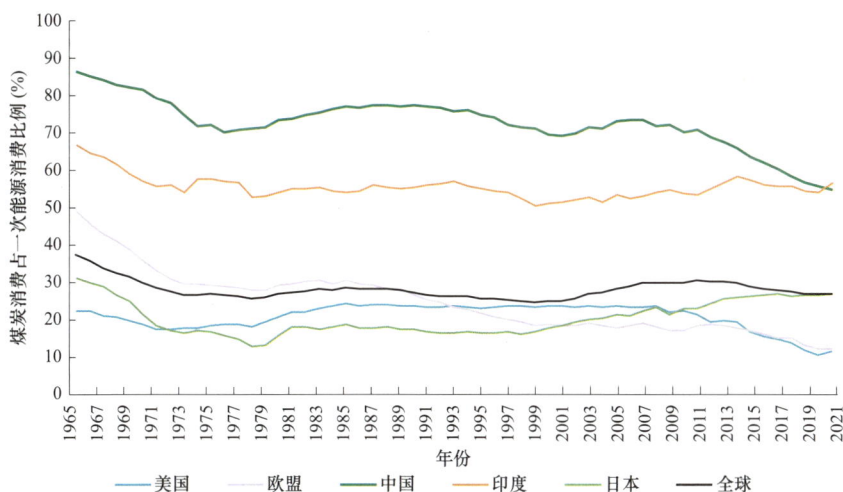

图 2-4　我国及全球主要国家地区煤炭消费占一次能源消费比例

4. 与国外相比实现碳中和目标的挑战

从各国碳排放轨迹看，欧洲多数发达国家碳排放在 20 世纪七八十年代即已达峰，美国碳排放在 21 世纪初已经达峰。从各国 / 地区提出的碳中和目标年份看，芬兰、奥地利、瑞典宣布在 2035—2045 年间实现碳中和，欧盟各国、英国、日本、韩国等宣布在 2050 年实现碳中和。我国要在 2030 年前实现碳达峰，2060 年实现碳中和，相比发达国家 50～70 年的过渡期，只有不到 30 年时间，这意味着我国碳排放下降的速度和减排的力度要比发达国家大得多。

全球主要国家碳达峰之后的碳减排斜率测算如图 2-5 所示。

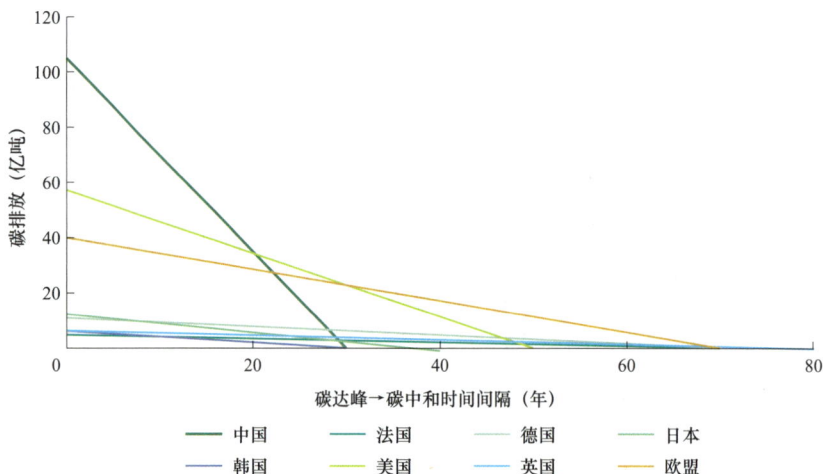

图 2-5　全球主要国家碳达峰之后的碳减排斜率测算

5. 能源效率

我国快速工业化发展形成的产业结构特点导致了总体能耗水平偏高，钢铁、有色、建材、化工等高耗能产业用能约占能源消费一半。虽然近些年我国能源强度大幅下降，但比起发达国家和世界平均水平仍有较大差距，由于产业结构偏重、投资占比偏高，我国单位 GDP 能耗约为经济合作与发展组织（简称经合组织，OECD）国家的 3 倍、世界平均水平的 1.5 倍，下降空间仍然较大❶。

6. 能源"不可能三角"

我国推进能源转型面临能源安全、环境可持续和能源公平的"不可能三角"的挑战（见图 2-6）。能源安全方面，随着新能源大规模快速发展，电力电量平

---

❶ 国家发展改革委."十四五"规划《纲要》主要指标之 14：单位 GDP 能源消耗降低.发布时间：2021 年 12 月 25 日。

衡、系统运行稳定、电力调控管理、关键矿物原料的供应保障等面临新的挑战。环境可持续方面，我国实现"双碳"目标时间紧、难度大，以煤为主的能源资源禀赋带来较大的碳排放压力，目前技术条件下新能源大规模开发利用受区域环境和基础设施承载力的限制，大量新能源设备退役后如果得不到及时回收也可能引发环境问题。能源公平方面，新能源大规模开发、煤炭清洁高效利用及碳捕集、利用与封存等降碳措施将推动能源供应成本上升。能源发展的不同区域间、群体间、代际间的公平问题正在受到更多关注❶。

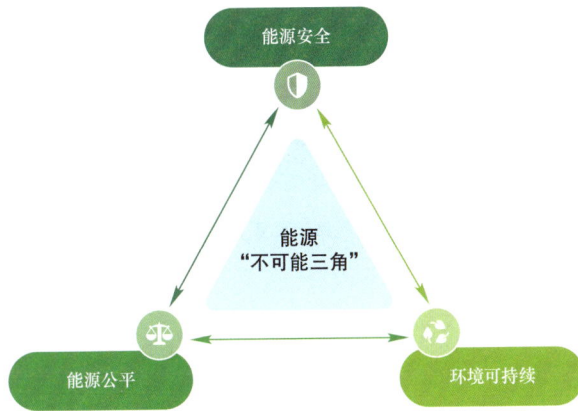

图 2-6　能源"不可能三角"

7. 电力行业面临的转型挑战

电力领域是我国最主要的碳排放部门，占能源活动二氧化碳排放的 40% 左右，未来电力行业还将承接其他行业用能转移，碳排放占比继续上升。电力行业的化石能源替代减排是我国实现"双碳"目标的重要抓手，但新能源跨越式高速发展将给电力系统规划、运行、管理和安全稳定控制带来全方位新挑战，包括电力平衡难度加大、电网运行特性更为复杂、主网与微网形态演化过程难以预测、系统运行效率和智能化水平亟待提高、用能成本降低总体要求与系统成本上升整体趋势存在矛盾等。

---

❶　辛保安. 新型电力系统与新型能源体系. 北京：中国电力出版社，2023 年。

（三）我国电力系统未来发展趋势

应对气候变化背景下，以风、光发电作为电量主体的高比例新能源电力系统成为未来蓝图，我国电力系统在源网荷储各环节的功能和特性都将发生重大调整。未来电力系统发展趋势及结构特点见表 2-1。

表 2-1　　　　　　　　　　未来电力系统发展趋势及结构特点

系统环节	发展趋势	结构特点
电源侧	逐渐成为以清洁能源为主的多元供给体系	风、光成为电量供应主体，其他电源高度灵活可控
电网侧	逐渐发展为柔性开放的能源互联网	源端汇集—本地—外送多功能深度耦合；受端"空心化"、低惯量特点凸显
负荷侧	逐渐建成以电为核心的综合能源消费体系	有大量低弹性负荷与高弹性负荷，电力与其他用能需求深度耦合
储能侧	逐渐演变为跨能源领域的灵活调节体系	长期储能和季节性储能得到发展，涵盖多能源形式，储能规模较大

1. 电源侧

随着新能源技术水平和经济性大幅提升，风能和太阳能利用实现跃升发展，未来新能源占比将进一步攀升。预计 2030 年我国风电、光伏发电装机容量达 15 亿~17 亿千瓦，发电量超 2.7 万亿千瓦时，约占总发电量 25%；2060 年我国风电、光伏发电等新能源发电装机占比将达 70% 以上，发电量占比达 60% 以上，成为主体电源。

2. 电网侧

电力是新能源最为便捷高效的利用方式。通过多传感、大数据、智能管控等技术，新型电力系统能够高效集成各种分布式能源，同时担当分级分层能源设施的"神经"和"骨架"，加速实现系统智能调度及市场自由交易，逐渐发展为柔性和开放的能源互联网。

3. 负荷侧

预计 2030、2060 年我国电能占终端能源消费比重达 33%、60% 以上。分布式电源、储能、虚拟电厂、电动汽车反向放电等逐步推广，部分负荷将由"纯用户"转变为"电力产消者"，平抑峰谷差。随着需求响应交易模式更加丰富，能源消费侧从单一供用电模式向电热冷气综合能源模式转变。

4. 储能侧

作为应对新能源并网问题的有效解决措施，储能技术不仅可与风、光、水、火各类电源有效结合，还可作为电网与天然气网络、供热系统、电气化交通网等其他网络的连接桥梁，成为能源互联网中能源供需互动的核心环节，实现能源经济稳定高质量发展。

（四）构建新型电力系统的作用和价值

1. 助力"双碳"目标实现

通过加快构建适应新能源占比逐渐提高的新型电力系统，能更高效推进清洁能源在能源生产侧的替代，以及更大范围推进电能在能源消费侧的替代，通过电网这一枢纽平台，加快高碳电力系统向低碳或零碳电力系统转变，这是确保实现"碳达峰、碳中和"不可或缺的环节。

2. 保障国家能源安全

能源安全关系国家安全，我国油气对外依存度较高，给我国整体能源安全带来了较大的压力。构建新型电力系统，通过新能源快速发展并在未来成为电力、电量供给主体，并在终端用电能大规模替代工业、交通、建筑领域的石油、天然气直接消费，将大幅降低我国油气对外依存度，显著提高能源安全保障能力。

3. 推动生态文明建设

我国能源领域二氧化碳排放规模占全国全部二氧化碳排放规模的 80% 以上，我国生态文明建设以降碳为重点战略方向，构建新型电力系统要求大力发展风电、太阳能发电等非化石能源，能够有效推动能源领域降碳。

4. 推动经济高质量发展

一方面，新型电力系统有利于推动我国西部北部丰富的风电、光伏发电资源开发利用，保障工业发达地区用电安全及更多采用绿色电力，在欧美等国逐步开始实施碳关税的背景下，使我国制造业等相关产业在国际上更具竞争优势。另一方面，新型电力系统涉及多项逐步成熟和正在研发的关键技术，其规划和建设还将有效带动相关原材料、电力设备、电力电子器件、系统设计和施工等产业链上下游企业技术创新和升级改造，提升我国自主工业技术水平。

二、新型电力系统特征概述

2023 年 7 月，中央全面深化改革委员会第二次会议进一步明确新型电力系统的内涵，强调加快构建清洁低碳、安全充裕、经济高效、供需协同、灵活智能的新型电力系统（见图 2-7）。

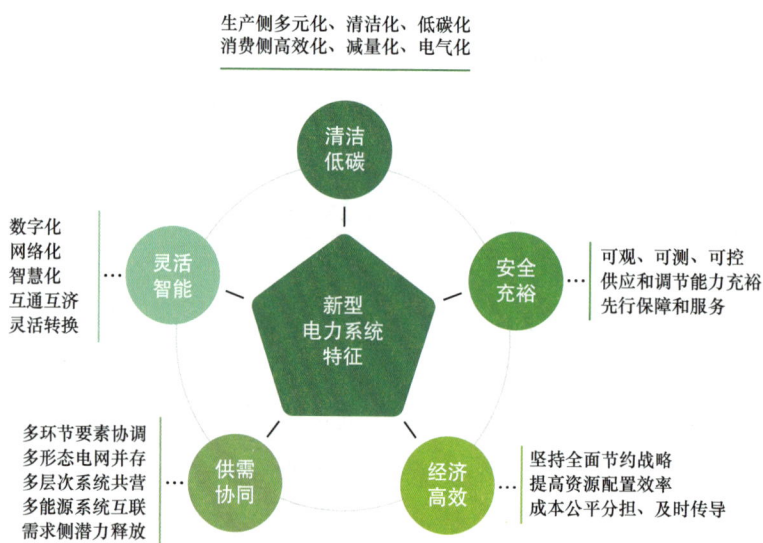

图 2-7　新型电力系统特征

（一）清洁低碳

清洁低碳是构建新型电力系统的核心目标。新型电力系统中，核、水、风、光、储等多种清洁能源协同互补发展，非化石能源发电将逐步转变为装机主体和电量主体，电力系统碳排放总量逐步达到"双碳"目标要求。电能替代在工业、交通、建筑等领域得到较为充分的发展，电能逐步成为终端能源消费的主体，助力终端能源消费的低碳化转型。

（二）安全充裕

安全充裕是构建新型电力系统的基本前提。新型电力系统具有足够的备用容量、足够的灵活调节资源，保证电力供应和系统调节能力充裕。新型电力系统具有规模合理、结构坚强的大电网，交流、直流各电压等级协调发展，分布式新能源、微电网实现可观、可测、可控，能够抵御自然灾害和人为破坏，具有较强的自我修复和应急响应能力。另外，电力系统上下游产业链安全稳定运行，自主可控性强。

（三）经济高效

经济高效是构建新型电力系统的必然要求。在物理层面，新型电力系统拥有源网荷储互动、多能协同互补的资源配置平台，实现能源电力资源的优化配置，提高能源利用效率，降低整体能源成本。在市场层面，建设统一开放、竞争有序、安全高效、治理完善的全国统一电力市场体系，促进各类资源、各类服务合理配置。在机制层面，通过完善价格机制、健全市场监管，实现转型成本的公平分担和合理传导。

（四）供需协同

供需协同是构建新型电力系统的必然要求。面对能源转型的绿色低碳趋势和新能源发电的迅猛增长，加之气候变化带来的来水、一次能源供应等不稳定因素，电力供需两侧的不确定性显著上升。为了应对这些全局性和系统性的挑战，必须采取系统化的思维方式，强化电源、电网、负荷和储能的协同作用，促进多种能源的互补利用，以及不同主体间的协调互动，确保新型电力系统的稳定和高效运行。

（五）灵活智能

灵活智能是构建新型电力系统的重要支撑。不同类型机组的灵活发电技术、不同时间尺度与规模的灵活储能技术、柔性交直流等新型输电技术广泛应用，支撑高比例新能源接入系统和外送消纳。同时，随着分布式电源、多元负荷和储能的广泛应用，终端负荷特性由传统的刚性、纯消费型，向柔性、生产与消费兼具型转变，源网荷储灵活互动和需求侧响应能力不断提升。辅助服务市场、现货市场、容量市场等多类型市场持续完善、有效衔接融合，体现灵活调节性资源的市场价值。

三、新型电力系统发展路径

新型电力系统发展路径可分为加速转型期、总体形成期和巩固完善期，见图2-8。

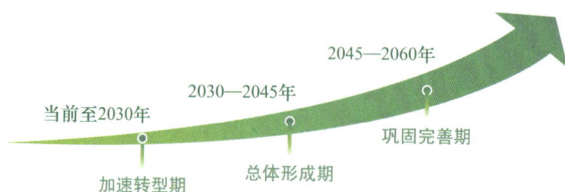

图2-8　新型电力系统发展路径

（一）加速转型期（当前至2030年）

新型电力系统发展以支撑实现"碳达峰、碳中和"为主要目标，加速推进能源清洁低碳化转型。

电力消费新模式不断涌现，终端用能领域电气化水平逐步提升。新能源跨领域融合、负荷聚合服务、综合能源服务等贴近终端用户的新业态新模式不断涌现。电能在工业、建筑、交通等重点用能领域的替代"提速扩围"，终端用能电气化水平提升至35%左右。

碳达峰战略目标推动非化石能源发电快速发展，新能源逐步成为发电量增量主体。在坚持生态优先、确保安全的前提下，结合资源潜力持续积极建设陆上和海上风电、光伏发电、重点流域水电、沿海核电等非化石能源。通过提升功率预测准确度、配置储能、智慧化调度等手段提升新能源规模，装机占比超40%，发电量占比超20%。

煤电作为电力安全保障的"压舱石"，向基础保障性和系统调节性电源并重转型。作为电力系统中的基础保障性电源，2030年前煤电装机容量和发电量仍将适度增长。为支撑"双碳"目标和系统稳定运行，煤电机组通过节能降碳改造、供热改造和灵活性改造"三改联动"，实现向清洁、高效、灵活转型。

储能多应用场景多技术路线规模化发展，重点满足系统日内平衡调节需求。以压缩空气储能、电化学储能、热（冷）储能、火电机组抽汽蓄能等为主的多种新型储能技术路线并存，依托新能源配建储能、电网侧独立储能、用户侧储能削峰填谷等模式，在源、网、荷各侧布局应用，满足系统日内调节需求。

数字化、智能化技术助力源网荷储智慧融合发展。"大云物移智链边"等数字化技术，以及工业互联网、数字孪生等智能化技术在电力系统源网荷储各侧逐步融合应用，推动电力发输配用向全面感知、双向互动、智能高效转变。

全国统一电力市场体系基本形成。电力市场建设逐步完善，统一开放、竞争有序、安全高效、治理完善的全国统一电力市场体系基本建成。各市场主体在安全保供、成本疏导等方面形成责任共担机制,促进源网荷储挖潜增效。

(二)总体形成期(2030—2045 年)

在此阶段,碳中和目标推动电力系统清洁低碳化转型提速,大型清洁能源基地的开发完成,新能源发展重点转向增强安全可靠替代能力和积极推进就地就近消纳利用,新型电力系统总体形成。

电源低碳、减碳化发展,新能源逐渐成为装机主体电源,煤电清洁低碳转型步伐加快。水电发展增速放缓,核电装机规模和应用领域进一步拓展,新能源发展进一步提速。依托燃煤耦合生物质发电、碳捕集利用与封存(CCUS)和提质降碳燃烧等清洁低碳技术的创新突破,加快煤电清洁低碳转型步伐。

电网稳步向柔性化、智能化、数字化方向转型,大电网、分布式智能电网等多种新型电网技术形态融合发展。跨省跨区电力流达到峰值,支撑新能源并网。电网实现全面柔性化,新型输电技术广泛应用并支撑大电网与分布式智能电网兼容并蓄。智能化、数字化技术如大数据、云计算、5G、数字孪生、人工智能广泛应用于智慧化调控体系,满足分布式发电、储能和多元化负荷的发展需求。

用户侧低碳化、电气化、灵活化变革方兴未艾,全社会各领域电能替代广泛普及。虚拟电厂、电动汽车、可中断负荷等用户侧优质调节资源参与市场化交易,用户侧调节能力大幅提升。各领域、各行业先进电气化技术及装备水平进一步提升,工业领域电能替代深入推进,交通领域新能源、氢燃料电池汽车替代传统能源汽车。电能在终端能源消费中逐渐成为主体。

规模化长时储能技术取得重大突破,满足日以上平衡调节需求。新型储能技术路线多元化发展,以机械储能、热储能、氢能等为代表的 10 小时以上长时储能技术攻关取得突破,实现日以上时间尺度的平衡调节,推动局部系统平衡模式向动态平衡过渡。

(三)巩固完善期(2045—2060 年)

随着支撑新型电力系统构建的重大关键技术取得创新突破,以新能源为电量供给主体的电力资源与其他二次能源融合利用,助力新型能源体系持续成熟完善。

电力生产和消费关系深刻变革,电氢替代助力全社会碳中和。交通和化工等领域广泛推广绿电制氢、制甲烷、制氨等技术。电力用户成为既消费电能又生产电能

"产消者"，在系统中发挥平衡调节作用。在冶金、化工、运输等领域，氢能作为清洁能源补充，与电能共同构建以电氢协同为主的终端用能形态，推动深度脱碳。

新能源持续高质量发展，逐步成为发电量结构主体电源。依托储能、构网控制、智慧集控等技术的创新突破，新能源普遍具备可靠电力支撑、系统调节等重要功能，逐渐成为发电量结构主体电源和基础保障性电源。增强型干热岩发电、可控核聚变等颠覆性技术有望实现突破并逐步实现商业化推广应用，为电力系统提供长期稳定安全的清洁能源输出，助力碳中和目标实现。

新型输电组网技术创新突破，电力与其他能源输送深度耦合协同。新型输电技术如低频输电和超导直流输电支撑网架薄弱地区新能源的开发外送需求。交直流大电网与分布式智能电网并存，提升电力系统的供应安全性、灵活性和韧性。技术进步推动能源与电力传输的协同，未来可能实现输电与输气一体的"超导能源管道"，引领能源传输领域的变革。

多类型储能技术如储电、储热、储气和储氢的协同运行，极大提高能源系统的灵活性。以上技术结合长时储能如液氢、液氨和压缩空气储能，在容量、成本和效率上取得重大进展，满足可再生能源的大规模调节和存储需求。通过在电力系统中整合这些技术，可以解决新能源季节性不均衡输出问题，实现电力系统跨季节的动态平衡，显著提升能源系统的运行灵活性和效率。

第二节　新型电力系统的调节需求

随着能源转型的推进，电力供应保障难度不断增加，系统调节能力严重不足，电网安全稳定运行风险持续加大，系统整体成本上升，现有基础理论与工程技术难以满足转型需求。必须高度重视电力系统面临的问题与挑战，大力发展储能技术，发挥储能电力保供、灵活调节和稳定支撑作用，助力构建新型电力系统。与其他新型储能相比，抽水蓄能单机容量大、功率成本低，运行安全度和环境友好度高，兼具调峰、调相和黑启动等多种功能，是大电网安全经济运行不可或缺的综合调节工具。

一、电力系统面临的挑战

随着电力系统物质基础与技术基础发生快速而深刻的变化，电力可靠供应、新能源消纳、电网安全运行等问题更加突出，未来电力系统面临巨大挑战。

（一）电力供应安全保障问题

新能源具有天然随机性和波动性，对电力支撑能力弱，同时能量密度较低，"大装机、小电量"特点明显，随着装机规模不断增长，对电力电量平衡的影响愈加明显，以新能源为供给主体的新型电力系统面临电力供应安全保障方面的巨大挑战。

1. 保障供应充裕的基础理论面临挑战

保障电力供应充裕，满足社会经济发展需要，是电力系统的基本职责。传统电力系统以火电机组为主导电源，发电能力相对确定，电能供应的充裕度相对容易保证。"双碳"目标下，以新能源为主体的新型电力系统一次能源供应严重依赖于风、光等可再生能源资源禀赋和气候/天气条件，在全球气候变化及可再生能源大规模开发背景下，可再生能源资源禀赋能否保障电力电量供应，存在两方面问题：一是资源储量够不够的问题，即如何对可再生能源资源禀赋进行准确评估；二是如何进行合理规划以保障电力系统在长期运行中始终能保证供应充裕度。在此场景下，传统资源禀赋评估理论和规划理论难以适用。

（1）可再生能源资源禀赋评估理论

全球气候变化及可再生能源大规模开发背景下，在长达数十年的时间尺度上，风、光等可再生能源资源禀赋会逐渐演化。根据气象记录数据估算，中国1981—2015年88米高度的平均风速每10年下降可达0.2~0.3米/秒，年总辐射量也呈逐年下降趋势。按照资源禀赋恒定不变的静态方式进行评估，可能出现较大偏差。当前可再生能源资源禀赋的多时空尺度特征方面的研究多为结合历史数据分析资源储量、波动分布等特征，缺少未来资源禀赋演化趋势的研究；现有研究集中于对资源均值的建模，缺少偏差分析，而资源禀赋相对均值的偏差，特别是极端场景，将直接影响系统规划和运行方案的技术经济性和可行性。此外，资源禀赋决定了可再生能源开发规模，可再生能源的大规模开发也会改变地表粗糙度、反照率、边界层高度等，并在资源转化为电能的过程中吸收大气动能和太阳能，从而对局地气候产生显著的反作用，进而影响资源禀赋本身，这一交互作用机理尚不明确。

（2）规划理论

可再生能源占比的提升过程具有明显的路径依赖性。现有的包含可再生能源的规划工具，或沿用水电的建模方式考虑总电量的平衡，或采用可信容量将可再生能源规划转为确定性的问题。这些方法难以考虑影响可再生能源占比提升路径的重要因素，如供需双侧动态匹配机制，以及规划决策和不确定性的耦合关系等。可再生能源的开发规模、输出功率在不同时间尺度和空间尺度上都受可再生能源资源禀赋、气候／天气条件以及系统运行的制约和影响，具有多时空尺度耦合的特性。传统电力系统中，可再生能源占比较低，规划中的不确定性主要来自设备的强迫停运、水文预报的不确定性、负荷的波动等与规划决策无关的因素，采用随机规划、鲁棒优化和机会约束优化等方法可以有效求解。然而，在新能源主导系统中，规划决策本身也会对系统不确定性产生显著影响（例如，规划的风电场容量和位置最终影响到运行中的不确定性的大小和分布，进而影响到该规划决策下的充裕度），传统规划理论难以处理此类问题，规划结果难以保证系统的充裕度。

2. 新能源低出力时保障供应难度大

随着新能源发电快速发展，可控电源占比下降，新能源"大装机、小电量"特性更加突出，出力的随机波动性对电力电量平衡影响更大。高比例新能源情景下，风光低出力时保障电力供应的难度极大。

从全年看，新能源对电量平衡具有一定支撑，但难以有效纳入电力平衡。据统计，国家电网经营区新能源出力低于装机容量15%的时长约占全年的一半，高于35%的时长仅为370小时，不足全年的5%。从日内看，新能源对电力平衡支撑作用不稳定，冬季晚高峰时段保供难度最大。据统计，负荷早高峰正值光伏大发，新能源出力超过其平均值的时间占九成，对电力平衡具有一定的支撑作用。负荷晚高峰，光伏出力接近于零，风电出力超过一半时间低于其平均值，电力支撑能力不足。特别是冬季晚高峰，水电枯水期出力大幅受限，近九成时间新能源出力低于其平均值，是全年电力平衡最困难、保供难度最大的时段。2021年1月7日，受大范围寒潮天气影响，全国用电需求骤然攀升，晚高峰最大负荷达11.89亿千瓦，而新能源出力不足装机容量的6%，全网出现供电缺口。在碳中和阶段，火电占比将进一步下降，新能源装机规模继续提升，负荷仍将保持一定增长，实时电力平衡保障难度巨大。

3. 罕见天象、极端天气下保障供应难度更大

日食等罕见天文现象将显著影响新能源出力，2020 年 6 月 21 日下午，我国南方地区出现日环食，西藏电网光伏出力最大下降 92%。随着全球变暖和气候异常加剧，飓风、暴雪冰冻、极寒极热无风等极端天气事件不断增多增强，超出现有认知。2020 年 11 月 17 日，国家电网经营区出现大范围阴雨天气，当日光伏发电最大出力 2635 万千瓦，不足全年平均出力的一半，仅占光伏发电装机容量的 13%；2021 年 7 月 28 日，东北电网出现大范围极热无风天气，当日负荷创夏季新高，风电出力最低仅 3.4 万千瓦，同时率不足 0.1%。罕见天象与极端天气具有概率小、风险高、危害大的显著特征，在新能源高占比情景下影响极大，供电保障成本极高。

（二）电力系统平衡调节问题

电力系统发用电必须实时平衡，目前主要通过调节火电等可控电源出力跟踪负荷变化实现。新能源发电具有不确定性大的特点，以新能源为供给主体的新型电力系统在电力系统平衡调节方面面临巨大挑战。

1. 供需平衡基础理论面临挑战

随着新能源占比持续升高并最终占主体地位，电力系统的形态及运行特征与传统电力系统将产生显著差异，供需平衡基础理论面临挑战，具体体现在：

（1）系统供需平衡方式由单向匹配变为双向匹配

传统承担调节任务的常规电源占比降低，新能源电源将成为系统平衡任务的主要承担者。负荷侧电动汽车、微电网以及采暖 / 制冷型负荷等可调节负荷的数量激增，成为系统平衡的重要灵活性资源。在此情景下，系统平衡机制将由"确定性发电跟踪不确定负荷"转变为"不确定发电与不确定负荷双向匹配"。电力电量平衡机理将向概率化、多区域、多主体的源网荷储协同的平衡模式转变。此外，电力电量平衡在不同时间尺度将凸显不同矛盾，呈现弃电与缺电风险并存的特点。长时间尺度凸显电量不平衡，新能源电量分布与负荷需求存在季节性不匹配，亟须加强跨省跨区互联，打造大范围资源优化配置平台，转向电、氢、热、气跨能源平衡；短时间尺度凸显电力不平衡，通过火电"退而不拆"，预留足够的可靠电力容量，保障电力供应安全可靠。

（2）系统供需平衡受到气候 / 天气等外部条件的严重制约

在双向平衡方式下，高度不确定的供需双侧的运行特性均受到气候 / 天气条件

的显著影响。特别是随着全球气候变化，极端的气象／天气事件频繁出现，为系统平衡带来巨大困难，运行风险显著增加。近年来，国内外一些新能源占比较高的电网已经出现由于气象／天气原因导致的停电事故，造成严重的经济社会损失，2021年初美国得州停电事故就是典型案例之一。2021年2月8日美国得州由于低温风电出力大幅下降1700万千瓦，且风电企业为降低成本并未给风机的涡轮安装防寒措施，导致在温度降至0℃以下时即使风资源有所恢复，风机出力仍受限制。图2-9所示为得州停电事件期间电源发电能力变化。

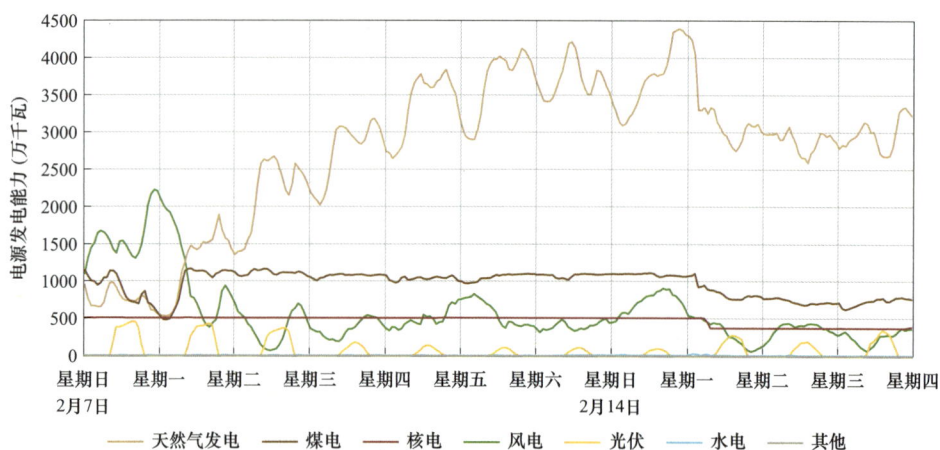

图 2-9　得州停电事件期间电源发电能力变化

（3）系统运行中的不确定性对运行决策产生明显的依赖性

在新能源为主体的电力系统中，系统平衡调节灵活性主要由可再生能源电源和可调节负荷提供，它们自身都具有高度不确定性。调节资源自身的不确定性导致运行决策在试图抑制不确定性造成的运行风险的同时，也对不确定性本身产生影响，这一特点显著区别于传统电力系统。决策依赖的不确定性不但导致系统运行风险产生的机理发生改变，还极大增加了运行决策复杂性和困难度。现有的电力系统运行决策理论主要考虑决策无关不确定性因素，无法有效处理决策依赖的不确定性问题。

2. 日内调节需求大幅增加

新能源出力随机波动性需要可控调节资源的快速、深度调节能力予以抵消。图 2-10 所示为 2021 年国家电网经营区风电 36 小时出力波动。

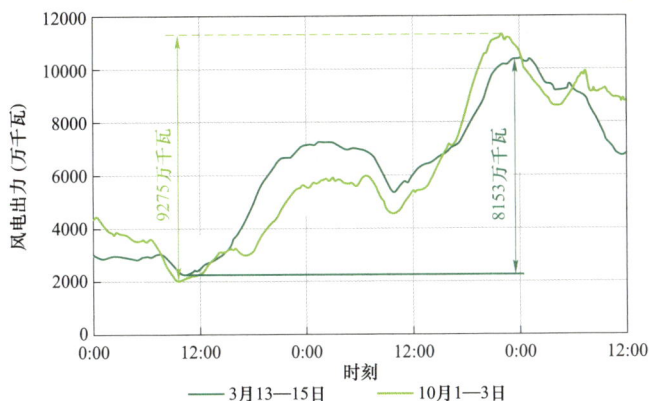

图 2-10　2021 年国家电网经营区风电 36 小时出力波动

近期来看，电力系统现有调节能力已基本挖掘殆尽，但仍需要更高的调节能力以满足新能源消纳需求。据测算，"十五五"末仅国家电网经营区最大调节需求为 9 亿~10 亿千瓦，需要新增大规模调节能力来解决电网安全和新能源消纳等问题。远期来看，新能源成为主力电源后，为满足用电需求必须超量装机，新能源出力可能远大于负荷。按照装机测算，2060 年新能源瞬时出力可能远超负荷，依靠占比不断下降的常规电源及有限的负荷侧调节能力无法满足日内消纳需求。国际能源署的研究表明，随着新能源或者非化石能源比例的增加，全球能源系统要实现净零排放，目前电力系统的灵活调节能力需要提高 4 倍，才能支撑未来系统的稳定、可靠、灵活供应。

3. 远期季节性调节需求增大

新能源出力季节特性与负荷特性匹配度不高，据统计，夏季 7—8 月用电高峰期，风电"极热无风"特点突出，光伏受雨季影响明显，平均出力均不足其装机容量的 15%，对用电支撑能力不足；冬季 1 月和 12 月用电高峰期，风电、光伏平均出力均低于全年平均水平，同时水电处于枯水季节，平均出力约是夏季的 1/3，电力整体保供能力弱于夏季。与此相反，春秋两季处于年度用电低谷，新能源普遍大发（约六成发电量集中在春秋两季），消纳难度加大。

在新能源高占比情景下，季节性消纳矛盾将更加突出。初步测算，2060 年春季将火电、核电出力长期压减至最低水平后，仍将出现电量富余。现有的电化学储能、抽水蓄能等储能技术只能解决日内调节问题，难以应对高比例新能源情景下中长期电量平衡问题。

(三) 电网安全稳定运行问题

高比例新能源和电力电子动态设备接入系统后，电网特性发生深刻变化，安全稳定运行面临巨大挑战。

1. 传统安全问题长期存在

在未来相当长的时间内，电力系统将仍然以交流同步电网形态为主。交流电力系统的功角、频率、电压稳定仍然需要同步电源维持，但随着新能源大量替代常规电源，维持交流电网安全稳定的物理基础被不断削弱。

（1）频率控制能力下降

新能源发电通过电力电子换流器并网，转动惯量很小或者没有转动惯量，使得系统总体惯量不再随规模增长，甚至呈下降趋势，恶化了系统应对功率缺额和功率波动的能力。在同等规模的扰动下，高比例新能源电力系统将发生更大幅度的频率变化，极端工况甚至会触发低频减载、高周切机、新能源孤岛保护等安稳系统、保护装置动作，造成严重后果。

（2）电压调节能力下降

新能源机组接入低电压等级，与主网电气距离是常规机组的 2~3 倍，而常规机组被新能源机组替代，使得主网电压支撑空心化。新能源集中开发并通过直流送出的开发模式下，直流换相失败、新能源低电压穿越等强非线性响应行为相互作用，导致暂态电压大幅变化，交流短路容量不足时电压协调控制十分困难。高比例直流受电地区同时存在大规模分布式新能源装机，动态无功支撑能力不足，存在电网崩溃风险。

（3）功角稳定面临挑战

新能源集中开发并通过直流送出，单回特高压直流输送功率已达千万千瓦级，直流故障对交流电网冲击较大，对交流电网强度提出了更高要求。电力电子设备的电磁暂态过程对同步电机转子运动产生深刻影响，电力系统过渡过程更加复杂，例如锡林郭勒盟、陕北等新能源和常规火电通过交直流系统联合送出，风机低穿特性对火电机群的功角稳定特性产生深刻影响，需要对风机控制参数进行协调优化。

2. 新的问题不断涌现

新能源自身的特性带来了新的稳定问题，在高比例接入场景下更为突出。

（1）新能源耐受能力不足导致连锁故障风险增加

风电、光伏发电等新能源机组涉网性能标准偏低，其频率、电压耐受能力与常规火电机组相比较差，事故期间容易因电压或频率异常而大规模脱网，引发连锁故障。西北电网在风电规模化开发初期，大扰动事故导致的风机连锁脱网事件频发，2011 年 4 月 17 日，甘肃酒泉地区干西二风电场因站内 35 千伏馈线电缆头击穿、母线起火导致电压波动，累计造成敦煌、瓜州地区 702 台风电机组脱网，损失出力 100.62 万千瓦，系统频率最低降至 49.815 赫兹。2019 年 8 月 9 日，英国电网一次常见的交流线路单相接地故障，导致海上风电场、分布式电源在数十秒内发生 6 次连锁脱网，进而引发大面积停电事故，包括首都伦敦在内的大片地区受到影响，波及约 100 万用户。

（2）出现新形态稳定问题

电力电子装置具有快速响应特性，在传统同步电网以工频为基础的稳定问题之外，引入了宽频振荡等新的稳定问题，电力系统呈现多失稳模式耦合的复杂特性。尤其是在弱交流系统环境下，如果新能源机组控制参数设计不合理，容易出现振荡失稳。电网实际运行中，在新疆、甘肃、宁夏、河北等风电富集地区，多次监测到由风机产生的次同步谐波。与传统电网中同步、异步概念不同，电力电子装置诱发次同步 / 超同步振荡后，可能仍会挂网运行，持续威胁电网安全运行。2015 年 7 月 1 日，新疆哈密山北地区风电机组持续产生次同步谐波，花园电站机组轴系次同步扭振保护动作，导致 3 台 66 万千瓦机组相继跳闸。

（四）系统整体成本变化问题

当前对新能源利用成本的评估往往仅考虑场站侧，忽视了为接纳新能源需付出的系统成本，带来了一系列问题，比如新能源规划与电力系统整体规划不匹配不协调、显著增加电网投资、影响输配电价水平、抬高用户用能成本等，进而影响新能源可持续发展。

据测算，综合考虑灵活性电源投资 / 改造成本、系统调节运行成本、大电网扩展及补强投资、接网及配网投资等 4 类系统成本，新能源系统成本随新能源电量渗透率不断提高而陡增，当前渗透率 10% 是临界点，渗透率水平超过 10% 以后，系统成本呈现快速增长趋势。当新能源电量渗透率分别达到 15%、25% 左右时，系统成本约是 10% 的 2.4 倍、4 倍。新能源系统成本随新能源渗透率变化曲线如图 2-11 所示。

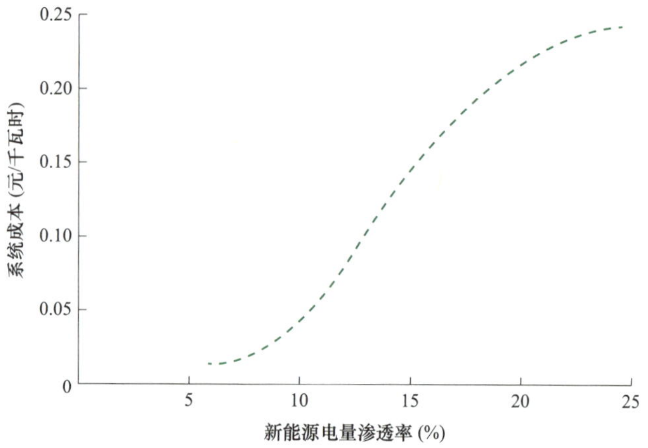

图 2-11　新能源系统成本随新能源渗透率变化曲线

"双碳"目标下，未来我国新能源仍处于大规模发展阶段，新能源场站成本下降值低于系统成本增加值，两者无法实现对冲，必然推高终端用户成本，需要借鉴德国等国家成熟经验，在综合考虑场站成本和系统成本的基础上，推动全社会形成共识，通过市场竞争机制共担绿色发展成本，最终体现在终端电价的形成之中。

二、抽水蓄能的调节能力

提升电力系统调节能力是推动新能源大规模高比例发展的关键支撑，是构建新型电力系统的重要内容。从现有技术条件看，除新建电源自带的调节能力外，系统灵活调节电源主要包括煤电灵活性改造、抽水蓄能、电化学储能。其中，煤电灵活性改造是目前最成熟、最经济、最便捷的增加系统调节能力的途径。根据 2024 年 1 月印发的《国家发展改革委　国家能源局关于加强电网调峰储能和智能化调度能力建设的指导意见》，到 2027 年存量煤电机组实现"应改尽改"。据测算，现役机组中具备"应改尽改"条件的煤电总规模在 5 亿～7 亿千瓦之间，扣除已经实施改造的煤电机组 3 亿千瓦，2024—2027 年仍需改造 2 亿～4 亿千瓦 ❶，按照灵活性

---

❶ 到 2027 年存量煤电机组实现"应改尽改"——煤电机组灵活性改造有了新目标，《中国能源报》（2024 年 3 月 25 日第 10 版）。

改造平均提升机组调节能力 20% 测算，2024—2027 年通过灵活性改造可提升 4000 万~8000 万千瓦调节能力，这一调节能力增量远远无法满足每年新增 2 亿千瓦新能源带来的调节需求。因此，必须大力发展包含抽水蓄能和新型储能在内的各类储能技术。

按照不同能量转换方式，在电力系统应用的储能可分为物理（机械）、电化学、电磁、热能和化学储能等五种类型。物理储能方面，主要包括抽水蓄能、压缩空气储能、飞轮储能等技术。电化学储能方面，主要包括铅炭电池、锂离子电池、液流电池、钠硫电池等技术；电磁储能方面，主要包括超导磁储能、超级电容器等技术；热能储能方面，主要包括显热储能、潜热储能、化学储热等技术；化学储能方面，主要包括电制氢、电制合成天然气等技术。从技术性、经济性和应用性等方面针对不同储能技术开展对比分析。

（一）储能的技术性分析

根据调研分析，将电力系统应用需求，选择集成功率等级、持续放电时间、循环次数、响应速度 4 个指标，作为储能本体的关键技术性指标，见表 2-2。

表 2-2　　　　　　　　　　储能本体的关键技术性指标

指标名称	指标值	说明
集成功率等级	储能系统的总功率	反映储能系统的额定功率等级
持续放电时间	电池以一定电流连续放电的时间	反映储能系统运行过程中单次连续放电的时间
循环次数	在一定工况条件下，电池在一定放电深度条件下充放电次数	以充放电作为一个循环，该指标反映电池充放电的次数
响应速度	从空载状态到正常运行时的响应速度	反映储能系统从启动到运行至额定功率的速度

对于抽水蓄能，主要表现为储能容量大（电站规模 120 万~360 万千瓦），使用寿命长（设计寿命 40 年，水工建筑物 50 年以上），运行性能稳定，能量转换效率 75%~85%，响应速度较快（秒级），日调节一般为 5~6 小时。主要布局在新能源开发集中、消纳困难的西部和北部地区，以及受端直流落点、负荷水平高的东部和中部地区。主要功能是为大电网安全运行提供有效的转动惯量和频率支撑，并兼具调峰、调相和黑启动等多种功能，是大电网安全经济运行的综合调节工具。

对于其他类型储能，技术发展水平各有不同，在功率等级、持续放电时间、循环次数、响应速度方面均有差异。几类典型大容量储能的关键技术性参数对比见表 2-3。由表 2-3 可知，飞轮储能、电池储能、电容储能等在功率等级、持续放电时间等关键技术性指标上不及抽水蓄能。

表 2-3　　　　　　　不同储能的关键技术性指标性能对比

储能类型	功率等级	持续放电时间	循环次数	响应速度
抽水蓄能	100 兆瓦 ~ 3 吉瓦	1 ~ 24 小时以上		约 1 分钟级
传统压缩空气储能	5 ~ 300 兆瓦	1 ~ 24 小时以上		约 1 分钟级
超临界压缩空气储能	1.5 ~ 100 兆瓦	1 ~ 24 小时以上		约 1 分钟级
高速飞轮储能	0 ~ 20 兆瓦	毫秒 ~ 分钟	百万次以上	毫秒级
传统铅蓄电池	0 ~ 20 兆瓦	秒 ~ 小时	200 ~ 800 次	< 10 毫秒
铅炭电池	0 ~ 20 兆瓦	秒 ~ 小时	1000 ~ 3000 次	< 10 毫秒
锂离子电池	0 ~ 32 兆瓦	秒 ~ 小时	3000 ~ 6000 次	毫秒级
全钒液流电池	0.03 ~ 10 兆瓦	秒 ~ 小时	> 10000 次	秒级
锌溴液流电池	0.05 ~ 2 兆瓦	秒 ~ 小时	5000 次	秒级
钠硫电池	0 ~ 50 兆瓦	毫秒 ~ 小时	4500 次	毫秒级
超级电容	0 ~ 10 兆瓦	毫秒 ~ 分钟	百万次以上	毫秒级
超导储能	10 ~ 100 兆焦	秒级	百万次以上	毫秒级

（二）储能的经济性分析

从电网应用来看，功率成本、能量成本是需要关注的两个关键指标，同时大规模的储能系统还要考虑相应的运行维护成本。此外，充放电能量转换效率、自放电率也是影响用户使用成本的关键因素。因此，根据电力系统应用需求，选择功率成本、能量成本、运维成本、充放电能量转换效率、自放电率等 5 个指标，作为储能本体的关键经济性指标，见表 2-4。

表 2-4　　　　　　　储能本体的关键经济性指标

指标名称	指标值	说明
功率成本	服役年限内单位功率的投资成本	反映以功率计算的储能系统建设投资成本
能量成本	服役年限内单位能量的投资成本	反映以能量计算的储能系统建设投资成本

指标名称	指标值	说明
运维成本	储能系统在服役年限内的运行维护成本	反映储能系统在运行期间所需要增加的成本
充放电能量转换效率	储能系统满放电量与满充电量的比值	反映储能系统充放电的综合效率
自放电率	在一段时间内，常温放置条件下，电池在没有使用的情况下，自动损失的电量占总容量的百分比	反映电池未进行充放电期间，电池由于内部发生副反应而引发的自损耗

功率成本：在各类储能技术路线中，抽水蓄能功率成本较低，为6000～7000元/千瓦；全钒液流电池、锌溴液流电池、钠硫电池功率成本相对较高，目前功率成本均超过10000元/千瓦，其中，全钒液流电池功率成本最高，接近20000元/千瓦；其次为铅炭电池、压缩空气储能和超导储能，功率成本为6000～10000元/千瓦；锂离子电池和飞轮储能功率成本可低于3000元/千瓦；超级电容器功率成本低于500元/千瓦。

能量成本：在各类储能技术路线中，抽水蓄能能量成本最低，约为0.7元/瓦时；超级电容器储能和超导储能的能量成本很高，目前能量成本均超过10元/瓦时，超导储能甚至达到900元/瓦时；飞轮储能、全钒液流电池能量成本相对也比较高，为3.5～4.5元/瓦时；压缩空气储能、锌溴液流电池、钠硫电池能量成本为2.0～3.0元/瓦时；铅炭电池能量成本较低，为0.8～1.3元/瓦时。

运维成本：在各类储能技术路线中，抽水蓄能运维成本相对较低，约为200元/千瓦；超导储能运维成本非常高，达到800～900元/千瓦；钠硫电池、锌溴液流电池运维成本相对较高，为400～800元/千瓦；高速飞轮、超级电容和传统铅蓄电池运维成本最低，均在100元/千瓦以下；锂离子电池、铅碳电池运维成本为100～800元/千瓦。

充放电能量转换效率：在各类储能技术路线中，抽水蓄能能量转换效率处于中等偏上水平，为75%～85%。压缩空气储能的能量转换效率相对较低，仅略高于50%。高速飞轮储能、锂离子电池、超级电容、超导储能能量转换效率比较高，均超过90%。铅蓄电池、液流电池、钠硫电池能量转换效率为75%～85%。

自放电率：在各类储能技术路线中，抽水蓄能、钠硫电池、超导储能不存在自放电，高速飞轮储能自放电率很高，锌溴液流电池自放电率10%/月，其他电池自放电率较低，每月为1%～2%。

（三）储能的应用性分析

储能的应用受外部条件的制约，主要包括配置灵活性、选址自由度、环境友好度、运行安全度，见表2-5。配置灵活性、选址自由度、运行安全度决定储能的应用范围，环境友好度决定储能技术可持续发展能力。

表2-5   储能本体的关键应用性指标

指标名称	定义
配置灵活性	以电池系统进行进一步配组及安装的难易程度作为评判标准（包括硬件和软件）
选址自由度	以系统安装选址的难易程度，包括占地面积、空间、地理位置、环境等作为评判标准
环境友好度	在制造、安装、运行、维护和回收的全寿命周期内，是否会对环境造成污染作为评判标准
运行安全度	在运行环节，是否易发生爆燃而具有危险性

从配置灵活度方面看，抽水蓄能配置灵活度不足。液流电池具有独立的系统功率和容量，可以灵活配置，可通过添加或减少电解液罐进行合理配置，便于与其他储能技术根据实际需求进行组合设计；铅蓄电池的维护较为简单，质量稳定，可任意放置，同样便于进行储能系统的设计与组装。

从选址自由度方面看，抽水蓄能选址受限因素多，建设周期长。电化学储能技术对安装环境的要求较低，且对环境友好、易于组装，因此，其对选址的外部环境要求较低。先进铅蓄电池不受选址限制，可以大规模应用于住宅、社区、微电网等领域；液流电池可以根据实际需求进行设计、组装及安装，但相比锂离子电池和铅蓄电池对选址要求较高。

从环境友好度方面看，抽水蓄能属于清洁能源，不存在环境污染问题。锂离子电池的制造和系统集成过程封闭操作，自动化水平高，对环境影响小，动力锂离子电池的梯次利用（电动汽车—储能—备用电源）也是环境友好度的体现；钠硫电池的原料不含重金属、生产制造过程对环境影响小，并且正常情况下，废旧电池中的钠和硫可实现回收；全钒电池的电解液可长期使用，无污染排放，对环境友好；铅蓄电池中的铅虽然会造成环境污染，但在正常操作过程中并不会外泄，并且可以通过建立回收体系控制污染。

从运行安全度方面来看，抽水蓄能运行安全度高。从电池储能来看，影响电池安全事故的因素应包括电池的品种、设计水平、生产质量、总容量、使用时间的长短、安全措施的有效性、使用的合理性、其他（意外）因素等，其中电池的品种最为根本。锂离子电池中的电解液是用易燃的溶剂配制而成，正、负电极上的氧化剂和还原剂只隔一层约 20 微米厚的隔膜，电池组又是在高电压、大电流下运行，在达到一定温度时氧化剂和还原剂均易与电解液发生大量生热的化学反应。铅酸电池在过度充电时会发生水电解成氢气和氧气，不过这个问题已经解决得比较好，是目前安全性很高的电池。液流电池近些年发展迅速，得益于其使用水电解液而具有极低的爆燃危险性。钠硫电池要求在高温运行，安全性相对不高。

　　总体来看，抽水蓄能技术成熟、寿命较长、安全性高、污染风险小，且单机容量大，能够提供转动惯量和电压支撑，对系统的支撑作用强，适宜在系统级调控领域发挥作用，为电力系统提供大规模调峰、调频、电压支持、紧急事故备用、黑启动等服务，是大电网安全稳定运行的重要保障。

第三节　抽水蓄能的功能定位

　　抽水蓄能具有调峰、调频、调相、储能、系统备用、黑启动六大功能，与其他储能手段相比，拥有容量大、工况多、速度快、可靠性高、经济性好五大技术优势，可发挥调节、安全、储能三大作用。随着电力系统规模的扩大和升级、负荷的增加，特别是能源结构与电力生产方式的清洁化，抽水蓄能以其特有的技术优势，总能找到适应新情况、解决新问题的定位。在当前电力系统迫切转型、新能源大规模发展、储能技术尚未实现质变的形势下，抽水蓄能仍然是强化电力系统调节能力的主要手段，在新型电力系统中迎来更广阔的发展空间。

一、功能定位演进

抽水蓄能的发展和功能定位与不同时期电力系统特点和调节需求息息相关。自 1968 年国内首座抽水蓄能电站建成投产至今，在 50 多年的建设和发展历程中，抽水蓄能的功能定位也在不断演进。

（一）第一阶段：局部地区电力系统的调节工具

1949—1978 年，我国电力系统的主要任务是加快建立电力工业体系，提高电力自主建设能力。该时期电网的特点是小机组、低电压、省内联网，电力供需主要在省内平衡。在水电受到资源限制和防洪灌溉功能限制的情况下，抽水蓄能应运而生，当时抽水蓄能的服务定位是局部地区的电网调节工具，发挥调峰填谷功能，替代水电调峰，为电力系统提供成本低廉的尖峰电量，减少火电机组被迫开停调峰和压负荷运行的燃料费用。代表性的抽水蓄能电站有河北岗南、北京密云抽水蓄能电站。

早期的抽水蓄能电站在局部区域内起到了提高供电质量、提高电力系统经济性和节能减排的多重作用。以河北岗南抽水蓄能电站为例，电站依托岗南水库而建，岗南水库是以防洪、灌溉为主的综合利用水库。按照"以水定电"原则，岗南常规水电机组只能季节性发电，在冀南电网需要调峰容量时无法满足相应需求。岗南抽水蓄能电站的建设有效解决了防洪、灌溉和发电的矛盾，有效重复利用了部分水能资源，在当时火电容量高达 95% 的冀南电网起到了良好的调峰填谷作用，提高了火电经济运行水平。需要指出的是，该时期抽水蓄能电站装机占比相对较小，所承担的作用还相对有限。

（二）第二阶段：区域电力系统的调节工具和安全备用电源

1979—2000 年，我国经济加快发展，电力需求快速增长，电力系统的主要任务是解决电力供应长期紧缺问题。该时期电网的主要特点是大机组、高电压、省间联网，电力供需主要在区域内统筹平衡。抽水蓄能电站在电网中有两个鲜明功能：一个是配合火电、核电等经济运行，另一个是政治保电。抽水蓄能电站的服务定位是区域内的电网调节工具和安全备用电源，通过"以发定抽"式调峰填谷、调频、调相、安全备用等功能，支撑火电、核电运行，保障电网安全稳定。代表性的抽水蓄能电站有北京十三陵、广东广州、浙江天荒坪等抽水蓄能电站。

该时期我国电力系统迅速发展，工业及商业用电等需求快速增长，电力供应长期紧缺，供需矛盾尖锐、峰谷差持续扩大，而以化石能源为主的电源结构调峰手段严重不足。一批大中型抽水蓄能电站兴建，主要用于南方、华东和华北等经济发展较快且以火电为主的负荷中心调节。早期电网的"就地生产、就地消纳、就地平衡"逐步转变为"区域生产、区域消纳、区域内统筹平衡"，抽水蓄能也以省内、区域内利用为主，根据电网的不同情况，各电站的具体应用场景开始出现差异。从配合火电、核电经济运行角度看主要有两个，分别是广东广州抽水蓄能电站和浙江天荒坪抽水蓄能电站。广东广州抽水蓄能电站为广州大亚湾核电站的配套工程，是我国第一座高水头、大容量的抽水蓄能电站，早期调峰填谷高效配合核电运行，并解决广东电网、香港九龙电网调节需求。浙江天荒坪抽水蓄能电站的主要任务也是调峰填谷，配合华东地区火电运行，提高火电运行效率。

从政治保电角度看，北京十三陵抽水蓄能电站最主要的定位是作为华北地区特别是北京地区最重要的安全备用电源。广东广州抽水蓄能电站也在服务香港地区稳定供电中发挥了重要作用。

（三）第三阶段：保障大电网安全运行、服务新能源发展与消纳的重要手段

2001—2020 年，随着中国经济的迅速腾飞和电网形态的不断演变，电力系统主要任务是满足电力供应和优化结构并重。在电网安全可靠运行、优化资源配置、消纳新能源三方面的压力下，电网对抽水蓄能的需求也日趋多样，抽水蓄能独特的储能特性日益得到发挥，低频切泵 / 高频切机等灵活调节性能日益受到重视。抽水蓄能机组已接入各区域电网系统保护，具备快速切泵功能，可助力系统大功率缺失下的安全稳定运行。同时，抽水蓄能机组配合新能源调相运行也更加频繁。通过"以抽定发"式填谷调峰、调频调相、低频切泵 / 高频切机、安全备用等功能，承担区域联网 / 特高压安保、新能源消纳、提升全系统性能等任务。代表性的抽水蓄能电站主要是"十三五"期间兴建的区域化服务大型抽水蓄能电站。

（四）第四阶段：新型能源体系和新型电力系统的重要支撑

2021年以后，随着我国能源绿色低碳转型和新型电力系统建设进程加速推进，风电、光伏发电等新能源大规模、高比例发展，已成为新增电力装机的主体。截至2024年11月底，全国全口径发电装机容量32.3亿千瓦，其中并网风电4.9亿千瓦，并网光伏发电8.2亿千瓦。全国并网风电和光伏发电合计装机规模从2023年底的10.5亿千瓦，连续突破11亿、12亿、13亿千瓦大关，2024年11月底达到13.1亿千瓦，同比增长35.1%，占总装机容量的比重为40.6%，同比提高6.6个百分点。仅2024年前11个月，新增并网光伏发电装机容量2.1亿千瓦，占新增发电装机总容量的比重达到67.7%。未来，我国新能源发电仍将保持高速发展的态势。

我国新能源资源主要集中在西北和西南地区，而资源消费区主要集中在中东部地区，基于上述特有国情，新能源集中开发、远距离外送成为支撑新型电力系统建设的必然途径，一大批以沙漠、戈壁、荒漠地区为重点的大型风电光伏基地和主要流域水风光一体化基地相继布局并实施，已成为未来我国新能源规模化开发的主阵地。抽水蓄能凭借其大规模储能能力和灵活调节的优势，在保障新能源集约化开发和安全稳定外送方面价值持续凸显，已成为服务新能源大基地高质量开发最经济的"压舱石"。此外，随着抽水蓄能在全国范围内加快实施，其产业链带动作用及与地方经济发展融合效果不断显现，围绕抽水蓄能构建"抽水蓄能＋旅游""抽水蓄能＋康养"等"抽水蓄能＋"模式，已成为推动地方经济发展和促进乡村振兴的重要手段。新阶段，抽水蓄能承载着建设新型电力系统的关键支撑、构建风光蓄大基地的核心依托、构建流域可再生能源一体化基地的重要组成、规模化拉动经济发展和促进乡村振兴的重要手段四大功能定位。

二、新型电力系统下抽水蓄能功能定位

构建新型电力系统是推动可持续发展、实现"双碳"目标的重要举措。抽水蓄能作为新型电力系统的重要组成部分，在能源清洁低碳转型发展过程中充当着重要角色，如图2-12所示。

图 2-12　新型电力系统下抽水蓄能功能定位

（一）建设新型电力系统的关键支撑

在新型电力系统中，抽水蓄能的调节、安全和储能作用将愈加重要和突出。调节作用方面，新型电力系统中新能源发电占比很高，源荷双侧随机，系统波动性大，系统平衡调节面临很大困难。抽水蓄能电站具有双向、双倍调节以及快速的变负荷能力，可显著提升电力系统有功调节在可调度性、容量、速度等方面的能力，增强系统应对波动、快速爬坡和保障平衡的能力，是调度机构有力的管理工具，是系统有功调节重要的"平衡节点"。

图 2-13 所示为华北电网（含蒙西电网）2024 年 4 月某日区域内各类型电源运行出力统计情况。

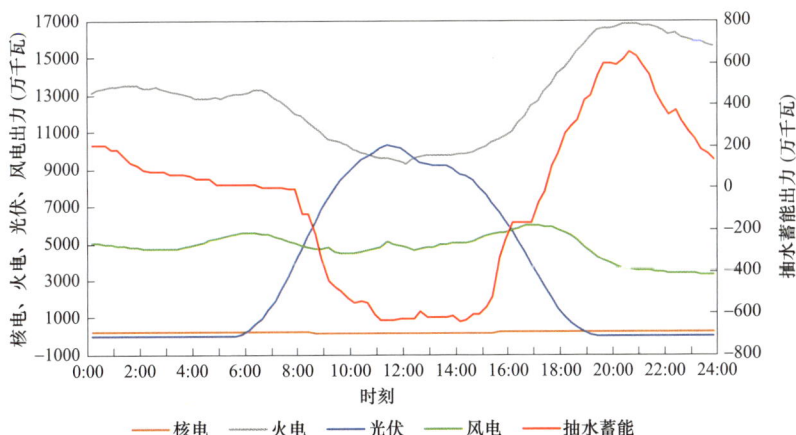

图 2-13　华北电网（含蒙西电网）2024 年 4 月某日各类型电源出力曲线

由图 2-13 可看出，抽水蓄能与火电的出力曲线走势基本一致，均起到系统调节电源的作用。午间光伏大发时段，抽水蓄能以抽水工况运行，为华北电网提供638万千瓦（最大）的负荷，配合光伏消纳；用电晚高峰时段，抽水蓄能以发电工况顶峰运行，为华北电网提供655万千瓦（最大）的调峰容量。

安全作用方面，充足的系统惯量和动态有功/无功支撑能力是同步交流电力系统安全稳定运行的基本要求，是保障电力系统本质安全的重要基础。在中东部直流受端、高比例受电地区，在西部新能源基地、直流送端地区，抽水蓄能机组以常规同步电源、大型调相机等方式运行，可有效保证电力系统自身内在的"强度"，确保直流、新能源场站短路比等满足要求，增强系统的弹性和韧性，显著提升新型电力系统本质安全水平；凭借优异的调节性能、切泵工况机组安全经济等特性，抽水蓄能电站是电网大功率缺失情况下维持频率稳定、快速恢复频率，以及消除断面越限的有效手段。同时，抽水蓄能电站蓄能可靠，机组启动迅速、调节灵活，是电网首选的黑启动电源，可为保障极端事故下的电力系统快速有序恢复提供有力支撑，极大提升新型电力系统的故障防御处置能力。

储能作用方面，新型电力系统中发电"双峰"❶与用电"双峰"❷错位，未来净负荷将呈现典型的"鸭型曲线"，午间和夜间时段，系统储能需求很大。同时，新能源基地化开发并依靠特高压线路送出将成为我国新能源发展的一种重要模式。抽水蓄能是目前唯一可以实现百万千瓦级的储能方式，电站群同新能源等联合优化运行，通过规模化储能和发电，可实现能量时移和调剂余缺，提升系统对电能的时空优化配置能力，有效解决新能源在运行过程中导致的电力不稳定和丰枯矛盾，对于提高新能源消纳、保障输电大通道送出电力稳定等意义重大。

（二）构建风光蓄大基地的核心依托

大力发展新能源是能源绿色低碳转型的重要选择，重点是全面推进风电、光伏发电大规模开发和高质量发展，加快建设风电和光伏发电基地。为降低基地发电侧的弃风和弃光率，维持电网稳定运行，风光基地需配备储能装置。相比其他储能手段，抽水蓄能在技术经济、绿色环保、转化效率、惯量支撑等方面具有显著的综合优势，与风光等新能源联合运行效果最优，是构建风光蓄大基地的核心依托。

---

❶ 夜间风电高峰、午间光伏高峰。
❷ 早高峰、晚高峰。

（三）构建流域可再生能源一体化基地的重要组成

依托流域水电开发，充分利用水电灵活调节能力，在合理范围内配套建设一定规模的新能源发电项目，打造流域可再生能源一体化基地，这是新时期可再生能源基地化规模式发展的必由之路。流域内抽水蓄能电站是流域水电调节能力的重要组成，尤其对于常规水电装机规模偏小、调节能力不足的流域，采用"水风光蓄"一体化开发创新模式，可进一步优化可再生能源一体化基地资源配置、调度运行和消纳，进而提高可再生能源综合开发经济性、通道利用率，提升开发规模、竞争力和发展质量。

（四）规模化拉动经济发展和促进乡村振兴的重要手段

抽水蓄能电站分布广、工程规模大、总投资高、经济拉动效应明显，在电站建设期可通过直接投资拉动经济增长，提升电力、交通等基础设施水平，带动就业、改善民生；电站建成后可带动旅游等产业发展和产业结构升级，增加地方财税收入。综合来看，发展抽水蓄能是当前扩大有效投资、保持经济平稳增长的重要手段，是与地方经济社会发展深度融合的重要举措，是近远期统筹经济发展和"双碳"目标的重要选择。

🌿 第四节　抽水蓄能的价值

为应对全球气候变化，实现"碳达峰、碳中和"目标，大规模开发可再生能源，尤其是风光资源成为必然选择。与此同时，风电和光伏发电都具有随机性、间歇性、波动性等特点，要构建以高比例新能源为重要特征的新型电力系统，必须有足够的系统灵活调节能力。基于我国资源禀赋和分布情况，发展抽水蓄能是支撑可再生能源规模化发展、推动能源清洁转型升级的重要途径。抽水蓄能是电力系统中一种不可或缺的特殊生产资源，依托于电力系统的调节能力客观需求而存在，具有资源价值、经济价值、生态价值、社会价值等多种价值。

一、资源价值

我国幅员辽阔、万里山河，地形高低起伏，山地、高原和丘陵约占陆地面积的 67%，抽水蓄能电站的建设条件得天独厚。根据初步普查，我国抽水蓄能站点资源约为 16 亿千瓦 /100 亿千瓦时，相当于全国常规水电技术可开发量的 2 倍多，是世界抽水蓄能全部已建规模的 10 倍左右。同时，我国抽水蓄能的站点资源和需求呈现出非常显著的正相关性。经济最发达、电力需求最旺盛的地方主要集中在东南地区，抽水蓄能最好的站点资源也恰恰在这个区域。北京、天津、河北、山东等经济重地，以燕山、太行山脉为其屏障，山东丘陵为其腹心，优质站点资源也十分丰富，可以为电力系统建设提供坚强支撑，为新能源发展提供灵活调节能力。

虽然我国具备大规模发展抽水蓄能的资源潜力，但抽水蓄能站点选择受制于外部环境因素，主要包括高差、地形、岩性、水源、交通条件等，地理位置、自然条件优良的站址有限。应清楚地认识到，和煤炭、石油及常规水电资源一样，抽水蓄能站点资源存在越开发越稀缺的情况，其站点资源本身属于国家的稀缺资源。我国抽水蓄能经过 20 多年的系统性开发，地理位置优越、地质条件好、水头段合适的优质站点资源大部分已得到利用。随着经济社会发展和市场价格水平变化，现阶段抽水蓄能站点资源的技术经济指标总体偏高。分析全国"十四五"新核准的抽水蓄能项目，站点资源特点总体表现出地形地质条件差、造价指标高等特征。后续抽水蓄能项目开发过程中，应充分重视抽水蓄能电站的规划选点与布局，创新设计思路，以最大限度发挥好、利用好抽水蓄能站点资源价值。

二、经济价值

抽水蓄能是一种经济资源。与其他常规电源不同，抽水蓄能主要为电力系统提供调节服务。抽水蓄能可以把低价值能源转换成高价值能源，可以优化系统能源资源的利用，实现对不同价值、不同质量电能的时空移动，可以产生比其消耗的能源多得多的经济价值。

抽水蓄能启停时间短、调节速度快，具有双倍于额定容量的调节能力，可以快速大范围调整出力，能适应系统负荷急剧变化和断面潮流变化。抽水蓄能具备灵活、快速、宽幅的无功调节能力，通过自动电压控制功能实现无功自动跟踪调节，缓解新型电力系统中日益复杂无功平衡问题。一台30万千瓦的抽水蓄能机组运行过程中，其转动部件还可为系统提供7000~9000吨·米^{2}的机械转动惯量，有力增强系统抗扰动能力，改善系统动态和静态频率稳定性能。抽水蓄能还具备负荷属性，可缓解传统负荷的刚性，提升网荷互动能力和需求侧响应能力。抽水蓄能与其他各类新型储能技术协同配合，实现功能互补，还可进一步提升电力系统整体灵活调节能力。抽水蓄能具有源网荷储协同优势，可以有效改善源、网、荷、储各环节运行条件，优化系统能源资源的利用效率，显著提升全系统运行的整体经济性。

三、生态价值

发展清洁能源已成为全球能源发展的共识，而清洁能源建设是生态文明建设的重要组成部分。水电具有良好的年、季、日调节能力，可通过与风光等多种新能源跨时空协同开发，实现大范围互补互济，提高清洁能源发电利用效率，是未来清洁能源的重要发展方向。利用抽水蓄能电站调峰，能够减轻火电的调峰压力，不仅可以减少火电机组参与深度调峰及启停调峰的次数，还能提高火电带基荷、腰荷的时间及负荷率，提升火电机组运行效率，降低煤耗和碳排放。因此，抽水蓄能电站是未来清洁能源发展不可或缺的部分，也是生态文明建设的重要组成部分，具有较大生态价值。

抽水蓄能电站建成后，将形成绿水青山的自然环境基底，在水土保持、洪水调蓄、碳固定方面将发挥重要贡献。另外，电站形成的上、下水库还会对区域小气候起到一定的调节作用。

四、社会价值

（一）带动地方经济发展

抽水蓄能电站具有投资规模大、带动能力强的特点。电站在建设期间，需要当地投入大量的水泥、钢材等建筑材料和施工机械、发输变电设备等物资，还需要投入大量劳动力、就地采购大量的施工辅助加工服务、就地大量消费食品日用品等，能带动地方基础设施和相关产业的发展，对地方 GDP 增长起直接和间接的促进作用，通过投资和消费两个环节拉动地方的 GDP 增长。"十四五"期间，抽水蓄能可核准装机容量 2.7 亿千瓦，总投资 1.6 万亿元❶，经济拉动效应明显，是当前扩大有效投资、保持经济平稳健康增长的重要手段。项目建设直接导致地方电力行业固定资产投资大幅上升，从而加快当地的固定资产形成，推动地方经济社会发展，促进电力行业以及与电力行业相关的上下游产业的发展，增强对外来投资的吸引力，并继而引发整个社会各行业固定资产投资的普遍增长，增加地方财政税收和就业岗位，对项目所在地区国民经济发展贡献巨大。电站建成后，结合水库环境和大坝工程，可打造成旅游观光、健康休闲和科普教育等一体化结合的文旅健康产业基地，形成旅游资源优势，带动经济产业结构升级，使绿水青山转化成金山银山，实现与地方经济社会发展深度融合。

吉林敦化抽水蓄能电站建设期内，带动当地基础设施建设和相关产业发展，建设期拉动地方生产总值约 300 亿元，平均每年增加地方税收约 580 万元，年均间接提供各类就业岗位约 2000 个，运行期每年可稳定增加地方税收约 0.8 亿元；黑龙江荒沟抽水蓄能电站建设期间，拉动地方生产总值 200 多亿元，提供就业岗位 3000 余个，实现利税 1 亿多元，助力电站所在村屯如期脱贫，推动当地综合实力跨越式提升。

（二）助力乡村振兴

《2022 年国务院政府工作报告》指出，要加强抽水蓄能电站建设。抽水蓄能是重要能源基础设施，符合国家投资方向。在抽水蓄能项目论证和选点布局阶段，结合国家乡村振兴战略，有针对性地加大脱贫摘帽地区、相对贫困地区和革命老区抽水蓄能项目布局力度，将抽水蓄能项目开发建设有机融入乡村振兴行动，在征地移民、对外交通、供电配套、通信供水、生态环保等基础设施改善方面，为地方群众、乡村发展提供更加便利的条件，更有力地服务乡村宜居宜业、农民富裕富足。

山东沂蒙抽水蓄能电站位于革命老区临沂市费县，电站建成后大大改善了革命老区的交通条件和生活基础设施，在促进乡村特色产业发展、转变农业生产模

---

❶ 数据来源：国家能源局：抽水蓄能"十四五"可核准装机 2.7 亿千瓦，总投资 1.6 万亿元，中国能源报，2022-07-19.

式、拉动就业用工增长、服务民生改善等方面发挥了积极作用，为推动沂蒙革命老区经济发展、巩固脱贫攻坚成果、振兴乡村经济作出了重要贡献。

（三）推动产业链升级和技术创新

抽水蓄能产业链涉及装备制造、规划设计、工程施工、电站运营等多个环节，是能源领域的大国重器，发展抽水蓄能对产业链升级和核心技术创新突破具有显著推动作用。经过二十多年的高质量发展，伴随一系列典型抽水蓄能工程的全面投产，我国抽水蓄能全产业链技术水平实现了重大飞跃。装备制造方面，浙江长龙山、广东阳江等抽水蓄能电站的投产，标志着我国已具备超高水头（700 米以上）、超大容量（单机 40 万千瓦）的单级水泵水轮发电机组国产化制造能力，实现了抽水蓄能主机设备由跟随到引领的跨越式突破。依托山东泰山二期、广东肇庆浪江等抽水蓄能项目，大型交流励磁可变速机组国产化也正在紧锣密鼓推进中。此外，经过多年努力，抽水蓄能电站保护、监控、励磁、调速器、静止变频启动装置、发电机出口断路器等辅机设备"卡脖子"技术相继攻克，均已实现自主化生产。"十四五"以来，受益于抽水蓄能的大规模发展，国内抽水蓄能装备制造商均不同程度升级扩大了自身产能，加大了研发经费投入，核心装备供应保障能力显著增强，将大国重器牢牢掌握在自己手中。工程施工方面，机械化施工、智能化建造、绿色化建设理念更加厚植，隧道掘进机（Tunnel Boring Machine，TBM）的规模化应用极大提升了地下洞室施工质量和施工安全性，植被护坡、植被混凝土绿化技术的应用，更加彰显了抽水蓄能电站的绿色属性。电站运营方面，数字化智能化抽水蓄能电站、"5G+VR"智能巡检、抽水蓄能电站群集群化控制以及与可再生能源一体化运行等核心技术的发展应用，为抽水蓄能电站更好支撑新型电力系统运行提供了坚实技术保障。抽水蓄能的蓬勃发展，促进了其上下游产业链的协调发展，推动了全业务体系的技术创新，实现了工程建设水平提档升级。

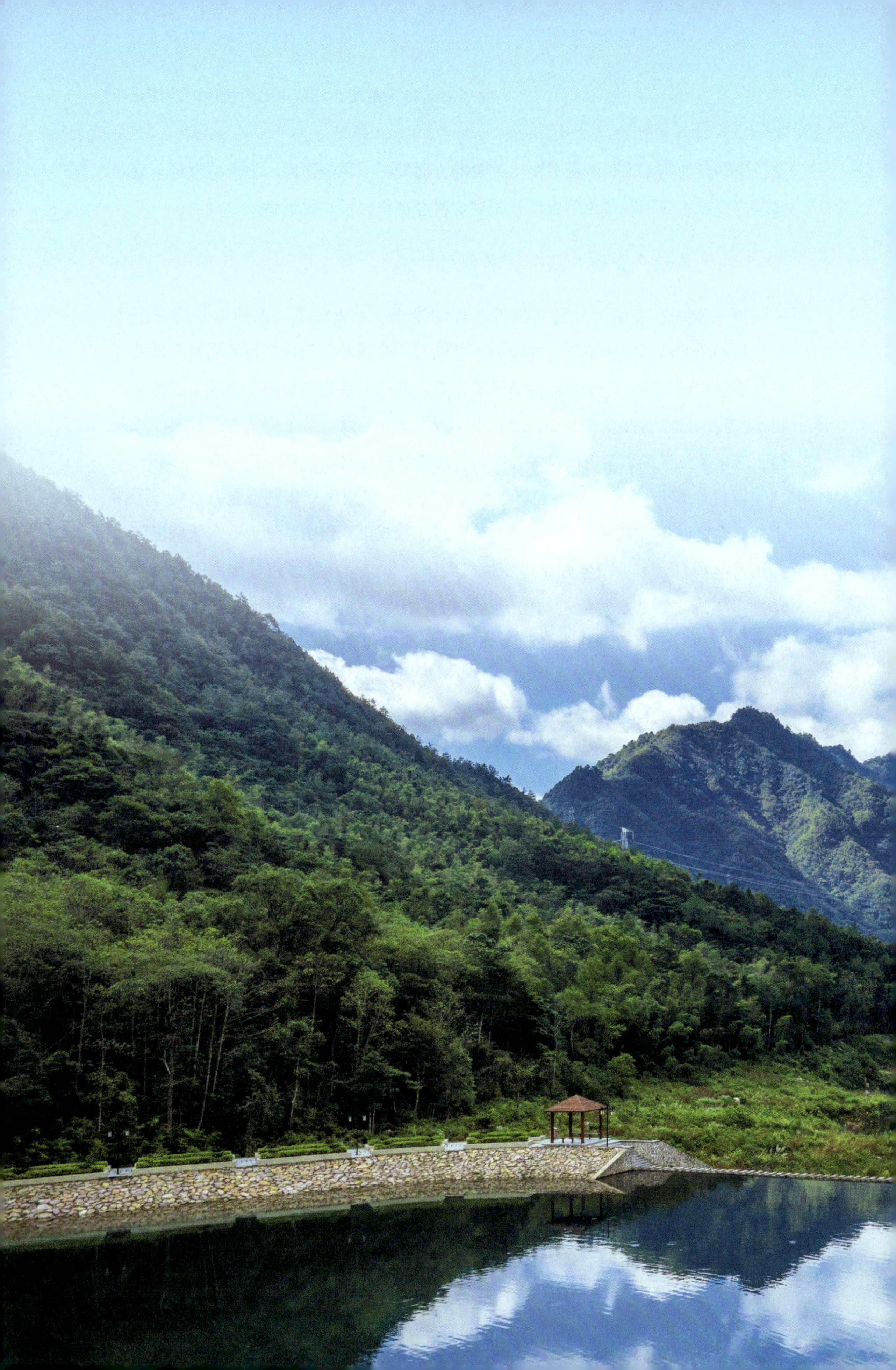

抽水蓄能
与生态环境

▶ 江西洪屏抽水蓄能电站

摘　要

抽水蓄能开发建设忠诚践行"绿水青山就是金山银山"的发展理念。本章科学阐述了抽水蓄能与生态环境之间的内在联系；立足抽水蓄能生态环境全过程管理要点，系统回顾了抽水蓄能生态环境管理经验；从生态环保、生态水保、生态景观三个视角具体总结了抽水蓄能对生态环境的影响以及主要举措；结合具体实例深入分析了抽水蓄能的生态环境效益，全面展现了抽水蓄能融入生态环境治理提升大局、探索电网与不同生态系统的和谐共生之路方面所取得的成就。

与一般生产建设项目相比，抽水蓄能在建设条件、工程组成、运行方式等方面有明显差异，因此在生态环境影响因素、影响机理、影响程度上也存在不同，并呈现鲜明特点。一方面，抽水蓄能属于清洁能源项目，天然具有"绿色"属性。由于输水系统、厂房等主要建筑物一般埋藏于地下，对生态环境影响相对较小。另一方面，抽水蓄能是水力发电生态影响型项目，其环境影响主要集中于施工期，且影响因素较多，不同的抽水蓄能项目面临的生态问题也不尽相同，但在实施过程中遵循生态优先的原则以及避让、减缓、修复和补偿的思路，针对可能产生的不利影响实施可行的生态环境保护措施，能很大程度上消除或缓解生态环境影响。

总体来看，抽水蓄能对生态环境的影响大体可归纳于生态环保、生态水保、生态景观三个方面，在抽水蓄能开发建设的不同阶段，生态环境管理内容及重点也存在不同，需要统筹思考。本章立足这些管理要点，系统总结了抽水蓄能生态环境管理经验，全面呈现了抽水蓄能绿色发展所取得的巨大成就。

未来，抽水蓄能行业将继续深入践行绿色发展理念，秉持生态优先原则，以更高站位、更广视角、更深认知，牢牢把握能源绿色低碳转型对美丽中国建设的战略性、基础性支撑作用，积极发挥抽水蓄能在新型电力系统和新型能源体系建设中的功能作用，统筹生态环境高水平保护，推动抽水蓄能建设高质量发展。

第一节　抽水蓄能生态环境管理

本节论述了抽水蓄能与生态环境协同发展的关系，说明了抽水蓄能生态环境管理内容、管理要求、管理机制，从抽水蓄能开发建设的不同阶段介绍了生态环境管理重点。

抽水蓄能生态环境具有其独特特点，总体来说，抽水蓄能开发建设为生态环境提升提供内驱力，生态环境提升为抽水蓄能电站开发建设提供方向指引，两者相辅相成，协同发展。

抽水蓄能的生态环境管理工作是一项全方位、全过程、综合性的工作，只有建立严密的生态环境管理机制，明确管理要求，充分认识各阶段生态环境管理内容及要点，才能将"绿色发展、生态优先"理念融入抽水蓄能开发建设，助力抽水蓄能生态环境提升。

一、抽水蓄能与生态环境协同发展

（一）抽水蓄能开发建设为生态环境提升提供内驱力

抽水蓄能的开发建设，将形成绿水青山的自然环境基底，对当地生态环境具有土壤保持、水源调蓄、气候调节等作用。比如采取多重手段对工程场地进行水土保持建设，起到涵固水分、改良土壤的作用；水库水域面积增加，更好地发挥水源涵养及水源调蓄功能；电站运行水位经常性变化形成自然湿地，丰富当地生态生境构建，对区域小气候也具有一定的调节作用。

抽水蓄能也具有休闲旅游和景观价值，电站建成后将成为重要的人文风景资源，围绕水库的滨水景观打造和山地景观建设，为区域提供重要的休闲旅游资源。

另外，抽水蓄能是未来清洁能源发展不可或缺的组成部分，通过大力发展抽水蓄能，可更好地助力能源绿色低碳转型。抽水蓄能在建设过程中或建成后，都会对推动区域社会经济发展产生重要作用，这些也会间接促进当地生态环境提升。

（二）生态环境提升为抽水蓄能开发建设提供方向指引

生态环境在抽水蓄能建设中始终处于重要位置，抽水蓄能开发建设必须紧扣生态环境，坚持"在保护中建设，在建设中保护"理念，通过多样化的手段和强有力的措施处理好与生态环境之间的关系，建设环境优美、内涵丰富、多元可持续发展的美丽电站。

抽水蓄能开发建设中，应始终秉承"保护第一"原则，做好在工程规划期、筹建期、建设期、生产运营期等不同阶段工程建设红线范围内和部分建设红线范围外区域的生态环境工作。对因工程建设需要而无可避免遭受破坏或影响的区域生态环境，通过加强对水环境、大气环境、生态等影响因子的控制，深入开展绿色建造和生物多样性保护，积极开展生态环境保护领域交流合作和科技创新，最大程度保护和改善生态环境。

已投产运行的辽宁蒲石河、福建仙游、安徽响水涧、浙江仙居等抽水蓄能电站先后被评为"国家水土保持生态文明工程"，近期投产的安徽绩溪、广东阳江抽水蓄能电站当选 2023 年度"国家水土保持示范工程"，北京十三陵抽水蓄能电站被评为"国家环境保护百佳工程"。这些成绩的取得，是习近平生态文明思想在抽水蓄能行业的生动实践，也是推动高质量发展，展现"抽水蓄能力量"的具体写照。

二、抽水蓄能生态环境管理体系

（一）抽水蓄能生态环境管理内容

抽水蓄能建设具有施工工期较长、土石方开挖量及混凝土使用量较大等特点，施工过程中会不可避免地对生态环境造成一定程度扰动，主要表现为施工占地造成的植被破坏、水土流失，施工产生的废水、废气、固体废物、噪声。抽水蓄能建设期生态环境管理主要内容为对建设过程中的"三废一噪"和水土流失进行管控，同时落实生态流量泄放、水生态保护、珍稀动植物保护等措施。运行期一般不产生环境污染，但也需要防范机油泄漏等环境风险。

不同抽水蓄能电站的地理条件、气候条件、周边人居环境及工程本身特点存在差异，对生态环境保护标准化管理提出一定的挑战。

（二）抽水蓄能生态环境管理要求

深入推进抽水蓄能建设绿色化，是助力"双碳"目标落地的担当之举。实现抽水蓄能与人文环境、自然生态的和谐共生是抽水蓄能建设者的重要使命。在大规模抽水蓄能开发建设运行中，要坚决落实国家生态环境提升和生态环境保护工作重大决策部署，因地制宜、依法合规、科学配置，全面落实环保、健康、人文要求，严守生态保护红线，确保生态环境各项政策法规要求在抽水蓄能规划、设计、建设和运行中全面落地。严格执行生态环保和水土保持措施设施与主体工程同时设计、同时施工、同时投产使用的"三同时"制度，持续完善生态环境管理体系，实现"程序合法、监测达标、环境友好、公众满意"的环境管理目标。

（三）抽水蓄能生态环境管理机制

抽水蓄能建设单位一般都是关系国家能源安全的国有重点骨干企业，多建立了较为完善的生态环境管理长效机制，明确了业务全覆盖、管理全过程、责任全链条、制度全贯通的生态环境管理要求。

1. 建立完善的生态环境保护体系

根据国家相关政策和法律法规，制定覆盖抽水蓄能生态环境全业务、全过程的制度标准体系，确保有章可循、有据可依。建立健全生态环境管理组织机构，构建权责明晰、协调联动、齐抓共管的生态环境保护工作格局。

2. 严格控制环境影响

在规划和可行性研究阶段充分考虑生态环境保护要求，尽量避让环境敏感区，确保选址选线依法合规。在建设阶段切实落实生态环保和生态水保措施，严格控制环境扰动，防止水土流失，做好迹地恢复和生态修复，落实"三同时"制度要求。在运行阶段全面控制水环境、声环境、固体废物、电磁环境、六氟化硫等环境影响，保证生态环保和生态水保设施正常运行，确保环境因子监测达标。

3. 严格控制合规问题

监督项目如"未批先建"、"三同时"执行不力、项目"未验先投"、"带病验收"等问题，严控生态环保设施运行不正常和擅自拆除生态环保设施风险，以及防范噪声、电磁、废水等超标风险、固体废物无害化处置不规范问题,确保生态环境保护依法合规。

三、抽水蓄能生态环境全过程管理

抽水蓄能的生态环境保护工作涉及发展战略、规划设计、建设施工、设备采购、运维检修、技术改造、退役报废、循环利用等各个环节,是一项全方位、全过程、综合性的工作。纵观抽水蓄能电站站址规划、开发建设、运营管理全过程,"生态优先、绿色发展"的理念始终贯穿其中,在其不同阶段,生态环境保护管理内容不尽相同,各自有所侧重。生态环境不同阶段管理要点如图 3-1 所示。

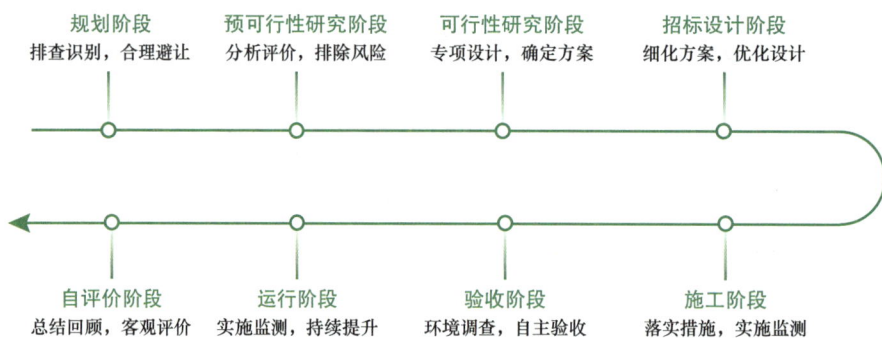

图 3-1　生态环境不同阶段管理要点

(一)规划阶段

近年来,伴随着抽水蓄能站点资源的提速开发与利用,电力系统发展需要与生态环境敏感因素间的矛盾愈发显现。因此,在规划站址选择过程中,生态环境是重要的考虑因素。

该阶段生态环境保护工作的主要内容是从生态环境影响角度提出站址选择意见,最关键的工作就是排查与识别环境敏感区域,如自然保护区、风景名胜区、基本农田保护区、水源保护区等,并采取避让措施。

目前,我国基于"三区三线"的国土空间规划体系总体形成,这是抽水蓄能电站选点规划的首要遵循。《国家能源局关于印发抽水蓄能电站选点规划技术依据的通知》（国能新能〔2017〕60号）中也明确指出"应重视和协调抽水蓄能电站选点规划或调整规划与土地利用规划、主体功能区划之间的衔接"。

《国家能源局综合司关于在抽水蓄能电站规划建设中落实生态环保有关要求的通知》（国能综发新能〔2017〕3号）指出"抽水蓄能电站规划建设要坚持生态优先、确保底线，认真落实生态环境保护、法律法规规定的生态环境制约因素有关要求，严格依法推进规划内项目建设"，"加强抽水蓄能规划工作与生态保护红线划定及相关规划工作的对接，做好抽水蓄能电站规划建设与全国主体功能区规划、城乡建设规划、土地利用总体规划、生态功能区划、水资源综合规划、生态环境保护规划等相关专业规划及不同种类、不同层次保护区的衔接与协调，开展规划站点的生态环保等事项排查，确保规划站点不存在生态环保制约因素"。

因此，抽水蓄能开发主体在此阶段应加强与自然资源、生态环境、林草、水利、农业农村等地方主管部门的沟通协调，做好与生态保护红线划定及相关规划的衔接，在符合生态环境保护要求的前提下，为抽水蓄能预留充足的发展空间。

根据《抽水蓄能中长期发展规划（2021—2035年）》选点规划要求及统计数据，对满足规划阶段深度要求、条件成熟、不涉及生态保护红线等环境制约因素的项目，按照应纳尽纳的原则，纳入重点实施项目库，此类项目总装机规模4.21亿千瓦。对满足规划阶段深度要求，但可能涉及生态保护红线等环境制约因素的项目，纳入储备项目库，并提出这些项目待落实相关条件、做好与生态保护红线等环境制约因素避让和衔接后，可滚动调整进入重点实施项目库，此类项目总装机规模3.05亿千瓦。

（二）设计阶段

设计方案是决定工程产生环境影响的核心内容，科学合理地制定设计方案是缓解和减小工程产生影响的关键性措施。

抽水蓄能设计阶段主要包括预可行性研究、可行性研究以及招标设计三个阶段。设计阶段生态环境的主要内容是明确工程建设是否存在重大的环境制约问题，以及对涉及的重大生态敏感问题的分析与评价，以排除后续项目建设可能产生的法律风险；开展生态环境保护措施设计和水土保持措施设计，针对性提出生态环境保护措施及水土流失防治方案，并以此提出环水保专项投资；落实环境影响评价报告及水土保持方案书的要求，开展具体的生态环境保护措施及水土保持措施设计，并在环境分析的基础上，提出环境优化的工程方案，包括工程布置方案、工程运行或调度方案等。

根据已建或已核准抽水蓄能电站经验，抽水蓄能开发建设生态环境风险主要集中在生态红线、基本农田与水资源等方面。目前，我国"三线一单"生态环境分区管控制度基本完善，其中，生态保护红线已全面划定，全国划定的生态保护红线面积占我国陆域国土面积比例超30%，生态保护红线原则上按禁止开发区域的要求进行管理。《抽水蓄能中长期发展规划（2021—2035年）》也指出"纳入规划的重点实施项目不涉及生态保护红线等环境制约因素"，"守住耕地红线和基本农田红线，是深化农村土地制度改革的底线要求"。《基本农田保护条例》第十五条指出"基本农田保护区经依法划定后，任何单位和个人不得改变或者占用"。水资源也是另一个不容忽视的问题，部分抽水蓄能电站位于水源稀缺的高及极高水压力地区，"兴利服从防洪、区域服从流域、电调服从水调"是我国水利工程运行管理遵循的重要原则，在此原则下位于高水压力地区的抽水蓄能电站可能面临水资源稀缺而带来的风险。

抽水蓄能电站核准权限下放前，环境影响评价报告书与水土保持方案报告书是项目核准的必要条件之一。目前这两项工作内容虽然不影响工程核准，但作为后续环水保设计的纲领性文件，同时《中华人民共和国环境影响评价法》第二十五条也规定了"建设项目的环境影响评价文件未依法经审批部门审查或审查后未予批准的，建设单位不得开工建设"。因此，在可行性研究阶段宜早开展环境影响评价与水土保持方案编制、评审与报批工作。可行性研究阶段生态环境保护专篇与水土保持专篇一般以环境影响评价报告书及水土保持方案报告书为编制基础，其审查重点也以是否响应环评及水保批复为主。

值得一提的是，环境影响报告书经批准后，建设项目的性质、规模、地点、采用的生产工艺或者防治污染、防止生态破坏的措施发生重大变动的，应当重新报批重大变动部分的环境影响报告书。建设项目的环境影响报告书自批准之日起超过五年，方决定该项目开工建设的，其环境影响报告书应当报原审批部门重新审核。建设项目的水土保持方案报告书经批准后，建设项目地点、规模发生重大变化，或水土保持方案报告书实施过程中，水土保持措施发生重大变更的，或水土保持方案确定的弃渣场外新设弃渣场，或弃渣量增加导致弃渣场等级提高的，建设单位应当补充或者修改水土保持方案报告书并报原审批部门批准。

（三）施工阶段

抽水蓄能的环境影响主要集中在施工期，这些影响主要包括建设征地对地表植被等生态环境的影响、工程开挖与弃渣堆放对水土流失的影响、地下系统开挖对地下水的影响、施工噪声与粉尘对声环境与环境空气质量的影响等，直接涉及大气环境、水环境、声环境等环境敏感因子，因此需通过相关工程措施、管理措施和技术手段减缓这种影响。

在组织方面，应成立由各参建单位组成的生态环境保护与水土保持工作领导小组，构建"职责清晰，运转高效"的管理运转机制，明确各参建单位的生态环境保护与水土保持管理责任，并应针对施工期可能发生的生态环境风险，制定相应的应急预案及现场处置方案。

在措施落实方面，应按照"四节一环保"（节能、节地、节水、节材和环境保护）原则，确保各项生态环境保护与水土保持设施满足与主体工程同时设计、同时施工、同时投产使用的"三同时"管理要求。

在监测方面，应分别由具备相应资质的单位开展环境监测及水土保持监测，确保防治区域三色评价及水土保持六项指标（扰动土地整治率、水土流失总治理度、土壤流失控制比、拦渣率、林草植被恢复率、林草覆盖率）满足防治目标要求。随着科技的发展，无人机航拍及遥感技术越来越多地应用到抽水蓄能电站，提供实时、动态、全面、精准的监测成果，在降低和缓解施工期环境破坏及水土流失方面发挥了越来越重要的作用。

（四）验收阶段

建设项目完工后，应根据生态环境保护行政主管部门和水行政主管部门的要求，分别进行竣工生态环境保护验收及水土保持设施验收，验收合格后方可投入正式运行。

抽水蓄能生产建设单位是竣工生态环境保护验收及水土保持设施验收的责任主体，根据法律法规，这两项验收均采用自主验收的方式开展。验收组包括建设单位、设计单位、施工单位、监理单位、监测单位、验收调查报告编制单位及专业技术专家等。

生态环境保护验收一般按照编制生态环境保护调查报告，组织验收、公开相关信息、报备验收材料的程序开展。生态环境保护验收范围包括与项目有关的各项生态环境保护设施及措施，如为保护环境所建成或配备的工程、设备、装置和监测手段等。

水土保持设施验收一般按照编制水土保持设施验收报告、组织验收、公开验收结果、报备验收材料的程序开展。其中，水土保持设施验收范围包括与项目有关的各项水土保持设施和措施，如为防治水土流失所建成或配备的工程、设备、装置和监测手段等。水土保持设施验收报告编制需委托具备资质的第三方技术服务机构承担。

（五）运行阶段

抽水蓄能电站的运行对生态环境影响相对较小，主要工作内容包括日常运行期间的环境影响因子监测，以及检修期间的生态环境保护措施落实。

运行期间，抽水蓄能电站各种设备应根据有关规定开展生态环境保护方面的日常监测，建立运行中开关站电场、磁场、噪声等环境影响因子监测数据库及环境敏感点数据库；做好污染防治设施（措施）日常运维及监测；水库生态流量泄放满足环评批复要求等。

抽水蓄能设备检修、维护和退役过程中，需对废水、废油、六氟化硫等应规范处置，确保达到环保有关标准，严禁随意排放。对产生的固体废物（含危险废物和其他固体废物）应依法分类收集、分类贮存，采取环境无害化措施进行处置，其中危险废物应交由有专业处理资质的合法机构进行处理，危险废物的转运应按照国家有关规定执行。

（六）后评价阶段

对生态环境保护行政主管部门要求开展环境影响后评价的建设项目，需按有关规定开展环境影响后评价工作。抽水蓄能环境影响后评价一般在工程投运后三至五年内开展，工作周期不少于一年。

环境影响后评价主要内容是系统回顾工程设计、建设、运行情况，深入分析工程的长期性、累积性、区域性环境影响及环境变化趋势，客观评价环境质量和生态环境保护措施实施效果，分析其可靠性、适宜性、有效性及生态保护效果。后评价范围与环境影响评价文件确定的范围保持一致。

🌱 第二节　抽水蓄能生态环境影响及措施

本节从生态环保、生态水保、生态景观三个方面分析了抽水蓄能对生态环境的影响，并介绍了主要举措（见图3-2）。抽水蓄能生态环境影响主要集中于建设期，涉及多种影响因子，一般采取避让、减缓、修复和补偿的生态环境保护措施，能很大程度上消除或缓解生态环境影响。

生态环保方面影响因素主要为施工占地及建设过程，通常在大气环境、水环境、声环境、固体废物、当地生态等方面采取针对性措施。

生态水保方面影响因素主要为施工占地、土石方开挖与弃渣堆置，通常采取工程措施、植物措施以及临时措施。

生态景观方面影响因素主要为地形地貌、建筑景观风貌，通常采取生态修复及景观提升手段。

	生态环保	生态水保	生态景观
影响因素	1. 建设过程产生的"三废一噪"影响 2. 施工占地对动植物生境的影响	1. 施工占地对水土流失的影响 2. 土石方开挖与回填对水土流失的影响 3. 弃渣堆置对水土流失的影响	1. 地形地貌影响 2. 建筑景观风貌影响
主要举措	1. 水环境治理 2. 大气环境防治 3. 声环境防护 4. 固体废物处置 5. 生态保护	1. 工程措施 2. 植物措施 3. 临时措施	1. 生态修复 2. 景观规划

图3-2　抽水蓄能对生态环境的影响和主要举措

一、生态环保影响因素及措施

抽水蓄能施工过程中会对生态环境造成扰动，主要表现为施工过程产生的"三废一噪"影响、施工占地对动植物生境的影响等，针对可能产生的不利影响实施可行的生态环境保护措施，能一定程度减少环境影响。

（一）主要影响因素

1. 施工过程产生的"三废一噪"影响

抽水蓄能电站工程复杂，建设周期较长。在电站道路工程、大坝工程、建筑工程以及各类隧洞工程等施工过程中需要对场地进行开挖、地表植被进行清除、局部场地进行填埋。建设过程中使用的一系列设备设施或材料产生的噪声、污废水、扬尘、石渣等，会对场地乃至周边的动植物、空气、土壤等产生一定影响。

噪声方面，隧洞、边坡开挖过程间歇性爆破会产生爆破震动，各类机械设备的长时间使用，如各类大型运输车辆、挖掘机、钻孔设备等，基本上贯穿整个施工过程，会产生大量噪声污染。

污废水方面，开挖、混凝土施工及砂石料加工等会产生一定数量的污水，现场作业人员生活所需也会产生一定量的废水。

扬尘方面，场地开挖、表土剥离等使工程现场产生众多的裸露土壤，在天气干燥季节产生扬尘。在建设过程中，车辆运输导致道路产生扬尘。扬尘的产生影响区域的空气质量，危害现场作业人员以及场地中的各类动物健康。

石渣方面，各类边坡开挖产生的石渣沿山坡滚落，破坏坡面植被，影响区域植被环境。

2. 施工占地对动植物生境的影响

抽水蓄能电站多选址于远离城市的偏远地区，征占用土地分为永久占地和临时用地，占用土地一般以林地为主，也有部分耕地。对于永久占地而言，水库建设将带来坝址上游河流两岸一定区域生态、生产及生活空间的淹没，缩小了野生动物的栖息空间，并占用了部分陆生动物的活动区域、迁移途径、觅食范围，从而对动物的生存产生一定的影响。

同时，建设中临时用地的使用对灌木层、草本层的破坏较大，甚至导致其消失，使林地群落的垂直结构发生较大改变，导致林地群落的稳定性下降。

（二）采取的主要举措

1. 水环境治理

针对施工过程中可能产生的砂石加工废水、混凝土生产废水、含油废水、生活污水、洞室排水的水量与水质特性，开展废水处理系统专项设计。其中，砂石加工废水、混凝土生产废水，一般采取高效废水净化法或物理沉淀分离进行处理达标后回用于系统；含油废水隔油处理后继续用于场地冲洗；生活污水、洞室排水经处理或物理沉淀分离处理达标后回用或外排。

2. 大气环境防治

针对废气和粉尘等大气污染物，尤其是粉尘的影响，采取湿式作业、封闭式拌和楼进行生产以及对施工区进行洒水等除尘、降尘措施，减少废气和粉尘的排放量。施工人员佩戴口罩、头盔等防护措施，减少大气污染物对自身的影响和危害。

根据需要在施工场地及周边居民区开展空气监测，监控施工期大气排放情况。

3. 声环境防护

抽水蓄能施工过程中，针对施工噪声尤其是对施工区征地红线外居民的影响，采取优化施工时序等降噪措施；采用低噪声设备和施工工艺，降低声源；利用地形，合理布置施工机械，设置限速和禁鸣标志牌，保护周围的声环境；施工人员采取佩戴耳塞等防护措施，减少噪声对施工人员的影响和危害。

根据需要在施工场地及周边居民区开展噪声监测，及时监控施工期噪声排放情况。

4. 固体废物处置

抽水蓄能施工过程中，参建单位施工人员生活垃圾通过垃圾桶、垃圾箱等集中收集后，纳入当地生活垃圾处理系统中处理。废机油等危险废物则委托有资质的单位转移、处置。

5. 生态保护

抽水蓄能施工期虽然会产生植被破坏，但受影响的主要植被及植物为一般性的、分布广泛的物种，其影响一般是当地生态系统可以承受的。施工过程中严格控制施工范围，落实宣传教育活动、制定施工期生态环境保护规定和制度，实施重点保护植物和古树迁地移栽或就地保护及重要生境修复。施工结束后，结合水土保持措施开展植被恢复措施、景观保护与规划，临时占用地的植被类型可通过人工恢复还原到原有的质量水平，永久占用地将成为人工基底的景观类型。针对水生生态保护，可采取生态流量泄放、栖息地保护、增殖放流、拦鱼措施、生态监测等保护重要鱼类及其水生生境。

二、生态水保影响因素及措施

抽水蓄能工程建设中场地平整、道路修建、弃渣堆置、隧洞开挖等形成边坡及裸露地表等，这些都有可能产生水土流失。依据工程布局、施工扰动特点、建设时序、地貌特征、自然属性、水土流失影响等进行水土流失防治分区，采取防护措施，能积极防治水土流失。

（一）主要影响因素

1. 施工占地对水土流失的影响

抽水蓄能电站永久征地、临时占地范围比较大，施工征占地的扰动、占压，将重塑原地形地貌，若不加防护，可能会损坏原地表植被及原有水土保持设施的水土保持功能，裸露地表在雨季易发生溅蚀、面蚀、细沟侵蚀，尤其在暴雨季节和短时强降雨阶段，扰动后的松散、裸露地表抗侵蚀能力较低，易发生水土流失。

2. 土石方开挖与回填对水土流失的影响

工程土石方开挖将改变原地表植被和土壤结构，形成的各类开挖裸露面和边坡因失去原有植被的保护作用，受降雨和地表径流作用时易发生水土流失；工程土石方回填所形成的裸露地表、松散堆土体和高陡边坡在短时间内不易形成自然稳定状态，若不及时采取临时防护措施，在降雨和地表径流作用下将造成水土流失。

3. 弃渣堆置对水土流失的影响

电站建设产生的无用料集中运至工程设置的弃渣场堆存，工程设置转存料场堆存施工过程中的中转料、表土堆存场堆存工程剥离的表土，这些松散渣料的堆存、运输，除占压地表外，若不加以防护措施，在降雨和地表径流作用下堆积体易产生水土流失。

（二）采取的主要举措

1. 工程措施

生态水保工程措施一般有：表土保护措施（表土剥离）、土地整治措施、表土回填措施、拦渣措施（弃渣场、转存料场及表土堆存场的挡渣墙挡护）、截排水措施（截排水沟、排水明渠、排水垫层）、综合护坡措施（框格梁植草护坡、浆砌片石骨架植草护坡等）等。

施工前期，对电站征占地区域内可剥离表土采取剥离收集，集中堆存至表土堆存场并采取挡护排水措施，对枢纽工程区、施工生产生活区、工程管理区等部分区域修建截排水工程，用于拦截、排导坡面汇水；施工期，对弃渣场、转存料场及表土堆存场设挡墙、排水渠（沟）等挡护及排水设施；施工后期，对各边坡设置坡顶截水沟、边坡马道、坡脚设排水沟，部分边坡采取框格梁护坡，并对各防治分区进行土地整治、表土回填。

2. 植物措施

生态水保植物措施一般有：枢纽工程区边坡绿化；永久公路两侧和边坡绿化；施工生产生活区、临时道路区施工后期种植乔灌草进行迹地恢复；工程管理区（业主营地）的绿化美化；料场开采完成后对开挖面进行绿化，弃渣场堆置完成、转存料场及表土堆存场回采完成后的植被恢复绿化；移民集中安置点、专项复建设施、供水供电工程区空地绿化等。

3. 临时措施

生态水保临时措施一般有：施工期的临时拦挡、临时苫盖、临时排水、临时沉沙及临时绿化等。工程施工过程中，对开挖裸露边坡及临时堆存的土石方采取临时苫盖及拦挡措施，并布设临时排水沟，部分排水沟出口设置沉沙池。对临时堆存土石方堆存期较长的区域进行临时绿化。

三、生态景观影响因素及措施

抽水蓄能由于其工程特点，工程场地在建设前往往山清水秀，建成后将形成以上下水库、道路环线为主，多处点状地块景观为辅的"一带两库多点"的整体布局。电站建成前后，地形地貌、景观风貌等工程场地环境发生较大变化，大多采取生态修复及景观提升措施。

（一）主要影响因素

1.地形地貌影响

抽水蓄能电站建设前，工程范围内场地大部分为林地、水系（溪流为主）、村庄、道路、耕地等。在工程建设后，部分林地、村庄、道路、耕地等会因水库修建被淹没，原有的山谷地带消失并增加了场地水系面积，结合人工大坝、启闭机房等工程建筑物，使得场地的地形地貌在建设前后形成颠覆性的变化。同时，工程范围内较建设之前增加了大量的带状道路、开挖形成的高边坡以及渣场场地。

2.建筑景观风貌影响

目前大部分抽水蓄能电站上、下水库为新建，小部分抽水蓄能电站上水库或下水库利用已有水库。由于生产、办公、生活需要，会建设配套建筑群及景观游憩空间，电站建成后将给所处区域增加一种全新的建筑景观环境风貌。

（二）采取的主要举措

1.生态修复

抽水蓄能生态修复可结合绿化美化及旅游来进行设计。如对工程枢纽开挖边坡、交通道路开挖边坡进行植被绿化，对石料场开采高陡边坡采取植被混凝土绿化措施；对上下水库进出水口实施绿化美化措施；对坝后压坡体、永久道路转弯平台进行景观绿化；弃渣场采用拦渣坝、挡渣墙等工程防护措施，并结合绿化美化、景观建设而进行旅游开发。

2.景观规划

抽水蓄能所在地区通常山水优美、空气清新，结合水库环境和大坝工程，是天然的集旅游观光、健康休闲、科普教育和工业文化展示等为一体的文旅健康产业基地。通过景观环境设计，各类建筑、景观空间、工程建构筑物均以绿为媒，衔接自然山水环境，形成一个新的稳定生态环境系统，营造人与自然和谐可持续发展电站工程环境，结合周边地形地貌，形成"点、线、面"多层次的景观效果，实现"山、水、人、站"和谐共生美丽生态环境建设。

第三节　抽水蓄能生态环境效益

本节结合具体实例，深入分析抽水蓄能的生态环境效益（见图 3-3）。

抽水蓄能建成后上、下水库库区将形成自然景观，两山高地拔地而起，上、下水库镶嵌在碧绿苍翠的群山和湖畔之间，山水如画，形成美丽的景观。

抽水蓄能在助力节能减排、提升极端天气灾害应对能力、促进流域水资源保护、提升生物多样性、积极融入区域生态治理、丰富文旅资源等方面发挥了重要作用，可明显改善周边环境、促进区域经济协同发展、提高水资源利用效率，这些生态环境效益使得抽水蓄能成为一种可持续发展的能源解决方案。

图 3-3　抽水蓄能生态环境效益

1. 助力节能减排

抽水蓄能可以在电力高峰期蓄能，低谷期释放电能，可有效平衡电力系统负荷，减少对传统燃煤发电的依赖，减少碳排放和环境污染。同时，抽水蓄能具有储能和调峰能力，对提高电网稳定性和可靠性具有重要意义。

例如，华东电网新建的浙江桐庐抽水蓄能电站，将提高风光等新能源及区外电力的消纳能力，提高风光等新能源的利用率，促进建成以新能源为主体的新型电力系统，改善煤电的运行条件，减少电网煤炭消耗量。以浙江桐庐抽水蓄能电站

140 万千瓦的投入估算，每年可节约系统耗煤量约 30 万吨，可减排二氧化碳 60 万吨、二氧化硫 0.4 万吨、氮氧化物 0.15 万吨、烟尘 0.2 万吨，具有较为显著的环境效益，符合节能减排、可持续发展的要求。仅从减碳效益来看，按照 93 元/吨碳排放配额计算，则华东电网 2030 年前建设浙江桐庐抽水蓄能电站，平均每年可产生的减碳效益约 0.28 亿元。

2. 提升极端天气灾害应对能力

抽水蓄能通过工程设计提升库区边坡稳定性和下游河道防护等级，建成后通过人工调度的形式将下泄流量控制在安全范围内，并按国家能源局放水安全管理要求建立放水预警系统和工作机制，应对强降水可能引发的山洪、滑坡、泥石流等次生灾害，降低自然灾害发生概率，可有效保证下游河道安全，为防汛抗旱提供有力保障。

例如，2023 年入夏以来，承德地区极端天气频发，滦河下游多地面临防汛与抗旱的"双重"挑战。河北丰宁抽水蓄能电站 6—7 月期间，蓄能专用库累计放水 160 余万米³，有效缓解了滦河下游旱情。7 月 27 日，滦河上游地区发生短时强对流天气，滦河流量短时间暴涨超过 250 米³/秒，发生 30 年一遇洪水，河北丰宁抽水蓄能电站充分利用丰宁电站拦沙库库容，灵活调节泄洪排沙洞闸门，控制下泄流量在 20 米³ 以内，切实保障了滦河下游广大人民群众的生命和财产安全。

3. 促进流域水资源保护

抽水蓄能通过优化设计和运营，可合理调配和利用有限的水资源，解决水资源分布不平衡的问题。通过蓄水和抽水的过程，抽水蓄能工程可以在需求高峰时段提供稳定的水能供应，在低谷时段进行水能储存，提高水资源的利用效率和效益，同时，抽水蓄能运行阶段上、下水库不断的水体交换能减少水体富营养化的发生，对水资源的保护具有重要意义。

4. 提升生物多样性

抽水蓄能开发建设阶段会采用珍稀植物移栽及水生生物增殖放流措施，建设运行期间可以对下游水域的生态流量进行有效控制，以保证河流不断流，因水位变化也会增加湿地面积，有助于生境重构及生物多样性提升。

例如，为了减缓水库运行时坝下减水造成坝下鱼类栖息环境缩限的影响，通常会采取下放最小下泄流量并同步设置下泄流量监控设施的方式，确保一定的生态下泄流量，部分抽水蓄能工程会设置具备拦鱼功能的拦污栅，以避免水体交换和泄水过程中对鱼类的损伤。

5. 积极融入区域生态治理

抽水蓄能对区域生态环境的保护和改善具有重要意义，抽水蓄能的建设包括周边水利设施、园林景观、路面环境等硬件设施的提升，其运行有助于改善周边地区的环境质量，并且会带动相关产业发展，促进区域生态治理。

例如，山东文登抽水蓄能电站（见图3-4）毗邻昆嵛山国家森林公园，坚持"少动原始植被生态、动则快速恢复"的原则，在电站建设过程中减少采伐森林面积357.69亩❶，减少临时使用林地172.85亩。建设之初同步启动了山体修复工作，在高边坡采用厚层基材喷射护坡、岩质高边坡植生袋绿化等新技术取代传统的喷混凝土支护，建成了9.5千米长的公路景观带，带动了集现代工程、农家田园于一体的昆嵛山生态经济样板片区建设，实现了生态效益与经济效益的结合。

图3-4　山东文登抽水蓄能电站坝后渣场

---

❶ 1 亩 =666.67 米^2。

6. 丰富文旅资源

抽水蓄能作为绿色清洁能源的代表，可与政府的城乡规划有机结合，通过景观建设、生态修复等措施建立美好形象，成为城市的代表性建筑之一，形成旅游资源整体优势。

抽水蓄能电站建成后上、下水库库区将形成美丽的自然景观，大地碧空万里，"两山"高地拔地而起，上、下水库横卧在蓝天白云下，镶嵌在碧绿苍翠的群山之间，成为一颗颗璀璨的明珠。交通洞门楼、开关站、启闭机房等一座座建筑，高度智能化、集成化的中控室，"高大上"的地下厂房、开关站，整齐划一的设备管路均体现出秩序美、对称美、艺术美，打破了人们对传统工业建筑"土、旧"的看法。

例如，江西洪屏抽水蓄能电站（见图3-5）坐落于江西省靖安县，空中俯瞰，青山绿水间，水利设施、园林景观、路面环境硬件设施全面提升，丰富了文化、旅游、康养等服务业的新产品、新业态，带动靖安县以民宿、登山、漂流为主要内容的"大旅游"产业发展。

图 3-5　江西洪屏抽水蓄能电站水库

第四节　抽水蓄能生态环境实践

本节以三个具有代表性的抽水蓄能电站为例，重点说明抽水蓄能的生态环境成效。

在大江南北，山水胜景之中，很多抽水蓄能电站正积极融入当地生态环境治理提升大局，深入探索电网与不同生态系统的和谐共生之路，促进能源电力与生物多样性协同治理，彰显抽水蓄能绿色生态典范，谱写恢宏的绿色发展篇章。

浙江安吉是"两山理论"的发源地，浙江天荒坪抽水蓄能电站坚定不移地传续"两山理论"，挖掘生态环境价值；安徽绩溪抽水蓄能电站在生态水保方面持久发力，成功获评"国家水土保持示范工程"；河北丰宁抽水蓄能电站多重举措助力滦河水生态环境提升，展现抽水蓄能生态环境的使命担当。

一、浙江天荒坪抽水蓄能电站——传续"两山理论"

（一）工程概况

浙江天荒坪抽水蓄能电站（见图3-6）是我国建成的第一批大型抽水蓄能电站之一，是"八五""九五"期间国家重点工程，电站项目于1992年启动，2000年全面投产，总装机容量为180万千瓦。

（二）采取的主要措施

作为我国首批大型抽水蓄能电站之一，无论是前期设计，还是施工建设，浙江天荒坪抽水蓄能电站一贯强调工程与环境的和谐统一。

前期设计阶段，电站即开展环境规划设计，从理念和技术层面协调工程建设

图 3-6　浙江天荒坪抽水蓄能电站上、下水库全景

与环境之间的关系，如公路及建筑物开挖边坡的绿化、土石坝后坝坡的绿化，功能性建筑物造型与环境的协调等。电站建成后，除了上水库和下水库，枢纽输水发电系统都隐藏在山体内，并对山体进行了整体性生态修复和景观提升。

施工建设阶段，大坝尽可能采用当地材料，取材于上、下水库内，根据库内开挖料选择坝型，弃渣场利用库内死库容或坝后，尽可能减少占地。电站上水库利用库盆全风化开挖料填筑于沥青面板堆石坝后部，形成土石混合坝，减少料场石料开挖，也减少弃渣，利用全强风化开挖料回填库底，尽可能减少对资源的占用，降低工程对环境的影响。

（三）取得的效果

20 余年来，浙江天荒坪抽水蓄能电站不仅每年带来上亿元的发电效益，而且为保障华东电网的安全运行和提高电能质量发挥了无可替代的作用，多次圆满完成如 G20 峰会等国家重要保电、抗台、抗旱任务，为电网的安全稳定运行及社会和谐作出卓越贡献。除了工程本身给电网带来的调节作用外，电站深入发掘溢出效益，努力做到山林水坝天然合一，让绿水青山充分发挥经济效益、社会效益、生态旅游效益，将绿水青山转化为金山银山，既是金山银山又是绿水青山。

随着浙江天荒坪抽水蓄能电站建成蓄水，电站形成"山清水秀，水天一色"的形象，其下水库是集幽谷、青山、瀑布、小溪于一体的风景区——长谷洞天，上水库风景区又名"江南天池"，是国家 4A 级景区。

浙江天荒坪抽水蓄能电站的建设，同时带动了地方基础设施建设。在建设期间，电站开凿出通向省城杭州的幽岭隧道，这不仅解决了大型设备的运输问题，也改善了当地对外交通条件。依托浙江天荒坪抽水蓄能电站的建设，至上水库的 18 千米公路得到了全面修整，一年四季景色各异，形成了"十里山路十里景"的亮丽风景，高差 600～700 米的盘山公路被自行车赛车爱好者誉为"中国的秋名山"，如图 3-7 所示。

图 3-7　浙江天荒坪抽水蓄能电站上、下水库连接公路及沿途风景

二、安徽绩溪抽水蓄能电站——打造水土保持示范工程样板

（一）工程概况

安徽绩溪抽水蓄能电站（见图 3-8）装机容量 180 万千瓦，平均年抽水电量

40.2 亿千瓦时，平均年发电量 30.15 亿千瓦时，主要由上水库、输水系统、地下厂房、地面开关站及下水库等建筑物组成。电站于 2013 年 1 月 15 日筹建期工程开工，2021 年全面投产。项目水土流失防治责任范围 286.68 公顷❶，完成水土保持投资 1.8 亿元。

2023 年 12 月，安徽绩溪抽水蓄能电站成功获评"国家水土保持示范工程"。

图 3-8　安徽绩溪抽水蓄能电站完成水土保持工程后全景

（二）生态水保主要措施

安徽绩溪抽水蓄能电站地处新安江国家级水土流失重点预防区，境内地形复杂，土地松散，降雨量大且暴雨集中，极容易发生水土流失。

生态水保监测方面，安徽绩溪抽水蓄能电站开展全过程、全方位的遥感动态监控，采用卫星及无人机遥感影像，覆盖抽水蓄能电站永久占地、临时占地及周边范围。数据采集时间从开工前到竣工验收，开展"五核查"工作，即进行水土保持

❶　1 公顷 =1 万米²。

"两区"和环境敏感区变动核查、水土流失防治责任范围变动核查、植物措施面积变动核查、施工道路长度变动核查、弃土（渣）场和取料场土石方变动核查。核查遥感影像分辨率优于 0.8 米，全面满足环水保解译要求。

　　土石方平衡优化方面，安徽绩溪抽水蓄能电站采用最新测量手段，精准管控工程建设土石方平衡。开工前利用无人机正射影像提取高程 DEM 数据，竣工期利用无人机激光雷达获取精准高程数据，并构建高精度的地理模型。通过精准数据估算表土剥离量、弃土场开挖填筑土石方量变动情况，优化现场土石方的使用和弃置，工程土石方开挖总量相比水土保持方案减少 74.47 万米³，填筑总量减少 39.87 万米³，借方（料场开挖）总量减少 18.8 万米³，弃渣量减少 53.4 万米³。

　　措施落实方面，安徽绩溪抽水蓄能电站最大限度减少对原始地貌的破坏，实现土方、占地"双减少"。优化施工方案，将下水库 1、2 号中转料场合并为 1 个中转料场，上、下水库之间的连接公路部分明线段调整为隧洞方案，保护了原有地表生态。

　　生态修复方面，安徽绩溪抽水蓄能电站按照工程措施方案对边坡采取了喷混凝土、网格梁等防护措施，在此基础上，积极探索边坡生态综合修复措施，针对电站高陡边坡固土难度大、水分流失快的特点，在电站内推广使用 TBS 喷播复绿、植被。电站边坡 TBS 喷播生态防护工程入选《2020 年度国家重点生态环境保护实用技术及示范工程名录》。

（三）取得的效果

　　安徽绩溪抽水蓄能电站扰动土地整治率达 99.03%、水土流失总治理度 97.30%、土壤流失控制比 1.35、拦渣率 99%、林草植被恢复率 99.16%、林草覆盖率 28.44%，各项指标均超过防治目标值。水土保持工程质量评定全部合格，项目区域水土流失得到全面控制，水土保持设施运行正常。工程项目与周边环境融为一体，水保措施与主体工程相得益彰，工程景观和自然景观融合发展，促进了周边区域的旅游发展。

　　安徽绩溪抽水蓄能电站下水库形象面貌如图 3-9 所示。

图 3-9　安徽绩溪抽水蓄能电站下水库形象面貌

三、河北丰宁抽水蓄能电站——滦河治理展现使命担当

（一）工程概况

滦河是北京、天津区域的重要水源，改善提升滦河水质，关系到京津冀可持续发展，是滦河生态环境保护工作的首要政治任务。

河北丰宁抽水蓄能电站（见图 3-10）地处河北省承德市，就位于滦河干流之

图 3-10　河北丰宁抽水蓄能电站上水库

上，电站总装机容量 360 万千瓦，共安装 12 台 30 万千瓦可逆式水泵水轮机和发电电动机组，其中两台为国内首次引进的交流励磁变速机组。电站工程建设创造了 4 项"世界第一"(装机容量世界第一、储能能力世界第一、地下厂房规模世界第一、地下洞室群规模世界第一)，被称为藏在冀北大山深处的"超级充电宝"，具有强大的调节储能作用，是华北地区唯一具有周调节性能的抽水蓄能电站。

(二)采取的主要措施

滦河上游流经区域为浑善达克沙地，河道及两岸多为土质疏松的沙壤土和草原风化土，易蚀易散，河道防护能力差，泥沙极易随河水下泄，水体泥沙含量大、水质存在污染、综合生态脆弱曾是滦河上游生态环境存在的历史问题。

本着"惠益共享"原则，河北丰宁抽水蓄能电站认真贯彻《河北省建设京津冀生态环境支撑区"十四五"规划》《承德市滦河潮河保护条例》，主动加入地方"滦河八百里水质保护工程"，助力滦河水生态环境提升。

1. 直接治理：工程措施调水调沙

河北丰宁抽水蓄能电站新建拦沙库，具备调蓄泥沙功能，为进一步减少"S 形弯"河道部位淤积，疏通河道经脉，设导沙明渠。春季、秋季补水期间，保证下泄生态流量的同时，截流固沙，减轻下游泥沙冲刷压力，如图 3-11 所示。

图 3-11 河北丰宁抽水蓄能电站充分发挥拦沙库调蓄泥沙潜能

投入逾 6000 万元大力开展河道治理，累计清理工程区滦河干流底部数十年沉积的淤泥 182 万米^3。

2. 源头治理：环保措施零污零排

河北丰宁抽水蓄能电站建设中，以"零污染、零排放"为原则，采取了一系列环保措施避免对生态环境的破坏。新建污水处理厂 1 座，污水日处理能力达 1800 米^3，生产产生的污水经处理后满足工业用水标准，并通过管路运送至各工作面，实现了生产污水循环利用，达到"零排放"目标；建设全封闭拌和楼 8 座，配备袋式除尘器，实现扬尘零排放；将原设计中的部分道路明挖段改为隧洞段，累计节约用地 150 余亩，减少了对地表扰动及破坏；定期打捞清理库区漂浮物，改善工程区域水域质量；常态化开展滦河水质检测，在电站上、中、下游分别设置监测断面，每月开展水质取样检测，及时监测水质异常变化。

3. 长久治理：生态修复造绿固沙

做好生态修复是滦河生态治理的重要内容，也是提升滦河生态质量的根本性措施。河北丰宁抽水蓄能电站从植被复育、湿地构造、生物多样性保护等多维度，统筹对电站区域内生态资源进行系统优化与整体提升。

植被复育方面，河北丰宁抽水蓄能电站最大限度减少工程建设对原始生态的扰动，恢复了原始地貌。建设过程中新增绿化整地 168 公顷，栽植乔木 13 万株，栽植灌木 87 万株，物种多选用油松、樟子松、沙棘等，达到防风固沙、涵固水分、改善土壤的作用。采用植生袋及植生毯护坡、客土喷播、高次团粒、植被混凝土等综合治理措施，对扰动的各类边坡进行生态恢复。

湿地构造方面，河北丰宁抽水蓄能电站水位升降加之清淤整治自然形成湿地面积达 800 余亩，水草丰沛的湿地吸引了更多鸟类前来栖息，如图 3-12 所示。

生物多样性方面，河北丰宁抽水蓄能电站利用人工培养技术进行河北省重点保护植物蒙椴的繁殖培育与研究，在工程区内形成了 510 株的蒙椴林；放流两万余尾国家二级保护野生动物细鳞鲑，改善当地水生生态。目前，电站区域生物多样性显著提升，已陆续发现黑鹳、白鹳、白鹡鸰、白天鹅等珍贵鸟类。

图 3-12　自然形成的湿地吸引了国家一级保护动物——黑鹳

（三）取得的效果

通过以上措施实施，河北丰宁抽水蓄能电站库区生态环境明显改善，也为滦河干流水环境治理提升作出了巨大贡献。

根据公开资料显示，滦河干流水质已由"十三五"期间的Ⅳ类，稳步提升至Ⅲ类及以上。以河北丰宁抽水蓄能电站下游最近的国家地表水考核断面郭家屯站为例，已连续 5 年水质类别为Ⅲ类达标。地方政府评价"丰宁电站在改善滦河（承德段）水质方面居功至伟"。环境监测、水土保持监测成果显示，电站防治区域三色评价为绿色，水土保持六项指标均明显优于防治目标要求。

2021 年，河北丰宁抽水蓄能电站获评"河北省生态环境教育基地"，这既是滦河生态环境保护生动的宣传教育，提供了滦河生态环境综合治理的样板示范，也展现了抽水蓄能电站的绿色发展、生态可持续理念与使命担当。

CHAPTER FOUR | 第四章

抽水蓄能
技术发展

▶ 北京十三陵抽水蓄能电站上水库

摘　要

本章基于新型电力系统发展需要，从工程规划技术、设计技术、施工技术以及设备装备技术四个方面，在梳理已有资源开发特点、总结先进工程技术、列举典型创新成果的基础上，提出了优化设计、技术攻关、设备研发与应用的发展思路和建议，为抽水蓄能技术的高质量发展提供借鉴和参考。

为提升电力供应保障能力和可再生能源消纳能力，抽水蓄能在规划建设层面，更加注重合理布局和科学发展规模。一方面，分省、跨区域确定抽水蓄能科学合理的发展规模，并考虑需求和资源在地理空间上的互济，强调合理布局，为区域规划抽水蓄能开发格局提供依据。另一方面，考虑多能互补、合理配置储能，明确抽水蓄能服务特定电源的发展规模，为统筹推进大型风电光伏基地开发建设提供支撑。

当前，我国抽水蓄能电站总装机容量跃居世界首位，无论在工程规划、设计、施工以及机组设备制造等方面，均已达到国际先进水平，彰显了我国在抽水蓄能电站建设领域的成就与实力。新型电力系统的构建，对抽水蓄能技术发展提出了更高的要求，需在站址规划、工程设计、施工技术的精进以及设备装备的优化升级等方面积极探索创新发展思路。

未来，站址规划将综合考虑电力系统功能需求和电站自身建设条件双重因素，科学合理地确定连续满发小时数、额定水头等重要参数，以提升系统远期长时间尺度的能量存储和搬移能力。工程设计将更加关注抽水蓄能＋综合利用／治理的关键技术研究，关注全库防渗技术、高压管道衬砌技术，以及复杂地质条件下超大型地下洞室群的关键技术研究。施工技术将以"少人化、机械化、标准化、智能化"为目标，以施工机械装备的智能化研发与制造水平提升为重要手段，带动整体施工技术水平升级。此外，机电设备将在适应新型电力系统需求、适应高水头高海拔大容量发展、系列化与标准化以及多机型发展等方向开展技术攻关，拉动并提升我国抽水蓄能设备的研发能力和制造水平。

第一节 工程规划技术发展

抽水蓄能是构建新型电力系统的关键支撑，未来发展空间广阔，传统功能和定位的调整导致工程规划技术随之发生较大变化。从电力系统需求规模来看，更加注重电站的合理布局和科学发展规模，明确了电力系统和特定电源两种不同的服务对象，统筹了源、网、荷、储各侧调节资源和能力，提出了多能互补的电源优化空间论证方法。从站址规划来看，充分考虑抽水蓄能站址本身资源属性的基础上，结合"十四五"新核准项目的工程技术特点，从装机规模、利用小时数、额定水头、变速机组应用等方面提出优化设计的思路和建议，为后续工程规划技术创新提供参考。

一、系统需求规模论证

（一）抽水蓄能布局要求

从抽水蓄能的服务对象角度，可将抽水蓄能的功能定位分为两类，第一类定位于服务电力系统，第二类定位于服务特定电源。本书中抽水蓄能电站布局要求和规模论证按此两类展开论述，其中特定电源一般是指核电、各类新能源基地，包括流域水风光基地，以沙漠、戈壁、荒漠地区为重点的大型风电光伏基地等。

对于服务电力系统的抽水蓄能电站，通常承担电力系统调峰、填谷、储能、调频、调相和紧急事故备用等任务，电网确有需求的时候，可增加黑启动任务；对于服务特定电源的抽水蓄能电站主要承担的任务为储能，在储能的同时也可为特定电源提供调频、调相的服务，以使特定电源顺利接入电网。

1. 抽水蓄能功能对布局的影响

调峰、填谷：抽水蓄能电站的调峰、填谷功能，可对电力系统负荷峰谷差起到双倍调节作用，在电力系统负荷中心地区，往往电力系统峰谷差矛盾相对其他地区更加突出，因此，抽水蓄能电站宜优先布局在负荷中心附近。

储能：新型电力系统中，新能源开发占比不断提高，风电出力具有随机性、间歇性等特点，光伏受光照影响大。抽水蓄能对大规模风电、光伏接入电网稳定性和消纳具有强心针的作用，因此，为充分发挥抽水蓄能电站的储能作用，抽水蓄能电站宜布局在新能源资源相对丰富的地区；另外，对于沿海布局有核电站的地区，亦可布局抽水蓄能电站。

调频、调相：区外电力落点地区，电网调频、调相压力往往更大，因此，抽水蓄能电站宜布局在区外电力落点地区。

紧急事故备用和黑启动：未配置黑启动电源的地区，在电网全黑的情况下，只能借助 500 千伏或外区域电网恢复供电，对极端事故下的应急能力较弱，因此在有条件建设抽水蓄能电站，且电网未配置黑启动电源的地区，可考虑布局抽水蓄能电站。

2. 我国各区域抽水蓄能布局情况

除了根据抽水蓄能电站在电力系统中发挥的作用分析布局要求，抽水蓄能电站的实际布局与其资源情况的分布及优劣情况亦息息相关，而往往抽水蓄能站点资源条件好的地区经济不发达，对抽水蓄能电站需求量不大，有需求的地区则往往抽水蓄能站点资源较差，因此，我国抽水蓄能电站布局在地理空间上存在资源互济的情况。

以下对我国各区域抽水蓄能的布局要求进行简要分析。

（1）华北、东北区域

我国华北区域主要包括河北、北京、天津、山西、山东和内蒙古西部等省（自治区、直辖市），东北区域主要包括吉林、黑龙江、辽宁、内蒙古东部等省（自治区），华北、东北区域除内蒙古地区外，抽水蓄能就近布局在各自省（自治区、直辖市）的电力系统，并根据抽水蓄能在电力系统中发挥的作用进行布局；内蒙古地区除满足电力系统需求进行布局外，还需配合新能源基地布局抽水蓄能电站，该类抽水蓄能电站视抽水蓄能资源站点情况就近布局在新能源基地附近。

（2）华中区域、南方区域

我国华中区域主要包括江西、河南、湖北、湖南等省份；南方区域主要包括广东、海南、广西、云南等省（自治区）。华中区域、南方区域的抽水蓄能资源站点各有优劣，但基本各省（自治区）的抽水蓄能资源站点规模均满足各省（自治区）对抽水蓄能的需求规模要求，因此，华中区域、南方区域的抽水蓄能电站视抽水蓄能资源情况和各省（自治区）电力系统需求和抽水蓄能发挥的作用等进行布局。

（3）华东区域

我国华东区域主要包括浙江、安徽、福建、江苏、上海等省（直辖市），从华东电网内各省（直辖市）对抽水蓄能电站的需求和各自资源条件分析：上海市无抽水蓄能站点资源，所需抽水蓄能站点布局需结合其周边省份安徽、浙江省抽水蓄能资源站点情况进行分析；江苏省内的抽水蓄能电站建设条件较差、资源相对不足，除尽量开发建设相对较好的抽水蓄能站点外，所需抽水蓄能电站容量不足部分需结合其周边省份安徽、浙江省抽水蓄能站点资源情况进行分析；福建省抽水蓄能电站资源条件较好，但地理位置相对偏远，距上海、江苏直线距离大于 500 千米，抽水蓄能电站建设以满足本省需求为主；浙江、安徽抽水蓄能电站资源丰富，建设条件较好，在满足本省抽水蓄能电站需求的前提下，还可满足上海和江苏电网对抽水蓄能的需求，因此，在抽水蓄能电站布局时，需在考虑浙江、安徽本省需求的基础上，增加上海、江苏电网的需求，结合各抽水蓄能资源站点的交通和接入系统条件，综合考虑抽水蓄能站点布局，明确各站点的服务对象，从经济性考虑，各站点宜尽量靠近其服务的电力系统。

（4）西南区域

我国西南区域主要包括西藏、四川、重庆等省（自治区、直辖市），其中重庆市抽水蓄能资源站点规模满足重庆市对抽水蓄能电站的规模需求，其市内抽水蓄能主要根据抽水蓄能资源分布情况和抽水蓄能在电力系统中的作用布局；四川省除满足电力系统需求进行布局外，还需配合流域水风光基地布局抽水蓄能电站，该类抽水蓄能电站视抽水蓄能资源站点情况就近布局在流域水风光基地附近；西藏本地电网对抽水蓄能电站需求很小，但西藏存在丰富的水电、风光等新能源资源，为配合丰富的可再生能源的外送，需布局一定规模的抽水蓄能电站，并视抽水蓄能资源情况就近布局在新能源基地附近。

（5）西北区域

我国西北区域主要包括青海、甘肃、新疆、陕西、宁夏等省（自治区），其中陕西、宁夏的抽水蓄能资源站点基本满足本省（自治区）的需求，因此，陕西、宁夏的抽水蓄能站点视资源站点分布情况和抽水蓄能在电力系统中的作用进行布局；青海、甘肃、新疆等 3 省（自治区）新能源资源丰富，该 3 省（自治区）除分析本省抽水蓄能需求外，还需结合新能源基地开发情况和抽水蓄能资源站点情况布局抽水蓄能，其中服务于新能源基地的抽水蓄能宜尽量就近布局在新能源基地附近。

（二）抽水蓄能需求空间论证

国家能源局高度重视抽水蓄能工作。2023 年 4 月，《国家能源局综合司关于进一步做好抽水蓄能规划建设工作有关事项的通知》（国能综通新能〔2023〕47 号）发布，要求抓紧开展抽水蓄能发展需求论证工作，分省分区域论证 2030—2040 年抽水蓄能科学合理的发展规模。目前全国抽水蓄能需求规模论证工作基本完成，从服务电力系统和服务特定电源两个层面论述合理开发需求。

1. 服务电力系统

（1）需求规模的论证影响因素

服务电力系统的抽水蓄能需求规模的影响因素包括电力需求、电源装机、新能源资源开发情况、电网结构等。

电力需求：主要包括相关地区用电负荷、用电量、分产业用电量、分地区用电负荷、最大峰谷差、负荷特性等用电历史及现状情况；相关地区能源发展战略及中长期电力发展目标；供电范围及各电网分区水平年以内各时期的用电量、负荷水平及特性。

电源装机：主要包括相关地区各类型电源的地理位置、装机规模、能量指标及与区外电力电量交换等电源发展现状及发展规划成果。

新能源资源开发情况：主要包括各地区新能源资源分布及各地区可开发装机规模。

电网结构：主要包括电网分区情况、网架结构、线路条数和长度、变电站的地理位置和容量等现状及发展规划成果。

（2）需求规模的论证手段

抽水蓄能电站建成后，在电力系统中参与运行，需要研究抽水蓄能与其他电源如何配合运行的问题，即研究用电负荷和供电条件变化下，考虑全系统负荷备用、事故备用及电源检修等情况，各个电源如何配合运行，才能满足电力系统发展需求。

抽水蓄能需求规模论证目的是根据系统负荷和电量需求，对已建、在建和规划中的各类电源容量和发电量进行合理安排，分析需要新增抽水蓄能的规模，使各类电源在规定的设计负荷水平年中达到容量、电量和调峰的全面平衡。

此类抽水蓄能电站规模论证中，通常包括电力系统的电力空间分析、电量盈亏分析、调峰盈亏分析以及电源扩展优化 4 部分计算内容。在抽水蓄能电站需求规模论证过程中，可根据电力系统的负荷特性和需求侧对负荷响应能力进行分析，适当考虑一定的负荷需求侧管理。需求侧管理的比例可考虑为电力系统最大负荷的3%～5%，最高不超过10%。

电力系统中，虽然各类电源都具备一定的装机容量，但并不是所有装机容量都可以承担系统的正常工作容量，无法承担系统工作容量的部分称为受阻容量。装机容量扣除受阻容量后，才是电源的有效容量，也称替代容量。

为了满足用户需求，电力系统中各类电源有效容量之和必须大于或等于电力系统最大需求容量，各类电源可提供调峰容量之和必须大于或等于系统调峰能力需求。电力系统最大需求容量由系统最大负荷及系统备用容量两部分组成，系统备用容量又包括事故备用容量、负荷备用容量、旋转备用容量、检修备用容量，而电源在安排检修时，一般会避开系统出现最大负荷的时段。因此，在进行电力空间平衡时，系统备用容量通常由事故备用容量、负荷备用容量、旋转备用容量三部分组成。根据《水电工程动能设计规范》（NB/T 35061—2015），系统备用容量应根据系统负荷水平、用电结构、电源结构、区外送电容量、网架特点、供电可靠性要求等因素综合分析。

各类电源装机容量扣除受阻容量后的有效容量之和，应大于或等于系统最大负荷与负荷备用容量、事故备用容量之和。各类电源开机容量中的有效容量之和，应大于或等于系统最大负荷与旋转备用容量之和。各类电源可供调峰容量之和，应大于或等于系统负荷峰谷差与旋转备用容量之和。若电力或调峰容量存在缺口，则至少需要补充能够提供相应电力缺口的电源。新能源占比小的电力系统，需要同时满足电力和调峰缺口，才可保证电力系统的需求；新能源占比大的电力系统，可视具体情况弃掉少量新能源。

电量盈亏分析。 电力系统中的电力平衡、调峰平衡和电量平衡是相互关联的，电量平衡的变化势必引起其他平衡的变化。相反，其他平衡的变化，也将导致电量平衡的变化。因此，电力平衡、调峰平衡和电量平衡是不可或缺的。

电量盈亏是在特定时段，通常是一年的电量累计计算结果，而不是一瞬间的平衡。电力系统中的负荷是变化的，为了满足负荷的需要，在各个不同时期系统中各电站有效容量的组成也是变化的，因此通常采用8760小时电力电量平衡分析计算长系列电量盈亏情况。

电源扩展优化。 不同电源有不同的特性，在电力系统中扮演着不同的角色。通常情况下，火电、水电既可以提供电力和调峰容量，也可以提供电量；抽水蓄能

等储能电源无法提供电量，只能提供电力和调峰容量；新能源、区外来电以提供电量为主，调峰能力有限，甚至有些电源还会增加调峰缺口。

根据电力、电量和调峰盈亏结果，可以判断电力系统的缺口主要是由电力、电量还是调峰缺口控制的。当电力系统的缺口主要由调峰缺口控制，则补充电源的类型主要为调峰型电源，而非电量型电源；当电力系统的缺口主要由电量缺口控制，则补充电源的类型主要为电量型电源，而非调峰型电源。在此基础上，再综合考虑研究范围内能源资源禀赋和各类电源发展空间，确定相应的电源优化拓展方案，进行电源扩展优化计算。在满足电力系统需求的情况下，采用经济性最优的原则选择电源扩展优化方案。

（3）需求规模的论证过程

大型抽水蓄能电站大多接入 500 千伏变电站，通常以省（自治区、直辖市）为单位进行统一规划管理。根据抽水蓄能的服务范围，可分为自给自足型以及兼顾周边型两类。我国大多数服务于电力系统的抽水蓄能都是自给自足型，即服务范围为本省（自治区、直辖市）内部，不涉及为其他省份提供服务的情况，如湖北省、湖南省、河南省等。而在一些特殊地区，由于不具备抽水蓄能的建设条件，往往需要周边省份（自治区、直辖市）为其提供抽水蓄能相关服务，如安徽省、浙江省的抽水蓄能除满足本省需求外，还需服务于上海市和江苏省。

对于自给自足型的省份，在确定抽水蓄能的需求规模时只需考虑本省范围内的需求即可。根据扩展方案确定补充电源类型，以满足电力缺口为控制目标，根据电力、调峰容量平衡下的电量盈余，确定抽水蓄能需求规模的下限；根据电力、电量平衡下的调峰容量盈余，确定抽水蓄能需求规模的上限。则在此范围内，考虑抽水蓄能与其他补充电源的各种组合方案，通过 8760 小时电力电量平衡计算，得到相应方案的煤耗、弃电量等参数，分别计算各方案年费用，以年费用现值最小、经济性最优为原则，确定各类电源的合理规模。

对于除满足省内需求外，还需兼顾周边的省份（自治区、直辖市），在进行抽水蓄能需求规模论证时，除对本省的抽水蓄能的需求规模进行分析外，还需要对服务目标省份的抽水蓄能需求规模进行分析。除此之外，若存在多个省份为同一省份提供抽水蓄能服务时，还需要对两地区间输电线路投资、电网规划进展等因素进行分析，在满足需求的同时以经济性最优为原则，确定最终分配方案。图 4-1 所示为服务电力系统的抽水蓄能电站规模论证技术路线图。

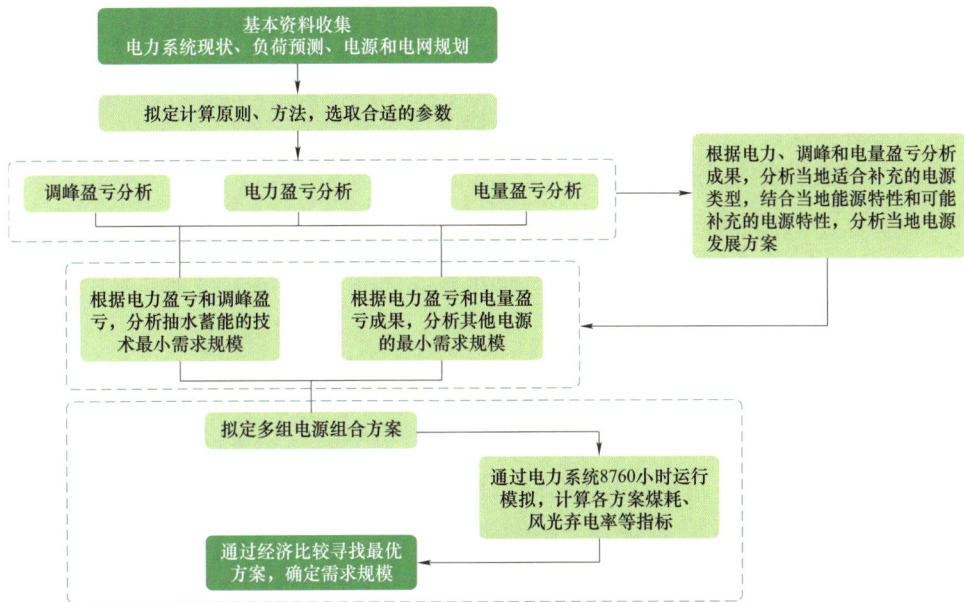

图 4-1　服务电力系统的抽水蓄能电站规模论证技术路线图

抽水蓄能电站属于储能电站的一种，相对其他新型储能电站更具大规模开发条件，电站建设周期相对较长，在不具备抽水蓄能电站建设条件的地区，或者对储能电站迫切需求的地方，可考虑建设部分其他新型储能电站，如压缩空气储能、电化学储能等。

2. 服务特定电源

（1）需求规模论证影响因素

服务特定电源抽水蓄能规模的影响因素包括资源条件、发电及互补特性、水平年和供电范围、电网结构和外送通道等。

资源条件：特定电源内的水能、风能、太阳能、核能等各类能源资源量及分布，能源消费状况，能源资源构成，开发利用程度及清洁能源消费占比等。

水平年和供电范围：供电范围和水平年及其相应的用电量、负荷水平及特性。

发电及互补特性：各类电源发电特性，以及各类电源发电出力互补特性等。

电网结构和外送通道：网架结构、外送通道现状和规划、变电站现状及规划成果等。

（2）需求规模论证手段

服务特定电源的抽水蓄能规模论证，应根据各类电源的资源条件、发电及互补特性、水平年和供电范围、电力市场空间，确定电源配置方案。电源配置应明确配置原则，拟定比选方案，开展多能互补分析计算，结合工程设计进行经济比较计算，提出电源配置推荐方案，确定抽水蓄能电站规模。

（3）需求规模论证过程

服务特定电源的抽水蓄能电站需求规模论证包括水平年和供电范围、资源分析、发电及互补特性、电力市场空间、抽水蓄能规模方案拟定、多能互补计算、方案选择等。

从水平年来看，应根据电力系统发展需求，结合各类发电工程前期工作进度、建设周期和相应的可能投产年份等因素，并与国民经济发展五年规划年份相一致，电源分批实施时，可根据开发时序选择近期水平年。

从供电范围来看，应根据特定电源所在地理位置、电源规模、发电特性，考虑相关地区的经济社会发展和电力需求，分析提出可能供电地区；根据可能供电地区的国民经济和社会发展规划、能源资源开发利用状况、电力供需平衡情况、电网现状、电力系统发展规划，经综合分析拟定供电范围。

从资源分析来看，应包括能源基地内的水能、风能、太阳能、抽水蓄能等各类能源资源量及分布、能源消费状况。从能源资源构成、开发利用程度及清洁能源消费占比等方面，提出能源基地主要涉及电源品种。

从发电及互补特性来看，应包括各类电源发电特性，以及各类电源发电出力互补特性等。抽水蓄能电站、水电站、新型储能与风电、太阳能发电互补性分析应包括年、月、日及日内不同时间尺度的出力互补特性分析；根据水电与风电、太阳能发电补偿后的出力特性，考虑抽水蓄能电站、新型储能的储能量、调节时长等因素，分析抽水蓄能电站、新型储能的补偿特性。

从电力市场空间来看，应在电力市场调研、收资的基础上，根据供电范围的电力系统现状和电力发展规划，分析提出电力、电量和调峰空间。

从抽水蓄能规模方案拟定来看，应满足可比性要求，基本资料、计算原则和方法应协调一致，费用与效益计算口径应一致；遵循国家能源政策及相关能源发展规划要求，综合考虑供电区社会经济、能源需求及资源开发利用情况、能源消费与电源结构、节能减排和生态环境保护等因素；基本符合各类电源的建设条件和资源配置要求，适应出力互补特点及送出要求。满足上述要求基础上，拟定服务特定电源的抽水蓄能规模方案。

从多能互补计算和方案比较来看，应进行各抽水蓄能规模方案的多能互补计算，根据电力市场需求、资源及工程建设条件、清洁能源占比、经济性等方面进行综合技术经济比较，提出推荐方案及典型运行方式（见图4-2）。

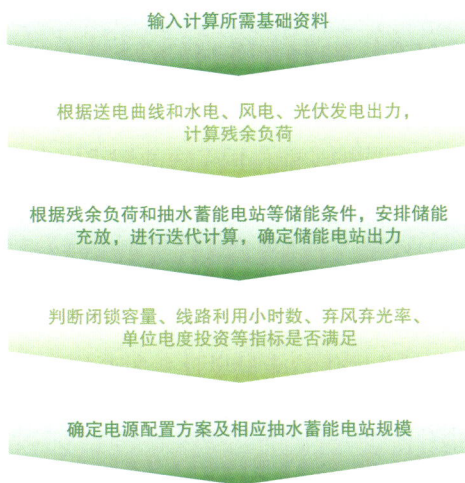

输入计算所需基础资料

根据送电曲线和水电、风电、光伏发电出力，
计算残余负荷

根据残余负荷和抽水蓄能电站等储能条件，安排储能
充放，进行迭代计算，确定储能电站出力

判断闭锁容量、线路利用小时数、弃风弃光率、
单位电度投资等指标是否满足

确定电源配置方案及相应抽水蓄能电站规模

图4-2　服务特定电源多能互补计算流程示意图

对于省内小型能源基地，可按各省新能源配储要求配置抽水蓄能，测算基地经济性，选择合理开发方案。

二、工程规划技术

抽水蓄能站址本身具有资源属性，我国抽水蓄能经过20年的规模化开发，地理位置优越、地质条件好、水头段合适等优质站点资源已优先开发。随着经济社会发展和市场价格水平变化，现阶段抽水蓄能站点资源的技术经济指标较"十三五"前总体偏高。从全国"十四五"新核准的抽水蓄能项目的工程技术特性看，西北地区地质条件差、普遍缺水，防渗设计要求高；东北地区多为低水头，水库和输水系统工程量大；西南地区地质条件普遍偏差，支护设计要求高；华北地区地质条件相对不好，多为全库盆防渗设计；华东、华中地区站址指标相对其他地区总体较好。

在当前抽水蓄能提速发展的背景下，随着开发规模的逐步扩大，近年来站址资源特点总体表现为地形、地质条件偏差，优质的站址资源越来越少；且随着人工及电站建设大宗材料成本大幅增长，国家关于移民补偿、自然环境保护等标准不断提高，站址开发还具有建设成本逐年攀升的特点；部分省份调节需求与站址资源逆向分布，还存在资源与需求不匹配的情况；抽水蓄能具有的资源属性势必需要结合电力系统需求、站址合理布局、技术方案优化等，以最大化提升其资源调节能力。

随着新型电力系统和新型能源体系建设的深入，已有抽水蓄能电站的运行方式随着新能源比例的不断提高，呈现出系统调节需求更大且差异性不断增强、抽水蓄能运行方式不确定性显著增强、抽水蓄能与其他同类调节资源的统筹协同更为迫切等新特点，即系统对抽水蓄能的功能作用发挥的侧重也在逐渐变化，为未来新增抽水蓄能的优化配置和科学发展提供了一定的参考。

（一）优化蓄能量设计

提高站址调节能力体现在优化蓄能量设计，主要措施体现在连续满发小时数选择、装机容量选择、站点调节库容与蓄能量潜力挖掘储备三个方面。

1. 连续满发小时数选择

抽水蓄能电站连续满发小时数主要由两方面的因素决定：一是电力系统对连续满发小时数的需求；二是电站自身建设条件可能提供的蓄能量。

随着新型电力系统的构建，大规模、高比例风光等新能源的开发建设，因其出力随机、波动、不稳定、容量替代率低等特性，电力系统对储能和调峰需求大幅增加。以某电网为例，按照年度8760小时的电力电量平衡和生产模拟测算，抽水蓄能电站总的运行小时数为4087小时，占全年小时数的47%，其中发电小时数为1838小时，占全年小时数的21%；抽水小时数为2249小时，占全年小时数的26%。抽水蓄能电站发电小时数大于或等于5小时出现的天数为209天，约占全年的57%；发电小时数大于或等于6小时出现的天数为146天，约占全年的40%。增加抽水蓄能电站的连续满发小时数，提高其储能能力，可更好地发挥储能和顶峰作用，提高新能源的利用率、促进新能源发展和能源结构调整，对电力系统是有利的。同时，在光伏发电和风电连续低出力的情况下，提高电站连续满发小时数可以提高抽水蓄能电站可靠容量的保证率，对电网保供安全也更有利。

对于服务电力系统和服务特定电源的抽水蓄能电站，因其发挥作用和功能的差异，分析系统对连续满发小时数需求思路有所差异。服务电力系统的抽水蓄能电站，其需求主要与电力系统的用电负荷及其特性、电源结构及各类电源的运行方式关系密切。因服务电力系统的电源结构的差异，对连续满发小时数的需求也不同。一般来说，服务电力系统的抽水蓄能电站连续满发小时数，应结合充分发挥高峰发电顶峰的时间、抽水储能的需求时间、系统可提供的抽水时间，综合分析确定。如华东电网、华北电网等火电占比较高、调峰任务较重的电力系统，随着新能源占比的提高，抽水蓄能电站在电力系统中除承担发电顶峰作用外，抽水储能作用也较为突出。抽水蓄能电站的连续满发小时数需按照上述三方面的因素综合分析计算确定，而服务能源基地的抽水蓄能电站，应主要分析研究抽水蓄能在保障特高压电力外送的经济性和送出线路有效容量等方面，综合分析抽水蓄能电站的连续满发小时数。

从电站自身站址条件来看，抽水蓄能电站的蓄能量受上下水库的地形地质、枢纽建筑物规模、淹没与移民、机组设计制造条件等因素限制，对于固定的库址方案，电站的蓄能量条件是相对比较明确的。同时，抽水蓄能电站库容需求不大，一般可结合设置库区料场、抬高大坝坝高等方式适当增加储能能力。抽水蓄能电站一般为当地材料坝，可结合在库内设置料场的方式增加库内调节库容的开挖量，从而增加储能量；同时，随着大坝坝高的增加，当满足机组稳定运行和泥沙淤积等枢纽布置要求，电站死水位基本维持的情况下，电站正常蓄水调节库容可随着增加，电站储能能力适当增加。但随着大坝坝高抬高、库内开挖量增加，相应的工程造价也会增加，这又是工程技术经济性、工程方案的比较问题。当建设条件允许，增加电站连续满发小时较为经济时，一般可选择相对较高的连续满发小时数。如浙江桐庐抽水蓄能项目，上、下水库地形地质条件相对较好，上、下水库均为当地材料坝，额定水头 535 米，装机容量 140 万千瓦，调节库容约 719 万米^3，天然情况下电站可具备连续满发 6 小时的库容条件。考虑工程整体挖填平衡且地形地质条件允许的情况下，通过适当开挖和抬高水位，可以增加连续满发小时数至 7 小时和 8 小时，方案间上、下水库正常蓄水位分别依次增加 5 米，依次增加发电库容 113 万、112 万米^3，工程静态投资依次增加 5000 万、14852 万元。经技术经济综合比选后，根据不同连续满发小时数之间的投资代价，考虑浙江电力系统对抽水蓄能电站需求情况，桐庐抽水蓄能电站选择连续满发利用小时数 7 小时比较合适。连续满发小时数增加，提供备用等辅助服务的能力相应提高，有利于进一步提高电网对清洁能源的消纳，保障电网的安全稳定运行。因此，在工程投资增加不大的情况下，适当增加电站连续满发小时数是合适的。

经过多年的实践，我国在抽水蓄能电站的前期工作中形成了规划、预可行性研究、可行性研究前期工作程序。规划阶段在开展规划比选站点的选择时，应开展站点的库址选择工作，尽量选择具有较好储能能力的库址组合方案，增加电站储能能力。同时，在技术、经济条件允许的前提下，尽量充分利用站点的蓄能量条件，初拟较大的连续满发小时数，提高其储能能力。在预可行性研究和可行性研究的前期工作阶段，应分析研究电力系统用电负荷特性及电源结构、新能源发展规模及特性，分析电力系统对抽水蓄能电站调节性能和连续满发小时数的需求。按照初选的装机容量，结合电站的蓄能量条件开展连续满发小时数的技术经济比较工作，通过挖掘地形地质、设置库内料场及挖填平衡等技术手段可进一步提高电站的蓄能量，有条件情况下尽可能选择较大连续满发小时数。增大抽水蓄能电站的连续满发小时数，将提高电站储能能力，促进新能源的消纳，提升电力系统调节能力，为"双碳"目标作出更大贡献。

此外，国家主管部门正在组织开展《抽水蓄能电站核价办法细则》的研究工作，可能会出台鼓励提高电站连续满发小时数的相关举措，对更为充分挖掘利用电站的连续满发小时数，增加调节能力是有利的。

2. 装机容量选择

抽水蓄能电站装机容量主要由两个方面的因素决定：一是电站自身建设条件可能提供的蓄能量，二是水平年电力系统需要的抽水蓄能建设规模和站点布局需要。当电站自身条件可能提供的装机容量规模小于电力系统需要的抽水蓄能规模时，电站装机容量方案应以自身条件可能提供的合理装机容量规模为基础进行拟定；当电站自身条件可能提供的装机容量规模大于电力系统需要的抽水蓄能规模时，电站装机容量方案应以电力系统需要规模为基础进行拟定。目前随着各地新能源的大规模发展，在构建新型电力系统的背景下，各区域对抽水蓄能电站的需求规模均较大增加，尤其对于新能源富足地区，因此单个站点提供的装机容量难以完全满足所在供电范围内电力系统的需求比较常见，电力系统需求需结合电力系统中负荷和电源的分布情况、电网网架和系统潮流等情况，研究分析抽水蓄能电站合理布局，并作为装机容量拟定的基础。

抽水蓄能电站建设严重依赖于天然地形地质条件，随着近年来具有较好优势的抽水蓄能电站资源的陆续开发建设，环境保护要求的提高，好的优势资源站址越来越少，如西北地区新能源富集，对抽水蓄能电站需求规模大，但站址资源受地形、海拔、水源、气候、交通以及多型多类保护区等的限制，实际可用作抽水蓄能电站开发的区域有限，且站址多位于地震烈度高地区，优良站点更少。因此，规划阶段应充分挖掘利用站点地形条件资源，尽可能提高站点的装机容量。

此外，国家对于抽水蓄能电站的规划建设管理方面非常重视，纳规阶段的装机容量的论证工作。《抽水蓄能电站开发建设管理暂行办法（征求意见稿）》第三十三条"明确纳规项目要求"条款中提出，"对于项目装机规模发生变化，且不涉及机组台数变化的重点实施项目，省级能源主管部门年底前上报国家能源局"。相应地可以理解为，当装机容量发生变化，且涉及机组台数变化的重点实施项目，则需重新纳规。同时，从国家发布的抽水蓄能电站容量电价有关的"发改价格〔2021〕633 号、发改价格〔2023〕533 号"等政策文件中，也可以看出目前容量电价的核算均与电站装机容量密切相关。因此，对抽水蓄能电站纳规阶段装机容量的论证要求不断提高。

未来电力系统中新能源、区外新能源占比将持续提高，抽水蓄能电站在电力系统内承担的容量支撑作用越发明显。如果在同样蓄能量条件下，在满足电力系统需要的基本的连续满发小时数条件下，可尽量选择大一些的装机容量。装机容量选择中还需要结合机电设备的技术进步等因素，考虑单机容量与工作水头的匹配适应性，考虑未来为新型电力系统服务对抽水蓄能调节性能的需要，以及灵活性、稳定性等方面的需要。

预可行性研究或者可行性研究阶段随着勘测设计深度增加，通过充分利用地形、挖填平衡、技术进步等技术手段增加电站蓄能量，进而增加电站装机容量，得以充分挖掘站点的资源利用价值，降低单个站点的造价成本。如安徽芜湖西形冲抽水蓄能电站，上水库通过修建两座大坝开挖两河中间山体成库，下水库通过半挖半填修建围堤成库，平均利用水头约 220 米，整体建设条件一般，规划阶段因机组变幅控制，装机容量上限 100 万千瓦；预可行性研究阶段考虑机组制造水平提高，控制的机组变幅比进一步放宽，具备增加装机容量的技术条件，同时考虑该站点地理位置优势明显，最终初选将装机容量调整至 120 万千瓦。对于系统调节需求规模大的地区，应根据所在地区能源特点和电力系统负荷要求，充分挖掘指标较好站点在地形地质等方面的潜力，尽可能扩大其装机容量，最大化发挥区域内优质站点资源价值。如青海哇让抽水蓄能电站，下水库采用现有拉西瓦水库，上水库通过降低库底高程同时抬升坝高的方式可满足装机容量上限是 320 万千瓦，根据青海电力系统新能源发展和储能需要，选择装机容量在 240 万～320 万千瓦均是必要的。可行性研究阶段，通过技术论证对不同装机容量方案对应的上、下水库正常蓄水位范围进行分析表明，不同装机容量方案坝址区工程地质条件基本相同，无制约性的工程地质问题，建坝、建库的地形地质条件基本相同，为进一步提高电站装机容量效益，更好地服务区域新能源发展，最终推荐选择装机容量 280 万千瓦，得以充分挖掘该站址资源价值。

3. 站点调节库容与蓄能量潜力挖掘储备

考虑到未来电力系统对抽水蓄能电站的大规模需求和抽水蓄能优势资源的下降，在进行站点的规划设计时应尽可能充分挖掘抽水蓄能电站的开发潜力，提高其装机容量和连续满发小时数。

对于同一站址，应充分考虑周边可能的库址方案，结合各库址方案地形地质条件、枢纽布置、施工条件、机电设备等方面，开展库址比选工作，在建设条件及投资差异不大的情况下，一般应选择站址蓄能量相对较大的库址。

对于同一库址方案，电站调节库容主要受地形地质、水库淹没、工程布置及施工条件、水头条件等因素限制，电站的蓄能量规模和调节性能基本确定。但通过结合库内料场设置适当增加库内开挖、提高大坝坝高、下移坝线、提高正常蓄水位，以及选择更宽的库容裕度系数等设计措施来增大发电库容，从而增加电站蓄能量。

一般来说，我国目前大部分抽水蓄能电站的上、下水库是通过在山间沟谷分别修建大坝形成的。因此增加上、下水库大坝的坝高是提高电站的调节库容和蓄能量的有效措施。如正常蓄水位面积约 30 万米^2 的水库，天然地形条件下，坝高每增加 1 米，调节库容可增加约 30 万米^3，再配合库内料场开挖，可增加调节库容更大。但需要注意的是，增加大坝的高度来增加蓄能量，除受到地形地质条件、大坝工程量、淹没与移民、工程造价等技术经济约束外，还需考虑机组稳定运行、水源条件等对消落深度和库容的制约等因素。其中机组稳定运行对水库消落深度的制约，主要与电站的工作水头有关，即对应不同工作水头，上、下水库消落深度之和需控制在一定范围内，工作水头越大，稳定运行对消落深度的控制越严格。如已经核准在建的安徽龙潭抽水蓄能电站最大水头 555.6 米，机组稳定运行要求控制水泵最大扬程和水轮机最小水头的比值不宜超过 1.17，要求上、下水库消落深度总体控制在 60 米。

抽水蓄能电站上、下水库的大坝多采用当地材料坝，且需要的调节库容不大，结合大坝上坝料、设置库内料场可一定程度上增加电站的调节库容。如已经核准在建的安徽岳西抽水蓄能电站，额定水头 355 米，天然情况下蓄能量仅约 800

万千瓦时，结合上坝料的需求上、下水库分别设置库内料场，调节库容分别增加约220万、130万米^3，增幅约21.1%和12.5%，电站蓄能量达到了840万千瓦时。

抽水蓄能电站还可通过调整坝址、坝线等提高电站的调节库容。如浙江江山抽水蓄能电站，上水库在江山港支流达河溪一级支流坑源溪源头筑坝成库，上水库两岸山体雄厚，正常蓄水位面积约55.18万米^2，上水库的成库条件较好，站点的蓄能量条件主要受下水库限制。规划阶段，下水库坝址位于达河溪支流碗窑溪支流达坞溪上（汇合口上游约300米），考虑地形地质条件、机组稳定运行、移民、环保等因素后，电站只具备装机容量120万千瓦、连续满发利用小时数6小时、蓄能量720万千瓦时的条件，仅具日调节性能。预可行性研究阶段，通过将下水库坝址下移至碗窑溪上（达坞溪与碗窑溪汇合口下游约400米）筑坝成库，增加一条主沟，在相同的正常蓄水位条件下，明显增加下水库调节库容，配套调整上水库的特征水位后，蓄能量大大增加，按照装机容量120万千瓦不变，电站连续满发小时数由6小时增加至10小时，电站调节性能由日调节直接增加为周调节。

抽水蓄能电站水位—面积—库容曲线是电站运行调度的重要基础数据，其准确程度直接影响电站效益的发挥和防洪的安全性。抽水蓄能电站施工过程对上、下水库库区地形影响较大，超挖或者欠挖都可能影响水库的调节能力。电站建成蓄水前需要对上、下水库库容曲线进行本底测量，复核电站是否达到设计发电能力。当上、下水库中某水库或两个水库的调节库容超出设计调节库容时，可通过调整上、下水库的水损备用库容分配、冰冻库容的分配方式，最大化挖掘电站的调节能力。当然，超过设计发电小时数之外的库容，也可作为发电备用库容，发挥紧急事故作用。欠挖情况一般还需通过工程措施使其达到设计发电能力。

对抽水蓄能需求较大且自身资源条件较差的地区，也在开展结合矿坑、资源综合利用等特殊形式的抽水蓄能电站的有益探索，以增加电力系统调节手段。如江苏地区用电负荷高、系统调峰任务重，海上风电等新能源发展迅速，电力系统对抽水蓄能电站等调节性电源需求较大。江苏省内缺山地资源，常规抽水蓄能电站开发建设条件较差。目前正在开展前期工作的江苏石砀山抽水蓄能电站是与矿坑结合的探索。电站上水库主要由大深坑沟（主沟）和另外2条冲沟组成，由主坝、副坝和库周山岭围成，正常蓄水位77.0米，死水位57.0米，调节库容758万米^3；下水库利用石砀山铜矿开采区规划的地下洞室群组成下水库储水洞库，主要建筑物由下水库洞室群、进/出水口、通气洞等组成，下水库正常蓄水位 –277米，死水

位 –297 米，调节库容 706 万米³。目前该项目已经完成预可行性研究勘测设计工作并通过技术审查。

（二）额定水头选择

额定水头是可逆式水泵水轮发电机组的重要参数，额定水头的高低直接影响机组运行的稳定性和经济性，选择合适的额定水头对于机组稳定运行、减少机组受阻运行时间、降低机组受阻容量，为系统提供长时间容量支撑具有重要意义。

1. 额定水头选择考虑的主要因素

一是电站在电网中的运行位置，应满足电力系统对机组运行性能的要求。二是在电站正常运行范围内，水泵水轮机要有较高的综合效率。三是水轮机工况在低水头和部分负荷条件下应能稳定运行并能稳定地并入电网。四是水泵工况在高扬程区能稳定运行，不会产生二次回流现象，同时空蚀余量应满足电站吸出高度的要求。五是水泵水轮机水力设计合理，水轮机工况和水泵工况参数能合理匹配。六是尽可能减少机组受阻容量，技术经济指标好。

2. 额定水头选择存在的问题

抽水蓄能电站水泵水轮机既要作水轮机运行，又要作水泵运行，其水力设计要兼顾两种运行工况。由于水泵工况无法通过控制导叶开度来调节流量和入力，高效率区较窄，且水泵工况高扬程部分存在二次回流区，它限制了扬程的应用上限，所以水力设计总是先以水泵工况设计，再用水轮机工况来校核，这样也就使得水轮机工况总是偏离最优效率区运行，即处于最优效率区以下的运行水头范围。

额定水头的选择还与电站的水头变幅有关。如果电站的水头变幅很大，而额定水头又选得低，转轮的运行工况偏离最优工况太远，可能会出现不稳定现象。从水泵水轮机水力设计考虑，过低的额定水头会加大机组过流量，并偏离最优工况区较远，这样低水头运行时水轮机工况空载稳定性差，小负荷时效率低，水泵工况高扬程运行稳定性差。采用较高的水轮机额定水头，运行稳定性会有所改善。

通常来说，额定水头选得越高，水轮机工况的运行范围就越靠近最优效率区，越有利于机组参数的优化和稳定性的提高，但同时会增大电站运行时的受阻容量。较高的额定水头会导致机组出力受阻，即上水库水位过度降低或下游水位过度升高，水电站水头小于水轮机设计水头时，即使水轮机导叶全部打开也无法满发额定功率，从而出现容量受阻，影响电站在系统负荷高峰时容量效益的发挥。

目前设计过程中，为提高机组安全稳定运行，水机设计专业普遍提出额定水头不宜低于发电算术平均水头的要求，使额定水头逐渐提高，机组满发出力时间变短，受阻容量增大，从而影响电站在系统负荷高峰时容量效益的发挥。特别是未来建设以新能源为主体的新型电力系统更需要抽水蓄能电站有效容量的支撑。某电站满发利用小时数为 6 小时，由于推荐额定水头偏高，导致满发出力的小时数降低到 2.5 小时以下，远低于早期已经投产的电站，影响了电站容量作用的发挥，尤其在大规模抽水蓄能电站投产后，多个电站受阻容量叠加，使电网安全运行存在隐患。

随着机组额定水头的提高，电站综合转换效率呈下降趋势，将会影响电站综合效益以及电力系统整体经济性。

3. 额定水头选择建议

在现有机组设计制造成熟的条件下、满足电站机组运行稳定的基础上，应以综合经济技术比较确定合理的额定水头，以减少受阻时间，增加电站满发出力时长，更充分发挥抽水蓄能电站在新型电力系统的作用和效益。

建议对我国已建抽水蓄能电站低水头段运行情况进行调研分析，提出科学合理的安全稳定运行范围。同时，建议机组厂家进一步研发可以宽幅运行的可逆式水泵水轮发电机组，增大机组稳定运行范围，增加电站可满出力发电时长，提高电站整体运行效率，为新型电力系统安全稳定运行、提高新能源利用率发挥更大的作用。

（三）应用变速机组

新型电力系统下，以风电、光伏发电为代表的新能源大规模高比例发展，电网运行特性发生深刻变革，稳定形态更加复杂，电力系统对抽水蓄能的调节能力有了更高的要求。相比于定速抽水蓄能机组，变速抽水蓄能机组水头变幅适应性更强、运行效率更高、稳定性更好、响应速度更快，可为新型电力系统提供更加优越的调节能力。

1. 国内外变速机组应用现状

我国的河北潘家口、安徽响洪甸抽水蓄能机组采用变极变速方式。从运行情况来看，变极变速提供可调转速的能力有限，提高效率所获得的经济效益有限，并且增大了电机结构设计制造难度，应用业绩较少。

目前世界上已投运的最大的全功率变速机组为瑞士 Grimsel 电站 2 号机组（改

造，10 万千瓦），国内仅四川春厂坝抽水蓄能电站（新建电站，0.5 万千瓦）实现了全功率变速机组的工程应用。

日本与欧洲等国家和地区已实现了交流励磁变速机组的规模化工程应用，其中日本目前运行的交流励磁变速机组总容量接近 300 万千瓦，德国目前运行的交流励磁变速机组总容量接近 70 万千瓦。河北丰宁抽水蓄能电站变速机组（2 台，单机 30 万千瓦）为交流励磁变速机组在我国的首次引进。

2. 变速机组主要技术特点

扬程 / 水头适应范围广，运行稳定性好、效率高。水轮机工况下，变速机组通过降低机组转速，使机组始终在高效率区寻优运行，提高机组运行效率的同时，改善机组振动、压力脉动、空化等性能，进而提升了机组的运行稳定性和寿命，进一步拓宽机组扬程 / 水头适应范围。现阶段，交流励磁变速机组水轮机工况转速变化幅度可达 –7% 左右，可在 30%～100% 额定功率范围内稳定运行；全功率变速机组水轮机工况转速变化幅度更大，主要受机组空化性能和最优运行范围限制，可在 20%～100% 额定功率范围内稳定运行。

水轮机工况具备异步运行能力，调节速度快，动态性能好。在系统负荷突变时，变速机组首先通过改变频率的方式迅速改变机组转速，充分利用转子动能来释放或者吸收负荷，进而缓解负荷波动对电网造成的扰动。从国外变速机组实际运行效果来看，变速抽水蓄能机组可实现毫秒级的功率调节，瞬时功率调节可达到 20 万千瓦 / 秒，调节响应速度是常规定速机组的 10 倍。

水泵输入功率调节范围大。现阶段，交流励磁变速机组水泵工况变速范围可达 ±7%～±10%，可实现水泵工况 70%～100% 额定功率范围内的连续调节；全功率变速机组水泵工况变速范围更大，主要受水泵空化、驼峰、最大入力等机组特性以及电站扬程范围限制，可实现水泵工况 50%～100% 额定功率范围内的连续调节。

变速机组可通过变频装置实现机组自启动，无须设置静止变频启动装置（SFC）。现阶段交流励磁变速机组由于变频器容量较小，仍需压水启动，启动时间在 2.5 分钟左右；全功率变速机组由于变频器容量较大，可直接带水启动，启动时间在 1 分钟左右。

变速机组具有良好的无功补偿和吸收能力。变速机组变频器可以产生 / 吸收无功功率，具有非常好的低电压穿越能力，在非常严重的电网扰动时，可以极大地支撑电网的稳定性。全功率变速机组甚至可以在机组停机状态下，给系统提供无功支撑。

3. 变速机组应用场景

变速机组在提高机组自身安全稳定运行范围和应对电网冲击、保障电网安全运行方面的技术优势，为抽水蓄能项目优化前期规划策略提供了新的可行思路。

从抽水蓄能电站工程优化方面来看，变速机组可适应较大的水头变幅，扩大了机组的安全稳定运行范围，放宽了抽水蓄能电站的建设制约条件，使抽水蓄能能够更为广泛地靠近负荷中心选址。

从服务电网能力优化方面来看，变速抽水蓄能机组具有自动跟踪电网频率变化和有功功率高速调节等优越性，可减小新能源电源对电网的冲击，保障新能源高效消纳，其快速有功调节能力及无功控制能力可为电网抑制扰动、维持稳定提供更加有力的保障。在新能源集中区域、负荷中心区域以及特高压受端，根据电网需求适当规划布局应用变速机组的抽水蓄能电站，可进一步发挥抽水蓄能电站对电网的支撑作用。

第二节　工程设计技术发展

我国抽水蓄能电站建设虽起步较晚，但起点高，基于国内大型常型水电建设所积累的技术和工程经验，通过借鉴国外抽水蓄能电站建设工程技术，并经过一大批大型工程实践，积累了丰富的建设经验，使我国的大型抽水蓄能电站土建工程技术达到世界先进水平。在库址选择方面，除利用传统的已建库、人工库等，近期还研究了包括利用废弃矿坑矿洞、大海作为下水库等。在水库全库防渗技术方面，沥青混凝土面板防渗、钢筋混凝土面板全库防渗、土工膜防渗、组合防渗技术均有成功案例。在高压管道钢板衬砌方面，从钢材和焊材生产供应、加工制作和安装均实现了自主化。在大型地下厂房方面，喷锚支护技术、岩壁吊车梁技术等，处于世界先进水平。

一、工程设计关键技术

（一）库址选择设计

库址选择对抽水蓄能电站工程有着举足轻重的影响，需要综合考虑工程地质条件、水能利用、工程布置、库区淹没损失、环境影响等多方面因素，结合规划阶段相关资料，经综合技术经济比选后确定库址。

通常认为抽水蓄能电站的经济性与电站水头关系密切，一般认为水头较高的站址较有利，因为同样规模的抽水蓄能电站，水头高的电站所需上下水库库容、水道直径和厂房尺寸都可以小一些，因此库址选择时应首选上、下水库自然高差较大的库址。同时，也需要关注上、下水库水平距离与垂直高度的比值，即抽水蓄能电站距高比，该比值反映了抽水蓄能电站引水建筑物的相对长度。我国抽水蓄能电站距高比多数集中在 2 ~ 7。一般来说距高比越小，电站引水系统长度和投资越小，对电站指标有利，当不同比选方案的库址条件相当时，优先考虑距高比小的库址方案。

库址选择时应避开活断层的影响区域，如无法避免时，库址与活断层之间应有一定的安全距离，根据活断层的性质和工程具体条件经技术经济比较后确定。库址选择时应尽量选择含沙量低，不需要修筑拦沙坝的下水库坝址。当天然径流量不足，无法满足运行期蒸发、渗漏量的损失时，需要考虑补水水源点并设置补水设施。

抽水蓄能电站下水库不宜选在流域面积大的河流上。首先，流域面积大，对应河流宽度就大，通常相应大坝工程量就大；其次，流域面积大洪水也大，相应泄洪建筑物规模也大；再次，流域面积大泥沙也多，增加防沙排沙的难度，总之会使投资加大。因此，不必局限在大江大河的干流附近去选库址，在许多支流上都可以找到更适宜的抽水蓄能电站下水库。

抽水蓄能电站上、下水库成对组合出现，组合形式有多种：全部新建、全部利用已建水库、上水库或下水库利用已建水库、上水库或下水库利用已有露天矿坑或地下洞室等。上、下水库均为新建水库时，站址可选择的余地较大，可以充分选择地形地质条件好的站址，此类型抽水蓄能电站采用较多。上、下水库均利用已建水库、上水库或下水库利用已建水库时，通常可以节约新建水库的费用，水源也有保证，对于环境的不利影响也较小，但利用已建水库时可能涉及原水库综合利用任务的调整、运行调度、经济补偿、已有大坝工程等级提高及加高加固、施工期对原水库运行影响等问题。2023 年 12 月，水利部印发《关于加强水库库容管理的指导意见》，要求"禁止筑坝拦汊、围（填）库造地、垃圾填埋、弃渣弃土，以及在有防洪任务的水库建设抽水蓄能电站等侵占库容和分隔库区水面的行为"，此意见发布后，能否利用有防洪任务的水库作为抽水蓄能电站上水库或下水库，需要与地方水利主管部门进行协商。

抽水蓄能电站水库除以上布置形式外，近期还开展了其他新类型的研究，包括利用废弃矿坑矿洞、大海作为下水库。利用废弃矿坑矿洞作为抽水蓄能电站水库还在研究中，此类型抽水蓄能电站有助于废弃矿洞的资源再利用和生态治理恢复，具有很大的生态和经济意义。

（二）水库防渗方案设计

水库渗漏将直接影响工程效益，同时可能会恶化库岸岩体的水文地质条件，对库岸稳定及周围环境均造成不利影响，勘察论证上下水库渗漏条件、岸坡渗透稳定问题，对库岸的单薄分水岭、垭口、断裂发育段做重点分析是至关重要的。根据地形地质和水文条件，研究库水可能渗漏途径、岸坡稳定情况，对上、下水库各种防渗方案和形式进行技术经济比较，确定上、下水库合理的防渗方案。

上水库有足够的天然径流或上水库虽然没有天然径流（或者天然径流量很小），但水库建在高山环抱的山谷地带，最高库水位低于库周山岭的地下水位时，库盆可不设防渗措施。当绝大部分库盆能满足最高库水位低于库周山岭的地下水位时，可只对库区采取局部防渗措施。如山东泰安、安徽琅琊山、河北丰宁、辽宁清原、山东文登、河北尚义等抽水蓄能电站上水库都采用了这种防渗处理方式，与常规水电站并无太大差异。当库周山岭的地下水位较低，库盆基岩透水率较大时，须对全库进行防渗处理。如山西西龙池、河北张河湾、江苏宜兴、河南宝泉、内蒙古呼和浩特、山东沂蒙、江苏溧阳等抽水蓄能电站上水库均采用全库盆防渗形式。

水库防渗可选用沥青混凝土、钢筋混凝土、土工膜、黏土铺盖、岩体帷幕灌浆等形式，或采取综合性防渗形式。从国内外工程实践来看，抽水蓄能电站上水库全库防渗采用沥青混凝土面板居多，且绝大多数是成功的。钢筋混凝土面板早期应用效果不好，北京十三陵抽水蓄能电站开创了成功的先例，关键是做好接缝的止水，减少地基不均匀沉陷和防止混凝土温度裂缝，减少面板基础对面板的约束而导致的裂缝。在库盆地质条件差、地基变形较大时，沥青混凝土面板更具有优越性，但对于地基变形较小的库盆，钢筋混凝土面板防渗方案也是可行的。

综合性防渗措施是指同一水库采用两种或两种以上的防渗材料形成综合性防渗措施，针对具体工程和不同渗漏通道，给予合理的处理。在选择综合性防渗方案时应进行全面的分析对比，对不同材料的施工设备、施工干扰对工期的影响，对防渗体系中不同材料接合部的防渗可靠性等进行仔细研究，合理选择衬护防渗方案。山东泰安、江苏溧阳抽水蓄能电站上水库采用"库坡钢筋混凝土＋库底土工膜"，河南宝泉抽水蓄能电站上水库采用"库坡沥青混凝土＋库底黏土铺盖"，江苏句容抽水蓄能电站上水库采用"库坡沥青混凝土＋库底土工膜"，陕西镇安、新疆阜康抽水蓄能电站上水库采用"库坡钢筋混凝土＋库底沥青混凝土"。

（三）水库库盆开挖料利用设计

一般抽水蓄能电站上水库库盆开挖、地下洞室开挖有数百万立方米以上的石方需要弃置，采用土石坝可就地取料，经济上是有利的。混凝土面板堆石坝应用最多，其断面小，石料开采量较少，对抽水蓄能电站上水库水位频繁升降的适应性优于心墙坝。在全库盆防渗时多采用沥青混凝土面板坝。抽水蓄能电站强调要充分利用枢纽建筑物的开挖料，尽量从库盆内开采坝料，基本做到"挖填平衡"，减少弃渣对环境的影响。此原则涉及如何利用较差的库盆开挖料，包括软弱、风化严重的岩石作为筑坝料的问题。要按开挖料的数量和质量来进行坝体的断面和填筑分区设计，可简称为"以料定坝"，在我国建设第一批大型抽水蓄能电站时已开始研究。最早在北京十三陵抽水蓄能电站上水库混凝土面板堆石坝，已将强风化安山岩用于下游坝体填筑。后续建设的抽水蓄能电站应用全强风化土石筑坝的工程越来越多，如广东清远、浙江仙居、山东文登等抽水蓄能电站。利用全强风化土石料筑坝，关键是要做好排水，以免全强风化土石料区出现渗透稳定问题。

（四）拦排沙方案设计

抽水蓄能电站的泥沙问题，主要有以下三个方面影响：一是泥沙淤积带来的水库死水位选择抬高和调节库容损失，带来水头降低及工程投资增加的可能；二是过机含沙量高带来的机组磨损和流道上防腐措施的损坏；三是抽水蓄能电站技术供水系统取水口一般布在尾水管，过高的泥沙含量，会对滤水设备和冷却水系统的密封装置正常运行带来影响。因此，在多泥沙河川上修建上、下水库时，其工程布置应因地制宜采取防沙和拦沙措施。

国内已建抽水蓄能电站防沙工程措施主要为新建拦沙坝和泄洪排沙洞，形成拦沙库和蓄能专用下水库，如内蒙古呼和浩特抽水蓄能电站下水库、河北丰宁抽水蓄能电站下水库等。内蒙古呼和浩特抽水蓄能电站下水库工程由拦河坝、拦沙坝和泄洪排沙洞组成，将下水库分隔成拦沙库和蓄能电站专用下水库，拦沙库及泄洪洞负责拦洪排沙，抽水蓄能电站专用下水库专职发电，彻底解决泥沙问题。河北丰宁抽水蓄能电站通过在原丰宁水库库尾设置拦沙坝，将原丰宁水库分成拦沙库和蓄能专用下水库两部分，并在拦河坝上游设置泄洪排沙洞，将上游洪水和来沙排向下游，可使 30 年一遇的洪水不进入蓄能专用水库，解决常遇的泥沙问题。

岸边库或采用避沙运行方式也是一种可选的避沙措施。山西西龙池下水库采用人工开挖岸边库来避沙。辽宁蒲石河抽水蓄能电站因其所在河流输沙过程与洪水过程相对应，输沙量主要集中在几场大洪水过程中的几天，根据河流沙峰历时非常短的特点，采取沙峰时暂时停止从下水库抽水的运用方式，即采用避沙运行的方式避沙。

（五）严寒地区上、下水库防冰害设计

建在严寒或寒冷地区的抽水蓄能电站冬季结冰运行问题，包括对库内防渗材料物理力学性能的影响，对防渗面板表面止水的破坏，材料冻融破坏，浮冰、冰屑等对电站进出 / 水口堵塞破坏等。

根据电站冬季运行状态可分为：①从上、下水库初期蓄水到首台机组投入商业运行跨越冬季期间；②电站部分机组或全部机组正常运行期间；③由于某种原因造成电站停运时期。冬季电站运行状态不同，库内冻冰形态就不同，对上、下水库水工建筑物的危害也不一样。在通常情况下，抽水蓄能电站水库里的结冰情况不仅取决于冬季的气温和低于 0℃ 或 −3℃ 以下的负积温，同时也与水库水面积、蓄水量、水温和库内水体运动的水力学特征、消落深度、死库容及电站运行工况等有关。

随着我国北方寒冷地区一批抽水蓄能电站建成投运，针对上、下水库的冰情进行了观测。抽水蓄能电站正常运行时引起的水位变化对水库冰情有较明显的缓解作用。对于初期蓄水、机组停运等特殊情况，或者对防冰害要求较高的特殊部位（如：混凝土面板坝的止水、钢闸门等），设置专用水流扰动设备，防冰效果显著。

（六）输水系统设计

1. 上、下水库进出水口形式选择

抽水蓄能电站的进/出水口通常有侧式和竖井式两种，以侧式进/出水口应用较多。侧式进/出水口通常设置在水库岸边；竖井式进/出水口设置在水库内。当引水上平段上覆岩体较薄或地质条件较差，或有压隧洞段不能满足上覆岩体厚度的要求时，应采用竖井式进/出水口，此外，上水库采用全库防渗方案的宜采用竖井式进/出水口。

2. 引水系统衬砌形式设计

抽水蓄能电站引水隧洞内水压力一般较高，属于高压水工隧洞，衬砌形式通常采用钢筋混凝土衬砌或钢板衬砌两种。

对高内水压力下采用钢筋混凝土衬砌，按透水衬砌设计，应满足挪威准则、最小地应力准则和渗透稳定准则"三大准则"，即隧洞周围必须要有足够的岩层覆盖厚度和足够的地应力量值，围岩不产生过大的渗漏和发生渗透破坏。

钢板衬砌为不透水衬砌，基本无内水外渗风险。在施工过程中，如果遇到较差的地质条件，在确保施工期间开挖支护的围岩稳定、永久运行期无渗漏风险，尤其在可溶岩或渗漏风险较高的地质条件下，具有更好的适应性。江苏句容抽水蓄能电站，引水/尾水隧洞开挖揭露发育溶腔。如果采用钢筋混凝土衬砌，溶腔的处理将给设计、施工、建设管理带来很大困难，电站永久运行期渗漏风险也很大。

地质条件较好，围岩以Ⅰ、Ⅱ类为主的工程：整体能够满足"三大准则"要求，建议采用钢筋混凝土衬砌；围岩区域最小地应力水平足够满足要求，对于局部低应力区和渗透性强的区域，可通过不大于最小地应力的高压固结灌浆来改善岩体抗渗性的，可采用钢筋混凝土衬砌，或可根据实际情况选择部分洞段采用钢板衬砌；对于地质条件较差，无法满足"三大准则"要求的，建议采用钢板衬砌；对于地质条件一般，整体能够满足"三大准则"要求，采用钢板衬砌或者钢筋混凝土衬砌技术上均成立的，在采用钢板衬砌对整个电站的投资影响不大的情况下，建议采用钢板衬砌。

对于比较缺水的北方地区、补水条件较差的抽水蓄能电站，或输水系统地下水位线埋深较深，钢筋混凝土衬砌渗漏风险较大的，可优先采用钢板衬砌。

3. 供水方式

输水系统可采用"一洞一机"或"一洞多机"的布置形式，应根据地形地质条件、管径或洞径、衬砌形式、电站运行要求等，通过技术经济论证确定。由于抽水蓄能电站输水系统洞线往往较长，采用单洞机布置，虽然结构尺寸小，但明显不经济，因此，在输水系统方案比选时，一般重点讨论两洞四机、一洞四机方案。一般来讲，输水线路越长、一道引水主洞接的机组越多，投资就会越省。但这样布置会使引水隧洞的尺寸较大，如引水隧洞需要检修，则同一引水隧洞上的机组都会停机，对电网的运行产生影响。因此，输水系统一洞多机的选择应综合上述有关条件权衡考虑。

从枢纽布置上看，一洞二机、一洞三机、一洞四机，随着单洞对应机组台数的增加，输水系统的结构尺寸与规模相应增加，包括进/出水口断面尺寸、拦污栅尺寸、开挖洞径、岔管规模、调压室与厂房距离、调压室断面尺寸等。拦污栅孔口尺寸为满足自身结构要求，栅条尺寸加大，拦污栅所占面积增加，导致过栅流速加大，易引起拦污栅的振动破坏；拦污栅孔口尺寸的加大，将增加进水口边坡的高度。

当引水系统采用钢岔管时，钢岔管的 HD 值可能成为制约因素，根据现有工程经验，钢岔管 HD 值不宜超过 5000 米·米。当超过这一值较大时，不宜采用一洞四机方案。当采用钢筋混凝土岔管时，则不受这一条件制约。一般情况下，能采用钢筋混凝土岔管的条件下，引水系统的地质条件相对较优，可优先考虑一洞四机方案。当输水系统地质条件较差，洞室规模的扩大，将给隧洞开挖支护带来较大风险时，宜优先选取一洞二机方案。

一洞多机的布置方式，技术上均可行，均有成熟的运行案例。统计已建在建国内外抽水蓄能电站，一洞二机方案最多。

4. 适应 TBM 施工的输水系统布置

目前国内输水系统的引水压力管道斜井主要采用反井钻法施工，爬罐法施工因工作面环境条件差和安全风险大，已很少采用。反井钻法和爬罐法受施工设备性能条件限制，挖掘工作长度一般不超过 400 米，因此引水压力管道斜井布置中，一般通过增加中平段，把斜井长度控制在 400 米以内；此外，还需在引水中平段增加施工支洞以及通往施工支洞的连接道路，额外增加施工费用。

引水压力管道斜井采用 TBM 施工，可改善掘进工作面环境条件和降低安全风险，突破施工挖掘长度的限制，可不设中平段，省去相应中平段的施工支洞以及施工连接道路。斜井 TBM 施工技术已经在日本、瑞士等抽水蓄能电站引水斜井施工中应用，我国河南洛宁抽水蓄能电站引水系统斜井也首次尝试采用 TBM 施工。

引水压力管道斜井采用 TBM 施工时，主要有两种布置方案。一种是调整斜井立面布置，以适应现有较为成熟的 TBM 设备施工，将引水压力管道的上、下斜井和中平段调整为一级斜井布置，开挖断面进行统一，采用自下而上开挖，在下平洞设置组装和始发洞室，上平洞设置接收洞室；另一种是采用可变径的 TBM 设备施工，引水系统的平、立面布置不变，斜井角度和开挖直径保持不变，TBM 从下斜井掘进到中平洞变径后再进行中平洞和上斜井开挖。

（七）发电厂房布置方案设计

1. 一般布置要求

抽水蓄能电站发电厂房有地下式厂房和半地下式厂房两种，其中地下式厂房应用最多。半地下式厂房目前仅在中小型抽水蓄能中有所应用，如我国已建的浙江溪口（8 万千瓦）和江苏沙河（10 万千瓦）两座抽水蓄能电站，在建的浙江北仑梅山港（16 万千瓦）抽水蓄能电站，应用较少。

地下厂房的布置形式，首部、中部和尾部方案几乎相当。首部式布置对厂房防渗、运行管理及施工较不利，当地形地质条件许可时，地下厂房通常不采用首部式布置；尾部式布置厂房对运行及施工较有利，地形地质条件许可时，采用的抽水蓄能电站较多。当输水系统尾部工程地质条件不佳或洞室群顶部岩体厚度不满足要求，而中部有合适的地形地质条件时，厂房可选用中部式布置。

抽水蓄能电站地下式发电厂房主要洞室纵轴线方向与围岩主要结构面及软弱岩带走向成较大夹角、与最大主应力方向成较小夹角，尽量减少不利地质构造和高地应力给洞室稳定带来的不利影响。各洞室的上覆岩体和洞室之间的岩柱体应有足够的厚度，以确保洞室安全。引水与尾水线路的布置应尽量简单、平顺、水流通畅；合理布置洞室，尽可能一洞多用，尽量缩短附属洞室长度。

2. 适应 TBM 施工的地下厂房交通洞和通风洞布置

抽水蓄能电站交通洞、通风洞均用于连通厂房与厂外地面，两隧洞断面相差不大，可适用于 TBM 施工，通过调整交通洞、通风洞的布置，使 TBM 掘进可由通风洞洞口进、经地下厂房后由交通洞洞口出，如河北抚宁抽水蓄能电站的通风洞、交通洞就采用了 TBM 施工技术。

交通洞开挖断面尺寸受断面形状、初期支护和永久衬砌厚度影响，还需要满足运行期交通要求，以及施工期大件运输、TBM 掘进和出渣等要求。通风洞开挖断面尺寸受支护厚度影响，还需要满足地下洞室群通风面积要求。河北抚宁抽水蓄能电站地下厂房通风面积需要 45 米 ^{2}，交通洞、通风洞 TBM 开挖断面主要受交通洞大件运输尺寸控制。

河北抚宁抽水蓄能电站为适应 TBM 施工，通风洞进厂房之前的平面转弯半径采用 90 米，其余洞段转弯半径采用 100 米，纵坡全部采用 2.44%；交通洞平面转弯半径全部采用 100 米，转弯段纵坡采用 3%，其余洞段最大纵坡为 6.6%；TBM 设备沿纵向穿越地下厂房，通风洞末端高程 145.8 米，交通洞末端高程 131.0 米，坡度采用 9.02%。通风洞长度为 1194.1 米，厂房长度 164 米，交通洞长度为 868.6 米，采用 TBM 施工的隧洞总长度为 2226.7 米。主变压器交通洞和主变压器通风洞等支洞长度不变，采用常规钻爆法进行施工。

3. 适应 TBM 施工的地下厂房排水廊道布置

地下厂房排水廊道多设置为上、中、下三层，为适应 TBM 施工，可将不同层的排水廊道联通，山东文登、河北抚宁等抽水蓄能项目排水廊道均采用 TBM 方式进行开挖。

山东文登抽水蓄能电站根据排水廊道总体布置以及 TBM 施工的要求，将排水廊道布置为"螺旋状"形式，即地下厂房中、下层排水廊道采用环形布置连接，布置成螺旋状。螺旋状排水廊道转弯半径采用 30 米，洞室断面为直径 3.5 米的圆形。厂房排水廊道设置直线段始发段和组装段，其中组装段利用原有的 5 号排水廊道，始发段洞室轴线与施工支洞轴线夹角 18°，长度为 8 米。中、下层排水廊道开挖总长 1447.8 米，平均坡度为 2.1%。

地下厂房交通洞与主变压器交通洞部位的"回"字形洞室布置，为 TBM 施工提供了便利的通道。利用交通洞和主变交通支洞之间的 5 号排水廊道作为组装段和渣体临时储存、二次倒运的通道，圆满解决了需要在排水廊道洞内开挖组装段的问题；5 号排水廊道断面大，洞室直线段距离较长，也为 TBM 设备的维修和检修提供了便利；结合"回"字形洞室布置的方案，将 5 号排水廊道作为 TBM 开挖期的施工通道，不会影响其余洞室的施工通道，提高了洞室利用率。

二、工程标准化设计

在抽水蓄能高质量发展的过程中，工程标准化设计起着至关重要的作用。采用标准化设计可以推动抽水蓄能工程设计的优化和升级，提高工程质量、降低成本，并提高项目实施的效率。经过多年建设管理实践积累，提出了着力于"设计、施工、设备制造"三个主战场，抓好"安全、质量、进度、造价、技术和综合管理"的基建管理理念，始终把勘察设计作为"三个战场"的龙头来管控。抽水蓄能行业在总结已建及在建电站经验的基础上，结合国内抽水蓄能电站建设及发展趋势，开展了通用设计、标准化设计等研究工作。

（一）通用设计

抽水蓄能电站建设规模持续扩大，大力研究和推广抽水蓄能电站通用设计，是适应抽水蓄能电站快速发展的客观需要。为进一步提升抽水蓄能电站标准化建设水平，深入总结工程建设管理经验，提高工程建设质量和管理效益，有关研究机构、设计单位和专家，在充分调研、精心设计、反复论证的基础上，开展了《抽水蓄能电站通用设计》系列丛书的编制工作。通用设计坚持"安全可靠、技术先进、保护环境、投资合理、标准统一、运行高效"的设计原则，追求统一性与可靠性、先进性、经济性、适应性和灵活性的协调统一。

1. 地下厂房通用设计

抽水蓄能电站地下厂房通用设计以基建标准化建设成果为基础，贯彻全寿命周期设计理念和方法，综合考虑不同地区、不同地质条件、不同机组容量等因素，总结、提炼已有抽水蓄能电站工程设计建设经验和成果，集成应用成熟、适用的新技术。抽水蓄能电站工程通用设计地下厂房部分的内容包括土建、水力机械、电气一次、电气二次、给排水及消防、通风空调、金属结构等方面，设计方案根据电站装机容量、额定水头不同共分为5个方案，即4×30万千瓦，375转/分；4×30万千瓦，428.6转/分；4×30万千瓦，500转/分；6×30万千瓦，428.6转/分；4×30万千瓦，500转/分。地下厂房通用设计成果包括设计说明、图纸和使用说明等。使用说明对通用设计的使用条件、方案选用等方面进行了详细说明。

2. 输水系统进出水口通用设计

输水系统上、下水库进出水口布置设计总结已建电站的经验，结合国内抽水蓄能电站建设及发展趋势,根据进出水口不同空间位置与结构形式、电站装机台数以及输水系统不同供水方式,共设立了10个典型方案,其中上水库共4个方案,分别是:方案一(四台机,一洞两机,闸门竖井式布置)、方案二(四台机,一洞两机,岸塔式布置)、方案三(四台机,一洞两机,竖井式,闸门布置在山体内)、方案四(四台机,一洞两机,竖井式,闸门布置在水库内);下水库共6个方案,分别是:方案五(四台机,单机单洞,闸门竖井式布置)、方案六(四台机,单机单洞,岸塔式布置)、方案七(四台机,两机一洞,闸门竖井式布置)、方案八(四台机,两机一洞,岸塔式布置)、方案九(六台机,两机一洞,闸门竖井式布置)、方案十(六台机,两机一洞,岸塔式布置)。该通用设计在统一抽水蓄能电站各系统设计的基础上研究典型布置方案。

3. 地下洞室群通风系统通用设计

地下洞室群通风系统通用设计总结已建及在建电站的经验,结合国内抽水蓄能电站建设及发展趋势,根据抽水蓄能电站对通风系统的要求,主要针对南方和北方不同地域的气候特点对地下洞室群通风、空调、除湿、供暖及防排烟等方面进行系统布置设计,分为南方和北方地下洞室群通风系统共2个典型方案,分别是南方地下洞室群通风系统方案、北方地下洞室群通风系统方案。

4. 开关站通用设计

开关站通用设计总结已建电站的经验,结合国内抽水蓄能电站建设及发展趋势,根据不同的主接线方式和电站地理位置,设立了10个典型方案,分别是方案一(四台机组,一回出线,三角形接线,整体一字型布置)、方案二(四台机组,一回出线,三角形接线,整体前后式布置)、方案三(四台机组,两回出线,四角形接线,整体前后式布置)、方案四(四台机组,两回出线,内桥形接线,整体前后式布置)、方案五(四台机组,两回出线,四角形接线,分体式一字型布置)、方案六(四台机组,两回出线,内桥形接线,分体式一字型布置)、方案七(六台机组,两回出线,五角形接线,整体前后式布置)、方案八(六台机组,两回出线,双母线接线,整体前后式布置)、方案九(六台机组,两回出线,五角形接线,分体式一字型布置)和方案十(六台机组,两回出线,双母线接线,分体式一字型布置)。该通用设计在统一抽水蓄能电站各系统设计的基础上研究典型布置方案。

5. 物防和技防设施配置通用设计

抽水蓄能电站通用设计按照国家有关要求,通过对其工程的特点和防恐防暴物防措施技术要求的研究，提出适合的物防、技防设施。设计成果可直接为防恐防暴工作服务，开展符合自身防恐防暴需求的工程和防护产品设计，为反恐怖防范提供强有力的保障，促进防恐防暴能力和水平的提高。

（二）标准化设计

1. 工艺设计

工艺设计系统提出了抽水蓄能电站通用工艺设计的管理理念，统一了各电站工艺设计原则，对抽水蓄能电站的沟道及盖板、预埋管、预埋件、止水铜片、接地、电缆桥架及电缆敷设、小口径管路、支吊架、盘柜接线工艺设计进行了细致的规定和统一。根据工艺设计成果在实际工程中的应用情况进行了补充、完善，最终形成了一整套抽水蓄能电站通用工艺设计方案。主要内容包括沟道及盖板工艺设计、预埋管工艺设计、预埋件工艺设计、止水铜片工艺设计、接地工艺设计、电缆桥架及电缆敷设工艺设计、小管路工艺设计、支吊架工艺设计、盘柜接线工艺设计9个部分。

2. 机组选型标准化

典型机型标准化研究通过对在建项目额定水头、额定转速、单机容量等情况梳理，目前在建项目典型机型包括"4-4-3"机型、"5-5-3"机型、"3-3-3"机型等。重点对上述3种典型机型开展标准化研究，后期根据项目建设需要，拓展其他机型标准化成果。

"4-4-3"机型：指400~500米水头段、428.6转/分、30万千瓦机组。

"5-5-3"机型：指500~650米水头段、500转/分、35万千瓦机组。

"3-3-3"机型：指300~400米水头段、375转/分、30万千瓦机组。

3. 洞室开挖尺寸标准化

根据电站建设条件，综合考虑电站水头、机组转速、容量等参数差异，研究并提出交通洞、通风洞、地下厂房、引水及尾水洞等地下洞室开挖尺寸标准化研究，提出地下洞室开挖控制尺寸标准，为后期机械化施工、工厂化预制及模块化施工打下基础。

洞室开挖尺寸标准化研究内容包括：针对不同单机容量、装机台数、额定转速等电站建设条件，开展地下厂房（主厂房、主变洞、尾闸洞、母线洞等）控制尺寸研究，分系列提出地下厂房开挖控制尺寸标准。开展交通洞、通风洞、出线洞、排水廊道、引水及尾水洞等洞室开挖控制尺寸研究，根据 TBM 等施工机械应用要求，提出洞室开挖断面控制尺寸标准。研究出线洞、启闭机房、开关站、副厂房、排风机房等建（构）筑物的标准化结构，提出预制构件、钢结构应用场景及方案，提高电站建（构）筑物的装配率和预制率。

🌿 第三节　施工技术发展

> 　　抽水蓄能电站的建设，愈发受国土资源利用、环境保护与水土保持、人才队伍与劳动力资源保障等多方面的制约和更高要求，需加快形成"少人化、机械化、标准化、智能化"的内生驱动力。近年来，随着国内抽水蓄能电站科技研发投入及建设规模加大，研发出大批创新型施工科技成果，同时随着施工机械装备智能化研发与制造水平的提升，开发出大批新装备，加快了工程建设速度、缩短了建设周期、提高了施工技术水平及施工效率，大幅提升了工程建设质量及安全保障，推动了整体施工技术水平升级，为抽水蓄能电站建设提质增效起到了积极推动作用。

一、施工创新技术

（一）沥青混凝土全库防渗施工技术

沥青混凝土面板因其防渗性能好、适应基础变形能力强、施工及维修简单、能抵抗酸碱侵蚀等特点，在国内外抽水蓄能电站水库防渗中得到广泛应用。国内通过数十年研究及攻关，在相关研究与应用技术领域有较大幅度提升，近年工程应用呈高增长趋势。国内已建、在建及规划的抽水蓄能电站，采用沥青全库盆防渗的抽水蓄能电站项目有浙江天荒坪、河北张河湾、山西西龙池、内蒙古呼和浩特、山东沂蒙、山东潍坊、河北易县、内蒙古芝瑞、辽宁庄河、内蒙古乌海、山西浑源等

50余座。采用沥青混凝土全库防渗形式的抽水蓄能工程见表4-1。

沥青混凝土施工（见图4-3），应重点控制沥青混凝土防渗面板下碎石垫层施工及基层处理、沥青混凝土原材料选择、沥青混合料的预热及拌制、沥青混合料的运输、沥青混凝土面板施工等环节。面板施工主要包括：面板摊铺施工、运输及摊铺温度控制、面板碾压施工、防渗层接缝处理、特殊部位施工及沥青混凝土封闭层施工等。

表 4-1 　　　　　　　　　　采用沥青混凝土全库防渗形式抽水蓄能工程

建设阶段	工程名称
已建工程	天荒坪（上水库）、张河湾（上水库）、西龙池（上、下水库）、句容（上水库库岸）、呼和浩特（上水库）、沂蒙（上水库）、宝泉（上水库坝坡）、阜康（上水库库底）
在建工程	芝瑞（上水库）、易县（上水库）、庄河（上水库）、乌海（上、下水库）、潍坊（上水库）、浑源（上水库）、庄里（上水库）、朝阳（上、下水库）、红星（上、下水库）、黄羊（上水库）、哇让（上水库）、塔拉河（上水库）、镇安（上水库）
可行性研究阶段	康乐（上水库）、西龙池二期（上水库）、高昌（下水库）、蔚县（上水库）、灵寿（上水库）、盂县（上水库）、大沙河（上水库）、邢台（上水库）、美岱（上水库）、抚宁二期（上水库）、黔南（上水库）、蒲县（上水库）、沁源（上水库）、依兰（上水库）、安图（上水库）、鄯善（上水库）

图4-3　沥青混凝土施工

早期的浙江天荒坪、河北张河湾及山西西龙池抽水蓄能电站的沥青混凝土施工，均采用国外承包商为主、国内承包商配合的联营体方式，由国外承包商工程师指导国内技术人员及工人进行施工。从内蒙古呼和浩特抽水蓄能电站沥青混凝土施工开始，山东沂蒙、河南宝泉、新疆阜康、江苏句容、河北易县等抽水蓄能电站均由国内科研院所指导，国内施工企业独立完成，形成了一套完整的施工技术。沥青混凝土施工代表性工法见表4-2。

表 4 – 2　　　　　　　　　　　　沥青混凝土施工代表性工法

序号	工法名称
1	碾压式沥青混凝土防渗面板施工工法
2	寒冷地区沥青混凝土冬季施工工法
3	中小型土石坝碾压式沥青混凝土心墙施工工法
4	沥青心墙压实度检测工法

（二）土工膜防渗材料施工技术

土工合成材料在水工建筑应用起源于 20 世纪 40 年代，在 60 年代以后迅速发展；20 世纪 90 年代，新一代材料——热塑性聚烯烃弹性体（TPO），兼具弹性和塑性材料的优势，已成功应用于多个水工项目。土工合成材料良好的物理性能可适应各不同强度和变形需要，有很好的弹性应变能力，能承受不同施工条件和工作应力，能更安全地应用于复杂环境，提高项目的整体附加值。目前已有多座大坝及水库采用土工膜防渗形式，为适应水工建筑的沉降变形，主要采用变形适应能力优异的弹性土工膜材料，如 PVC、EPDM、TPO 等。采用土工膜防渗形式的抽水蓄能工程及代表性工法见表 4–3、表 4–4。

表 4–3　　　　　　　　　　采用土工膜防渗形式抽水蓄能工程

建设阶段	工程名称
已建工程	句容（库岸沥青面板，库底土工膜）、洪屏（库底土工膜）、泰安（库底土工膜）、溧阳（库底土工膜）、马山（库底土工膜）、以色列（库底土工膜）、日本今市（库底土工膜）、日本冲绳（库底土工膜）
前期项目	灵寿（上水库库岸钢筋混凝土面板，库底土工膜）、鄯善（上水库库岸沥青面板，库底土工膜）、额敏（上水库）、东乡（上水库库岸钢筋混凝土面板，库底土工膜）、热巴（上水库库岸钢筋混凝土面板，库底土工膜）、大熊山（上水库库岸钢筋混凝土面板，库底土工膜）

表 4–4　　　　　　　　　　土工膜防渗体系施工代表性工法

序号	工法名称
1	复合土工 PE 膜施工工法
2	堆石坝复合土工膜防渗面板施工工法
3	土工膜渗透检测工法
4	土工膜斜墙防渗体施工工法

下层、上层土工布铺设如图 4-4、图 4-5 所示。

图 4-4 下层土工布铺设

图 4-5 上层土工布铺设

（三）斜（竖）井开挖施工技术

抽水蓄能电站与常规水电站相比设计特点是水头高，相应的高压管道布置上高差大、长度长，也是抽水蓄能电站建设的施工技术难点之一，其中导井施工是控制工期的关键环节。

20 世纪 80 年代开始，北京中煤矿山工程有限公司研制了适用于稳定地层条件不同地下工程领域井筒施工的 LM 系列、BMC100～BMC600 系列反井钻机，最大钻井直径为 6 米。

受设备制造水平的制约，一次成导井长度（或高度）成为制约抽水蓄能电站引水高压管道分级的控制性因素。近年，随着国内反井钻机制造技术的提升，斜（竖）井一次成井的长度及高度纪录不断创新，减少了抽水蓄能电站高压管道的分级数量，加快了施工速度，节省了工程投资。

2023 年，北京中煤矿山工程有限公司组织研制出智能控制 BMC1000 型反井钻机，采用模块化设计，适用于地下工程的反井钻井，设计钻井直径为 7 米，钻井深度可达 1000 米，拥有完全自主知识产权的核心设备和稳定的技术状态。这标志着我国大直径井筒反井钻井技术和装备制造取得重大进展，现正开展工程验证工作。

水电工程建设领域，国内高度在 500 米级以内的竖/斜井采用反井钻机施工有成功案例，如最深的浙江天台抽水蓄能电站斜井深度约 483 米，浙江长龙山抽水蓄能电站上斜井深度约 435 米。

2023 年核准的贵州贵阳抽水蓄能电站，其引水高压管道按一级竖井布置，竖井高度为 534 米，施工拟采用定向钻先开挖先导孔，两序先导孔直径分别为 216、350 毫米，然后反井钻机扩孔至 3.5 米，目前正在进行施工准备工作。抽水蓄能电站斜（竖）井反井钻法施工案例和代表性工法见表 4-5、表 4-6。引水斜井定向钻导孔施工如图 4-6 所示。

表 4-5　　　　　　抽水蓄能电站斜（竖）井反井钻法施工案例

工程名称	斜（竖）井总长（米）	倾角（度）	单段斜（竖）井（米）	导井长度（米）
天　台	966.8	58	483.4	483
长龙山	843	58	435/415	435
敦　化	808	55	382/426	381
抚　宁	502.685	55/55	216.246/286.412	286
清　原	1207.654	55	135.369/267.172	299.53
易　县	415.32	55/51.56	174.97/240.35	231.81
惠　州	585.56	50	265.45/320.11	301
沂　蒙	385	90	385	385
泰　安	240	90	—	240
琅琊山	140.58	90	—	140.58
宜　兴	380	90	150/230	150/230
张河湾	341.26	90	269.26/72	307

表 4-6　　　　　　斜（竖）井开挖施工代表性工法

序号	工法名称	序号	工法名称
1	陡倾角长斜井导井定向钻反井钻法开挖施工工法	6	36° 缓坡长斜井反导井精准开挖施工工法
2	300 米级陡倾角斜井反井钻导孔施工工法	7	地下洞室标准化定位及导向开挖技术施工工法
3	陡倾角长斜井导井定向钻反井钻法开挖施工工法	8	超深竖井开挖施工工法
4	斜井导孔定向钻施工工法	9	超大竖井井壁灌浆施工同步提升系统设计安装施工工法
5	超深竖井开挖施工工法	10	超深竖井正井机械化安全快速施工工法

图 4-6　引水斜井定向钻导孔施工

（四）斜（竖）井混凝土施工技术

国内抽水蓄能电站斜（竖）井混凝土衬砌主要采用滑模法施工。在浙江桐柏抽水蓄能电站施工中，施工单位自行研发了连续拉伸式液压千斤顶—钢绞线斜井滑模系统（简称 LSD 斜井滑模系统），在以往斜井滑模系统的基础上有较大的科技创新与发明，获得国家知识产权局发明专利授权，相关工艺成果已成为国家级工法。目前，国内抽水蓄能电站长斜井混凝土衬砌主要采用 LSD 斜井滑模系统。

浙江桐柏抽水蓄能电站两条引水斜井由 1、2 号上斜井和 1、2 号下斜井连接两条中平洞、两条下平洞组成。其中，1 号上斜井直线段斜长 398.08 米，2 号上斜井直线段斜长 393.739 米，斜井倾角 50°，开挖洞径 7.5 米，衬砌后洞径 6.5 米。

LSD 斜井滑模系统，是在斜井滑模模体上安装由连续拉伸式液压千斤顶、液压泵站、油管系统、液压控制台、安全夹持器等组成的液压提升系统。通过两台连续拉伸式液压千斤顶抽拔锚固在上弯段顶拱的两束钢绞线，牵引模体滑升，模体受牵引力的合力与斜井轴线重合。滑模系统由中梁、平台、模板、行走系统、牵引系统及运输系统等部分组成。模体共设 5 层平台，分别承担不同的施工功能，模板安装在主平台上，模板在水平面上的投影为椭圆形。

模体的前轮在轨道上行走，轨道安装在喷混凝土条形基础上，模体后轮在已浇筑完成的混凝土面上行走。人员及材料均由运输小车运送，小车行走与滑模前轮采用同一轨道，运输小车不同时运载人员和材料，以保证安全。浙江桐柏抽水蓄能电站 1 号斜井混凝土衬砌施工，平均滑升 4.76 米 / 日，最大滑升长度

9.15 米 / 日，最大滑升长度 189.5 米 / 月。斜（竖）井衬砌施工代表性工法详见表 4-7。

表 4-7　　　　　　　　　　　斜（竖）井衬砌施工代表性工法

序号	工法名称	序号	工法名称
1	连续拉伸式液压千斤顶—钢绞线滑模施工工法	5	长斜（竖）井滑模运输车安全保护设施工法
2	大直径调压井混凝土衬砌滑模施工工法	6	斜井滑模浇筑施工工法
3	连续式斜井滑模混凝土衬砌施工工法	7	超深竖井多级缓冲器溜筒混凝土浇筑施工工法
4	多孔竖井滑模施工工法	8	竖井滑模浇筑混凝土施工工法

（五）水下岩塞爆破及水下围堰技术

目前，多座已建 / 在建抽水蓄能电站利用已建水库作为上、下水库的方式，在已有水库内布置电站进（出）水口，如河北琅琊山、河北丰宁、河北张河湾、山东潍坊、湖北白莲河、浙江泰顺、浙江乌溪江、湖北黄龙滩、陕西安康、辽宁玉石、辽宁燕山湖、陕西汉滨、青海哇让等抽水蓄能电站，现有水库因库容较大或兼有供生活用水的功能，不具备腾库或降低水位施工的条件，与其连接的进出水口需要采用岩塞爆破或水下围堰等施工方式。抽水蓄能电站进（出）水口一般距水面较深、过水断面相对较大，施工复杂，因此，水下岩塞爆破技术将会更多应用。

水下岩塞爆破是一种干扰较小、适用性强、比较经济的施工技术。在国外，水下岩塞爆破施工技术比较早应用较普遍。我国水下岩塞爆破施工技术起步较早，经过长期研究与工程实践，已成功实施了多个岩塞爆破项目，在难度及规模上均达到了国际先进水平，在深水、复杂地质条件下的水下岩塞爆破理论及实践方面积累了较为丰富的经验。

长甸改造工程进水口位于水库死水位以下 35 米的右岸边坡，采用岩塞爆破方式，预留岩塞体为倒圆台形，塞底直径 10 米，平均厚度 12.5 米，2014 年成功实施了爆破，爆破完成后的体型满足设计要求。

安徽响洪甸抽水蓄能电站利用已建的响洪甸水库作上水库，采用水下岩塞爆破方法形成上水库进 / 出水口。响洪甸水下岩塞爆破设计采用洞排结合爆破、洞内聚渣方案，首次成功采用了集渣坑高水位充水并设置气垫减震的技术，以及梯形集渣坑、球壳形混凝土堵头、双层药室＋排孔的装药结构、毫秒电磁雷管起爆等措施。

采用岩塞爆破方式形成进出水口，应重点关注爆破后的岩塞段洞壁围岩状态，需全部清除岩塞段洞壁松动岩块，使爆破后的石渣全部进入集渣坑，并进行适度固化，防止高速水流带动的块石冲击水轮机叶片，保证机组安全运行（见图4-7）。岩塞爆破与水下围堰施工代表性工法见表4-8。

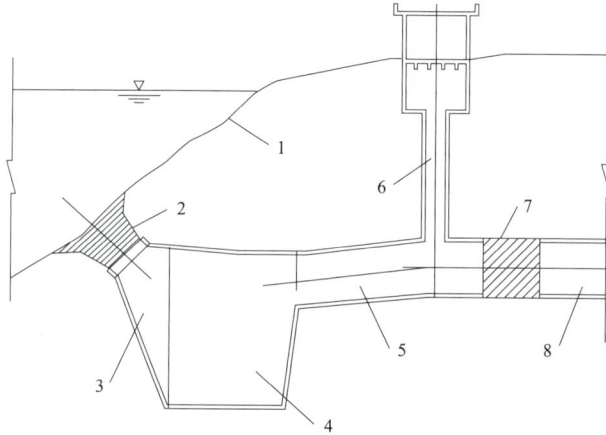

图 4-7　进出水口水下岩塞爆破示意图

1—进水口边坡；2—岩塞；3—渐变段；4—集渣坑；5—连接段；

6—闸门井；7—堵塞段；8—主洞

表 4-8　　　　　　　　岩塞爆破与水下围堰施工代表性工法

序号	工法名称	序号	工法名称
1	隧洞岩塞爆破施工工法	7	围堰水下清挖施工工法
2	深厚淤泥覆盖水下岩塞爆破施工工法	8	组合式桩模围堰施工工法
3	深水下岩坎爆破施工工法	9	钢板桩围堰逆作法施工工法
4	特殊防护环境库区围堰水下爆破拆除施工工法	10	钢板桩膜袋围堰施工工法
5	土石围堰水下爆破拆除施工工法	11	运行水位下取水口预留岩埂挡水围堰加固施工工法
6	混凝土围堰爆破拆除施工工法		

（六）安全型模块化混凝土制冷系统技术

为预防水电工程大体积混凝土产生温度裂缝，通常采用控制混凝土的出机口温度作为保证混凝土施工质量的主要手段。高温季节由混凝土制冷系统来控制混凝土的出机口温度，传统是以液氨为制冷剂的制冷系统。

工厂式液氨制冷系统中，制冷剂液氨易燃、易爆，有毒，有强烈刺激性臭味，腐蚀性强、易泄漏，是施工现场的一个重大危险源。液氨制冷系统建设安装工期长、建设成本高、占地面积大，具有强腐蚀性，制冷系统的管道基本上不能重复利用，运行成本高。

随着制冷及机电设备制造的技术进步，设备集成模块化的发展趋势，大型螺杆压缩机及第三代制冷剂的开发及应用，使大型氟利昂制冷系统应用范围扩大，通过技术进步解决了工厂式液氨制冷系统存在的安全技术缺陷。

氟利昂 R507A 具有低毒性、无刺激性气味、不燃不爆的特点，能完全替代液氨进行制冷，并解决了液氨制冷系统存在的几大问题，如液氨有毒、具有强刺激性臭味，如液氨汽化后可能存在易燃、易爆等重大风险，从而使制冷系统在安全、环保方面有了飞跃性的提高。

模块化制冷系统分整体式与分级式，整体式制冷系统有直接供液、制冷剂需要量小、无外接管道、安装工期短等优点，已在广东阳江、福建周宁、广西大藤峡等 10 余座大型水电站工程成功应用，满足大型拌和系统一次风冷＋二次风冷＋制冰＋冷水拌和等全过程预冷工艺需要，实现了出机口温度控制在 12℃以下的预冷目标，具有较好的推广应用前景（见图 4-8）。

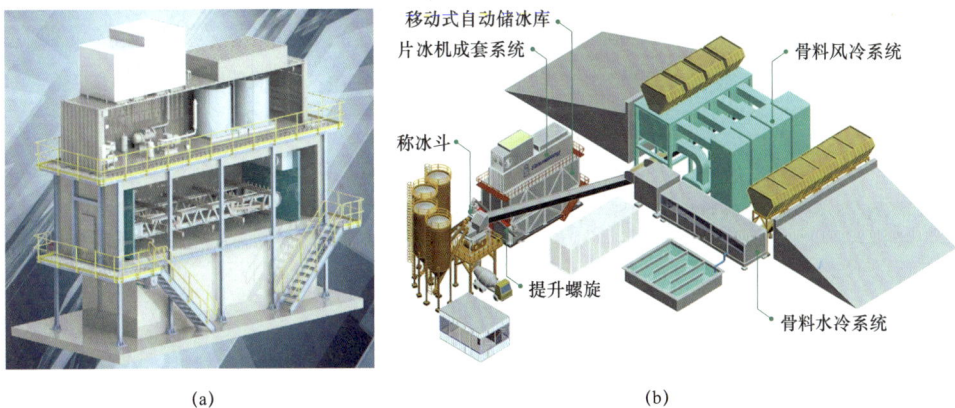

(a)　　　　　　　　　　　　(b)

图 4-8　模式化制冷系统

（a）模块化制冷系统透视图；（b）模块化制冷系统组合形式

二、新型施工设备研发与应用

（一）TBM全断面掘进技术

为实现地下洞室快速化、机械化、智能化施工，建设单位、设计单位及厂家协作开展了抽水蓄能电站TBM应用研究，研发出应用于抽水蓄能的新型TBM（见图4-9、图4-10）。先后在山东文登、河北抚宁、河南洛宁、浙江缙云、浙江宁海、安徽桐城、湖南平江、山西垣曲等抽水蓄能电站通风洞、交通洞、排水廊道、自流排水洞及勘察平洞等部位进行应用，取得了良好效果，推动了TBM在抽水蓄能行业的规模化应用。同时，甘肃黄羊及山东庄里抽水蓄能电站将继续开展大断面TBM地下开挖施工技术应用。其中，河南洛宁抽水蓄能电站TBM采用"上山法"方式，自下而上全断面开挖高压管道斜井段，而甘肃黄羊抽水蓄能电站TBM采用"下山法"方式，自上而下全断面开挖高压管道斜井段。双护盾硬岩隧道掘进机主要参数见表4-9，可变径TBM主要参数见表4-10，斜井TBM设备主要参数见表4-11。

图4-9　TBM整机示意图

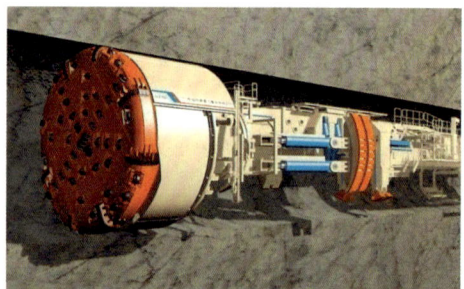

图4-10　抽水蓄能电站TBM应用

表4-9　　　　　　　　　　双护盾硬岩隧道掘进机主要参数

参数名称	表征量	参数名称	表征量
开挖直径	10630毫米	主机长	10米
总长	83米	主要部件设计寿命	≥15000小时
总推力	67445千牛	掘进行程	1.5米（转弯段0.7米）
最大坡度	±10%	换步时间	<5分钟
最小转弯半径	$R90$米	设备功率	约6000千瓦（12×350千瓦主电机）
支护系统	完整配置钢拱架、钢筋排、锚杆、钢筋网、喷混系统		

表 4-10 　　　　　　　　　　　可变径 TBM 主要参数

参数名称	表征量	参数名称	表征量
整机总长	70 米	总重	550 吨（变径后 700 吨）
主机长度	10 米	开挖直径	6.5 ~ 8.0 米
最大推力	8972 千牛	爬坡能力	-5° ~ 60°
装机功率	3800 千瓦	最小转弯半径	40 米
转速	0 ~ 14.5 转 / 分	最大推进速度	120 毫米 / 分

表 4-11 　　　　　　　　　　　斜井 TBM 设备主要参数

参数名称	表征量	参数名称	表征量
整机长度	约 60 米	装机功率	3915 千瓦
主机长度	约 18 米	转速	0 ~ 7.6 转 / 分
最大推力	2748 吨	主驱动功率	2800 千瓦
总重	约 800 吨	最小转弯半径	300 米
开挖直径	7.23 米	最大推进速度	100 毫米 / 分
爬坡能力	40°	推进行程	1500 毫米

通过以上工程应用，TBM 作为"少人化、机械化、标准化、智能化"发展方向的代表性技术与装备，已在抽水蓄能电站全面机械化、智能化建设转型中取得了较大的技术突破。同时，浙江宁海抽水蓄能电站排风竖井，首次引进了 SBM 进行竖井开挖施工（见图 4-11），该工法采用 TBM 式掘进、刮板链清渣、吊桶出渣，同步进行开挖、出渣及井壁支护，取得了较好的应用效果。抽水蓄能电站 TBM 应用情况及代表性工法见表 4-12、表 4-13。

图 4-11　SBM 竖井掘进机

表 4-12 　　　　　　　　　　　 抽水蓄能电站 TBM 应用情况

工程名称	使用部位	直径（米）	施工长度（米）	主要岩性
河北抚宁	通风洞＋厂房首层导洞＋交通洞	9.53	2226.7	混合花岗岩、钾长花岗岩、片麻岩
河南洛宁	高压管道斜井（36°/38°）	7.23	916+858	斑状花岗岩
浙江宁海	排风竖井（SBM）	7.83	198	凝灰岩、流纹岩
山东文登	高压管道上层排水廊道，厂房中、下层排水廊道	3.53	2307	石英二长岩及二长花岗岩
河南洛宁	排水廊道及自流排水洞	3.53	5020.77	斑状花岗岩
浙江宁海	自流排水洞	3.53	2850	凝灰岩、流纹岩
浙江缙云	排水廊道	3.53	3958	钾长花岗岩
湖南平江	自流排水洞及排水廊道	3.63	3887.3/5800	花岗岩、花岗片麻岩
安徽桐城	自流排水洞	3.53	6120.7	二长片麻岩、闪长岩
山西垣曲二期	勘察平洞	3.53	1450	石英砂岩

表 4-13 　　　　　　　　　　　 TBM 施工代表性工法

序号	工法名称	序号	工法名称
1	TBM 长大隧洞轨道运输系统施工工法	6	TBM 带刀步进施工工法
2	TBM 姿态控制施工工法	7	TBM 刀箱快速更换施工工法
3	开敞式 TBM 配套仰拱混凝土双通道同步衬砌模板台车施工工法	8	长距离大直径隧洞掘进机（TBM）全断面施工工法
4	盾构（TBM）钢筋混凝土管片预制施工工法	9	长隧道 TBM 皮带机出渣系统施工工法
5	TBM 姿态控制测量工法 TBM 钻进工法	10	开敞式 TBM 顺坡曲线段轨道导引式整机步进施工工法

（二）悬臂掘进机掘进技术

悬臂掘进机作为机械开挖法的隧洞施工设备，具有安全环保，劳动力需要量少、自动化程度高、无爆破振动、对围岩扰动小、减少超挖、节约衬砌费用等优点，广泛应用于煤炭开采、矿业开采、市政交通隧洞施工中。

悬臂式掘进机属于部分断面岩石掘进机类型，是一种能够实现截割、装载运输、自行走及喷雾除尘的联合机组（见图 4-12）。悬臂式掘进机最早在我国煤矿行业应用，其能同时实现剥离煤岩、装载运出、自身行走调动以及喷雾除尘等功能（即集切割、装载、运输、行走于一身）。

图 4-12　悬臂掘进机

目前悬臂掘进机在节理发育的地质状况下，能截割硬度为 100 兆帕的全岩断面，在节理不发育的地质状况下，能截割硬度为 60 兆帕的全岩断面。

掘进机具有遥控、监测、防干涉和截割断面状态显示功能，其具有良好的人机交互功能并可根据需要进行选择性配置；截割过程中，操作者可进行遥控操作，截割头可在屏幕上随截割摆动显示位置，铲板与截割可防止发生碰撞。

采用悬臂掘进机施工，作业无炮烟、粉尘影响，施工通风设施布置条件好，施工组织简单灵活，开挖断面精确可控，开挖质量易于控制。对开挖面附近围岩整体稳定破坏性小，开挖扰动少，支护施工与开挖作业相互干扰少，整体施工进度快。悬臂掘进机代表性工法有软弱破碎岩体洞室悬臂掘进机施工工法等。

（三）地下厂房混凝土施工布料机技术

抽水蓄能电站建设中，一般主厂房开挖支护、机组混凝土浇筑是工程主关键线路，是整个工程施工的核心，关系到机电安装及机组发电目标的实现。

以往主厂房混凝土浇筑主要采用临时施工桥式起重机吊罐或混凝土泵输送入仓，实际施工中因临时施工桥式起重机承担的水平及垂直运输任务较多，无法满足混凝土入仓强度需求，大部分混凝土采用混凝土泵入仓方式。采用混凝土泵输送入仓，泵送施工需占用安装场通道，施工干扰大，需要将设计常规二级配混凝土改为二级配泵送混凝土或一级配泵送混凝土，水泥用量大幅增加，对大体积混凝土温控不利，同时大幅增加工程投资。

目前，厂房混凝土浇筑方式已经普遍推荐采用布料机浇筑为主、厂房临时桥式起重机吊卧罐送料入仓为辅的入仓方式，规划单独的输送通道，减小了施工干扰，加快了混凝土浇筑速度。布料机主要承担肘管层、锥管、蜗壳外围、机墩及发电机层楼板混凝土浇筑任务。混凝土搅拌运输车通过卸料至受料口，垂直运输利用溜管（设缓降器），由皮带机将混凝土水平输送至伸缩式布料机，通过布料机悬臂皮带机下至象鼻溜筒至仓面（见图4-13）。

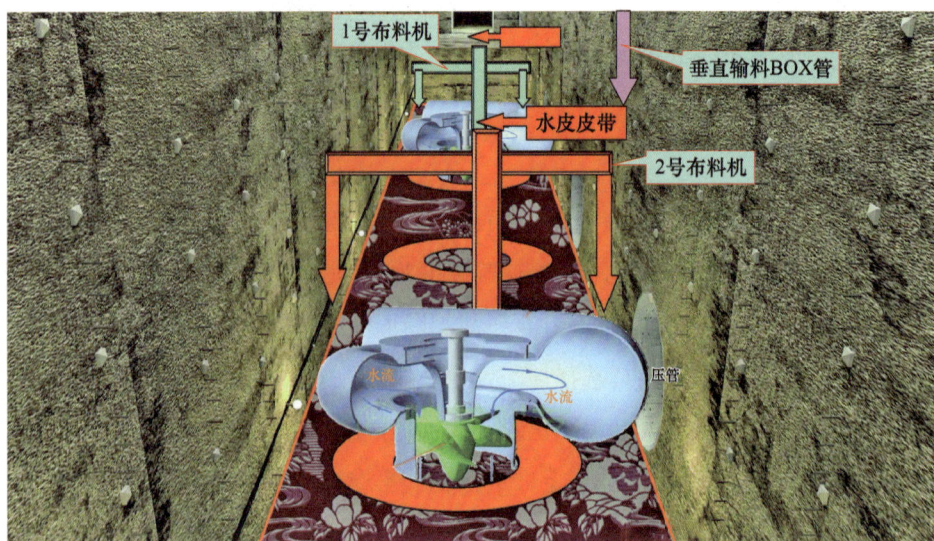

图4-13　厂房混凝土浇筑布料机布置方式

布料机通常布置在两台机组之间。如：SHB2布料机特性为额定运输量100米^3/小时，最大120米^3/小时，皮带带速为2.5米/秒，悬臂皮带机布料范围为2~2.5米。

（四）电气化施工机械设备研究与应用

为实现抽水蓄能电站施工"零排放"，助力国家"碳达峰、碳中和"目标，推动电动自卸车、装载机、挖机、搅拌车等主要施工设备在抽水蓄能电站中的应用，以达到降低抽水蓄能电站建设过程施工设备污染、减少对场区及周边环境的不利影响、改善地下工程作业环境及促进抽水蓄能电站绿色建造水平。

国家电网有限公司联合科研院所及设备制造厂家，在河北易县抽水蓄能电站开展了电动装载机、自卸车、挖掘机及搅拌运输车的研究与应用。通过现场应用验证，从设备性能方面，电动设备可以满足现场使用工况，替代同等规格的燃油设备。替换电动设备后实现洞室内挖装运过程完全零排放，洞室内作业环境得到了极大改善。

1. 设备性能优越

电动装载机、自卸车、排险用挖掘机、搅拌车在近年的技术进步中已展现出相当的性能优势。这些电动设备不仅从功率、效率和可靠性方面能与同等规格的燃油设备相媲美，而且在某些情境下甚至超越了燃油设备。特别是在重复性、周期性的操作中，电气化设备可以实现更快的响应速度和更高的运行效率。此外，这些电动设备的启动和运行相对更加平稳，降低了设备的磨损，从而延长了设备的使用寿命。

2. 经济性好

尽管电动设备的初期投资成本相对较高，但其运营成本远低于燃油设备，特别是考虑到维护、燃油消耗等方面的费用。随着技术的不断进步和规模化生产，电气设备的制造成本有望进一步降低。与此同时，随着全球能源转型和对减少碳排放的追求，燃油价格可能会持续上涨，这使得电动设备在总体经济性上具有更大的优势。预计在不久的将来，电动设备的总体成本将与燃油设备持平或甚至更低。

3. 环境友好

替换为电动设备意味着在操作过程中几乎没有有害气体和粉尘的排放，这对于洞室、隧道和其他封闭空间的工程是极其关键的。使用电动设备可以确保作业人员在无有害物质的环境中工作，提高了作业安全性和工作满意度。此外，电动设备的噪声也通常比燃油设备要小，这有助于减轻噪声污染，为工人提供相对良好的工作环境。

随着新疆及西藏等高海拔地区抽水蓄能电站的陆续推进，为解决高海拔燃油施工机械降效问题，中国华能集团公司等也先后启动电动施工机械的应用研究工作，将进一步推动纯电施工机械设备的研究与应用。同时随着制造技术的不断发展，电动施工机械设备将逐步在抽水蓄能电站建设中推广应用。

（五）压力钢管洞内立组技术

抽水蓄能电站钢管加工厂设计，一般需考虑钢板及组圆钢管暂存需要，规划建筑及占地面积相对较大，同时考虑运距问题，需要规划在工程区范围内，采用提前制作钢管暂存，安装时分节运进安装位置的方式。

一些低水头抽水蓄能电站组圆后的压力钢管运输尺寸相对较大，压力钢管运输尺寸超过水轮发电机组运输尺寸，成为进厂交通洞设计断面的控制性因素，如果交通洞长度较大，则投资增加明显。采用压力钢管洞内立组技术，可以减小场外钢管加工厂建筑及占地面积，减小压力钢管运输尺寸（见图 4-14、图 4-15）。

利用大型钢管智能组焊技术，运输单元从两个单节组对的大节变为瓦片，在隧洞内快速水平对圆、焊接纵缝、调圆、安装加劲环实现单节制作。

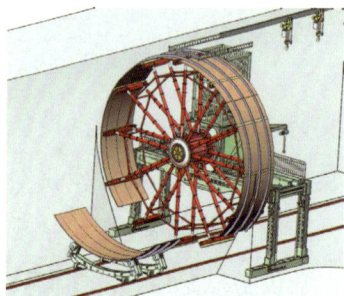

图 4-14　智能化制造系统　　　　图 4-15　钢管洞内立组系统布置图

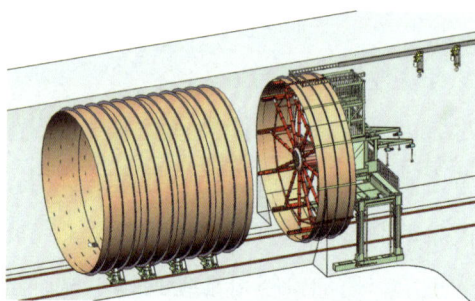

钢管安装采用特制滚焊组合式台车进行钢管的多节组对、转动、升降和前后左右移动，实现钢管六个自由度运动，以适应钢管安装现场特性。采用压力钢管洞内立组技术，埋弧自动焊焊接纵缝和摔节环缝的方式，替代了简易的组焊钢平台，将智能化控制和视觉传感技术移植到传统的焊接设备中，对机械运动和焊接参数实时记录、准确反馈和自动警示，保证制造全过程可控，焊接速度快、质量好且稳定。

压力钢管制作与安装工法见表 4-14。

表 4-14　　　　　　　　　　压力钢管制作与安装工法

序号	工法名称	序号	工法名称
1	"三心圆"异型压力钢管制作安装工法	4	长陡边坡大直径输水（明）钢管安装施工工法
2	610 兆帕级厚板高强钢压力钢管变形处理施工工法	5	洞内压力钢管支腿＋铁鞋的运输施工工法
3	大体型 800 兆帕钢岔管洞内原位安装施工工法	6	水电压力钢管环缝埋弧自动横焊施工工法

序号	工法名称	序号	工法名称
7	压力钢管机械化组焊施工工法	14	压力钢管加劲环拼装自动化工法
8	厚壁钢管接头氩电联焊施工工法	15	斜井段大直径压力钢管安装工法
9	埋藏式800兆帕压力钢管凑合节安装工法	16	WDB620高强钢焊接施工工法
10	水电站压力钢管加劲环制作安装工法	17	超大直径压力钢管卷制工法
11	高陡坡压力钢管安装施工工法	18	斜井压力钢管轨道安装施工工法
12	超大型引水压力钢管制作工法	19	大深度竖井压力钢管快速安装施工工法
13	大直径压力钢管洞内组圆工法	20	大型压力钢管摆节滚焊制作工法

第四节　设备装备技术发展

本节从水力开发、水泵水轮机、发电电动机和进水阀四个方面，介绍了中国在自主研发安全、稳定、高效、绿色、先进的抽水蓄能机组过程中所取得的典型创新成果。同时，本节以新业态和新形势的视角，展现了对机电设备技术发展的思考，总结了抽水蓄能机组为匹配新型电力系统发展模式、适应高水头高海拔大容量发展趋势以及满足系列化/标准化研发框架，已经开始和应当开展的技术攻关，为抽水蓄能机电设备未来创新和突破方向提供了借鉴和参考。

一、机电设备创新技术

（一）机电设备技术发展历程

自中华人民共和国成立以来，中国抽水蓄能技术的发展经历了从起步到引领全球的壮丽历程。

在最初的萌芽与起步阶段（1963—1983年），面对技术空白和设备匮乏的困境，国内通过小规模试验，积累了宝贵的技术经验，深入了解了抽水蓄能设备基本原理和运行机制。虽然当时的技术和设备规模有限，但这些努力为后续的大规模建设奠定了坚实的基础。

进入20世纪80年代，中国抽水蓄能电站建设迎来了初步建设与发展阶段（1983—2003年）。这一时期，国家开始建设首批大型抽水蓄能电站，这些电站的建设不仅显著扩大了规模，更为后续的技术创新和设备国产化积累了宝贵的经验。然而，这一阶段的技术和设备主要依赖进口，国内产业链尚未完善，这成为制约中国抽水蓄能技术进一步发展的瓶颈。

2003年起，中国决定引进国外先进技术，通过两批打捆招标，国家成功引进了30万千瓦大型抽水蓄能机组设备的设计和制造技术。2003—2013年，国内企业（东方电机、哈尔滨电机）抓住这一机遇，积极与国外企业展开合作，学习并吸收了先进的设计理念和技术，逐步提升了自身的技术水平。同时，国家也加大了对抽水蓄能技术的研发力度，为后续自主创新阶段奠定了基础。

随着技术的积累和沉淀，从2007年开始，中国抽水蓄能技术进入了自主创新与国产化突破阶段（2007年至今）。这一时期，以东方电机和哈尔滨电机为代表的主机厂，基于前期的学习和积累，开始大力推进自主创新，成功实现了高水头、大容量抽水蓄能机组的研发、设计、制造和调试，这标志着中国已具备独立研制大容量、高转速抽水蓄能机组的能力，抽水蓄能技术实现了从"跟跑"到"领跑"的华丽转身。同时，我国还建立了完善的抽水蓄能技术标准体系，形成了完整的产业化链条，显著提升了在国际抽水蓄能领域的影响力、竞争力和话语权。

（二）机电设备结构简介

1. 水泵水轮机

水泵水轮机兼具水轮机和泵功能，是抽水蓄能电站实现势能和动能相互转换的关键设备。

当前应用最广泛的水泵水轮机机型为混流可逆式水泵水轮机，主要由尾水管（锥管、肘管、扩散段）、蜗壳座环、机坑里衬、转动装配（主轴、转轮）、导水机构、主轴密封、水导轴承、导叶接力器及相关油水气管路等部分组成，水泵水轮机总体结构示意图如图4-16所示。

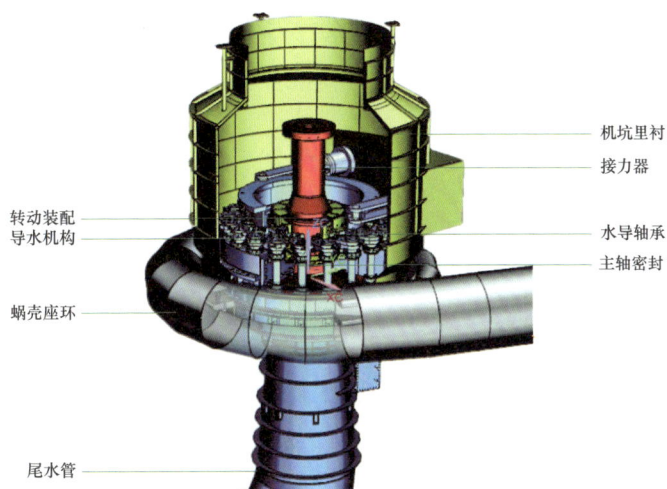

图 4-16　水泵水轮机总体结构示意图

2. 发电电动机

发电电动机兼具发电机和电动机功能，是抽水蓄能电站实现动能和电能相互转换的关键设备。

大容量发电电动机采用立轴悬式或立轴半伞式结构，主要由定子、转子、上机架、下机架、轴承、轴系、冷却系统及润滑系统等构成，发电电动机总体结构示意图如图 4-17 所示。

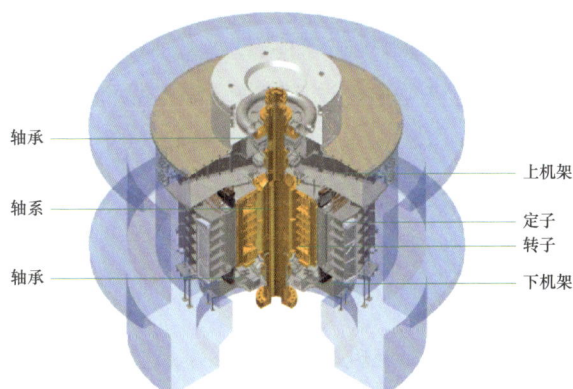

图 4-17　发电电动机总体结构示意图

3. 进水阀

进水阀安装在抽水蓄能电站的水泵水轮机蜗壳进水口处，控制水流的关断和开启。

大容量抽水蓄能机组主进水阀一般设计为球形阀，主要包含球阀装配（含阀体、活门、轴承、活动密封环等）、上游连接管、伸缩节等部件，球形阀总体结构示意图如图 4-18 所示。

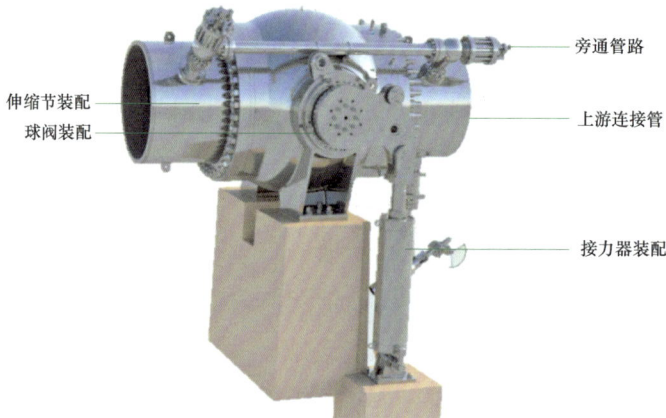

图 4-18 进水球形阀总体结构示意图

（三）机电设备技术创新主要成果

十多年来，得益于国内抽水蓄能机组蓬勃发展，抽水蓄能项目多，连贯性强，国内主机厂家联合业主和设计院，针对抽水蓄能机组高水头、高转速、双向旋转、频繁启停、运行工况复杂带来的诸多难题，持续、深入开展技术创新和攻关，核心技术不断迭代升级，逐渐形成了一系列典型创新技术。下面从水力开发、水泵水轮机、发电电动机和进水阀四个方面，对代表性创新成果进行介绍。

1. 水力开发创新技术

（1）"S"特性技术

水泵水轮机"S"特性是影响机组是否能够空载稳定并网的关键特性。早期为解决水轮机工况的"S"特性引起的低水头并网空载不稳定问题，抽水蓄能机组普遍采用非同步导叶技术。但非同步导叶技术也带来诸如压力脉动大、机组振动大和噪声大等不利影响，严重影响了机组的安全性。为解决"S"不稳定特性，国内研究人员提出了"S"特性裕量的概念，理清了"S"特性的产生机理。

"S"特性裕量定义示意图如图 4-19 所示，在四象限曲线图中，最低水头与

"0"轴垂直的 n_{11} 换算的水头之差，即为"S"特性裕量。实践经验表明，"S"特性裕量越大，机组并网越容易。

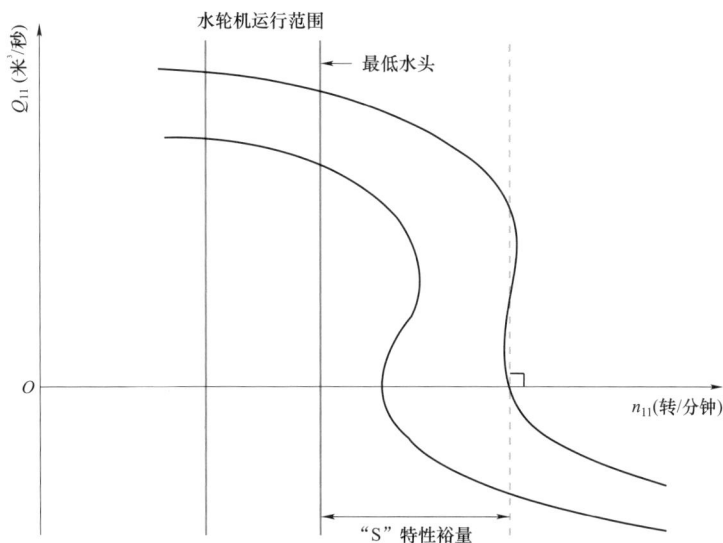

图 4-19 "S"特性裕量定义示意图

国内研究人员通过大量的分析计算和模型试验研究，构建出一整套针对"S"特性问题的水力优化设计和分析方法，取消了国外厂家以往经常采用的非同步导叶控制装置，开发出性能优秀的过渡过程友好型转轮，彻底解决抽水蓄能机组低水头并网问题。

（2）无叶区压力脉动提升技术

无叶区压力脉动是影响抽水蓄能机组稳定性的最为关键因素。无叶区压力脉动方面的技术进步体现在两方面，一是压力脉动 CFD 预测技术，二是压力脉动参数水平。

对于压力脉动，目前模型试验和真机运行还没有确定的比拟关系，传统的数值计算手段（CFD），也无法准确预测真机的压力脉动。发展新的理论以提高压力脉动预测技术，成为水力研发的重点目标。

因此，国内研究人员开发出基于水体可压缩理论的非定常计算方法（简称可压缩计算方法），提高真机压力脉动计算的准确性。

图 4-20 展示了可压缩计算方法、传统计算方法和现场实测值的对比情况，与

155

传统计算方法相比，可压缩计算方法能够更准确地预测抽水蓄能机组的压力脉动水平。该方法已经推广到众多抽水蓄能项目的研发中，并得到了真机验证。得益于数值计算技术的进步，国内无叶区压力脉动水平得到长足发展，显著提高了抽水蓄能机组的稳定性，拓宽了安全稳定运行范围，有助于实现抽水蓄能机组宽负荷运行。

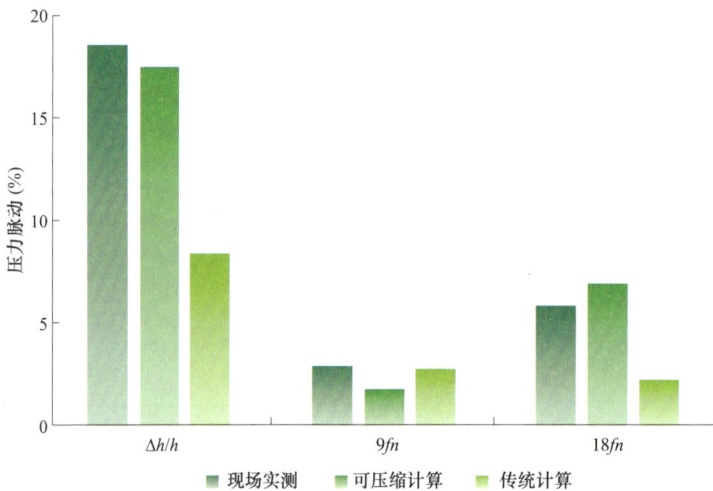

图 4-20 数值计算结果与现场实测结果比较

（3）叶片及导叶形式的应用和拓展

旋转的转轮与静止导叶相互作用，会产生压力脉动，这种现象叫作动静干涉。动静干涉所引起机组振动、噪声及各种不稳定现象，叫作相位共振。动静干涉和相位共振都与转轮叶片和导叶叶片的数量匹配关系密切相关。

在过去的抽水蓄能电站中，9/20 和 7/20 的转轮导叶组合得到了广泛应用。但随着抽水蓄能电站投运的增加，这两种叶片数组合遇到了挑战，一些电站出现了严重的振动、噪声、转轮裂纹和并网等问题。为此研究新的叶片和导叶数组合，成为必备课题。

对于高水头和超高水头机组，长短叶片由于驼峰性能优异、圆盘摩擦损失小、抗空化性能高等优点而受到设计者的青睐。目前投运的高水头和超高水头机组，普遍采用 5+5/16 长短叶片和导叶数量的组合，见表 4-15。

表 4-15　　　　　　　　　部分采用长短叶片抽水蓄能电站统计表

组合方案	项目	额定水头（米）	单机容量（万千瓦）	额定转速（转/分）
5+5/16	广东清远	470	32	428.6
	广东阳江	653	40	500
	日本神流川	653	47	500
	日本葛野川	714	40	500
	安徽绩溪	600	30	500
	浙江长龙山	710	35	500
	重庆蟠龙	428	30	428.6
	新疆阜康	484	30	428.6
	河南洛宁	604	35	500
6+6/20	湖南黑麋峰改造	295	30	375

国内研究人员还针对长短叶片转轮，创新性地采用 6+6/20 的长短叶片和导叶数量的组合，有效解决了湖南黑麋峰抽水蓄能电站振动、转轮裂纹和并网等问题。

此外，针对常规叶片转轮，新型 9/22 组合也成功应用于在福建永泰、广东梅州等抽水蓄能电站，取得很好的运行效果；9/20 叶片组合动静干涉和相位共振问题，近年来也得到了解决，成功应用于河北丰宁二期和山东沂蒙等抽水蓄能电站中。

经过国内水电人的不懈努力，对水泵水轮机动静干涉、相位共振等问题的理解更加清晰，形成了一套针对不同水头段和项目的减弱动静干涉效应、避免相位共振的优化设计体系。

（4）水力型谱建设

为了满足高效、快速建设抽水蓄能电站的需求，机组水力型谱建设势在必行。以已经投运和已经水力开发成功的水泵水轮机为基础，构建水泵水轮机水力型谱，覆盖目前规划的抽水蓄能电站。依靠技术储备将成熟的水力型谱模型应用于待开发电站的水力设计，再进行针对性水力优化，以显著减少水力开发时间。图 4-21 展示了最有代表性的统计参数——水轮机工况额定比转速相关统计。

通过图 4-21 的比转速等统计，可以在预可行性研究阶段确定电站水头/扬程，并参照相近水头段的比转速，找到可参考电站，确定目标电站的基本参数。在水力开发中，也可找到参考，以其为基础针对目标电站指标参数进行水力优化，减少水力开发时间。同时，型谱数据库的完善，还可以为设计院提供标准的流道几何尺寸，在电站预可行性研究期间即可达到机组设计和水工设计的统一。

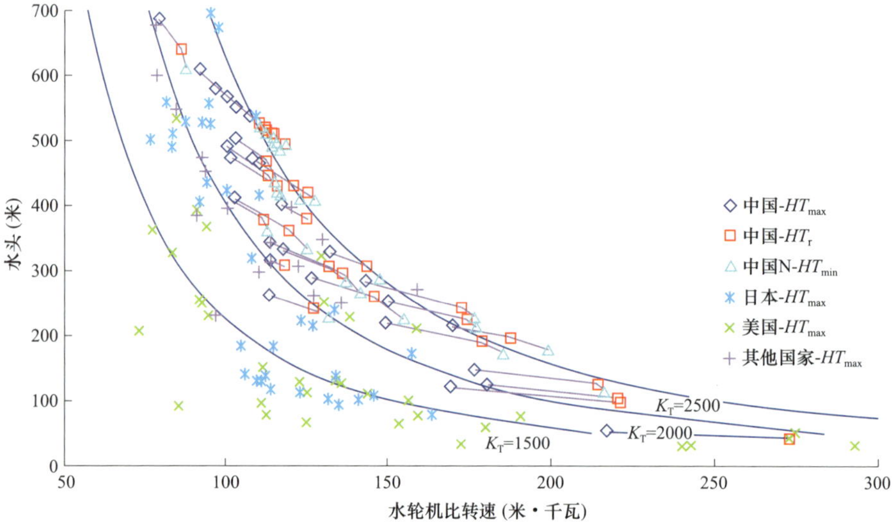

图 4-21　水轮机水力开发型谱

2. 水泵水轮机创新技术

当前国内企业已经系统掌握了单级水泵水轮机的研发、设计、制造、安装和调试技术，设计制造的抽水蓄能机组可实现 100～800 米水头，5 万～42.5 万千瓦单机容量，200～750 转 / 分额定转速的全覆盖。已拥有核心技术手段和丰富的经验对水泵水轮机过渡过程品质、安全稳定性和结构可靠性进行优化提升。

（1）过渡过程精准分析技术

进行水力过渡过程分析计算的目的在于揭示抽水蓄能机组在各种工况下可能经历的各种动态特性，并寻求改善这些动态特性的合理控制方式和技术措施，以解决和预防过去曾出现的因控制策略不合理而导致的安全事故。水泵水轮机水力过渡过程计算包括大波动（水轮机工况启动、水轮机工况甩负荷、水泵工况启动、水泵工况断电）、小波动、水力干扰等多种工况。通过近 20 年来的经验积累，国内主要机组厂家掌握了抽水蓄能电站机组水力过渡过程分析研究的关键技术，计算与实测吻合度高、可靠性高，有效指导了多个实际工程建设（见图 4-22）。

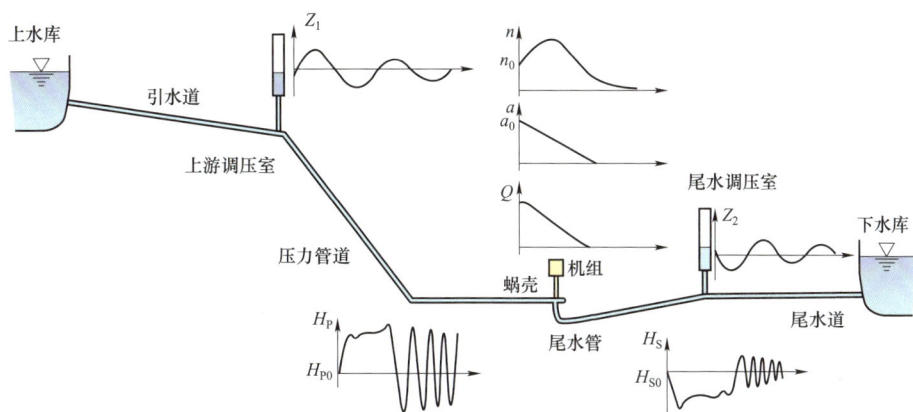

图 4-22 水泵水轮机过渡过程分析系统

（2）过流部件精准动力特性分析技术

水泵水轮机振动表征复杂。研究表明，高水头的水泵水轮机结构在真实的流道中与固体边界的间隙很小，这些刚性壁面边界条件会改变周围流体的附加质量。

采用声流固耦合分析技术，对真实流道中的水泵水轮机结构进行精准动力学分析，能准确获得结构固有频率和振型等模态特性，以及水力激励力引起的动应力及振动特性，用于水泵水轮机结构的安全校核，对于水泵水轮机的长期安全稳定运行具有重要意义。

（3）座环、顶盖、底环、转轮等主要受力部件高刚度、低应力设计

蜗壳座环是水泵水轮机最重要的埋入部件和受力基础，其结构可靠性直接关系到电站的厂房安全。合理设计座环结构、环板厚度、蜗壳搭接位置和螺栓布置等，可有效提高座环整体刚强度，降低应力（见图 4-23）。此外，顶盖是水泵水轮机重要的过流部件和结构受力部件，需要具有足够的强度和刚度，能够承受轴向和径向作用力以及过渡过程中的波动压力。顶盖整体采用低应力、高刚度、厚重型箱式焊接结构，结合 ANSYS 等有限元软件，开展局部拓扑优化，并根据不同场景开发不同的把合法兰形式，确保顶盖具有足够的刚强度（见图 4-24）。

底环位于导水机构过流通道的下部，支撑活动导叶下端轴，应具有足够的刚强度。底环与泄流环设计成整体结构，与顶盖形成压力平衡、稳定、抗震（见图4-25）。

转轮应具有足够的刚强度，能承受任何可能产生的作用在转轮上的最大水压力和离心力，以及使用寿命内周期性变动荷载而不发生任何裂纹、断裂或者有害变形。一种先进的分叶盘转轮制造技术在抽水蓄能转轮得到了发展。相比传统技术，该技术具有尺寸精确、残余应力低、制造周期短等明显优点（见图 4-26）。

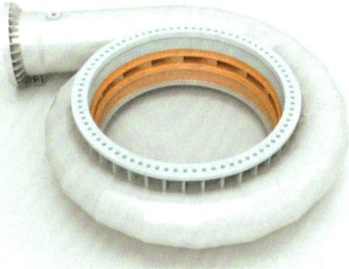

图 4-23　水泵水轮机蜗壳座环结构示意

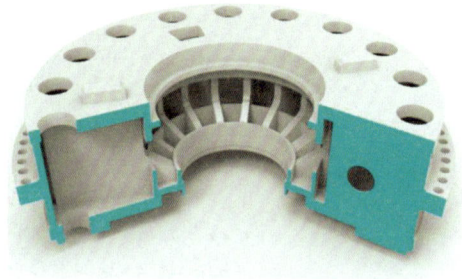

图 4-24　水泵水轮机顶盖结构示意

图 4-25　水泵水轮机底环结构示意

图 4-26　水泵水轮机转轮结构示意

（4）水泵水轮机结构高可靠性技术

从重要管路可靠性设计来看，抽水蓄能电站工况多，管路系统复杂，管路的可靠性直接关系到电站厂房的安全。

机坑内重要管路采用柔性设计，避免焊接硬联结导致的焊缝开裂问题，并设置管夹支撑，降低管路振动，对管路联结螺栓采用可靠的防松措施。

与蜗壳、尾水管流道连接的测压管，也采用柔性连接结构，设置套管保护，避免管路焊缝开裂漏水。

从重要螺栓高可靠性设计来看，水泵水轮机由于具有水头高、压力大、启停频繁、运行工况复杂的特点，其重要螺栓的设计难度要比常规水轮机大很多，螺栓的强度和疲劳安全性对保证电站安全和设备安全具有重要作用。针对不同部位的螺栓，准确分析计算各工况下螺栓的受力状态和大小，准确评估螺栓强度，确保螺栓及连接结构的整体安全性。

3. 发电电动机创新技术

（1）低损耗喷淋轴承技术

大容量、高转速抽水蓄能机组轴承损耗很大，降低轴承损耗是现代高端抽水蓄能机组急需解决的问题。抽水蓄能机组轴承损耗分为润滑摩擦损耗和搅拌损耗，后者因机组高速旋转搅拌，占比甚至超过 40%。

国内研究人员开发出一种新型低损耗喷淋轴承技术。该技术将循环油液位降至滑动接触面以下，颠覆性地改变了滑动轴承传统浸泡润滑方式，实现了轴瓦非浸泡喷淋润滑，极大地消除了油槽内润滑油的搅拌。低损耗喷淋轴承实现方式及技术优势如图 4-27 所示。

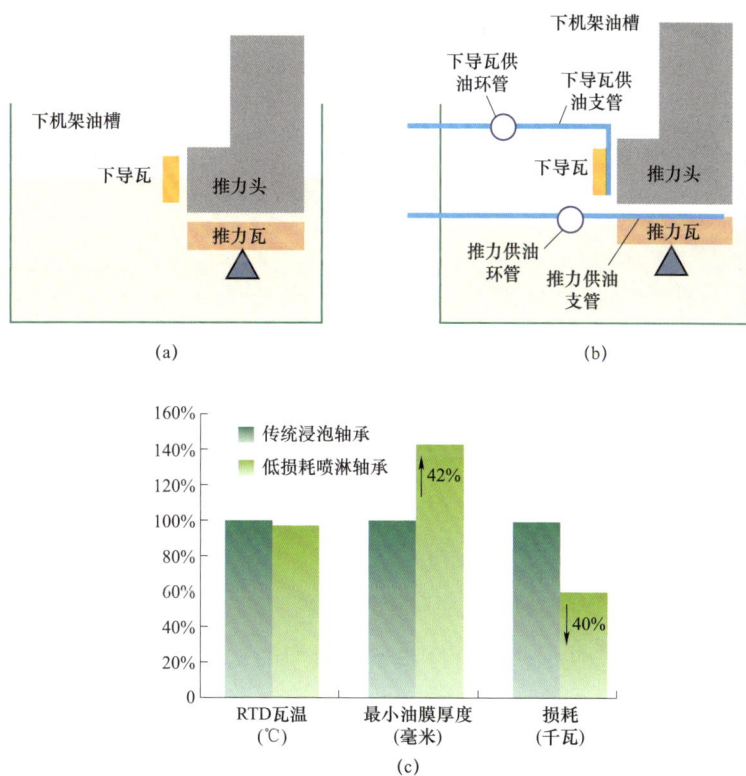

图 4-27　低损耗喷淋轴承实现方式及技术优势

（a）传统浸泡润滑；（b）低损耗喷淋非浸泡润滑；（c）技术优势

相比于传统浸泡润滑轴承，低损耗喷淋轴承大幅消除搅拌损耗，降低轴承总损耗 40% ~ 50%，同时从根源上消除搅拌油雾，降低轴承运行油温和瓦温，提高油膜厚度，整体提高轴承性能和可靠性。

（2）转子磁极内外分区冷却技术

随着抽水蓄能单机容量及电磁负荷的增长，发电电动机通风冷却成为关键技术难题之一。转子是高转速、大容量抽水蓄能机组的关键核心部件之一。发电电动机转子是典型高能量密度、高应力部件，面临通风冷却和机械应力双重挑战。

国内研究人员开发出全新的转子磁极内外分区冷却技术，应用于高转速、大容量抽水蓄能发电电动机，如图 4-28 所示。该技术通过磁极线圈内部直冷和全局风量高效分配，提高转子冷却效果，提升转子温升均匀性。同时，转子轻量化设计，可降低转子离心力，提高转子安全性。

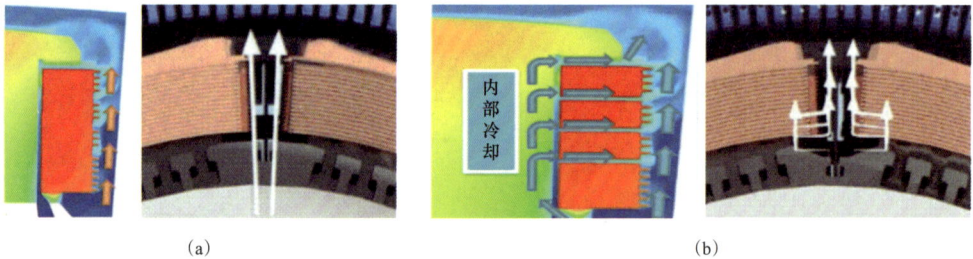

图 4-28　磁极通风冷却示意图

（a）传统冷却；（b）内外分区冷却

转子磁极内外分区冷却技术依托浙江长龙山高转速、大容量抽水蓄能机组（500 转 / 分、35 万千瓦）实现了工程应用，突破了转子磁极线圈冷却瓶颈，长龙山磁极线圈平均温升仅约 55℃，达到行业领先水平。

（3）基于单根线棒连接的绕组对称支路技术

水泵水轮机综合特性最优运行区决定了机组的转速，进而决定了发电电动机的磁极数和支路数，如图 4-29 所示。发电电动机基本参数如表 4-16 所示，在一些特定容量、转速下，发电电动机会难以选择合适的对称支路数。

表 4-16　　　　　　　　　　发电电动机基本参数

名称	符号	单位	备注
额定频率	f	赫兹	同步电网频率
额定转速	n	转/分	$n = 60 \times f/P$
转子磁极数	$2P$	个	磁极以 N-S 成对形式，P 为极对数
并联支路数	a	条	传统接线要求：电机定子并联支路数 a 能被极数（$2P$）整除
槽电流	I_s	安	槽电流 I_s 是衡量发电机技术经济性的一个非常重要、直观的参数，深度影响发电机的电抗、效率、绕组运行温度等重要参数；常规空冷机组 I_s 一般控制在 4500~7500 安

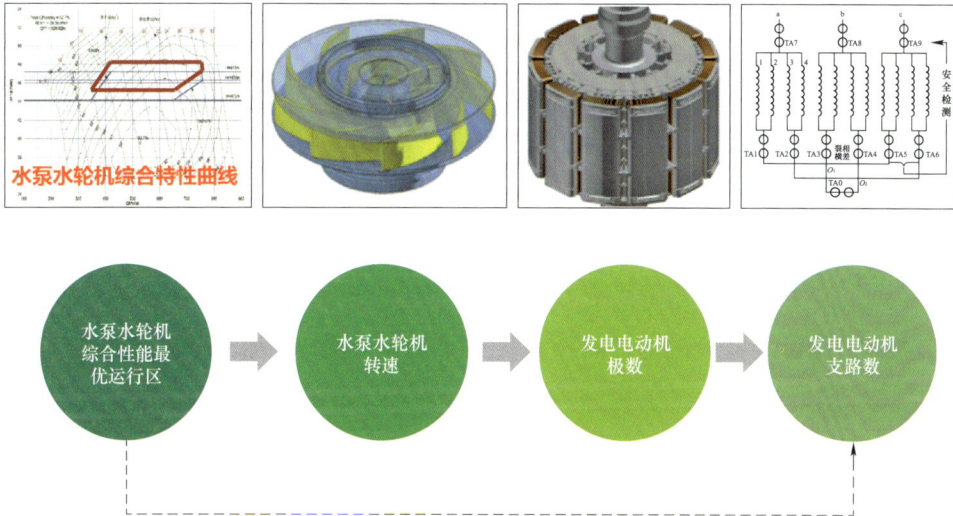

图 4-29　发电电动机支路数选择

　　常规水轮发电机组里，有时会适当牺牲水轮机性能，选择有利于选择电机支路数的转速。但对于水头较高的抽水蓄能机组，各档转速差别大，很难通过调整水泵水轮机转速来适应发电电动机支路数的选择。

　　对于单机容量 30 万千瓦级抽水蓄能机组，当电机磁极个数为 14、22、26 等特殊极数时，需要通过特殊接线实现定子绕组对称 4 支路，才能够确保更加合理的电机参数取值。

　　早在 1989 年国内专家就对"采用单根线棒接线扩大定子绕组对称支路选择范围"的特殊接线法进行了详细的分析和探讨，并逐渐形成了"基于单根线棒连接的绕组对称支路技术""分数极路比绕组理论和设计方法"等对称支路技术理论。近年还完成了针对 30 万千瓦、14 极发电电动机工程真机的电磁样机的试验验证工作。

该技术应用于福建永泰、黑龙江荒沟、重庆蟠龙、新疆阜康、山东文登、新疆哈密等抽水蓄能项目。2023 年福建永泰抽水蓄能电站全面投运，随后重庆蟠龙、新疆阜康抽水蓄能电站成功投运，验证了单根线棒连接的对称支路技术理论的工程应用可行性，为后续其他转速，如 30 万千瓦、272.7 转／分的四川两河口混合式抽水蓄能发电电动机扩大定子支路数选择奠定了坚实的理论基础。

（4）转子整体磁轭圈结构

转子磁轭是发电电动机磁路的组成部分，同时也是固定磁极的部件，会承受机组扭矩、自身与磁极离心力、热打磁轭键的配合力的作用，受力比较复杂。传统的转子磁轭普遍采用扇形 3 毫米或 4 毫米磁轭片叠片结构。对于大容量、高转速的发电电动机而言，其整体刚性不够高，无法进一步提升机组安全稳定性，技术上并非最优选择。

因此，针对额定转速不小于 428.6 转／分的大容量发电电动机，开发出了整体磁轭技术，消除了叠片磁轭片间移动及残余变形问题，提高了磁轭的整体性和稳定性；通过数控机床加工，提升磁轭尺寸控制精度，并显著缩短安装周期（见图 4-30）。该技术已广泛运用于高转速发电电动机。

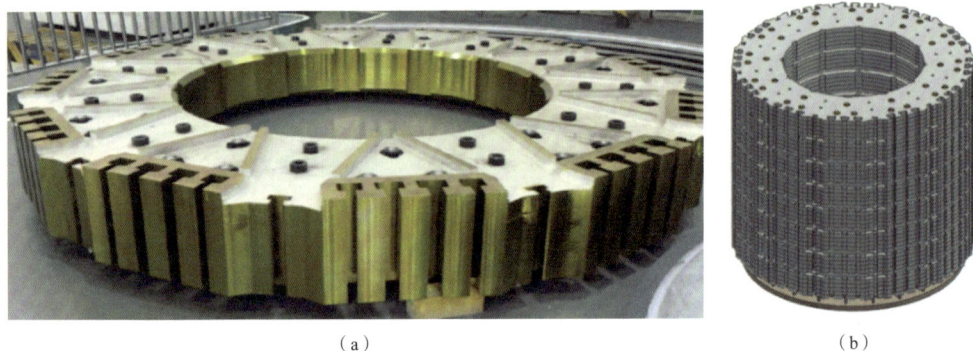

（a）　　　　　　　　　　　　　（b）

图 4-30　整体磁轭分段结构和总体结构

（a）单段磁轭圈；（b）整体磁轭总体结构

4. 进水阀创新技术

（1）进水球阀零泄漏技术

进水球阀零泄漏指在进水阀于出厂时进行的强度试验、活门耐压试验、密封试验、活动密封环动作试验中不发生泄漏，该技术的实现与设计、制造、装配关系密切，它主要依赖下述关键设计。

主密封结构：相较于弧对弧、弧对锥结构，在高水头应用中，锥面对锥面密封结构具有明显优势，可显著降低接触应力，避免在运行过程中相互"咬伤"。

活动密封环类 M 型断面动密封：活动密封环上的盘根软密封，起到隔离活动密封环压力操作腔、使流体介质不互蹿、压力不降低、投退自如的作用。

其余还有 Y 型端面密封设计、轴系密封组合设计等多种技术方案保证了进水阀在试验过程中和电站运行过程中漏水量为零。

（2）活门设计"刚柔并济"技术

活门是主进水阀结构中至关重要的零件，在开启时起通流或过人的通道作用，在关闭时起支撑封水环的作用，承担所有工况下不同的水推力且不漏水或少量渗水。因此，对活门本体要求刚度特别好，但是当活门受水推力时，枢轴根部的综合应力偏高，这时需要轴的刚度弱一些。通过对活门和枢轴的刚度匹配设计，对枢轴根部结构的优化，在满足活门刚性要求的条件下，降低枢轴根部应力。

（3）进水阀液压自锁技术

在抽水蓄能机组或球形阀检修时，如果因误操作导致检修密封投入腔失压、开启腔建压且机械锁定不投入时，检修密封有可能会被打开，引起电站安全事故。

根据抽水蓄能电站需要，机组或球形阀工作密封检修过程中，球形阀检修密封除去能在正常状态时投入封水，绝对保障检修人员安全的常规功能外，还应具有"在球形阀下游侧无压状态时，检修密封退出腔建压后的防开启自锁功能"。即在机组或球形阀检修时，如果误操作导致检修密封投入腔内压力失压，且机械锁定没有投入或无此结构，同时开启腔也因误操作联通压力源，使开启腔的压力逐渐建立压力，在上述条件均满足时，检修密封不能被退出，从而达到即使有误操作也能完全保障检修人员的安全。

二、机电设备创新发展

（一）匹配新型电力系统发展模式

抽水蓄能机组技术创新正朝着满足新型电力系统需求的方向发展。在宽负荷运行方面，抽水蓄能机组需具备更广泛的运行范围，以应对新能源布局带来的波动性和不确定性；在快速调节方面，机组应能实现转速的灵活调整，快速响应电网的功率变化，增强电力系统的稳定性。此外，技术创新还关注提高机组的运行效率、降低维护成本，以及增强对环境的友好性，为新型电力系统的可持续发展提供有力支撑。

针对新型电力系统的调度和蓄能运行特点，未来抽水蓄能机组需满足"三高一宽"设计理念，即：水力高稳定性、结构高可靠性、系统高安全性和机组宽负荷运行。

水泵水轮机良好的水力高稳定性主要体现在：水轮机工况"S"区裕量大、水泵工况"驼峰"区裕量足、无相位共振风险等方面。

在结构高可靠性设计方面，水泵水轮机以安全可靠为总体设计理念，主要受力部件高刚度和低应力设计、主要过流部件宽幅错频设计、重要部件抗疲劳和高可靠性设计；发电电动机则通过"刚柔并济"的部件与支撑设计理念、"高效牢固"的转动部件固定设计和"低耗清洁"的推力轴承创新技术来实现高可靠性。

在系统高安全性方面，依托于工况转换的快速响应性、过渡过程计算的高准确性、适应宽负荷调节需求的功率支撑能力和机组控制及整组调试等技术进步，保证机组能够对各种复杂的电网调节工况进行安全快速的响应。

水力设计通过水泵水轮机综合能量特性系统优化、水轮机工况宽负荷运行无叶区压力脉动控制、顶盖压力脉动系统分析等技术创新，满足机组宽负荷运行要求。

（二）适应高水头高海拔大容量发展趋势

目前大部分抽水蓄能电站分布在我国中东部，根据抽水蓄能电站规划，未来一大批抽水蓄能电站分布在西部，普遍具有高水头、高海拔和大容量的特点。面对高水头要求，水泵水轮机水力设计难度加大，部分部件结构强度需重点考虑；高海拔和大容量特点，为发电电动机定子绕组绝缘防晕和通风冷却带来挑战。

为确保高水头、高海拔、大容量抽水蓄能机组长期安全可靠运行，需在水力空化、水泵水轮机及进水球阀、发电电动机绝缘防晕和发电电动机冷却方面有突破性技术创新。

1. 水力空化

对于高水头、高海拔、大容量水泵水轮机，水头提高、温度和大气压力降低使得转轮叶片低压区域面积增加，转轮空化性能下降，因此要求机组有更大的淹没深度。国内研究人员正积极探索，力求构建合理水泵抗空化翼型设计方法，解决大变幅下的水泵工况空化问题。

2. 水泵水轮机及进水球阀

对于高水头、高海拔水泵水轮机，首先需要着重关注高水头下的蜗壳座环、顶盖、顶盖把合螺栓、高压管路、打压工具、高压密封等部件的安全性和可靠性设计；同时高海拔通常伴随着低温环境，低温条件下各种原材料的性能保证、大温差下关键部件的尺寸控制和稳定运行，以及轴承润滑油状态和温度控制等，都是高海拔水泵水轮机的难点。

在高水头、高容量工况下，进水阀球阀需要设计得更大。既便于运输，又满足高水头带来的高压条件下安全稳定运行要求，是创新研究的重难点；另外在高寒地区，密封副材料性能的匹配，超大直径球阀的制造、加工、装配等均存在一定难度。

3. 发电电动机绝缘防晕

抽水蓄能电站所处地理位置随着海拔升高、气压降低，空气的绝缘强度降低，影响着高压电机的防晕性能。

国内研究人员开展了基于人工气候模拟的高海拔条件下对空冷发电机绕组绝缘性能和防电晕性能影响研究，并依托乌东德和白鹤滩电站国家攻关项目，完成了24、26千伏电压等级定子绕组运行环境模拟试验研究；完成了18千伏空冷发电机线棒及模拟绕组在海拔4000米及以下的绝缘和电晕性能研究（见图4-31）；完成了30千伏水电机组定子绕组防晕系统性能研究。

在海拔4000米及以上的机组，若采用18千伏的额定电压等级，则需要采用约30千伏的防晕体系进行设计，该技术水平在目前水电机组的技术储备范围内，但缺乏水电产品的实际应用业绩，需开展进一步更加全面深入的技术应用研究。

同时，针对高海拔条件下空气气压低对机组防电晕以及冷却性能的影响，还要在发电电动机机组定子绕组绝缘状态智能评估、定子绕组绝缘系统耐长期放电特性、H级高海拔转子磁极及绕组绝缘高可靠性等多个方面开展研究，以全面、客观地评估和应对高海拔条件对定子绕组绝缘和防晕的影响。

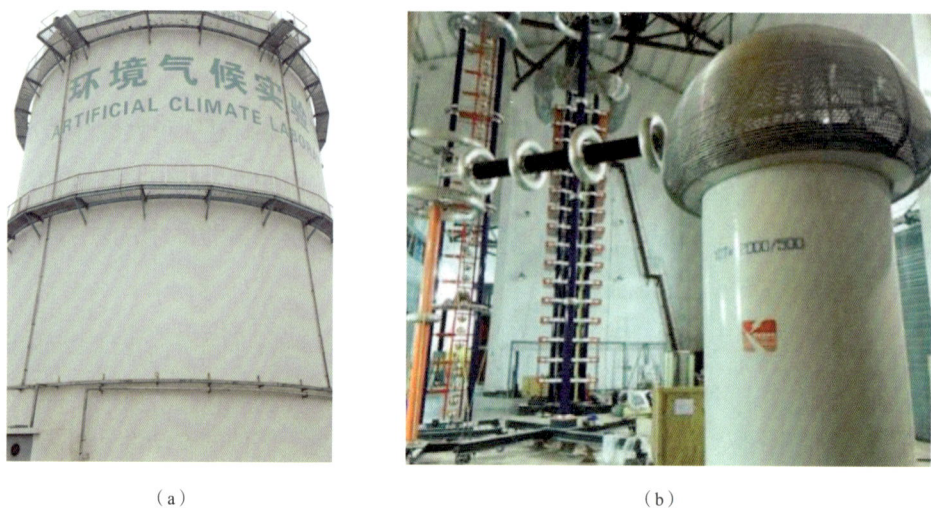

（a）   （b）

图 4-31　高海拔绝缘技术试验

（a）环境气候实验室；（b）高压试验装置

4. 发电电动机冷却

在发电电动机的冷却方面，高海拔、低空气密度将会对发电电动机的通风冷却带来一定影响。随着海拔升高，大气压强降低，空气密度下降明显，削弱了发电机通风冷却的效果。高海拔空冷发电电动机通风冷却系统设计需考虑以上因素变化，并采取针对性措施，如优化电磁选型控制机组热负荷水平，采用通风路径和损耗更小的端部回风结构和更加高效的通风散热方式等。

目前高海拔地区的抽水蓄能机组通常使用结构简单、运行可靠和维护方便的全空冷发电电动机。常规水电机组除空冷外还有半水冷（定子线棒采用直接水冷）、全水冷（定子线棒和转子绕组均采用直接水冷）和蒸发冷却等冷却方式。蒸发冷却方式是利用水轮发电机的结构和蒸发冷却介质的特性，以发电电动机绕组损耗产生的热量为驱动力形成低压无泵自循环的冷却方式。采用蒸发冷却技术可以提高线负荷，发电电动机结构尺寸和重量可适当减小；能降低定子铁芯、定子线棒、绝缘的温度和温差，改善温度梯度，降低热应力，提高绝缘寿命和长期运行的可靠性。

目前国内已完成大容量（50万千瓦级）抽水蓄能发电电动机定子蒸发冷却系统研究，具备工程应用能力。另外，已有多个大型水轮发电机应用蒸发冷却技术的电站业绩，如2011年投运的三峡地下电厂70万千瓦机组，2023年投运的李家峡5号扩机40万千瓦机组。定子蒸发冷却技术，可为高海拔、大容量抽水蓄能发电电动机通风冷却提供可靠的支撑。

（三）满足系列化／标准化研发框架

"十四五"和"十五五"规划的抽水蓄能电站众多，为响应高速发展要求，同时兼顾"安全可靠、技术先进"的要求，业主、设计院和主机厂家联合，快速推进抽水蓄能机组系列化、标准化设计。通过通用化设计，机组能够兼容更多应用场景，提高设备互换性；系列化的研发，使得机组能够适应不同功率等级和水头条件，满足不同需求。

根据国内抽水蓄能机组的水头、转速和容量等关键参数，抽水蓄能机组可划分为多个系列典型机型。针对每一类典型机型开展标准化研究工作，主要包括以下几方面内容：

开展典型机型主机设备标准化研究，通过"产品系列化、部套通用化、零件标准化"＋"数字化"的同步推进方式，实现标准化系列化的产品设计目标。

开展典型机型设计接口标准化研究，明确机电与土建接口设计原则和典型接口设计方案，包括厂房各层机墩边典型设备布置方案，设备与土建接口的方位、尺寸和开孔等要求，典型设备基础、载荷要求，机组水力量测系统设备典型布置方案，油、水、气管路布置方案等。

开展典型机型辅助设备配置标准化研究，明确设备标准化选型参数和典型机型的油水气量、用电负荷等信息，推进辅助系统设备模块化研究，促进系统集成、简化设备接口，优化空间布置。

开展典型机型安装调试标准化研究，结合典型机型标准化方案，对机电安装调试流程、工艺质量要求、验收标准等进行标准化，形成典型机型标准化安装调试指导文件。

系列化、标准化设计将推动抽水蓄能电站的建设更加高效、经济，促进抽水蓄能技术的广泛应用和发展。

（四）机组多机型发展

目前主流抽水蓄能电站为二机式、定速机组抽水蓄能电站，正在向超高水头（水头大于800米）、超低水头（200米及以下）、超大容量（40万千瓦及以上）、超宽水头变幅（超出以往抽水蓄能电站的水头变幅）发展。随着电站地理位置、电站基本条件和电网调度要求变化，未来还可能出现多种类型的抽水蓄能电站，主要有如下几种。

1. 变转速抽水蓄能

与常规定速的抽水蓄能机组相比，变速抽水蓄能机组具有运行调节范围广、运行效率更高等优势，具体体现在以下三方面：

调节运行范围广。变速机组在水轮机工况运行区更加靠近最优点，因此运行调节范围广，运行效率高；在水泵工况可自动跟踪电网频率变化调整输入功率，为电力系统提供相应的频率自动控制容量。

可实现毫秒级的功率调节。机组瞬时功率调节可达到20万千瓦/秒，解决间歇性能源发电并网带来的频率不稳定问题。

提高电网稳定性。在负荷突变时，机组通过改变频率的办法来适应转速改变，充分利用转子动能来释放或吸收负荷，对电网的扰动小，提高了电网的稳定性。

根据机组的变速方式可以分为：两档变速机组，典型电站为安徽响洪甸和河北潘家口抽水蓄能电站；连续变速机组，包括全功率变频，典型电站为陕西三河口抽水蓄能电站；交流励磁变频，典型电站为河北丰宁二期、辽宁庄河、广东肇庆、山东泰安二期等抽水蓄能电站。对于额定功率30万千瓦级变速机组，交流励磁方式最普遍，其电气系统如图4-32所示。

由于变速机组新增了机组转速调节自由度、更复杂的电气控制方式、变流器的容量限制等特点，改变了常规定速抽水蓄能系统中的多物理量耦合和响应特性，变速抽水蓄能机组结构更为复杂，难度也更大。

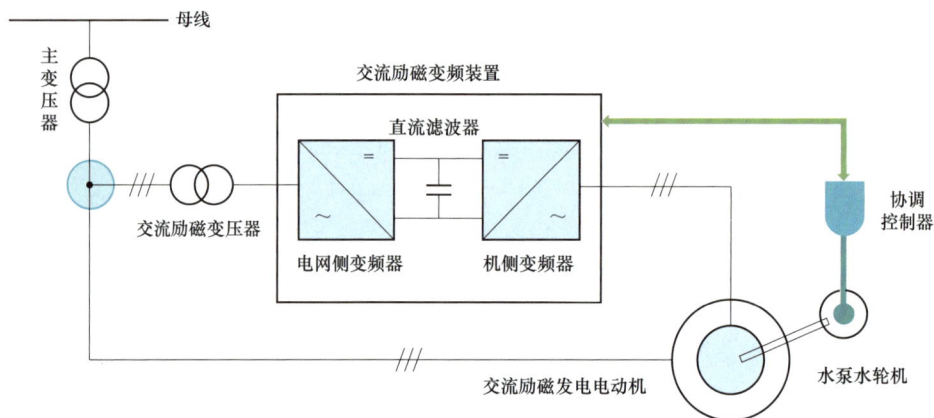

图4-32 交流励磁变速机组电气系统示意图

2. 三机式抽水蓄能

三机式机组由水泵、水轮机、发电电动机构成，三者串联在同一轴上，水泵和水轮机可连接在发电电动机的一端或分置在两端，其中水轮机一般多为水斗式，水泵为多级式。

按总体布置形式来分，三机串联式机组有卧式和立式两种形式，其中立式结构是现代三机串联式机组发展的趋势，它适应了水泵和水轮机两种工况对安装高度的不同要求，将水泵安装在水轮机的下面，以获得更多的淹没深度。

相比二机式机组，三机式机组存在机组轴系长、大容量机组难度大、土建开挖量大、造价高等缺点。

三机式机组也存在突出的优点：三机式机组可应用水头范围广，尤其适用于超高水头，这是二机式无法比拟的；水轮机和泵都是按各自的参数进行设计，特别在两种工况条件相差较多的场合，能更好地保证机组在高效区工作；两种工况的旋转方向是一致的，工况之间要进行切换时无须停机，可以大大缩短操作时间，提高调节能力；机组旋转方向不变，在电气设备上可以节省倒换相序的开关组；机组由静止启动抽水时，可以用水轮机来启动泵，无须其他电气启动设备；可以水力闭路循环运行，实现抽水蓄能电站抽水工况的有功功率的全功率调节；在发电和抽水工况中，发电机可以保持同步不变，从空转变换到水泵名义工况或者水轮机工况的过程只需要很短的时间，无须停机。

基于上述优点，在超高水头领域和新能源联合运行场景下，三机式抽水蓄能电站具有广阔的应用前景。

3. 四机式抽水蓄能

四机式机组由各自独立的抽水机组（水泵＋电动机）和发电机组（水轮机＋发电机）相互配合独立完成抽水发电功能。

相比二机式机组，四机式机组存在抽水和发电分别由水泵机组和发电机组实现，电站具有工程量大、成本高的缺点。

四机式机组也有一定的优势：与三机式机组一样，可应用水头范围广，适用于超高水头；能量转换方面，其具有更高的效率；其电站具有更快的响应能力，可以更快速地调整电力输出，满足电网频率调节和电力需求的变化。基于上述优点，在某些特定领域，四机式抽水蓄能机组具有一定的应用前景。

抽水蓄能
开发建设

► 河北丰宁抽水蓄能电站

摘　要

本章从抽水蓄能开发建设管理的角度，总结了"十三五"以来我国抽水蓄能开发建设管理的实践，提出了项目建设前期和项目实施过程中项目管理的管控要点和创新实践，反映了抽水蓄能开发建设管理现状和发展趋势。主要内容包括项目建设前期工作，项目建设过程管控，项目建设管理创新实践。

抽水蓄能工程普遍具有建设规模大、安全风险高、技术难度大、施工组织复杂、施工周期长等特点，安全、优质、高效推进工程建设对项目建设管理提出了更高的要求。抽水蓄能建设全过程大致分为项目建设前期、项目建设期、项目投运、竣工验收和后评价等五个阶段。

抽水蓄能项目前期工作的最终成果是取得项目核准，工程前期工作的目标是为项目正式开工创造条件。围绕项目核准目标，建设单位要开展大量的技术论证、经济分析和行政许可事项的协调，主要工作是规划资源遴选、技术方案比选和项目立项决策。项目前期工作应高度重视站址地质勘察，加强可行性研究阶段"三大专题"技术方案论证，坚持"先可研、后核准"的前期工作程序；优先开展生态制约因素排查，做好项目建设必要性论证，强化电站接入和涉电涉网专题管理，切实加强项目引资质量。工程前期主要工作内容包括总体策划、征地移民、招标设计、招标采购和开工动员等。

抽水蓄能工程建设过程中管控因素众多，安全、质量、进度、造价和技术是其中最关键的五个因素。应始终贯彻安全发展理念，完善安全体系，深化自查自纠、联合督查、考核评价，构建安全责任共同体；深化质量全过程管控，严格规范质量验评，抓实工程监理、设备监造，强化质量监督，打造精品工程；合理安排建设计划，深化政企协同，营造良好建设环境，加快工程前期工作，优化招标采购和现场施工组织，保障建设工作高效推进；从设计源头抓起，加强建设方案、工程量清单、采购限价管理，规范工程变更、结算等过程管控，做实造价管理；依托工程深化创新，重视建设技术总结反馈、改进完善和成果应用工作，持续推进技术进步。

当前，抽水蓄能开发建设节奏全面加快，在开发建设管理中探索出了不少创新实践，如 EPC 总承包管理、建设管理全过程咨询等。及时总结提炼创新实践案例，为抽水蓄能开发建设提供有益的经验指导和借鉴，助力抽水蓄能工程建设高质量发展。

第一节　项目建设前期工作

　　抽水蓄能项目建设前期工作包括项目前期工作和工程前期工作，项目在核准前的工作属于项目建设前期工作，项目核准后至项目正式开工建设的工作为工程前期工作。本节介绍了项目前期工作总体程序、项目前期管理要点、项目前期经验做法，以及工程前期工作主要内容、工程建设总体策划、工程开工准备法定要素、工程施工规划和分标规划，提出了有效加快工程开工建设的主要措施。

一、项目前期管理

（一）项目前期工作总体程序

　　抽水蓄能项目前期工作通常指抽水蓄能项目从启动项目选点规划、预可行性研究到获得项目核准之间的所有工作，工作重点是围绕遴选抽水蓄能站址资源、拟开发站址建设开发条件确认、项目技术方案比选和预期项目投资收益等开展技术经济论证和管理协调工作，在企业内部投资决策的基础上，根据国家投资项目核准规定取得省级政府核准，这是建设单位项目前期的工作范畴。从整体上看，抽水蓄能项目前期工作包括选点规划、建设必要性论证、预可行性研究、可行性研究和项目核准等工作。高质量的前期工作是抽水蓄能高质量开发的前提和基础，也是抽水蓄能项目全寿命周期内安全稳健运营的重要基础。

　　抽水蓄能项目前期工作的最终成果是取得项目核准。围绕项目核准目标，建设单位需要开展大量的技术论证、经济分析和行政许可事项的协调。抽水蓄能项目前期的主要工作和重点任务可以归纳为以下三个方面。

1.规划资源遴选

　　抽水蓄能站点选择对建设单位而言是一项极其重要的工作。抽水蓄能电站选点规划，应在国家已批复的选点规划的基础上进行。一般情况下，站址的选择优先考虑建设技术条件，确保不存在重大地质和技术制约因素。其次是开发区域的选择，对于以服务电网为主的抽水蓄能项目，在可选余地较大的情况下，尽量优先选择重要负荷区和电网需求比较突出的地区。

2. 技术方案比选

项目技术方案比选是前期阶段的主要技术任务和重要工作，也是前期工作与建设阶段工作的主要差别所在（建设阶段主要组织实施前期阶段确定的工程技术方案）。前期工作成果主要为投资方提供项目建设必要性、技术可行性和经济可行性的全面和可靠分析论证，涉及电力市场需求空间、站址的适宜性、所在区域社会经济发展、技术方案、工程建设模式、融资方案、投资估算、预期回报和项目实施的总体方案。需要说明的是，这里所说的方案比选，不仅仅是技术方案的优选，还包括方案之间的经济性比较，这也是控制和优化项目投资的根本措施。

3. 项目立项决策

抽水蓄能项目前期工作的核心任务是完成立项决策。前期阶段的决策主要包括三个方面的内容：一是为建设单位的投资决策提供真实、可靠的技术依据，使建设单位完成该项投资建设后，能在为社会提供安全、可靠的清洁能源的同时，实现资本的有效运作并获取相应的项目投资回报；二是环保、地震、取水许可等专项方案，需要取得政府主管部门的行政许可；三是完成项目核准申请报告，取得相关的前置条件批复，为项目的核准提供技术和管理支撑。

（二）项目前期管理要点

1. 高度重视站址地质勘察

抽水蓄能电站开发建设周期长，一般跨越国民经济和社会发展2个五年规划期，因此前期阶段工作中，要对不确定因素做出合理预判，并制定相应的预案。抽水蓄能电站前期阶段工作之一就是项目建设条件的确认，其中最核心的是建设场地地质条件的确认，要针对有限的工程建设区进行现场地勘，对地质全貌进行预判，为优化工程方案打下基础。为此，在预可行性研究和可行性研究过程中都要开展大量的外业地勘工作，包括地勘主探洞（平洞）、钻孔、各种科研和理化试验分析。按抽水蓄能电站全设计阶段地勘工作量来计算，可行性研究阶段地勘工作量一般占抽水蓄能项目整个开发建设阶段的60%以上，因此，要高度重视可行性研究阶段的现场地勘工作，这是电站可行性研究工作的质量基础。

可行性研究工作合同签订后，建设单位应要求勘察设计单位及时编制项目的勘察设计大纲，根据项目特点和实际情况，制订合理的勘察设计时间计划，拟定地勘工作任务，明确主平洞施工方案及其他平洞的数量、钻孔的数量和施工方案，并及时组织勘察设计大纲审查，为勘察设计单位尽早开展地勘工作创造条件。在地勘工作实施过程中，可根据实际情况增加地勘工程量，满足可行性研究工作的技术要求。建设单位要积极配合勘察设计单位开展地勘工作，协调在实际工作中遇到的问题。

2. 加强可行性研究阶段"三大专题"技术方案论证

抽水蓄能项目可行性研究阶段"三大专题"指枢纽布置格局比选专题、正常蓄水位选择专题和施工总布置规划专题。"三大专题"是抽水蓄能项目可行性研究阶段的关键环节，是确定抽水蓄能工程规模、工程布置和征地范围的重要依据，是项目可行性研究后续工作开展的重要基础；确定枢纽布置格局和正常蓄水位后，才能拟定工程的装机规模和机电设备参数；确定施工总布置规划，才能划定项目用地红线，开展实物指标调查、征地补偿和移民安置规划设计工作，地方政府才能据此发布禁止在工程占地和淹没区新增建设项目和迁入人口的通告。

工程枢纽布置格局方案比选时应充分考虑选定的坝型、坝轴线，结合工程实际情况提出各种切实可行的枢纽布置方案，不能为了满足比选要求而提出合理性差的方案。建设单位专业人员要深入参与专题的设计，从地形地质条件、建筑物布置、工程量、施工条件、施工工期、施工占地、工程投资和运行条件等方面充分考虑，综合比较论证后选定最佳枢纽布置方案。特别是工程占地涉及不同的行政划分范围时，要与地方政府、勘察设计单位加强沟通，综合选定合理可行的方案。

正常蓄水位选择时，建设单位专业人员要深入参与、深入论证比选方案，确定合理的正常蓄水位、死水位、防洪限制水位，确定电站额定水头、调节库容和机组的类型，确定电站满发利用小时数、水库的运行方式、机组的制造难度系数等，为电站机组的合理选型和生产运营期的安全运行打下基础。

施工总布置规划设计时，应遵循因地制宜、有利生产、节约用地的原则合理规划各区域的占地范围。应充分考虑工程料源问题，如有条件，最好将料场选择在库内，若无法做到挖填平衡，料场需选择在永久征地范围内。渣场布置要充分考虑地形地质情况，同时考虑施工出渣的便利性，充分考虑工程措施和植被恢复措施，充分论证渣场稳定性。

3. 坚持"先可研、后核准"前期工作程序

抽水蓄能项目属于重大能源基础设施投资项目,政府机构简政放权后,企业投资项目的可行性研究报告已不再作为政府投资主管部门的审批事项,项目可行性研究为企业内部的技术管理事项,工作成果主要为建设单位项目投资决策、向金融机构申请项目融资以及政府职能部门履行监管职能提供参考。2014年国务院发布《政府核准的投资项目目录(2014年本)》,将抽水蓄能电站项目核准权限下放到省级政府,相对简化了抽水蓄能电站项目的核准流程。"十四五"以来,为进一步优化服务改革力度、确立企业投资主体地位、激发市场主体扩大合理有效投资和创新创业的活力,部分省级政府简化了抽水蓄能项目核准材料要求,项目可行性研究报告审查意见已不再作为抽水蓄能项目申请核准的前置条件。

抽水蓄能项目可行性研究工作是项目前期工作的关键环节,既要承接项目选点规划和预可行性研究阶段的勘测研究成果,又要按相关技术规程做好本阶段项目建设条件确认、方案优化比选和技术方案确定、项目投资经济性论证和投资概算确认等技术经济工作,其质量直接决定抽水蓄能项目前期工作的好坏,对抽水蓄能项目建设和运营具有重要意义。因此,从企业管理角度,依然要坚持"先可研、后核准"的工作程序,以扎实的可行性研究工作质量支撑企业科学决策,助力抽水蓄能项目高质量开发。

(三)项目前期经验做法

1. 前期阶段优先开展生态制约因素排查

随着全社会生态保护意识的不断增强,生态环境保护的要求也越来越高,抽水蓄能项目选址规划是否严格符合生态环保相关规划,已经成为决定相关站址能否成立的决定性因素之一。

抽水蓄能电站项目选址在地理位置、地形条件、水源条件等方面的特殊要求,使项目开发建设工作容易受到环境敏感因素的制约,即便相关抽水蓄能站址已经纳入选点规划,并且列入国家相关发展规划,但考虑到项目开发节奏、相关专业规划协调性等诸多因素,建设单位在前期工作启动和开展过程中,依然要谨慎对待环境敏感因素排查和协调问题,做到不碰"红线",采取有效措施,控制投资风险,保证项目前期工作有序推进。

2. 启动可行性研究前做好项目建设必要性论证

抽水蓄能不同于常规电源,抽水蓄能电站本身并不增加电力供应,其功能主

要是为电力系统提供调节服务。电力系统调节需求是抽水蓄能规划建设的重要前提和基本依据，应坚持需求导向，深入开展抽水蓄能项目建设必要性论证工作。抽水蓄能电站建设必要性论证主要依据电站所在地区能源构成、电力市场需求、电力系统发展规划，研究合理电源结构，在满足电力系统要求及安全稳定运行条件下，对抽水蓄能项目建设规模、建设时序、电网接入、投资效益进行多方面论证，阐明建设抽水蓄能电站在电力系统中的作用与效益。

建设必要性论证是抽水蓄能项目可行性研究工作的重要内容，也是企业投资决策的主要依据。在抽水蓄能项目预可行性研究工作完成后，考虑到此时项目开发建设周期基本确定，进行建设必要性论证的外部条件也相对成熟和可预期，一般在正式启动可行性研究工作前要完成建设必要性论证工作，全面进行建设必要性论证并据此对是否启动项目可行性研究工作进行科学决策，确保项目建成后正常发挥作用，防范投资风险。

3. 可行性研究阶段强化电站接入和涉电涉网专题管理

抽水蓄能电站涉电涉网工程是指电站与电力系统主要关联的工程内容，包括发电电动机、主变压器、高压引出线、高压配电装置等主要电气设备、开关站工程以及抽水蓄能电站接入系统一次部分和二次部分。由于抽水蓄能电站建设周期较长，项目开发通常超前于所在电网主网架发展规划，项目可行性研究阶段可能不具备开展电站接入系统设计的相关条件。为进一步精简审批事项，强化企业投资主体地位，2014年中央编办、国家发展改革委联合发布《关于一律不得将企业经营自主权事项作为企业投资项目核准前置条件的通知》（发改投资〔2014〕2999号），取消了包括接入系统设计评审意见在内的十八项企业投资项目核准前置条件，抽水蓄能项目核准不再受接入系统设计和评审工作制约。此后，抽水蓄能项目通常在通过核准2～3年左右才启动接入系统设计及审查相关工作。

"十四五"以来，抽水蓄能规模化发展，大量抽水蓄能电站接入使电网主网架面临较大的承载压力。电网规划、接入系统设计与抽水蓄能本体可研设计时序不衔接、不匹配的矛盾日益突出，电站接入系统边界条件越来越复杂，可研阶段涉电涉网工程设计内容和深度与属地电网最终要求存在一定差距。

抽水蓄能电站主要服务于电力系统，其项目开发应满足电力系统对抽水蓄能电站的特定要求。可行性研究阶段要强化电站接入和涉电涉网专题管理，应提前将接网技术要求、属地电网对抽水蓄能电站运行的特殊需求反馈到涉电涉网工程设计方案中，加强抽水蓄能电站主体设计单位和接入系统设计单位沟通衔接和配合，达到优化涉电涉网工程设计方案、夯实内容深度和成果质量的目的，做到主要技术原则一以贯之，为电站建成后充分发挥功能作用，更好服务电力系统筑牢技术基础。

4. 切实提高项目引资质量

《抽水蓄能中长期发展规划（2021—2035年）》发布后，我国抽水蓄能开发建设步伐加快，除了电网企业外，传统发电企业、电力建设企业、地方能源投资公司以及部分民营企业也纷纷加入抽水蓄能电站开发建设工作。为了更好地推进项目开发建设，抽水蓄能项目开发主体多以股权合作成立项目公司作为项目开发主体。在当前复杂多变的环境下，抽水蓄能项目开发建设，要始终坚持投资开放，按照"分类优化股权和股东结构、规范遴选机制"的总体原则，积极与有意愿、有能力的优质投资主体开展全方位、多层次合作，通过投资合作推进更广泛的战略协同。

分类优化股权和股东结构。抽水蓄能项目投资合作主体包括央企投资公司、省级能源投资企业、金融类财务投资平台以及其他各类优质社会投资企业，不同企业实施分类优化。一是巩固已有合作单位。积极争取有意愿的已合作单位参股合作。二是积极拓展优质投资主体。积极拓展国务院国资委管理的有意愿央企投资平台，全力扩大央企投资合作。三是择优引入基金、信托、保险等金融财务类投资平台参股。四是因地制宜选取地方企业。争取实力强、有意愿省属投资企业，兼顾合作意愿和投资可持续性。五是选择施工企业。审慎考虑施工任务诉求等因素，评估投资能力。

严把项目层面投资合作流程关口，把控引资质量。在项目合作层面建立严格的引资机制，规范投资合作工作流程。一是初步遴选潜在投资方。投资合作工作组启动项目投资合作工作，明确项目参股合作单位资格条件和股权设置要求，初步遴选潜在投资方。二是优选合作方。对投资合作工作组提出的初步遴选潜在投资方，进行相关单位企业资信、财务状况、投资能力、法律风险等合作基础条件的进一步调研、确认，并协调提出投资合作建议方案。遴选合作方时应做好风险控制，必要时开展反向尽职调查，取得尽职调查报告。投资项目出现多个意向合作主体时，按企业投资能力、决策效率、企业信用和已有合作效果等因素综合评定，也可采取竞争性谈判确定。三是确定合作方案。形成投资合作建议方案，对建议方案进行讨论。四是协商合作协议。根据协商和最终确定的股比方案，达成一致意见后形成投资协议书（商定稿）和公司章程（商定稿），并履行决策程序，同时，项目单位负责督促各股东方及时履行内部决策程序。五是组建项目公司。项目单位组织召开首次公司股东大会、董事会和监事会，进行产权登记后，成立项目公司。

二、工程前期管理

（一）工程建设总体策划

项目核准后，项目建设单位组织编制项目建设总体策划报告，内容包括工程建管模式、建设目标、安全控制要求、质量控制要求、进度控制要求、造价控制要求、分标思路和施工组织、组织机构设置和岗位数量等，待上级单位批复后组织实施。

1. 工程策划总体原则和要点

项目建设单位在筹建期工程开工前 3 个月，建设单位按照相关规定，编制工程建设总体策划。

（1）工程策划总体原则

总体策划的深度和广度应符合各项管理要求，具有有效性和可操作性。总体策划应根据工程建设实施情况及时进行完善、修订。

（2）工程策划总体要点

结合项目特点和管理思路，针对性编制本项目的管理制度；加强与政府相关行政主管部门和单位的沟通、汇报，充分了解开工前报批、报备的必要手续和材料，按要求办理；根据施工组织设计编制工程关键里程碑节点计划，报上级主管部门审批。

（3）工程总体策划内容

工程总体策划内容包括工程概况、安全管理和文明施工管理策划、质量管理策划、工期控制策划、工程造价控制策划、工程达标创优策划与控制、工程技术管理策划、科技管理策划、信息管理策划、物资管理策划、档案管理策划、合同管理策划、征地移民管理策划、工程风险管理策划、设计单位管理策划、监理单位管理策划、施工单位管理策划等。

2. 设计阶段强制性条文落实

（1）强制性条文的实施准备

招标设计阶段或施工图设计前，设计单位应明确工程项目所涉及的强制性条文；开工前，施工单位应按单位工程、分部工程明确工程项目所涉及的强制性条文。

（2）强制性条文的执行

施工图设计阶段，设计单位为强制性条文执行的责任主体，在施工设计图纸中详细列出所执行的强制性条文内容。施工过程中，施工单位为强制性条文执行的责任主体。

（3）强制性条文的检查

监理单位为强制性条文执行情况的检查责任主体。分部工程验收时，由监理单位的总监组织对施工单位执行强制性条文情况进行检查。

单位工程验收时，监理单位对设计强条和施工强条执行情况进行复查。

（二）工程开工准备

1. 开工报建法定要素

抽水蓄能项目开工前应完成用地转用审批、土地征收审批、供地方案审批、建设项目压覆重要矿床审批、生产建设项目水土保持方案审批、非重特大项目环评审批、建设工程消防设计审核、移民安置规划及审核意见、洪水影响评价审批、取水许可、建设工程文物保护和考古许可、建设项目使用林地及在林业部门管理的自然保护区和沙化土地封禁保护区建设审批（核）、建设项目安全预评价、地质灾害危险性评估、地震安全性评价等15项报建审批事项以及涉及安全的强制性评估，其中，用地转用审批、土地征收审批、供地方案审批、建设项目使用林地及在林业部门管理的自然保护区和沙化土地封禁保护区建设审批（核）等4项审批事项的前置条件是项目取得核准批复，其余11项审批事项以及涉及安全的强制性预评价基本在预可行性研究设计阶段、可行性研究设计阶段完成，是完成可行性研究报告的必要条件。

2. 工程施工规划

在抽水蓄能电站项目招标设计阶段，项目建设管理单位委托设计单位编制工程施工规划报告，是项目建设管理单位组织工程项目实施、编制工程项目招标文件的主要依据和指导性文件。

施工规划的主要任务是在已经审批的可行性研究阶段施工组织设计的基础上，根据招标设计阶段基础技术资料和市场信息进一步落实选定的施工方案及相应的施工进度计划；根据项目建设管理单位对项目实施和合同管理的要求，对工程合同的组合及项目划分做出全面规划和详细安排，从便于项目实施的角度，研究各工程合同的实施方案、施工工期、施工布置等以及相互间的衔接关系。对工程施工分标方案做出合理规划是施工规划的关键。

施工规划的主要内容包括施工条件、工程分标规划、施工导流、混凝土原材料与料源规划、主体工程施工、施工交通运输、施工工厂设施、施工总布置、施工总进度、施工资源供应、施工过程质量管理及验收等。

编制工程施工规划时，应充分反映项目建设管理单位的具体指导性意见以及对工作计划的要求，施工规划报告要体现项目建设管理单位的管理意图和要求，适应项目建设管理模式。

3. 工程项目分标规划

为适应抽水蓄能电站建设规模逐年增大、工程建设管控强度和压力不断提高的新形势、新要求，项目建设管理单位积极探索、创新建设管理模式和机制，工程项目分标规划逐步由多标制向大标制及 EPC 模式发展。

（1）工程筹建准备期施工分标规划

在工程筹建准备期内由项目建设单位负责完成并提供给主体工程承包商使用的公用施工设施项目，如公路、施工供水、供电、通信、砂石料加工系统、水土保持挡护设施、施工营地等，一般根据实际情况全部或部分单独招标，提前组织施工。

为了加快工程建设，缩短主体工程施工期，对处于关键线路上且直接影响主体土建工程施工进度的项目，或者布置相对独立、施工难度较小且能为主体工程施工创造条件的项目，如通风兼安全洞、进厂交通洞、厂房上层排水廊道、导流泄洪洞、高压管道施工支洞等，均可单独招标。

（2）主体工程土建及金属结构安装工程施工分标规划

主体工程土建及金属结构安装工程一般分为上水库工程、地下系统工程（输水系统和地下厂房系统）、下水库工程，均具有独立招标的条件。最常见的分标方案有两种：第一种方案分为上水库工程标、引水系统土建及钢管安装工程标、地下厂房及尾水系统工程标、下水库工程标；第二种方案分为上水库工程标、地下系统工程标、下水库工程标。

（3）机电设备安装工程施工分标规划

机电设备安装工程主要包括机组（水轮机、调速器、球阀、发电电动机、励磁、变频与启动回路设备）、厂内桥式起重机、水轮机辅助设备、发电机电压设备、计算机监控系统和保护设备、电气设备（主变压器、500 千伏电缆及管道母线、厂用电设备、直流设备）、动力及控制电缆、接地设备、照明设备等的安装、调试及试运行。机电设备安装工程通常采用单独招标。

（4）机电设备和金属结构制造工程施工分标规划

机电设备制造、金属结构制造工程专业性、独立性较强，一般单独招标。

（5）其他工程施工分标规划

工程安全监测系统工程：主要包括主体工程建筑物在施工期和运行期的变形、应力、应变、渗漏等的监测，通常单独招标，在主体工程标中按指定分包人进行工程安全监测设施的施工。

地下厂房建筑装修工程：包括主厂房（含安装场）、副厂房、主变压器室、母线洞、出线竖井及出线廊道、交通洞、通风洞等部位，单独招标有利于择优选择专业施工队伍，但存在装修、安装施工干扰问题。

（6）标段间接口项目分标安排

上水库进/出水口：位于上水库库盆内，主要包括土石方明挖、石方洞挖、混凝土浇筑等；设置引水闸门井的工程还包括闸门井开挖、渐变段洞挖、闸门井及启闭机架结构混凝土、闸门及启闭机金属结构安装等。上水库进/出水口工程施工及主要道路布置均与上水库工程施工紧密相关，一般归入上水库工程标段内。

下水库进/出水口：位于下水库库盆内，一般归入下水库工程标段内。

地下厂房系统混凝土浇筑：主要包括主副厂房、主变压器室、开关站、母线洞及主变压器运输洞等部位。分标时通常采取以下两种方式：一是全部纳入厂房开挖土建标；二是按照主厂房一、二期混凝土的分界，将主厂房一期混凝土（蜗壳层底板以下）、副厂房、主变压器室、开关站、母线洞及主变压器运输洞等部位混凝土浇筑工程归入地下厂房系统土建工程标，主厂房二期混凝土浇筑工程归入机电设备安装工程标。

（三）加快工程开工建设措施

抽水蓄能工程前期一般指项目取得核准后到正式开工前的阶段，抽水蓄能电站开工前，要重点抓好用林用地报批、移民搬迁安置和建设队伍准备三条主线。工程前期要聚焦早交地，并行开展项目公司组建和施工招标准备工作，促进项目前期和工程前期高效衔接、深度融合，推动项目早核准早开工。

（1）聚焦早交地，强化政企联动，解决开工关键制约

抽水蓄能电站占地规模一般在4000~5000亩，征地、移民工作量大，且工作

进度受外部条件影响较大，是项目开工的关键制约。加快早交地，重点在于加强政企协作，主要措施有：

深入掌握项目所在地土地政策。根据项目用地的土地类别、审批权限，细化前期工作推进方案，统筹好建设推进总体策划、工期计划、采购安排等。

提前委托开展用林用地组卷要件编审。将部分具备条件的要件编审时间提至项目核准前。可行性研究阶段"三大专题"（枢纽布置格局、正常蓄水位选择、施工总布置规划）审定、划定征地范围后，启动编制使用林地可行性报告，沟通地方林业部门先行开展审查，项目核准前基本完成用林组卷主要材料；同时委托开展土地勘测定界报告、征地补偿安置方案等土地组卷要件的编审工作。

加大与地方政府的协调力度。充分利用加大建设、稳经济稳增长等政策机遇，加强沟通汇报，在不违背政策规定的情况下，促请地方政府在项目核准前实质性超前工作，就进场道路建设事项等达成一致意见，力争核准前商定征地移民安置协议条款、具备签订条件，并提前启动与拟征收土地所有权（使用权）人的补偿安置协议谈判工作，全力加快土地手续办理进程，实现核准后尽快完成组卷上报、审批，尽早取得开工用地要素保障。

（2）实施"两并行"，优化工作程序，加速管理决策和招标采购

项目可行性研究审查阶段并行推进项目公司组建，项目核准报批阶段并行开展招标准备。主要措施有：

项目可行性研究审查阶段并行推进项目公司组建。在项目可行性研究阶段，推动引资工作"三同步"❶，重点做好督促外部投资方履行投资决策与项目公司注册的衔接和项目公司注册与可行性研究批复的衔接，在抓好可行性研究专业管理的同时，为依法合规加快立项决策创造有利条件，助力项目早核准、早开工。

项目核准报批阶段并行开展招标准备。充分利用项目前期工作时间，在项目等待省政府核准期间组织设计单位完成施工监理、筹建期工程等招标文件编制。项目核准后，结合土地手续进展启动招标，尽量在取得用地手续前确定监理、施工队伍，完成进场准备，力争做到"人等地，地不等人"。

---

❶ "三同步"即项目可行性研究阶段同步征询外部投资方意见、项目可行性研究审查时同步启动关于项目股比的公司内部决策程序、可行性研究批复时同步完成项目公司注册。

第二节　项目建设过程管控

> 抽水蓄能电站项目技术特性复杂，建设环节多、周期长、风险高，项目建设过程中需要管控的因素众多。本节介绍了抽水蓄能电站项目建设过程管控的五个要素，分别为安全、质量、进度、造价和技术管理。从管理体系、管理要点、管理先进做法等依次概述了项目建设过程中安全管理、质量管理、进度管理、造价管理和技术管理工作。

一、安全管理

抽水蓄能建设安全管理应贯彻"以人为本、生命至上"的理念。建设单位应将抽水蓄能工程建设安全工作纳入本单位安全管理体系，严格落实安全责任清单，实行主要负责人负总责和"一岗双责、党政同责"的安全生产责任制，建立健全抽水蓄能工程建设安全保证体系和监督体系，实行安全目标管理，逐层签订安全责任书，在计划、布置、检查、考核、总结抽水蓄能工程建设工作的同时，计划、布置、检查、考核、总结抽水蓄能工程建设安全工作。

（一）安全管理体系

1. 安全管理的目标原则

建设单位应结合工程实际，制定工程安全生产目标和年度安全生产目标。勘察设计、施工、监理单位应有效分解建设单位制定的工程安全生产目标和年度安全生产目标。

建设单位应根据国家、行业相关要求明确安全管理目标，并在合同中予以明确。安全生产目标应包含人员、机械设备、交通、火灾、环境、职业卫生等事故的指标。建设单位相关部门应根据工程安全生产目标和年度安全生产目标，制定相应的指标。

建设单位应与勘察设计、监理、施工等单位签订年度安全生产目标责任书，实施分级控制，并每年度对相关单位安全目标的完成情况进行考核、奖惩和总结。

2. 安全组织体系

安全管理体系按其组织管理可分为"三个组织体系"，即安全管理网络及制度体系、安全保证体系、安全监督体系。建设、设计、监理、施工安装调试承包商、设备供应商等有关单位应建立既有机统一又各有分工的项目安全管理组织体系。

（1）安全管理网络及制度体系

工程基建安全管理网络分为基建项目单位、监理单位、设计和施工（含安装、调试等参建单位）单位三个层次。工程的监理、设计、施工等参建单位均应建立适应其所承担任务的项目安全管理体系（包括安全管理网络），并接受建设单位的安全管理和监督管理。

安全生产管理制度，是按照安全生产方针和"管生产必须管安全、谁主管谁负责"的原则，将各级负责人、各职能部门及其工作人员、各生产部门和各岗位生产工人在安全生产方面应做的事情及应负的责任加以明确规定的一种制度，是安全制度的核心。参建单位应建立安全生产法律法规、标准规范的识别、获取制度，及时识别、获取适用的安全生产法律法规、标准规范。

参建单位应每年至少对安全生产法律法规、标准规范、规章制度、操作规程的执行情况和适用情况进行一次评审，并根据评审情况、安全检查反馈的问题、生产安全事故案例、绩效评定结果等，对安全生产管理规章制度和操作规程进行修订，确保其有效和适用。

（2）安全保证体系

参建单位应建立以主要负责人为核心的安全生产保证体系，保障安全生产的人员、物资、费用、技术等资源落实到位，各级人员应具备相应的任职资格和能力。参建单位主要负责人应每月主持召开安全工作例会，总结、布置安全生产工作，提出改进措施。

（3）安全监督体系

参建单位应按国家相关规定建立健全安全生产监督网络，设立安全生产监督管理机构，配备专职安全生产管理人员，组织排查生产安全事故隐患，督促落实生产安全事故隐患整改措施。安全监督机构应检查安全生产状况，提出改进安全生产管理的建议，并定期召开安全监督会议，做好会议记录。各级安全监督机构应认真履行安全生产监督职能，实行上级对下级的安全生产责任追究制度、下级对上级的安全生产逐级负责制度。各单位的安全生产除接受系统内部的监督外，还应接受所在地政府有关部门的监督。

3. 安全生产职责

为贯彻"安全第一、预防为主、综合治理"的安全生产方针，落实《中华人民共和国安全生产法》《建设工程安全生产管理条例》等有关安全生产的法律、法规和标准，建设工程应按照"党政同责、一岗双责、齐抓共管、失职追责""管生产必须管安全"和"管业务必须管安全"的原则，建立健全以各级主要负责人为安全第一责任人的安全生产责任制，全面落实企业安全生产主体责任。

（二）安全管理要点

工程建设安全管理按照工作体系分为风险管理体系、应急管理体系、事故调查体系，其管理对象分别为风险的安全状态、事故状态、事后状态，工程管理中需重点抓好风险管控、隐患管控、应急管理、安全文明施工标准化等方面的工作。

1. 风险管控

工程建设安全风险按《中华人民共和国安全生产法》《电力建设工程施工安全管理导则》等法律法规、规程规范要求，实施分级管控。

安全风险管理是按照静态识别、动态评估、分级控制的原则对工程建设安全风险进行管理，通过识别项目施工过程中存在的危险、有害因素，并运用定性或定量的统计分析方法确定其风险严重程度，进而确定风险控制的优先顺序和风险控制措施，同时强化隐患排查治理，以达到改善安全生产环境、减少和杜绝安全生产事故的目标。

建设单位应当组织各参建单位落实风险管控措施，对重点区域、重要部位的风险进行评估检查，组织设计、监理、施工等单位共同研究制定项目重大风险管理制度，明确重大风险辨识、评价和控制的职责、方法、范围、流程等要求。

2. 隐患管控

安全隐患排查治理执行《中华人民共和国安全生产法》《电力建设工程施工安全管理导则》等法律法规、规程规范要求。

建设单位应建立隐患排查治理制度，明确事故隐患的分级标准以及隐患排查目的、范围、内容、方法、频次、要求等。勘察设计、监理、施工等参建单位应根据基建项目隐患排查治理制度，制定本单位的隐患排查治理制度，将安全隐患排查治理纳入日常工作中，按照"排查—评估—治理—验收销号"的流程形成闭环管理。

参建单位应对排查出的事故隐患及时采取有效的治理措施，形成"查找—分析—评估—报告—治理（控制—验收）"的闭环管理流程。对于危害和整改难度较小、发现后能够立即整改排除的一般事故隐患，应立即组织整改。对属于一般事故隐患但不能立即整改到位的，应下达隐患整改通知书，制定隐患治理措施，限期落实整改。对重大事故隐患存在单位，应成立由单位主要负责人为组长的事故隐患治理领导小组，制定重大事故隐患治理方案，并按照治理方案组织开展事故隐患的治理整改，且对治理全过程进行监督管理。

3. 应急管理

应急管理工作体系包括应急管理机构、应急队伍建设、应急处置方案、应急物资储备、应急演练、应急响应机制等工作内容。

各参建单位均应建立健全本单位的应急管理工作体系，成立应急管理指挥机构或工作组，确立各专业或综合应急队伍，结合项目工程特点确立应急事项并制定应急预案，做好应急物资储备，制订培训和演练计划，并按计划开展应急知识培训和应急演练，随时做好应急响应。

建设单位组织按程序对应急预案进行修改完善，及时向上级单位、当地政府应急管理部门、电力监管机构报告修订情况，并根据修订情况决定是否组织评审，按照有关程序重新备案。

发生事故后，参建单位应根据预案要求，立即启动应急响应程序，按照有关规定报告事故情况，并开展先期处置，发出警报，在不危及人身安全时，现场人员采取阻断或隔离事故源、危险源等措施；严重危及人身安全时，迅速停止现场作业，现场人员采取必要的或可能的应急措施后撤离危险区域。

4. 安全文明施工标准化

安全文明施工标准化实行安全制度执行标准化、安全设施标准化、个人防护用品标准化、现场布置标准化、作业行为规范化、环境影响最小化，创造良好的安全施工环境和作业条件。

安全文明施工措施费应在工程（房屋建筑与装饰工程除外）招投标时单独计列。建设单位应在招标文件和合同中明确安全文明施工措施费的预付及扣回方式。安全文明施工措施费应做到专款专用，建立专项费用台账，不得挪作他用。

当安全文明施工措施费超出规定的计取标准时，应暂停超出部分的结算，对已结算安全文明施工措施费进行审计。通过专项审计后，超出部分安全文明施工措施费履行"一事一审批"程序，经监理单位审核、建设单位审批后，方可办理结算。

（三）安全管理先进做法

1. 安全督查中心

安全督查中心建设遵循安全可靠、纵向贯通、横向连接、信息全面、技术先进的原则，将安全智能监测预警系统、道闸门禁系统、车辆测速系统等管控模块有机融合，实现对现场安全集中统一管理，强化作业现场安全管控能力，提升安全管理水平。

安全督查中心建成后可实现以下功能：一是全面覆盖，原则上实现对各类作业计划、所有作业现场、全部作业过程的覆盖和监控；二是专业协同，加强各专业工作协同，发挥安全监督体系、保证体系和支撑体系合力，有效管控现场风险；三是闭环管控，对督查发现的违章，督促跟踪相关单位整改进展情况，并实行闭环管控。

创新安全督查中心安全监管模式。建立视频巡查＋现场巡查协同工作机制，安全管控中心值班人员对所辖范围内所有作业现场开展督查，并根据各施工作业面日、周、月作业计划，梳理视频监控"视野盲区"和重大风险点，指挥调度现场巡查人员重点巡检监控盲区及现场重大风险作业，着重检查作业过程、准入情况、作业准备。发现问题或违章现象，应立即予以制止、纠正，对违章整改情况进行闭环管理。

2. 网格化安全管理

网格化安全管理是指在已划定安全责任区及工作面区片的前提下，根据工程建筑物布置、各部位施工作业面组成、施工单位人员配置等情况，坚持"就近集中、专业协同、指令唯一、责任明确"的管理原则，将安全责任区划分为若干个管理网格，明确各管理网格范围和界面，由建设、设计、监理、施工单位等工程参建单位指定各管控网格各方责任人，组成相对独立的网格化管控工作小组，全面落实执行作业风险分级管控和隐患排查治理各项工作要求，实现风险隐患"网格化"管控。通过网格化安全管理可实现施工作业风险分级管控和隐患排查治理精细化管控，强化责任到人、分层负责的安全管理要求，确保工程建设风险隐患管控工作全面细致落实到位。

二、质量管理

（一）质量管理体系

1. 质量管理的目标

建设质量管理的目标，就是实现由项目决策所决定的项目质量目标，使项目的适用性、安全性、耐久性、可靠性、经济性及与环境的协调性等方面满足项目建设管理单位的需要并符合国家法律、行政法规和技术标准、规范的要求。工程项目的质量要求主要是由项目建设管理单位方提出的。项目的质量目标，是项目建设管理单位的建设意图通过项目策划，包括项目的定义及建设规模、系统构成、使用功能和价值、规格、档次、标准等的定位策划和目标决策来确定的。

抽水蓄能电站建设单位在工程开工前应提前确定好质量管理目标，并在工程招标文件中明确。工程建设过程中，围绕质量管理目标，以工程创优、达标投产等活动为抓手，参建各方开展相关质量管理活动，同时定期检查阶段质量管理目标的完成情况，发现问题及时纠正，从而达到质量管理的目的。

抽水蓄能电站建设质量管理目标主要有以下几个方面：一是施工工艺应用目标，着眼于深化标准工艺研究与应用，推广应用标准工艺；二是工程移交目标，确保投产工程质量全部达到国家标准、规范和设计要求，实现"零缺陷"投运；三是优质工程创建目标，争创各类工程建设奖项；四是建设管理目标，力争不发生造成较大影响的质量事件。

2. 组织体系

《中华人民共和国建筑法》和《建设工程质量管理条例》规定，建设工程项目的建设单位、勘察单位、设计单位、施工单位、工程监理单位都要依法对建设工程质量负责，尤其是建设单位的首要责任和施工单位的主体责任。

抽水蓄能电站工程建设按照"谁主管、谁负责"的原则实行全过程质量管理。参与工程建设的勘察、设计、施工、监理、安装、调试、检测、监测等工作的单位，按照国家有关工程建设的法律法规及合同的要求，在工程设计寿命周期内承担相应的工程质量责任。

抽水蓄能电站工程建设按照建设质量管理责任，一般可划分为以项目工程建设质量管理委员会为决策层，以工程建设质量管理委员会办公室为组织协调和监督检查层，以各参建单位内部的质量管理组织机构为执行层的三级建设管理体系。

工程开工前，建设单位负责组织成立由建设、设计、监理、施工等参建单位组成的工程建设质量管理委员会（简称"质管会"）。质管会下设工程建设质量管理委员会办公室（简称"质管会办公室"）。质管会办公室设在建设单位工程管理部门。质管会和质管会办公室成立后，若成员发生变化，应及时调整并以文件形式通知各参建单位。各参建单位应成立本单位的工程质量管理组织机构，建立健全质量管理体系和管理制度，明确质量管理人员的质量管理职责。

3. 职责划分

质管会是工程建设最高的质量管理机构，负责工程建设过程中质量管理工作重大事项的决策，负责领导、组织、协调、监督、检查工程建设过程中的质量管理工作，其主要职责包括：贯彻落实国家、行业以及上级关于工程质量管理法律法规和相关标准、规程、规范；每季度召开一次工程质量管理委员会工作会议，安排布置、分析、总结、评价质量管理工作；定期组织开展工程质量检查活动，评定、考核各参建单位质量管理工作；组织、协调解决工程质量管理工作中出现的问题；协助工程质量监督机构开展质量监督活动；组织开展各类质量宣传活动。

质管会办公室是质管会的日常办事机构，其主要职责包括：负责具体组织、协调、监督检查工程建设过程中质量管理工作；随时掌握工程质量情况，督促参建各方对工程中出现的质量问题进行整改。

各参建方工程建设质量管理机构负责质量管理的落实和执行工作，其主要职责包括：工程建设实施过程中的工程质量由项目法人总负责，监理、设计、施工、材料和设备的采购、制造等单位按照合同及有关规定对所承担工作的质量负责；项目法人、监理、设计、施工等单位的行政正职是本单位质量工作的第一责任人，各单位在工程项目现场的行政负责人对本单位在工程建设中的质量工作负直接领导责任，各单位的工程项目技术负责人（总监、设总、总工）对质量工作负技术责任；参建各方都应按合同承诺投入的工程技术力量、设备和人力等资源及时投入合同工程；参建各方均有责任、有权利直接向质量监督总站和质管会反映工程质量问题；参建各方应建立健全有效的工程质量监督和保证体系，并确保质量管理体系运转有效。

（二）质量管理要点

1. 强制性条文执行

根据《中华人民共和国工程建设标准强制性条文　电力工程部分》《实施工程

建设强制性标准监督规定》，工程建设、设计、监理、施工等单位应制订强制性条文执行计划，相关工程管理及技术人员应熟悉、掌握强制性条文。

抽水蓄能电站工程勘察设计和施工招标阶段，建设单位或其委托的招标代理机构应在招标文件中对强制性条文的实施提出具体要求。工程建设过程中，参建各单位应严格执行强制性条文，不符合强制性条文规定的，应及时整改，并应保存整改记录；未整改合格的，严禁通过验收。施工、监理、建设单位在施工过程中如发现设计文件有不符合强制性条文规定的，应及时向设计或建设单位提出书面意见或建议。工程开工前，项目法人单位应编制本项目强制性条文执行计划，主要内容应包括组织机构、人员职责、培训、检查和目标考核，统筹强制性条文执行工作。工程项目投运前，参建各单位应分别对强制性条文执行情况进行检查，并提供检查报告。

工程项目招标设计阶段和施工图设计前，勘测设计单位应明确本工程项目所涉及的强制性条文，编制设计单位执行强制性条文汇编文件，经内部审批后，报设计监理单位审核，项目建设单位备案。工程项目开工前，施工单位应根据工程建设项目实际特点，按单位工程、分部工程明确本工程项目所涉及的强制性条文，编制施工单位执行强制性条文汇编文件，报监理单位审核，项目建设单位备案。

工程施工图设计阶段，强制性条文执行的主体责任单位为设计单位。设计单位应在施工设计图纸中详细列出所执行的强制性条文内容，并编制设计单位执行强制性条文检查表。工程施工过程中，强制性条文执行的主体责任单位为施工单位。施工单位应在单元工程验收时编制施工单位执行强制性条文记录表，并由监理工程师审核。

强制性条文执行情况的检查主体责任单位为监理单位。在分部工程验收时，应由监理单位的总监组织对施工单位执行强制性条文情况进行检查，根据检查结果编制施工单位执行强制性条文检查表。在单位工程验收阶段，对强制性条文执行情况核查的主体责任单位为项目建设单位。在单位工程验收前，首先由监理单位对设计单位和施工单位执行强制性条文检查表进行复查汇总，对照经审批的强制性条文执行计划，编制强制性条文执行汇总表，报项目建设单位审核。

2. 工程原材料质量控制

对于施工单位自购的原材料，在采购前应将厂家相关资料报送监理单位审批后进行采购。原材料进场后，施工单位应对原材料进行检查和取样检测，原材料检测合格后，施工单位应将原材料质保单、检测报告等报送监理单位审查，审查合格后进行使用。对于甲供材料，项目建设方应对进场原材料质保单、检验报告进行核验，委托第三方实验室进行抽检，检验合格后方可发放使用。施工单位应对原材料的使用建立跟踪管理台账，应能具体说明材料使用的具体部位或单元工程。项目建设单位和监理单位应对原材料使用情况进行跟踪监督，发现问题及时督促整改。

施工单位采购的原材料应符合合同规定的要求，在采购前应将厂家的资质、业绩、实验报告类证明材料等采购文件报送监理单位进行审批，监理单位审批后实施采购。原材料到达现场后，除检验出厂证合格证外，还应由监理单位按规范要求进行现场见证取样，并经第三方实验室检测合格后方可使用。施工单位应建立原材料使用的入库、领料和出库制度。

施工单位应详细记录每批原材料的使用部位，施工人员在原材料加工前应认真核对和记录原材料的批号，加工好的半成品材料应挂牌标识，标识具体使用部位或单元工程名称。原材料在使用时由原材料使用人员编制使用单。施工单位物资材料管理人员应严格审查使用单，对不符合要求或未注明原材料使用工程部位的领用单不予发料。施工单位物资材料管理人员应收集每份使用单存档备查，对各种原材料使用情况分类别汇总登记后抄送项目建设单位，建设单位对原材料的设计量、领用量、使用量进行统计分析。施工单位应建立监督记录，确保做到原材料使用管理的可追溯性。

3. 隐蔽工程质量控制

做好隐蔽工程的质量控制就必须要做好隐蔽工程的验收工作。在抽水蓄能电站工程建设过程中，要从做好验收工作入手，制定合理、规范的质量控制程序，做好质量控制工作的具体实施，切实给予隐蔽工程质量控制环节足够的重视，这样才能最大限度保证隐蔽工程的质量，确保工程建设的整体质量。

隐蔽工程施工结束后，施工单位首先应依据《水电水利基本建设工程单元工程质量等级评定标准》、评定验收标准、设计文件等进行初检、复检、终检三级质量自检，自检合格后 24 小时内填写隐蔽工程质量评定表，报监理单位。

隐蔽工程质量验收由监理单位主持。监理单位审核确认验收申请后，在 24 小时内组织设计单位和施工单位共同进行验收，项目建设单位专业技术人员参加。

隐蔽工程经现场验收合格后，应在现场及时签署意见，并留存照片、视频等影像资料。隐蔽工程验收记录应及时移交项目建设单位归档。

在抽水蓄能项目隐蔽工程的验收过程中，要始终做到三个坚持原则，即隐蔽工程的施工单位必须进行自检，没有进行自检的，建设单位与监理单位，不得验收；隐蔽工程必须要先上交材料，之后再进行现场核查，没有申报自检材料的，不得验收；没有经过检查的隐蔽工程，或者检查没有合格的隐蔽工程，不得进行下一道施工工序。

由于隐蔽工程的验收程序往往都具有一定的时间限制，所以，在隐蔽工程的验收过程中，必须要格外注意验收时间。若施工单位没有通知监理单位就对隐蔽工程进行了隐蔽作业，监理单位须要求再次对隐蔽工程实施相应的检查工作，施工单位要按照监理单位的实际要求对隐蔽体进行剥离，经检查无误后方可重新进行隐蔽。若监理单位检测后发现隐蔽工程的质量不合格，则施工单位必须要返工重做。

4. 质量事件处理

质量事件是指在基建工程设计、施工安装、工程验收、检测调试等过程中，违反相关法律法规、制度标准、合同规定或管理要求，造成经济损失、工期延误、设计功效降低、危及电网安全运行等情况的事件。

抽水蓄能项目质量事件应实行即时报告制度。事件发生后，经初步判断与质量原因有关的，事件现场有关人员应立即向本单位现场负责人报告。现场负责人接到报告后，应立即向本单位负责人和项目建设单位报告。情况紧急时，事件现场有关人员可以直接向本单位负责人报告。各有关单位接到质量事件报告后，应根据事件等级和相应程序逐级上报事件情况。质量事件即时报告应包含的内容有：事件发生的时间、地点、单位；事件发生的简要经过和初步处置；事件影响范围、设备损坏、社会影响等初步情况；事件直接经济损失的初步估计；事件发生原因的初步判断。

工程发生质量事件后，事件发生单位应立即报告监理单位和项目建设单位。当质量事件危及工程安全、施工安全，或不立即采取措施会使质量事件进一步扩大时，应采取纠正措施：监理单位应要求施工单位立即停止施工；项目建设单位应立即组织监理单位、设计单位、施工单位和有关专家进行研究，提出临时应急处置措施并实施，以防止事件扩大和引发安全事件。

质量事件应根据等级的不同分别进行调查，并编制质量事件调查报告。质量事件调查报告应包括：事件发生单位、项目基本情况；事件发生经过和处置情况；事件分类、等级和造成的经济损失、质量降低、社会影响等情况；事件有关质量检测、技术分析情况等；事件发生的原因和性质；事件防范和整改措施；事件暴露问题；事件责任的认定和事件责任者的处理建议；事件调查组人员名单。事件调查报告应当附有关证据材料，事件调查组成员应当在事件调查报告上签名。

质量事件处理方案由造成事件的单位提出（必要时可委托设计单位提出），报监理单位审核，项目建设单位（必要时组织专家组审查）批准后实施。事件责任单位应分析质量事件的深度原因，并制定防止质量事件再发生的纠正措施。

对质量事件实行终身责任追究。质量事件调查组在事件责任确定后，应根据有关规定提出对责任单位和责任人员的处理意见，依据《建设工程质量管理条例》等国家、地方相关法律法规和合同规定进行责任追究。

（三）质量管理先进做法

1. 工艺设计标准化

在抽水蓄能项目设计中，组织有关设计单位对常见的沟道及盖板工艺设计、预埋管工艺设计、预埋件工艺设计、止水铜片工艺设计、建筑接地布置、电缆桥架及电缆敷设工艺设计、小管路工艺设计、支吊架工艺设计等进行标准化工艺设计，编制抽水蓄能典型结构工艺设计标准图册。

2. 施工工艺标准化

经过对抽水蓄能项目各类施工工艺进行总结提炼，形成施工工艺标准，编制施工工艺标准示范手册，通过合同形式要求施工单位执行施工工艺标准，并对施工工艺标准应用情况进行专项考核评价。抽水蓄能项目施工工艺标准分土建施工工艺标准、电气一次施工工艺标准、电气二次施工工艺标准、机电安装施工工艺标准等。

3. 施工工艺可视化

借助智能化、数字化技术，把抽水蓄能项目主要标准施工工艺可视化，通过虚拟现实工具构建三维仿真场景，利用动画模型模拟施工工艺过程，在视频系统中配置语音、文字解说。用户可利用电脑、手机移动端等进行施工工艺三维模拟动画演示，熟悉主要标准施工工艺过程，查看施工工艺流程及具体工艺要点。

三、进度管理

（一）进度管理体系

1. 进度管理的目标、原则

进度管理应以国家批复可行性研究工期为目标，并围绕该目标的实现，遵循以下基本原则：一是贯彻执行国家有关法律、法规、标准和技术经济政策。二是本着实事求是的原则，因地、因时制宜。三是提前谋划、统筹安排、把握重点、有序衔接关键线路上各施工工序。四是结合国内外发展现状及未来发展趋势，兼顾技术、经济、效率、效益，推广新技术、新材料、新工艺和新设备，凡经实践证明技术经济效益显著的可行性研究成果，应尽量采用。

2.组织体系

为便于工程项目进度管理的整体性、协调性，建立工程项目进度管理组织体系，由建设单位、监理单位、施工承包商组成，建设单位负责编制一级进度计划，监理单位协助建设单位编制二级进度，并负责监督三级进度计划的编制、执行、检查及纠偏工作，施工承包商负责三级进度计划的编制、执行、检查及纠偏工作。

3.职责划分

建设单位及监理单位：编制一级进度计划，即项目总进度计划，明确项目的总体目标；编制二级进度计划，即各标段的总进度计划，以实现一级进度计划目标，明确单位工程或分部工程的工期进度、费用投资，指导整个工程的进度控制。

施工承包商、物资供应商：围绕二级进度计划目标，编制三级进度计划，明确已中标标段的详细进度计划、施工组织、施工方法、施工工艺，以及自身与其他承包商之间的外部工作界面和标段内部各工序之间的衔接关系；用三级进度计划制订施工耗费人、材、机计划。

（二）进度管理要点

1.进度计划的编制

项目管理单位根据合同建立项目进度管理分级控制体系，确定项目总进度目标，制定项目分阶段进度目标；编制项目总进度计划和分阶段进度计划，确定项目进度关键节点与关键路线；根据工作分解结构编制相应的进度计划；实施进度控制和计划调整。一般地，抽水蓄能项目实施关键线路如图5-1所示。

图 5-1　抽水蓄能项目实施关键线路

2.进度控制措施

建设工程进度控制的措施应包括组织措施、技术措施、经济措施及合同措施。

（1）进度控制的组织措施

一是建立进度控制目标体系，明确建设工程现场监理组织机构中进度控制人员及其职责分工。二是建立工程进度报告制度及进度信息沟通网络。三是建立进度计划审核制度和进度计划实施中的检查分析制度。四是建立进度协调会议制度，包括协调会议举行的时间、地点，协调会议的参加人员等。五是建立图纸审查、工程变更和设计变更管理制度。

（2）进度控制的技术措施

一是审查承包商提交的进度计划，使承包商能在合理的状态下施工。二是编制进度控制工作细则，指导监理人员实施进度控制。三是采用网络计划技术及其他科学适用的计划方法，并结合计算机的应用，对建设工程进度实施动态控制。

（3）进度控制的经济措施

一是及时办理工程预付款及工程进度款支付手续。二是对应急赶工给予优厚的赶工费用。三是对工期提前给予奖励。四是对工程延误收取误期损失赔偿金。

（4）进度控制的合同措施

一是加强合同管理，协调合同工期与进度计划之间的关系，保证合同中进度目标的实现。二是严格控制合同变更，对各方提出的工程变更和设计变更，监理工程师应严格审查后，再补充作为合同文件的一部分。

3. 进度计划对比纠偏

坚持以周保月、以月保季、以季保年的管控原则，定期进行进度偏差分析，首先从关键项目关键工序入手部署纠偏措施，保证关键项目、关键工序、节点工期与进度计划匹配，关键工序的调整以避免影响原定计划工期和其他工作的顺利进行为原则。

组织措施，分析由于现场施工组织的原因而影响项目目标实现的问题，并采取相应的管理措施，如调整项目组织机构、任务分工、管理职能分工、工作流程组织和项目管理班子人员等。

管理措施（包括合同措施），分析由于管理的原因而影响项目目标实现的问题，并采取相应的措施，如调整进度管理的方法和手段，改变施工管理和强化合同管理等。

经济措施，分析由于经济原因而影响项目目标实现的问题，并采取相应的措施，如落实加快工程施工进度所需的资金等。

技术措施，分析由于技术的原因而影响项目目标实现的问题，并采取相应的措施，如调整设计、改进施工方法和改变施工机具等。

（三）进度管理先进做法

1. 优化施工组织设计

（1）高度重视可行性研究阶段施工组织设计

当前国内抽水蓄能行业处于快速发展阶段，预可行性研究阶段、可行性研究阶段工作周期进一步压缩，作为抽水蓄能电站工程项目投资方，在注重加快开展可行性研究、加快核准批复的基础上，一定要高度重视可行性研究阶段的施工组织设计。此阶段的施工组织设计决定着可行性研究批复工期，即后续工程建设实施阶段，参建各方围绕实现的工程进度总目标，也是国家审计单位审查电站工程建设进度的主要依据。同时，施工组织设计中施工方案、方法、工艺的选择，直接关系着工程概算的准确性，关乎后续整个项目安全、质量、进度、合同、信息、协调等所有事项，决定着抽水蓄能电站能否高质量健康建设。

（2）审慎优化招标阶段施工组织设计

据统计，从项目核准批复至筹建期工程正式开工历时最短的约 8 个月，最长的约 20 个月。由于目前现行有效的国家、行业规范考虑征地移民进展主要取决于地方政府的工作力度，故在工程总工期计算时，未纳入该工期及主体工程施工前的附属工程施工工期，这在行业内已形成共识。但从审计的角度看，关注的不仅仅是工程施工总工期，更多关注的是自项目核准批复至投产发电产生效益的整个周期，故在项目核准批复后，投资方应高度重视项目公司组建、监理和施工管理招标采购、征地移民工作，全面协调好相关各方，有效缩短项目实质性开工时间。同时，按照可行性研究阶段施工组织设计，建设单位应及时完备工程实质性开工所需的用水、用电、用地等基本条件，而非为了实现开工节点仓促开工，避免后续施工过程中各项条件无法满足正常施工需求，导致合同执行困难，无法实现预期工期目标，且引起较大的合同索赔。

建设单位应充分发挥监理单位的专业优势，以可行性研究阶段确定的施工组织设计为纲，结合工程的实际情况，从建设组织管理的角度出发，以投资概算为限额，合理细化招标阶段施工组织设计，排定标段招标合同工期。重点考虑以下方面：应执行基本建设程序，工期安排除应考虑工程自身因素外，还应考虑社会环境及管理等因素；应按当期平均限价施工水平安排合理工期。施工环境复杂或受洪水制约的工程，工期安排应适当留有余地；受洪水威胁的工程、高强度施工项目等关键项目应进行重点研究，并应采取有效的技术和安全措施；工程施工总进度应考虑建设征地与移民安置、送出工程进度等影响因素。单项工程施工进度与施工总进度应相互协调并提出建议节点工期，各项目施工程序应前后兼顾、衔接合理、干扰少、施工强度均衡和资源配置均衡；在保证工程质量和施工安全的前提下，应研究投资效益最大化的施工措施；改建工程和扩机工程应研究现有工程运行对工程建设的影响，并应考虑机组订购、制造及供货周期等；施工总进度应突出主次关键工程、重要工程、技术复杂工程，明确准备工程起点时间和主体工程起点时间，明确截流、下闸蓄水、第一台（批）机组发电和工程完工日期。对控制施工进度的重要里程碑，如导流工程、坝肩开挖、截流、主体工程开工、工程度汛、下闸蓄水等应具备的条件，应在施工进度中予以明确；施工总进度关键线路上的项目工作应连续有序进行，相邻关键工作可交叉安排。

为进一步保证施工组织设计编制的科学性、适用性，建设单位可组织施工组织设计评审会，邀请行业内施工组织管理经验丰富的专家进行咨询、优化。

（3）严格细化进场施工阶段施工组织设计

通过国家现行、有效的行业规范及抽水蓄能行业工程实践，参建各方更多关注的是主体工程施工工期，因此，在组织主体工程施工承包商进场后，应利用其开工准备阶段的时间，要求其根据投标文件中的施工组织设计细化形成可落地执行的施工组织设计，以作为后续整个项目组织管理的依据，避免无序施工、无序管理。

2. 加强各层级沟通交流

从在建抽水蓄能项目建设现状来看，大部分项目都存在施工承包商施工资源投入不足的现象，应建立合同双方座谈交流工作机制，有效借助各层级管理力量，凝聚共识、统一思想是十分必要的。"合同双方座谈交流"工作机制可遵循自下而上逐级组织座谈交流、自上而下层层抓落实的原则。抽水蓄能项目公司，可根据现场施工管理情况，联合监理项目部约谈其项目经理及其班子成员，从项目实施管理层面解决制约施工进度项目问题；施工项目部不重视或超出施工项目部管理权限，必要时，可组织发函邀请其后方（标段中标单位），共同协商解决相关问题。项目公司座谈交流效果不明显的，必要时，可将问题升级处理，请示上级单位组织约谈施工承包商，高位推动解决问题。

3. 超前规划资源配置

依据招标阶段确定的施工组织设计，调研工程地质地形类同、施工方法相同、建设进度较快项目的施工资源配置，如多臂凿岩台车、反井钻机、自卸汽车、反铲、通风设备、登高台车、钻锚一体机、自走式钢模台车、滑模台车等主要施工机械设备的品类、数量、新旧程度等，在招标文件中予以明确，并约定对应的考核评价条款，促使潜在投标商在投标时予以考虑，并编制形成与之相匹配的项目单价，从合同源头规划资源配置，避免合同执行过程中无具体标准、合同单价过低而无法执行落地，掣肘工程项目进度。

4. 聚焦关键线路项目管控

抽水蓄能电站枢纽建筑物主要由上、下水库及输水发电系统组成，地下厂房发电系统施工为主关键线路项目，输水发电系统施工为次关键线路项目，上、下水库涉及工程蓄水需求。下面重点介绍地下厂房发电系统施工工期优化建议。

根据目前国内已完工大量抽水蓄能电站工程施工进度，以120万千瓦（4×30万千瓦）为例，地下厂房开挖工期平均水平在24个月左右，厂房混凝土浇筑、机电设备安装及调试至首台机组发电工期30个月左右。抽水蓄能电站地下厂房开挖一般分为7层，工期较长的为顶拱层和岩锚梁层开挖，上述两层开挖工期为9～12个月，第二～七层每层为1～1.5个月，岩锚梁浇筑为3～4个月。地下厂房典型开挖分层示意图如图5-2所示。

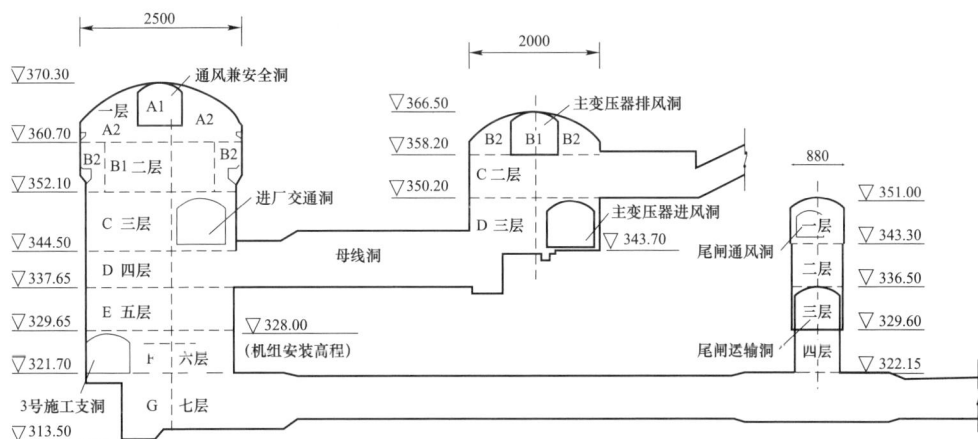

图5-2 地下厂房开挖典型分层示意图（单位：米）

厂房第一层开挖一般采用中导洞领先、两侧跟进扩挖的开挖方式；第二层主要为岩锚梁层开挖，施工精细化要求高，需分区、分序精细开挖，岩锚梁浇筑完成并达到设计龄期后方可进行下层开挖，第一、二层开挖支护占地下厂房开挖总工期的 40%～50%，加快这两层的开挖支护则可有效加快厂房开挖进度。

（1）增设施工通道

*利用厂房上层排水廊道增设施工通道。*通过适当优化厂房上层排水廊道布置，自通风兼安全洞与厂房上层排水廊道交叉点扩挖，沿排水廊道轴线延伸至厂房中部，再接入厂房顶拱层，增设厂房顶拱开挖工作面，该施工支洞领先中导洞开挖，进入厂房后可加快顶拱扩挖进度。

*利用进厂交通洞增设施工通道。*自进厂交通洞尾部布置一条施工支洞，向上延伸至地下厂房顶拱层或岩锚梁层，可形成双向开挖工作面或循环出渣通风工作面。

*提前开挖第七层。*第七层为厂房底部层，副厂房端一般布置有集水井，开挖体形相对较复杂，为加快厂房开挖进度，可通过尾水施工支洞至尾水支管，提前进行厂房第七层开挖，可加快厂房开挖进度 0.5～1 个月。

（2）机电设备安装工期优化措施

尾水管弯肘段因廊道混凝土上升速度不满足尾水管安装条件，采用型钢对弯肘段支撑，混凝土的上升和尾水管安装由流水作业调整为平行作业。

蜗壳基础混凝土施工完成后，未实施支墩混凝土，采用钢支撑进行支撑，以提前进行座环 / 蜗壳吊装，减少支墩混凝土施工和混凝土达到设计强度所需的时间。

蜗壳 / 座环本体为 2 瓣结构，在安装间拼装、焊接成整体后吊入机坑，与机墩混凝土并行施工，待混凝土龄期达到 70% 以上时吊装。在机坑内与进口直管段进行组装。

下机架吊入机坑预装，在安装间将下机架、下端轴、推力轴承等组装后整体吊装，在安装间增加一套下端轴组装基础埋件。可在关键线路中缩减下机架安装时间，给水车室设备安装和大件吊装提供较为宽松的工作时间。

5. 抽水蓄能项目合理工期

筹建工程准备期的林地和土地办理、征地移民搬迁等工作主要由地方政府和各级行业行政主管部门主导，有较多不可控因素；项目间内外部建设条件、建筑物布置不同影响工期差异大，工程筹建阶段长度需根据项目特点具体分析。相较而言，工程施工阶段工期更具可比性。

经统计，截至 2022 年 12 月底，四台机组抽水蓄能电站项目施工工期为：地下厂房开挖平均 26 个月→首台机混凝土浇筑平均 16 个月→首台机组安装平均 13 个月→首台机调试、试运行平均 4 个月，考虑主体工程准备期 6 个月、完建期 9 个月，合计工程施工阶段平均工期 74 个月；六台机组抽水蓄能电站项目施工工期为：厂房开挖和完建期分别增加约 3 个月、6 个月，为 83 个月，见表 5-1。国内已建抽水蓄能电站主体工程施工期、完建期工期统计表（四台机）见表 5-2，国内已建抽水蓄能电站主体工程施工期、完建期工期统计表（非四台机）见表 5-3。

表 5-1　　　　　　　　抽水蓄能工程施工阶段实际平均工期统计表

装机	工程施工阶段					
	主体工程准备期（月）	主体工程施工期				完建期（月）
		地下厂房开挖（月）	首台机混凝土浇筑（月）	首台机组安装（月）	首台机组调试、试运行（月）	
四台机	6	26	16	13	4	9
六台机		29				15
主体工程施工期：59/62 个月（四台机 / 六台机）						
主体工程施工期 + 完建期：68/77 个月（四台机 / 六台机）						
工程施工阶段工期（总工期）：74/83 个月（四台机 / 六台机）						

表 5-2　国内已建抽水蓄能电站主体工程施工期、完建期工期统计表（四台机）

编号	项目名称	装机台数	装机容量（万千瓦）	主体工程开工时间	首台机组发电时间	末台机组发电时间	主体工程施工期（月）	完建期（月）	主体 + 完建期（月）
1	广州抽水蓄能电站（一期）	4	120	1988 年 9 月	1993 年 6 月	1994 年 3 月	57	9	66
2	北京十三陵抽水蓄能电站	4	80	1991 年 7 月	1995 年 12 月	1997 年 6 月	53	18	71
3	广州抽水蓄能电站（二期）	4	120	1994 年 9 月	1998 年 12 月	2000 年 3 月	51	15	66
4	浙江桐柏抽水蓄能电站	4	120	2001 年 12 月	2006 年 5 月	2006 年 12 月	53	7	60
5	山东泰山抽水蓄能电站	4	100	2002 年 2 月	2006 年 7 月	2007 年 6 月	53	11	64
6	安徽琅琊山抽水蓄能电站	4	60	2002 年 12 月	2007 年 2 月	2007 年 9 月	50	7	57
7	江苏宜兴抽水蓄能电站	4	100	2003 年 8 月	2008 年 5 月	2008 年 12 月	57	7	64
8	河北张河湾抽水蓄能电站	4	100	2003 年 12 月	2008 年 7 月	2009 年 2 月	55	7	62
9	山西西龙池抽水蓄能电站	4	120	2004 年 1 月	2008 年 12 月	2011 年 11 月	59	35	94

续表

编号	项目名称	装机台数	装机容量（万千瓦）	主体工程开工时间	首台机组发电时间	末台机组发电时间	主体工程施工期（月）	完建期（月）	主体+完建期（月）
10	福建仙游抽水蓄能电站	4	120	2009年5月	2013年4月	2013年12月	47	8	55
11	内蒙古呼和浩特抽水蓄能电站	4	120	2009年12月	2014年10月	2015年8月	58	10	68
12	广东清远抽水蓄能电站	4	128	2010年5月	2015年11月	2016年8月	66	9	75
13	江西洪屏抽水蓄能电站	4	120	2012年2月	2016年7月	2016年12月	54	5	59
14	浙江仙居抽水蓄能电站	4	150	2012年2月	2016年5月	2016年12月	52	7	59
15	深圳抽水蓄能电站	4	120	2013年4月	2017年11月	2018年9月	55	10	65
16	吉林敦化抽水蓄能电站	4	140	2015年10月	2021年5月	2022年4月	67	11	78
17	黑龙江荒沟抽水蓄能电站	4	120	2016年6月	2021年12月	2022年9月	66	9	75
18	山东沂蒙抽水蓄能电站	4	120	2016年11月	2021年6月	2022年3月	59	9	68
19	福建周宁抽水蓄能电站	4	120	2017年3月	2021年12月	2022年8月	57	8	65
20	广东梅州抽水蓄能电站	4	120	2018年6月	2021年11月	2022年5月	41	6	47
	平均						55.5	11.0	65.7

注　1. 按主体工程开工时间排序。
　　2. 主体工程开工以地下厂房顶拱开挖开始计。

表5-3　国内已建抽水蓄能电站主体工程施工期、完建期工期统计表（非四台机）

编号	项目名称	装机台数	装机容量（万千瓦）	主体工程开工时间	首台机组发电时间	末台机组发电时间	主体工程施工期（月）	完建期工期（月）	主体+完建期（月）
1	浙江天荒坪抽水蓄能电站	6	180	1994年3月	1998年9月	2000年12月	54	27	81
2	广东惠州抽水蓄能电站	8	240	2004年10月	2009年8月	2011年6月	58	22	80
3	江苏溧阳抽水蓄能电站	6	150	2011年1月	2017年1月	2017年10月	72	9	81
4	海南琼中抽水蓄能电站	3	60	2014年4月	2017年12月	2018年7月	44	8	52

续表

编号	项目名称	装机台数	装机容量（万千瓦）	主体工程开工时间	首台机组发电时间	末台机组发电时间	主体工程施工期（月）	完建期工期（月）	主体+完建期（月）
5	安徽绩溪抽水蓄能电站	6	180	2014年12月	2019年12月	2021年1月	60	13	73
6	河北丰宁抽水蓄能电站	12	360	2015年12月	2021年12月		72		
7	浙江长龙山抽水蓄能电站	6	210	2017年2月	2021年7月		53		
	平均						59.0	15.8	73.4

注　1. 按主体工程开工时间排序。
　　2. 主体工程开工以地下厂房顶拱开挖开始计。

四、造价管理

（一）造价管理工作特点

抽水蓄能电站建设项目造价管理强调的是建设全过程的管理，它不仅是指概预算编制、投资管理，更是指从建设项目的规划、预可行性研究、可行性研究阶段工程造价的预测开始，贯穿工程造价预控、经济性论证、工程招投标及承发包价格确定、建设期间资金运作、工程实际造价的确定和后评价整个建设过程的工程造价管理。

抽水蓄能电站项目具有工程设计复杂、地下工程多、投资规模大、建设周期长等典型特征，这对抽水蓄能电站的造价管理工作提出了更高的要求，造价管理应深度结合投资机会研究、预可行性研究、可行性研究、设计招标、施工过程等各个阶段的设计深度、工程信息、市场信息等关键影响要素，制定满足各阶段投资控制目标的技术经济管理体系与工具。

项目周期内，不同阶段对项目投资的控制目标是有不同要求的。造价管理工作应贯穿于抽水蓄能电站建设周期的全过程，这就要求随着项目的进展，逐步深入地做好工程造价管理工作。

（二）造价管理工作要点

1. 设计阶段造价管理

项目投资决策一旦确定下来，规划设计阶段对工程建设项目的功能定位、规模标准、质量、造价具有决定性作用。设计工作中的造价控制主要体现在技术与经济的结合上，既要满足技术先进，又要满足经济合理和节约投资。

（1）采用标准化设计

标准化设计有利于实行构配件生产工厂化以及施工机械化，节约建设材料，提高建设效率，保证项目的安全性和预期使用功能，尽可能地避免因不符合标准化设计而引起的工程事故，同时，可以控制工程投资，为降低工程造价提供方法和依据，是造价管理的重要措施。

（2）推行限额设计

限额设计是指按标准的投资估算控制初步设计，并严格按照标准的初步设计总概算控制施工图设计，将上阶段审定的投资额作为下阶段投资控制的总体目标。在设计过程中，确保设计功能的同时，通过投资限额的方式来控制设计，克服设计和概预算脱节的现象。

（3）优化设计方案

在抽水蓄能电站工程设计阶段，积极做好方案优化设计工作，能够实现对工程造价的有效控制。将经济手段和技术手段进行有机融合开展造价控制，以满足抽水蓄能电站工程设计阶段的造价控制需求。

2. 建设阶段造价管理

（1）招标控制价

抽水蓄能电站建设工程一般投资较大，建设周期较长，总体上实行"静态控制，动态管理"的方法开展造价管理工作。静态控制是指将批准概算的静态投资作为不得突破的控制目标，项目建设管理单位对工程静态投资总额负责。招标控制价是招标人对标的交易价值的自我认知，是其对潜在投标人报价可接受程度的底线，是实施造价管控的有效手段。

（2）执行概算

在工程实施过程中，项目建设管理单位可以通过编制执行概算的办法，按照"总量控制、合理调整"的原则，在采取各种措施、保持批准概算静态投资总额不突破的前提下，将批准概算进行分解切块，对单项工程根据工程实际情况进行必要的调整，并指定归口管理部门，明确责任控制目标，制定相应管理办法，以达到静态控制的目的。

执行概算是项目实施阶段预测的造价，也是这一阶段造价的目标管理文件。首先，执行概算要解决项目划分与实施的对应性问题，主体工程划分要与分标方案一致。其次，要适合于项目法人公司的项目管理和目标考核管理，主要是与资金年度计划口径和完成投资统计口径保持统一，并易于制定考核目标等。此外，为便于和设计概算对照衔接，基础价格水平与设计概算一致，静态投资应当控制在设计概算相应额度范围内。造价管理的原则是"静态控制，动态管理"；要反映招标设计的成果和实际生产效率，即以招标工程量为基础，根据近期招投标市场水平编制单价；要预留变更风险费用和价差风险费用等。

执行概算可作为项目建设管理单位管理控制工程造价的主要依据，是制定年度计划、资金流计划的依据，是控制单项工程静态投资的最高限额，是考核单项工程投资控制的依据，是工程进行限额设计的依据，也是对工程投资进行动态管理的基础。执行概算是施工合同与批准概算之间的一个桥梁，它便于招标合同价与概算投资进行同口径对比，对合同管理及投资控制具有重要作用。

（3）合同变更管理

合同变更的范围和内容包括：取消合同中任何一项工作，但被取消的工作不能转由发包人或其他人实施；改变合同中任何一项工作的质量和其他特性；改变合同工程的基线、标高、位置或尺寸；改变合同中任何一项工作的施工时间或改变已批准的施工工艺或顺序；为完成工程需要追加的额外工作；增加或减少合同中关键项目的工程量超过专用合同条款规定的百分比。

当变更项目未引起工程施工组织和进度计划发生实质性变动和不影响其原定的价格时，不予调整单价；承包人受其自身施工设备和施工能力的限制，要求对原设计进行变更或要求延长工期，若这类变更由承包人原因引起，即使得到了监理人的批准，仍应由承包人承担变更增加的费用和工期延误责任。

合同变更的原则：合同工程量清单中有适用于变更工作的项目时，应采用合同单价；合同工程量清单中无适用于变更工作的项目时，则可在合理的范围内参考类似项目的单价或合价；合同工程量清单中无类似项目的单价或合价可供参考，则应由监理、发包人和承包人协商确定新的单价或合价。

（4）合同索赔管理

合同索赔：在合同履行过程中，合同的一方因不可抗力的因素，或未认真履行自己的合同义务、行为不当，致使履行合同义务的另一方承受不情愿或不公正的负担，合同的另一方通过一定的程序向对方要求补偿的活动。这种补偿要求既可能是费用方面的（费用索赔），也可能是工期方面的（工期索赔），还可能既包括费用也包括工期（综合索赔）。

索赔的提出：承包人应根据合同约定，在索赔事件发生后，将索赔意向书提交发包人和监理人，以便发包人及时采取措施消除和减轻索赔因素，尽量减少损失，并注重收集索赔事件的记录和证据。若不能及时提交，原则上将视为自动放弃，丧失要求追加付款或延长工期的权利。

（5）完工结算管理

形式审核：在进行详细审核前，应注意审核结算申报资料的完整性、合法性和充分性，以免造成审核报告编制的重复工作。应尤其重视工程量计算公式完整性的审核，若申报资料缺乏相关内容，应要求承包人补充完善，并加强工程量计算的审核工作。

合同范围审核：审核完工结算的工作内容是否都在合同范围内，对于合同范围外的工作内容，应注意是否与其他分包合同的工作内容重复。各标段的合同工作内容不应有重叠，若发生重叠，应落实责任方，提出索赔。

工程量审核：落实工程量计量与支付是否符合合同约定，工程量清单计算是否符合规则；落实工程量调整是否有依据，是否符合招标文件要求、投标承诺和合同约定。

一般项目审核：落实一般项目价格是否与合同价格一致，若有调整，是否有依据，计费基数、取费标准、计算程序和计算结果是否正确。

单价项目审核：审核清单项目综合单价是否与合同价格一致，若有调整，是否有依据，是否符合招标文件要求、投标承诺和合同约定；对于补充单价项目，人、材、机消耗量的计算及换算是否准确，基础价格是否与投标报价一致，若有调整，是否有依据，是否符合招标文件要求、投标承诺和合同约定；其他直接费、间接费、利润、税金的计取是否与投标报价一致，若有调整，是否有依据，是否符合招标文件要求、投标承诺和合同约定。

变更索赔审核：审核变更、索赔和违约金支付的理由是否符合合同的约定或法规的规定，证据是否确凿、完整，费用计算是否正确；发包人是否具备向承包人索赔的条件，承包人在进度、质量、安全方面是否存在违约。

（三）造价管理先进做法

1. 构建造价管理平台

新型电力市场环境下，面对瞬息万变的市场形势和建设运营生产需求，需对传统的工作流程进行梳理、对重点工作进行分析、对工作节点进行细分。深入研究发现，单纯进行工作流程的优化、完善工作组织方式无法满足市场的需求，必须双管齐下，通过造价信息化技术和互联网技术才能实现工作流程的重构和工作组织方式的优化，从而满足市场快速、准确的新形势和成本管理的新要求。

首先，造价管理的专业特点决定了从业人员常常需要面对海量的数据信息，传统的工具和手段在面对大数据时往往捉襟见肘，因此，必须借助现代计算机技术的帮助，利用计算机的数据归集、处理、分析优势，对数据信息进行快速而精准的收集和处理分析。

其次，标准化是开展深层次造价管理的前提，由于造价管理专业自身的特殊性，必须利用系统化思维进行全局思考。

造价管理信息化结构如图 5-3 所示。

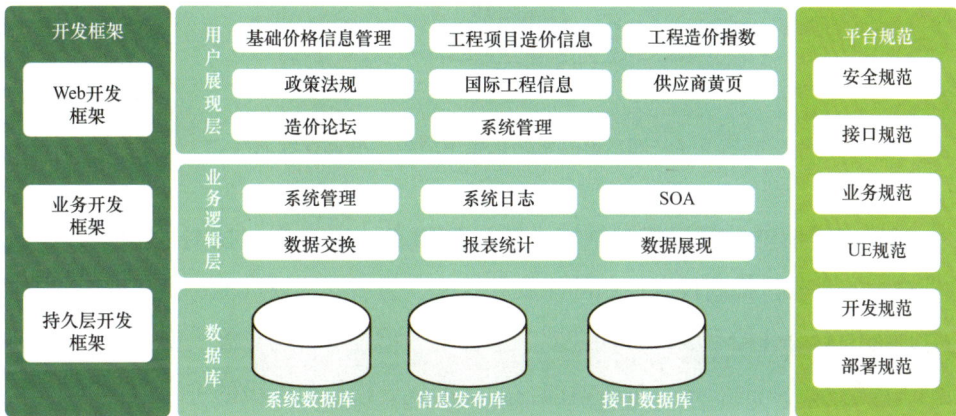

图 5-3　造价管理信息化结构图

2.BIM-5D 技术初探

目前，抽水蓄能行业各投资方推动数智化技术研究及应用的工作重点包括：一是开展大坝智能化建造、地下长大隧洞群智能化建造、TBM 智能掘进、全过程智能化质量管控等成套技术集成研发与应用；二是开发智能水电站大坝安全管理平台，实现智能评判决策及在线监控，推动水电站大坝及库区智能监测、巡查与诊断评估、健康管理及远程运维；三是完善"监测、评估、预警、反馈、总结提升"的水电综合管理信息化支撑技术，形成智能化规划设计、智能建造、智慧运行管控和智能化综合管理等成套关键技术与设备，并推动相关工程示范试验。

基于 BIM 的抽水蓄能项目工程量清单标准化编制软件在部分抽水蓄能电站的建

设过程中得到了一定程度的应用，工程量清单标准化管理流程如图 5-4 所示，工程量清单的标准化为限额设计、方案经济比选和投资决策辅助等应用提供了基础支撑。

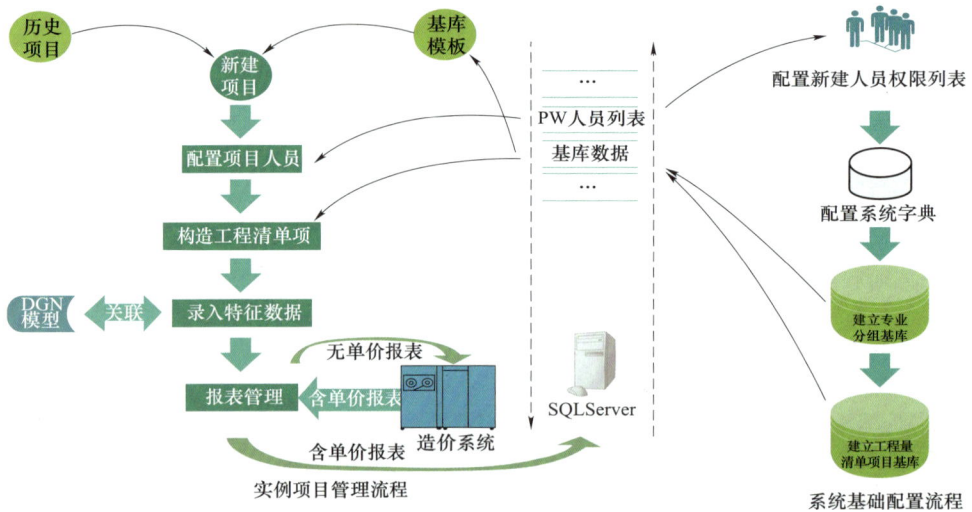

图 5-4　抽水蓄能电站工程量清单标准化管理流程

在抽水蓄能电站投资控制领域，结合 BIM 技术、可视化技术、GIS 技术、大数据技术的手段，提高投资控制的深度和效率，为工程建设进度、投资造价等方面的管理提供有效管控手段，实现进度、工程量、单位造价与三维模型关联，在精准预测工程造价的同时，推动抽水蓄能行业标准化、模块化建设的进程。

在深入参与抽水蓄能行业工作的基础上，广泛收集整理各类工程数据，构建成本大数据平台，为规范抽水蓄能项目建设运营成本管理提供充分依据。

展望未来，依托数字化智能化深度嵌入、广泛连接、高频互动的特点，全面实现包括成本、进度、物资等全方位的 BIM-5D 工程管理，进一步优化可行性研究、招标采购、施工、结算等各个建设环节的投资控制管理机制，构建抽水蓄能技术经济管理体系，助力抽水蓄能电站建设水平精益求精。

五、技术管理

抽水蓄能电站工程建设技术管理工作具有复杂性、系统性、动态性、综合性等特点，是做好抽水蓄能电站工程建设管理的重要抓手，是保证工程安全、质量、进度、投资等目标实现的基础工作。技术管理贯穿抽水蓄能电站工程建设立项、前期、筹建、主体施工、调试投运的建设全过程。

（一）技术管理体系

抽水蓄能电站工程建设技术管理包含规划与设计、施工方案与工艺、设备管理、技术创新、技术标准等一系列内容，其工作由参与工程建设管理的技术人员负责，工程建设、设计、监理、施工等单位均需根据自身职责及工作特点建立自身的技术管理体系，并形成以建设单位为主导、设计单位为支撑、监理单位为保障、施工单位为基础的工程建设技术管理体系。

各参建单位均应在工程建设现场设置技术管理机构和人员，按照各自合同工作内容履行相应的技术管理职责。其中，建设单位技术负责人由总工程师或专业分管领导担任，工程部（或技术部）作为技术归口管理部门，主要负责统筹技术管理工作，决策重要技术问题，引导技术方向；监理单位总监理工程师为技术总负责，专业副总监为技术分管领导，主要负责设计图纸审查，施工组织设计及专项方案审查，现场验收及试验检测把关等；设计代表处设总为现场技术负责人，设计院专业总工为专业技术负责人，主要负责出具设计图纸，设计变更文件，现场解决有关设计技术问题；各施工承包商以总工程师为技术负责人，按照总工、专业部门、班组、技术员建立四级技术管理体系，施工承包商是施工技术的主体责任人，负责施工组织设计及方案的编制，施工工艺、材料、设备等的选定，按照图纸及方案落实各项技术要求等；另外还有试验检测、测量、环水保监测等第三方服务单位，负责各自专业范围内的技术管理工作。

（二）技术管理要点

1. 设计技术管理

设计技术管理工作是技术管理工作最重要的内容，很大程度上决定了工程建设的安全、质量、进度及投资水平，设计技术管理是对设计总体思路及技术路线的把控，对设计方案合理性、先进性、适应性、规范性的审核把关。工程开工建设后，设计技术管理按照阶段划分为招标设计阶段设计技术管理和施工图阶段设计技术管理。

招标设计阶段在工程项目核准后开始，主要是在可行性研究设计的基础上，进一步确定工程招标阶段的工程建设范围、要求、目标等，规划工程分标方案、招标计划，为工程合同采购招标做技术准备。该阶段技术工作主要包括：总平面布置设计、分标设计报告、招标阶段施工组织设计、招标设计报告、专题报告、招标文件、勘察设计工作大纲等的编制与审查。

（1）总平面布置设计原则

永临结合、功能综合全面、经济适用；充分考虑电站建设及生产运维工作的便利性需求；优先布置电站的生活区、办公区，并结合建设期和运行期的使用，有利于进行封闭管理，及早投入使用。总平面布置图纸包括工程总平面布置图、上水库管理区平面图、下水库管理区平面图、开关站管理区平面图、电站入口区平面图、电站永久生活文化区布置图、电站永久生产及仓储区平面图、供电走线平面图、生产生活供水和排水平面图及工程总平面设计说明书等。

（2）分标设计原则

有利于工程施工总进度的实施，使招标工作能够按照筹建期、准备期、主体工程施工期和完建期的建设程序，相互有机衔接和明确分工，有计划、有步骤、有条不紊地组织施工，尽量减少施工作业内容、施工方案和内容类似的工程标段数量，尽量减少完建期工程项目和标段；有利于工程质量、施工进度，便于施工、降低投资；有利于合理公平竞争、划清责任；有利于发挥承包人的技术优势；有利于合同管理、减少合同争端，减轻和减少施工过程中的管理难度及协调工作等。

（3）招标阶段施工组织设计编制原则

根据工程地形、地质、水文、气象条件及枢纽布置和建筑物结构设计特点，以实现工程建设安全、优质、快速、经济为目标，综合研究施工条件、施工技术、施工组织与管理、环境保护与水土保持、劳动安全与工业卫生等因素，确定相应的施工导流、料源选择与料场开采、主体工程施工、施工交通运输、施工工厂设施、施工总布置及施工总进度的设计工作。

（4）土石方平衡专题报告编制原则

最大限度实现挖填平衡，减少土石方外运或外购；尽量高料高用、低料低用，减少渣料的运距；开挖与填筑的时序尽量匹配，减少渣料的中转；充分利用各类渣料，减少弃渣；减少地表破坏，保护环境。

（5）场内道路布置原则

确保道路能够适应各种运输需求，包括货物运输、人员通行等；尽量利用原有道路改建及扩建；尽量避开地质灾害区域；减少明挖对地表的破坏；在保证安全的基础上，尽量缩短道路长度，提高经济性。

施工图设计阶段自筹建期工程开工后开始，该阶段主要是在可行性研究设计和招标设计的基础上，将有关设计方案落实到具体的施工蓝图，并根据现场地质、地形、功能需求等建设情况的变化，及时进行设计变更，按照工程建设进度，由设计单位向参建各方进行设计交底，组织召开设计联络会等。该阶段设计单位主要的设计成果包括：全套施工详图及施工技术要求说明、地质勘察报告、设计变更通知单、设备清册、各阶段验收所需的设计工作报告等。

2. 施工技术管理

施工技术管理主要是对于现场施工过程的技术管理，主要内容包括：开工前技术准备、标段施工组织设计、项目划分及验收、施工方案及作业指导书、试验检测、强制性条文实施等。

（1）开工前技术准备

项目开工建设前除了构建组织机构，做好人力、材料及设备等资源准备工作外，参建各方均需进行技术准备工作，以保证开工后现场作业、验收有充分的技术支撑，主要包括：建设单位对工程整体管理的策划文件，监理单位的监理大纲及对应的监理细则，施工单位编制施工组织设计、专项施工方案，设计单位进行设计交底等。

（2）标段施工组织设计

标段施工组织设计是各标段（合同）组织施工的总体计划部署，是指导其施工全过程中各项施工活动管理、技术的综合性文件。需要在招标阶段施工组织设计的基础上，以实现合同约定的各项目标为目的，进一步根据现场情况进行细化调整，做好工序流程控制、施工作业面的空间布置、人力资源的合理利用。标段施工组织设计应由施工单位项目部编制，并经项目部技术负责人审核后报监理单位及建设单位审批，施工组织设计的安全、质量、进度等管控要求及目标不能低于合同文件要求。对于施工布置应在现场充分踏勘及测量后，按照便于施工、减少干扰等原则进行细化；对于关键线路施工进度，应有施工强度分析，并相应计算所需资源配置；对于现场管控的重点、难点应有充分的认识，并制定切实可行的具体措施。

（3）施工方案及作业指导书

施工方案是在施工组织设计的基础上针对某一具体施工内容或部位编制的指导现场施工的实施性方案，是对整个施工过程进行规划和安排的文件。根据住房和城乡建设部《危险性较大的分部分项工程安全管理规定》，施工方案分为一般项目施工方案、危大工程及超过一定规模的危大工程施工方案，不同施工方案履行不同的分级审查程序。施工方案包含具体的施工工艺、工法、进度安排及现场施工布置、安全及环保水保保证措施等。其编制原则为：以标段施工组织设计为依据，确保施工过程中的人员安全和设备安全；考虑施工现场的实际情况，确保方案在技术和经济上可行；在保证质量和安全的前提下，优化资源配置，降低施工成本；减少对周边环境的影响；采用科学的施工方法和管理手段；适应工程所在地的气候、地质等自然条件；对可能出现的风险进行分析，并制定相应的防范措施；遵循国家和行业的相关规范和标准。

作业指导书是对施工项目的各个环节明确具体施工的流程、方法、质量要求及注意事项等制定的作业执行和操作文件。其编制的原则为：遵照工程施工组织总设计、施工组织专业设计规定的施工方案和质量标准；结合工程项目实际，采用先进的施工技术和标准的施工工艺，在保证工序质量的基础上提高工程质量；合理安排施工顺序、组织劳动力和配置资源，保证本项目能连续施工并注意交叉作业过程的相互密切配合。编制内容要尽可能详细，要使施工人员依据作业指导书就能完成作业，尽量多用图、表，少用文字，简单直观。

3. 设备制造技术管理

设备制造的技术管理，主要是对设备设计及生产的技术管控，涵盖厂家设计及生产、设计院设计、监造单位监造及建设单位验收等内容，具体管理方式主要包括设计联络会、设计图纸复核、设备监造、设备出厂验收等。设计联络会，主要对产品的方案设计、技术设计、设备选型、施工设计，包括产品与外部的接口关系、设备尺寸、设备布置以及双方责任承担进行讨论与确定。设计图纸复核，建设单位督促设备承包商按照采购合同的约定提供图纸及相关文件，收到相关文件后转发并组织工程设计、监理、施工、调试等单位开展审查工作及修改。设备监造，监造单位对设备制造工艺设计、主要部件原材料检验、设备制造过程（加工制造、厂内组装、试验）、包装发运及交货批次和进度进行全过程设备进行监理，监造方式主要包括停工待检、现场见证、文件见证等，以保证设备技术性能指标满足合同要求。设备出厂验收，按照合同需进行设备出厂验收的设备，建设单位应负责组织成立出厂验收组并组织出厂验收，由建设单位依据合同、设计文件、设计联络会纪要等编制出厂验收大纲，详细列出出厂验收项目、验收方式及验收标准等。

4. 机组调试技术管理

设备安装单位应编制各分部调试试验方案，报监理单位批准后，完成各设备的分部调试工作，并做好详细的记录。设备分部试验项目应齐全，试验记录和验收记录完整，试验结果满足规程规范及合同要求。

调试单位应根据电站设备特点及工程实际情况，完成机组启动试运行试验大纲的编制，启动试运行试验大纲应合理选择首台机组启动方式、试验项目和工期安排，报启动验收委员会批准后，由调试单位组织编制整组试验方案，整组试验方案中应明确试验项目、隔离措施（包括一次、二次及物理隔离）、试验风险和预控措施。

所有整组调试项目完成后，由调试单位出具初步调试报告，报告应明确调试项目完成情况、调试结果和结论，由启动验收委员会审核验收合格后，开展机组试运行工作，试运行时间应满足相关行业标准规范。

（三）技术管理先进做法

在我国抽水蓄能电站建设发展历程中，技术管理工作也在不断地改进完善，从管理组织机构、标准化、机械化、绿色化、数字化等多方面提升技术水平。

管理组织机构方面，采取了特别咨询团、技术委员会、第三方专家咨询等多种方式，依托水电水利规划设计总院、水科院及各大高校的水电技术力量，作为项目技术管理体系的补充，为工程建设提供不同层面的技术支持。

标准化方面，建立水工建筑物标准化、设计接口标准化、产品机型系列化应用标准，构建完善的标准化建设体系。在水工建筑物设计方面，逐步推进标准化设计及典型设计，深入贯彻全寿命周期设计理念，全面提高工程设计质量，在开关站、进/出水口、地下厂房等方面的通用设计上做了有益的尝试；在典型机型标准化方面，为提升机电设备标准化应用水平，缩短设计制造周期，加快机组投运，开展了典型机型标准化、设计接口标准化、机组附属及辅助系统设备标准化、设备安装标准化的研究。

机械化方面，不断推动不同行业先进工程机械设备在抽水蓄能电站建设中的应用，同时积极研发新型的电气化、自动化机械设备，以创新的机械技术应用提升建设效率，保证建设安全，先后实现主动导向反井钻、小洞径 TBM、斜井 TBM、竖井 SBM、边坡钻锚台车、无人驾驶振动碾、电气化载重汽车等在抽水蓄能电站的应用。

绿色化方面，抽水蓄能电站作为重要的能源基础设施，其绿色施工技术的应用具有重要意义。在施工过程中，通过采用节能环保的建筑材料、优化施工工艺、加强水资源管理和保护等措施，有效降低对环境的影响。积极采用沉渣压滤、集中污水处理、一体化污水处理、封闭生产等先进的施工设备和技术，减少环境污染。开展 TBS 及喷播混凝土的研究与应用，确保开挖边坡或者渣场等区域的及时复绿，降低水土流失风险。开展电站节地研究，通过设计方案的优化，最大限度减少电站的建设用地，在减少对原始生态影响的同时，降低建设成本。

数字化方面，抽水蓄能电站建设中数字化技术的应用正日益广泛。通过数字化建模、智能监测系统以及大数据分析等先进技术，实现对工程建设全过程的精确管控。目前工程建设过程均应用了数字化管控系统，对建设风险、进度节点、质量验评、结算数据等进行数字化监管，实现了关键环节和重要部位的全过程数字化管控。在设计数字化方面，推行三维正向设计，深化 BIM 技术应用场景，实现图纸审核、装配校验、施工仿真应用；在施工数字化方面，开展大坝无人填筑、智能灌浆、土石方平衡数字跟踪应用等；在设备数字化方面，逐步开展设备状态一体化监测，推动设备制造、安装、运维全过程数字化管控，打造孪生电站。

抽水蓄能电站工程建设技术正向着标准化、机械化、绿色化、数字化的方向发展，为保证各项技术研发的有序推进及稳步应用，在今后的抽水蓄能电站技术管理上，还需进一步加大人才培养的力度，着重培养大师级人才，打造全专业的人才队伍，为技术管理工作打好基础；进一步加强与高校、厂家等的联合研发及技术攻坚，建立良性互动的产学研平台，形成技术联动；加快标准的转化与制定，将技术管理取得的成果进行总结及提炼，形成行业技术标准，构建更为坚实的标准体系；加强建设项目的技术监督，保证技术体系稳定、高效地运转，以技术促进建设目标的顺利实现。

第三节　项目建设管理创新实践

"十三五"以来，抽水蓄能开发建设单位在项目建设管理中勇于创新，取得了很多值得借鉴的先进创新实践经验。本节从项目建设管理的角度介绍了在项目建设管理组织上的 EPC 总承包管理和全过程工程咨询创新实践案例，创造国内同等规模抽水蓄能电站主体工程最短建设工期纪录的创新实践案例，以及拟开展 TBM 全场景应用试点工作的工程案例。

一、EPC 总承包管理

EPC 总承包模式，可以简化项目建设管理单位在工程建设实施阶段的工作，减少项目建设管理单位在项目管理中人力、物力的投入；同时，充分发挥设计单位的技术优势，在施工中通过设计单位主动和施工单位相互协调，深度融合，合理协调设计周期和施工工期，达到缩短建设时间和便于工程管理的目的。

为提升抽水蓄能电站项目建设管控效能，拓宽工程建设管理方式，国家电网有限公司于 2016 年选择新疆阜康抽水蓄能电站和辽宁清原抽水蓄能电站项目进行 EPC 总承包管理试点，首次尝试采用由勘测设计单位牵头的 EPC 总承包模式，要求由设计单位组建联合体负责整个工程的设计、采购、施工直至最终交付使用。

（一）新疆阜康抽水蓄能电站 EPC 总承包

1. 基本情况

新疆阜康抽水蓄能电站位于新疆昌吉回族自治州阜康市境内，总装机容量 120 万千瓦（4×30 万千瓦），以两回 220 千伏线路接入乌昌电网。项目于 2017 年 2 月完成 EPC 合同签订，2017 年 4 月通风兼安全洞开工，2018 年 11 月主体工程开工，2023 年 11 月首台机组并网发电。

新疆阜康抽水蓄能电站项目建设工程是国家电网有限公司首个 EPC 总承包建设试点项目，由中国电建集团西北勘测设计研究院有限公司（简称"西北院"）牵头，中国水利水电第三工程局有限公司（简称"水电三局"）和中国水利水电第十五工程局有限公司（简称"水电十五局"）组成新疆阜康抽水蓄能电站 EPC 总承包联合体共同建设，黄河水利委员会黄河设计院承担工程监理服务。

2. 各方职责

新疆阜康抽水蓄能电站采用了设计、施工和半采购模式的 EPC 模式。

项目建设管理单位主要负责项目建设用地报批、移民安置、办理工程开工有关行政许可等；统筹工程建设管理，对总承包项目的设计、采购、施工合同履约情况实施全过程检查、监督管理；委托独立的工程监理（含设计、施工、移民、环境、水保等监理）和第三方试验室（含土建、金属、物探）；组织主要设备招标文件的审查、开评标工作，确定中标结果；组建机组启动验收委员会，参加机组启动试运行；备品备件和专用工具的到场验收、接收、保管等；审批 EPC 总承包合同变更；水土保持专项验收、移民安置专项验收、竣工决算专项验收和工程竣工验收；办理工程一切险及第三方责任险。

监理单位主要负责对工程设计、施工和采购等进行监督管理，对承包商合同履约行为实施监督、检查，以及 EPC 总承包商和其他承包商间的工作协调。

EPC 总承包商负责工程招标和施工图设计阶段的勘察、设计工作；承包范围内的施工辅助工程、建筑工程、水保和环保工程施工及工程建设管理；全部建筑材料的采购、运输、验收、储存；工程阶段验收；除水土保持、移民安置、竣工决算外的其他 6 项专项竣工验收；达标投产、工程创优；机组调试（试验）工作，包括电站设备分部调试、电站受电、机组启动试运行、涉网试验、性能验收试验等；办理除工程一切险及第三方责任险以外的其他各类工程保险。

3. 总承包部组织机构

EPC 总承包部设置 7 个职能部门（综合档案管理部、计划合同部、财务部、安全环水保部、工程部、技术质量部和机电物资部），5 个二级项目部（西北院设计项目部、西北院采购项目部、水电三局施工项目部、水电十五局施工项目部、西北院施工项目部）负责具体勘察设计、设备物资采购和施工组织。现场设有 EPC 总承包安全管理委员会、质量管理委员会和新冠疫情防控领导小组等非常设组织机构。

4. 设备、材料采购

按照设备、材料不同，分为一类采购、二类采购、三类采购三种类型。一类采购（以发包人为主的联合采购）：主机设备，调速、励磁、保护、监控、SFC 等辅机设备，油、水、气等辅助系统，主变压器、GIS、220 千伏高压电缆等。二类采购（以承包人为主的联合采购）：工程安全监测设备、起重设备、工业电视、通信设备、压力钢板、闸门及启闭设备、高压厂用变压器、"五系统一中心"等。三类采购（承包人自主采购）：一、二类采购以外的其他所有工程设备，如电梯、低压开关柜、20 千伏及以下电力电缆、通风空调、直流系统、照明系统等。

一类采购方式中，发包人负责组织开评标工作；承包人负责编制设备采购计划和招标文件，全过程参与开评标工作，全程参与采购，负责设备采购合同的签订、履约与管理。二类采购方式中，承包人负责编制设备采购计划和招标文件，组织设备的开评标、确定中标结果、签订采购合同等工作，发包人全过程参与。

（二）辽宁清原抽水蓄能电站 EPC 总承包

1. 基本情况

辽宁清原抽水蓄能电站位于辽宁省抚顺市清原县北三家镇境内，总装机容量 180 万千瓦（6×30 万千瓦），以 500 千伏线路接入辽宁电网。项目于 2017 年 4 月完成 EPC 合同签订，2017 年 7 月通风兼安全洞开工，2019 年 6 月主体工程开工，2023 年 12 月首台机组并网发电。

辽宁清原抽水蓄能电站项目建设工程采用了设计、施工和采购完整的 EPC 模式，由中国电建集团北京勘测设计研究院有限公司牵头，中国水利水电第六工程局有限公司和中国水利水电第八工程局有限公司组成辽宁清原抽水蓄能电站 EPC 总承包联合体，共同履行合同义务。由广东省科源工程监理咨询公司、广东省水利电力勘测设计研究院、湖南水利水电工程监理公司组成的联合体承担工程建设监理服务。

2. 各方职责

辽宁清原抽水蓄能电站 EPC 履约采用过程控制模式，由项目建设管理单位聘请监理工程师监督总承包商设计、采购、施工的各个环节。项目建设管理单位通过监理工程师各个环节的监督，介入对项目实施过程的管理。

项目建设管理单位负责统筹项目工程建设管理，对参建的承包商进行合同履约管理，组织落实和监督参建单位执行公司相关管理制度和技术标准，督导监理单位监督 EPC 总承包商按合同约定开展工程建设；负责审批、备案、报送工程建设中的重大技术方案和变更，协调处理工程建设中的重大问题等。

监理单位负责对工程设计监理、施工监理和采购监督管理；负责对 EPC 总承包商合同履约行为实施监督、检查和跟踪落实；负责 EPC 总承包商和其他承包商间的工作协调。

EPC 总承包商负责工程合同内工程项目的勘察设计、设备和材料的采购实施、合同内项目施工管理和组织协调。联合体授权 EPC 总承包项目管理部负责全面向项目建设管理单位履约，联合体不仅负责具体的设计工作、采购及施工工作，还包括整个工程建设内容的总体策划以及实施组织管理的策划和具体工作。

3. 总承包部组织机构

EPC 总承包部原设置 7 个职能管理部门（综合管理部、计划合同部、财务部、安全环水保部、工程管理部、设计策划管控部、设备成套管控部）、3 个二级项目部（设计项目部、施工项目部、设备项目部）。

2019 年 4 月，EPC 总承包部职能部门增加技术质量工艺部，二级项目部按照专业化原则取消了施工项目部，改为 4 个工区和 EPC 中心试验室，将原施工项目部职能并入其他职能部门以及 4 个工区。

4. 设备、材料采购

辽宁清原抽水蓄能电站机电及金属结构设备采购分为两种方式：①承包人投标时带设备制造商投标的机电设备，包括水泵水轮机、发电电动机、主变压器等，中标后即确定设备制造商；②未纳入带设备制造商投标的机电设备，由承包人在实施阶段自行采购。

承包人投标时带设备制造商投标的机电设备采购，承包人在投标文件中按设备范围和清单，明确设备的制造商及其技术方案；未纳入以上采购范围的其他机电设备和所有金属结构设备，承包人可自行采购。

二、建设管理全过程咨询

（一）工程概况

青海哇让抽水蓄能电站位于青海省海南藏族自治州贵南县境内，在拉西瓦水库中部，总装机规模 280 万千瓦（8×35 万千瓦），工程枢纽建筑物主要由上水库、下水库（利用已建拉西瓦水库）、输水系统、地下厂房及变电站（开关站）等建筑物组成。项目于 2023 年 8 月 6 日开工建设。

青海哇让抽水蓄能电站是青海省首个抽水蓄能项目，采用建设管理全过程咨询方式进行项目建设管理。咨询单位采用以勘测设计技术咨询为核心、各专项技术咨询为拓展的全过程工程咨询服务模式，协助项目建设管理单位开展项目前期投资决策、工程前期筹备、建设过程管理等工作。

（二）全过程咨询主要内容

1. 勘测设计技术咨询

（1）可行性研究阶段勘测设计技术咨询

组织可行性研究招标技术规范书编制及校审工作，确定可行性研究招标技术深度要求。对可行性研究勘测设计大纲进行把关咨询，明确勘测工作量、设计深度以及关键技术问题的勘测设计原则。对可行性研究勘测设计过程中遇到的关键工程建设问题进行咨询把关，提升设计工作质量，避免设计方案出现重大变更。对可行性研究阶段四项专题（三大专题＋涉电涉网方案）提供技术支撑。审查把关勘测、设计报告成果质量以及关键技术问题设计方案，提高报告送审质量。

（2）招标设计阶段勘测设计技术咨询

对招标设计报告的原则、工作内容和深度进行审查，复核、完善、深化勘测设计成果。协助项目建设管理单位对招标文件进行质量、技术审查，招标设计中采用新材料、新工艺、新结构和新设备时，组织相应的技术经济论证。当工程规模、洪水标准、枢纽布置、主要建筑物型式、施工期度汛标准以及其他涉及工程安全等方面的设计原则、标准和方案发生重大变更时，组织开展设计变更审查。

（3）施工图设计阶段勘测设计技术咨询

协助项目建设管理单位完成施工图设计阶段设计技术咨询，主要包括：对设计单位提交的工程里程碑计划进行咨询；对设计单位提交的安全风险辨识、工程风险等级划分等成果进行咨询评估；完善安全管理制度，编制管理办法，落实相关责任人，保障工程高质量建设；审查高边坡设计方案，组织开展地质超前预报。协助项目建设管理单位审查施工单位提交的专项施工方案，必要时组织专项施工方案的应急预案演练；组织开展设计变更方案论证，审查合同变更；组织开展各项验收工作；对勘测设计类科研项目进行督导，组织审查科研课题成果。

2.专项技术咨询

对可行性研究阶段各报审类专题提供技术支撑及咨询，对可行性研究报告报批及项目核准、招标采购、工程造价、工程监理、运营维护、环水保专题、数字化专项工作、科研项目及其他专项工作进行专项技术咨询。

（三）全过程工程咨询服务的先进性、创新性

以勘测设计技术咨询为核心、以各专项技术咨询为拓展的全过程工程咨询服务模式，实现了全过程工程咨询单位和项目建设管理单位的双赢，可充分发挥全过程工程咨询单位勘测设计技术和工程建设管理优势，保证抽水蓄能电站项目各个阶段设计原则和理念一以贯之，避免出现颠覆性变化，各项工作有序衔接；减轻项目建设管理单位沟通协调负担，提高项目建设管理单位精益化管理水平，提升投资方重大问题决策水平和固定资产投资水平。

理顺管理模式，为后续水电项目建设管理提供借鉴。创新水电工程建设管理模式，充分发挥全过程咨询技术支撑作用，减轻项目建设管理单位管理负担，确保工程高效推进，助力水电建设项目高质量建设。

提升设计质量，最大程度减少设计变更。按照国家、行业以及国家电网有限公司有关标准，严格把关勘测设计工作深度及质量，确保设计方案依据合理、全面，避免工程施工过程中发生大量设计变更，控制投资风险。

创建优质工程，打造精品电站。以抓关键技术问题为重点，控制勘测设计大纲、三大专题等关键节点成果质量，凝聚项目建设管理单位、全过程工程咨询单位、勘测设计单位、科研机构各方力量，共同创建精品抽水蓄能电站。

三、建设工期创纪录实践

（一）工程概况

广东梅州抽水蓄能电站位于广东省梅州市五华县龙村镇境内，距广州市、梅州市直线距离分别为 210、115 千米。装机容量 240 万千瓦，分两期建设，一、二期电站装机容量均为 120 万千瓦，上、下水库按装机容量 240 万千瓦一次建成。一期电站共装设 4 台单机容量 30 万千瓦的立轴可逆单级混流式水泵水轮电动发电机组，电站枢纽由上水库、输水系统、地下厂房系统、下水库、地面开关站及副厂房等组成。

广东梅州抽水蓄能电站一期主体工程于 2018 年 6 月 27 日土建工程开工，2021 年 11 月 30 日 24 时首台机组正式投产发电，2022 年 5 月 28 日实现四台机组全面建成投产目标。从主体工程开工至首台机组投产仅用时 41 个月，从尾水管底板混凝土施工到首台机组发电仅用时 19.5 个月，创造了国内同等规模抽水蓄能电站主体工程最短建设工期纪录。

（二）进度控制措施

通过分析影响广东梅州抽水蓄能电站机电安装施工进度的各种因素，及时采取行之有效的组织措施、技术措施、经济措施、合同措施，并配之以可行的进度计划，根据网络进度图，对出现偏差项目及时采取有效的纠偏措施，使工程进度处于受控状态，圆满地实现既定的工程目标。

施工单位按照工期安排，及时编报工程施工进度计划，并根据实际情况及时编报施工进度调整计划，采取相应措施确保工程进度及满足调整要求，项目建设管理单位、监理、设计、施工等相关参建单位根据施工进度要求采取相应措施确保计划的实现，并做好进度管控工作。

1. 组织措施

设立高层级别协调机制，成立由南方电网调峰调频发电有限公司副总经理任协调组组长、各方总部副职领导参加的协调机制，每季度召开一次协调会，协调主要设备供货及各方人员资源投入相关事宜。项目建设管理单位成立由项目副经理、机电部主任等4人组成的管理小组，以每两周换一人的方式驻厂督促主要设备供货进度。

在机电安装高峰期，每天由监理机电副总监及项目建设管理单位项目副经理组织各主体标段召开现场协调早会，针对现场需协调解决的问题当天落实解决，并检查上一日工作落实情况。每月召开两次设计专题会，检查、协调设计供图，提前下发电子版设计图纸以供审查，避免图纸供应不及时而影响现场施工。坚持每周召开监理例会，并不定期召开质量、工期专题会议分析施工质量及施工进度，督促及时做好纠偏。

增加各类施工资源投入，按照合同工期，机电安装标在施工高峰期人员不超过400人，实际高峰期施工人员在580人左右。

2. 技术措施

取消蜗壳基础混凝土施工，改为采用工字钢制作钢支墩作为蜗壳/座环基础，提前完成蜗壳/座环吊装工作。减少了支墩混凝土浇筑及等强时间，缩短了安装工期。

蜗壳到货后未直接吊入机坑内进行组拼焊接，而是在安装间对分瓣结构进行组拼焊接后整体吊入机坑，与机组混凝土采取并行作业，缩短了安装工期。

4台水泵水轮机的所有导叶和导水机构均在工厂内进行预装配和导叶动作试验并进行导叶间隙检查，取消导水机构工地预装，改为导水机构一次性安装，对整个机组直线安装工期的缩短是大有裨益的。

机坑混凝土浇筑至上部机坑里衬后，制作1个钢平台，封住机坑里衬上管口，形成安全的水轮机独立施工空间开始进行座环打磨加工，与此同时平行进行发电机层结构混凝土施工，节约首台机组安装工期约40天。

在安装间增设1套下端轴组装基础埋件，在完成下机架机坑预装后吊出机坑，在安装间与下端轴、推力轴承等整体组装后吊入机坑，为水车室大件吊装及设备安装节约了安装工期。

受制于设备到货影响及球阀安装工期较长，1号机组充水前，上游1~4号球阀系统仅1号机组球阀及其控制系统具备投入条件，剩余3台机组球阀仅完成球阀本体安装，采用打压泵投入上游球阀密封使其具备挡水条件，节省了施工资源。

GIS电缆终端制作采用超镜面特氟龙热缩管来塑化电缆绝缘表面，塑化过程使得电缆表面非常光滑，与应力锥接触面洁净且均匀平滑。同时，避免砂纸打磨带来的颗粒物残留及工期较长的缺点，节约倒送电工期节点3天。

利用引水水道充水时间间隙，采用SFC拖动机组启动方式同步完成部分CP工况动态调试试验工作，为后续CP工况调试试验节省约5天调试时间，总体动态调试时间仅为30天，达到行业领先水平。

3. 经济措施

建立激励机制，在进行副厂房和主厂房机组混凝土浇筑期间，施工单位采用现金奖励方式直接奖励施工班组。主、副厂房从318米高程楼板起，每按期完成一层发放所设定的奖金。春节期间所有留守人员每人发放一定的现金奖励。通过经济激励措施，极大地调动了作业人员的积极性。

4. 合同措施

加大进度款支付、变更、调差等费用处理力度。对进度款支付所需的流程进行梳理，设置流程办理时限，力争每笔进度款尽早支付至施工单位；组织召开经营分析会，及时讨论、处理变更立项、调差等费用，及时解决施工单位的资金问题。

四、TBM全场景应用试点

（一）工程概况

安徽岳西抽水蓄能电站位于安徽省安庆市岳西县黄尾镇，站址距合肥市直线距离120千米，距岳西县城25千米。电站总装机容量120万千瓦（4×30万千瓦），额定水头359米，距高比为3.7。枢纽工程主要建筑物由上水库、下水库、输水系统、地下厂房和开关站等组成。安徽岳西抽水蓄能电站于2024年3月15日开工建设，项目建设单位拟开展TBM施工技术在抽水蓄能电站项目建设中全场景应用试点。

（二）应用策划

为有序推进TBM施工技术在抽水蓄能电站项目建设中全场景应用，项目建设单位依托安徽岳西抽水蓄能电站组织设计单位开展 TBM 施工技术全场景应用研究，主要对小断面 TBM、大断面 TBM、竖井 TBM 三种施工技术进行了应用策划研究。

小断面 TBM 应用路径：自流排水洞出口→自流排水洞→厂房第七层导洞→厂房排水廊道→引水平洞排水廊道→厂房上层排水廊道。拟采用 3.53 米直径 TBM 设备施工，施工总长 7847.6 米。小断面 TBM 施工完成后，针对厂房第七层实际揭露地质情况开展有限元安全稳定分析，并完成相应支护，待厂房围岩稳定后，通过人工钻爆法开展厂房第七层扩挖。

大断面 TBM 应用路径：通风洞→厂房顶拱中导洞→进厂交通洞。拟采用 8.53 米直径 TBM 设备施工，施工总长 2688.7 米，路径共设 4 个转弯，最大纵坡 9%，最小转弯半径 100 米。

竖井 TBM 应用路径：1 号引水竖井扩挖通天竖井井口→1 号引水竖井下弯段；2 号引水竖井扩挖通天竖井井口→2 号引水竖井下弯段。拟采用 2.0 米反井钻机先行施工溜渣导井，后采用 7.43 米直径竖井 TBM 开展 1 号和 2 号引水系统扩挖施工，扩挖施工总长 889.4 米。

（三）工期及经济性

项目设计单位对 TBM 施工技术在安徽岳西抽水蓄能电站项目建设中全场景应用进行了专题研究。

在工期方面，小断面 TBM 施工技术在厂房关键线路工期较人工钻爆法提前约 1.5 个月；大断面 TBM 施工技术在厂房关键线路工期较人工钻爆法提前约 4 个月；竖井 TBM 施工技术应用在电站引水系统 2 条单级竖井，为工程建设次关键线路，1 号引水竖井开挖工期较人工钻爆法提前约 4 个月，2 号引水竖井开挖工期较人工钻爆法提前约 1 个月；关键线路工期可节约 5.5 个月，关键线路总工期（通风洞开始开挖至首台机组发电）由 63 个月减至 57.5 个月。

在经济性方面，三种 TBM 全场景应用需增加工程建设直接投资约 1.87 亿元，其中，小断面 TBM 约增加 5955 万元，大断面 TBM 约增加 7660 万元，竖井 TBM 约增加 5131 万元。电站提前 5.5 个月投产发电，可节约投资 1.20 亿元。

CHAPTER SIX | 第六章

抽水蓄能
运维检修

► 广州抽水蓄能电站下水库

摘　要

本章介绍了抽水蓄能的运行实践以及电站机电设备和水工建筑物的运检管理实践。

抽水蓄能运行方式随着电力系统特性的变化而调整，从"一抽一发""夜抽昼发"转变成"两抽两发""午抽晚发"，从"发电抽水为主"转变成"发电抽水和调相并重、多工况频繁转换"。早期，抽水蓄能在系统中主要发挥调峰填谷作用，凌晨低谷抽水、白天高峰发电，助力缓解系统调峰矛盾。随着新型电力系统的发展，抽水蓄能凭借多工况多功能的优势，在提升电力系统整体运行效率、保障电网安全稳定运行、促进清洁能源消纳等方面发挥了重要的支撑作用，午间光伏大发时段抽水成为常态，调相功能得到越来越广泛应用，助力新型电力系统建设和能源高质量发展。

随着抽水蓄能行业规模化发展，电站运维管理模式不断演变。在单一电站为管理单元的现行模式下，优质的人力、物力资源得不到充分调用，难以满足大量新投电站的高质量运维管理需求，亟需探索新的运维模式。目前部分抽水蓄能管理集团逐步启动"现场无人值守、远程集中管控"的电站群管理模式，在此模式下，将一定地域范围内电站运维检修工作纳入集中管理，统筹安排值守、操作、维护、检修和试验等工作，可有效发挥电站群平台价值，降低新投电站运维经验不足的风险，提高抽水蓄能行业整体运维管理质效。抽水蓄能行业的设备检修模式也在持续探索，按照检修导则规定开展的定期检修已不能适应电网对抽水蓄能高等效可用系数的需求，以精准开展设备状态评价为基础的高质量状态检修将推广开来。

抽水蓄能电站水工管理是生产运行阶段的管理重点，"小库大灾"风险较高，地质灾害不容小觑，防汛工作更是关系到下游人民群众生命财产安全，政治责任重大，需要时刻警惕水库大坝安全红线。

目前，抽水蓄能行业设备设施管理体系已趋于完善，运检精益化管理水平逐步提升。未来电站群集中管控模式和精准化状态检修方式将成为确保设施安全可靠、机组随调随启的重要举措。

第一节　抽水蓄能运行实践

本节介绍抽水蓄能运行特点变化情况、服务电网典型案例以及抽水蓄能机组调相能力研究情况，体现新型电力系统发展过程中抽水蓄能发挥的重要调节作用。

在新型电力系统中，抽水蓄能凭借双向调节能力弥补系统调峰困难，提升新能源利用水平，依靠快速启停和功率调节应对新能源带来的随机性、波动性，利用多工况运行优化系统频率、电压性能，筑牢电力系统"三道防线"。抽水蓄能已成为新型电力系统中调节电源的主体、系统安全稳定运行的关键支撑、新能源大规模发展的重要保障。

为交直流混联电网提供无功支撑是抽水蓄能的一大优势，但抽水蓄能调压潜力一直未充分发掘，目前正在开展机组调相能力优化提升研究，全力服务电网安全稳定运行。

一、抽水蓄能运行特点

抽水蓄能电站具有调峰、调频、调相、储能、事故备用和黑启动等多种功能，是构建清洁低碳、安全可靠、智慧灵活、经济高效新型电力系统的重要组成部分。相比于其他调节电源，在调峰方面，抽水蓄能机组能够快速启停和快速调整负荷，可通过抽水和发电双向功率调节缓解电网调峰手段不足的问题；在调频方面，抽水蓄能机组具备自动发电控制和一次调频功能，能够快速响应电网频率波动；在调相方面，抽水蓄能机组可工作于调相机模式，有效应对新形势下电网日益增长的调相需求；在储能方面，抽水蓄能是目前唯一可以实现吉瓦级的电力储能方式，综合效率在 75% 以上；在事故备用方面，抽水蓄能机组具有快速启动特性，且可以运行在抽水调相、发电空载等旋转备用状态运行，为系统提供快速备用电源；在黑启动方面，抽水蓄能机组可以不依靠外界电源实现自启动，为电网事故恢复提供支撑。

随着新型电力系统建设的推进，抽水蓄能功能的发挥与不同时期电力系统特点和调节需求息息相关。

（一）早期抽水蓄能运行特点

早期建设抽水蓄能电站时，电力系统还没有形成大范围联网，电源以火电为主，外来电较少，装机容量总体偏紧，系统调峰资源紧张。抽水蓄能在系统中的作用主要以调峰填谷、配合火电核电提高运行经济性为主，助力缓解系统调峰供需矛盾，支持系统安全稳定运行。早期抽水蓄能电站凌晨抽水，早高峰或晚高峰发电，以"一抽一发""一抽两发"运行方式为主，整体运行强度不高。

对 2013 年各区域抽水蓄能机组抽水启动时间点进行统计分析（见图 6-1），可以看出，各区域抽水蓄能机组在这一时期均以凌晨抽水为主，其抽水运行主要发挥填谷作用。

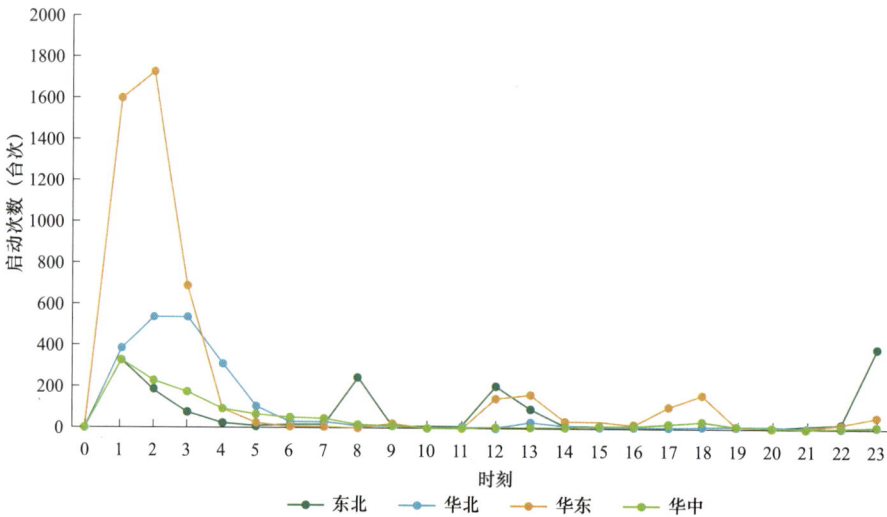

图 6-1　2013 年各区域抽水蓄能机组抽水启动日分布曲线

对 2013 年各区域抽水蓄能机组发电启动时间点进行统计分析（见图 6-2），可以看出，这一时期各区域抽水蓄能机组早高峰和晚高峰启停频次相差不大，抽水蓄能机组发电运行发挥早晚顶峰并重的作用，部分地区还有午间发电调峰的情况。

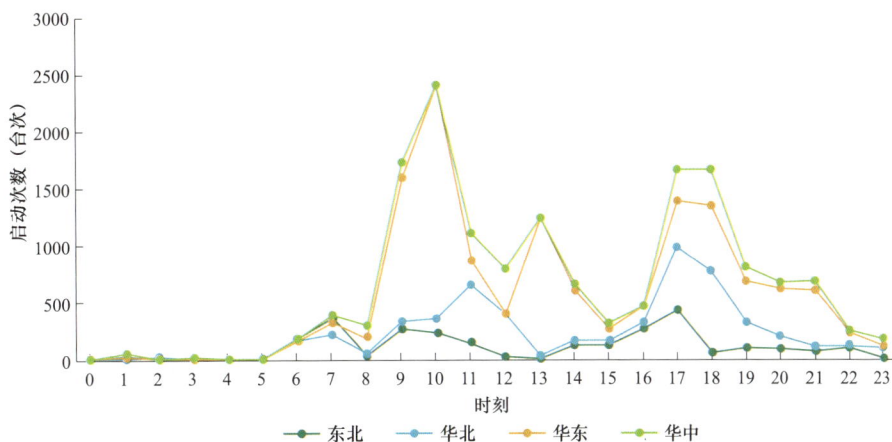

图 6-2　2013 年各区域抽水蓄能机组发电启动日分布曲线

（二）现阶段抽水蓄能运行特点

近年来，随着新型电力系统建设加快推进，新能源渗透比例不断提高，源荷两端随机性波动性加大，电力系统"双高双峰"特点愈发突出，系统面临的安全稳定运行挑战更大，对紧急事故支撑、新能源消纳和系统平衡调节提出了新的要求。抽水蓄能依托容量大、工况多、速度快、可靠性高、经济性好等"五大技术经济优势"，在电力系统中的作用发挥得到进一步拓展，承担保障电力供应、确保电网安全、促进新能源消纳等重要作用。

1. 双向调节助力新能源消纳

抽水蓄能具有抽水和发电双向调节能力，凭借双倍调峰容量优势，可有效缓解因新能源出力错配导致的高峰负荷供给不足问题和因低谷时段新能源大发导致的消纳困难问题。

近年，抽水蓄能机组运行模式逐渐演变为以"两抽两发"为主，具体表现为凌晨和午间抽水，早晚高峰发电。尤其是午间集中抽水、晚高峰集中发电，减轻了午间系统压低火电出力的需求，与新能源午间光伏大发和晚高峰光伏出力骤降引起的反向调峰特性高度契合，减轻了午间压低火电出力带来的系统成本压力，缓解了晚高峰负荷上升、光伏出力快速下降带来的爬坡困难问题。

华北、东北区域新能源装机占比较高，电网对抽水蓄能午间抽水需求显著，两地区午间抽水消纳新能源运行频次已高于夜间抽水填谷运行频次（见图 6-3）。

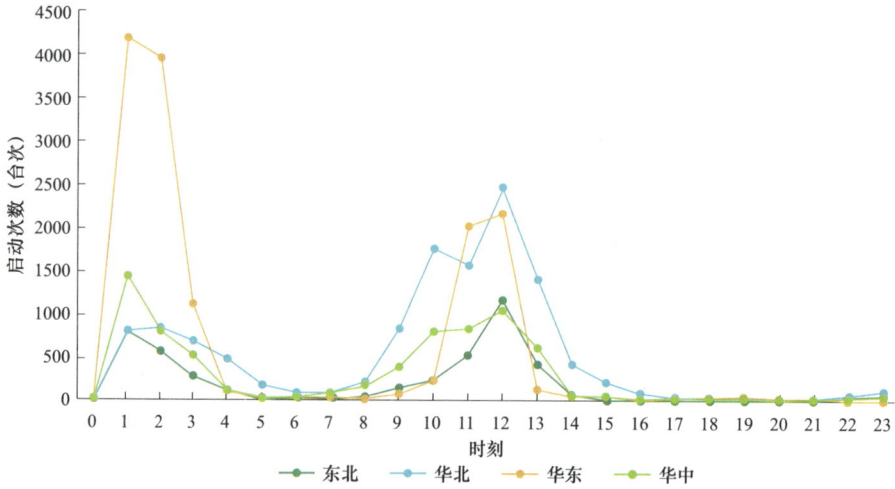

图 6-3　2023 年各区域抽水蓄能机组抽水启动日分布曲线

华中区域用电需求增长快速，负荷峰谷差较大，对抽水蓄能发挥削峰填谷作用的需求突出。华东区域作为典型受端电网，负荷低谷期间消纳区外来电压力较大。2023年华东、华中区域抽水蓄能夜间抽水需求总体大于午间，但随着光伏发电装机规模的进一步增长，华东、华中区域抽水蓄能午间抽水消纳光伏的运行强度也在不断增加，与夜间抽水次数的差距正在逐渐缩小。

新型电力系统建设过程中，电网晚高峰、调峰压力不断增加，对抽水蓄能发电调节的需求也逐渐演变为晚高峰顶峰为主、早高峰调节为辅的运行方式，各区域抽水蓄能晚高峰发电运行频次已远高于早高峰（见图 6-4）。

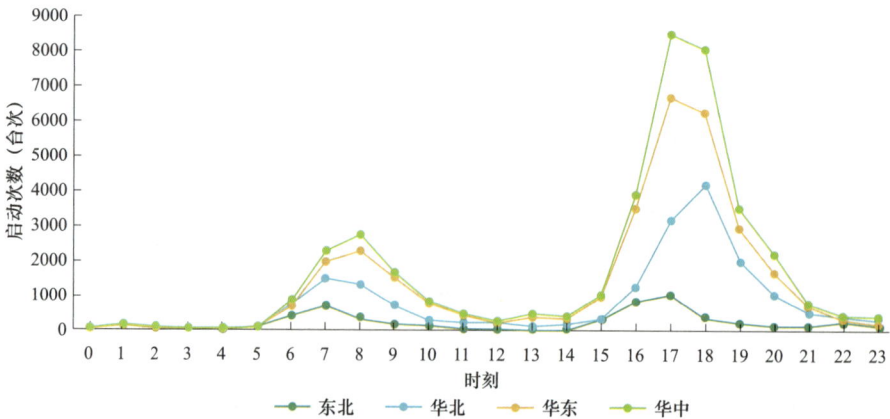

图 6-4　2023 年各区域抽水蓄能机组发电启动日分布曲线

2. 快速启停满足系统灵活调节需求

抽水蓄能可凭借快速机组启停和出力调整的优势，及时响应电网调用需求，助力电力系统更好地适应因风光的随机性、不稳定性造成的频率波动，有力提升电力系统的稳定水平。

（1）机组旋转备用运行次数不断增多

抽水蓄能机组在旋转备用状态可快速带满负荷，比如发电空载至发电满载仅需 1 分钟，抽水调相至抽水运行仅需 2～3 分钟，可有效满足电网快速调节需求。2022、2023 年抽水蓄能机组抽水调相、发电空载作为旋转备用运行均超过 2000 台次，同比 2021 年以前增幅超过 90%，其中，华北、东北、福建等地对抽水蓄能旋转备用的需求较大。

（2）新能源装机占比大的地区短时运行占比更高

从 2023 年各区域单次抽发时长对比情况来看，华北、东北区域因新能源装机占比较大，受新能源出力变化影响，电网频率波动加剧，对灵活调节的需求明显增加，造成抽水蓄能机组短时抽发运行占比明显增高，尤其是 3 小时以内的短时抽水占比达 36%，比华东、华中区域高一倍，见图 6-5、图 6-6。

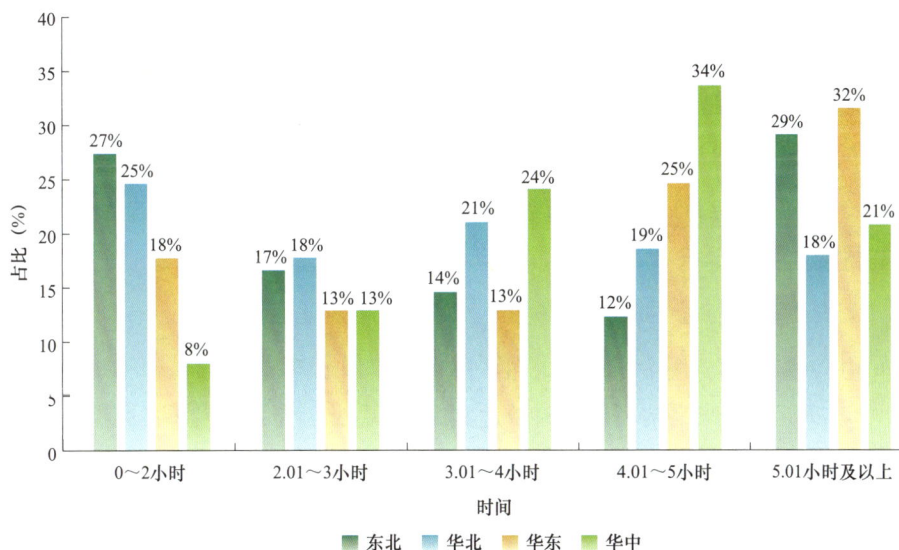

图 6-5 2023 年各区域抽水蓄能机组单次启机发电时长占比

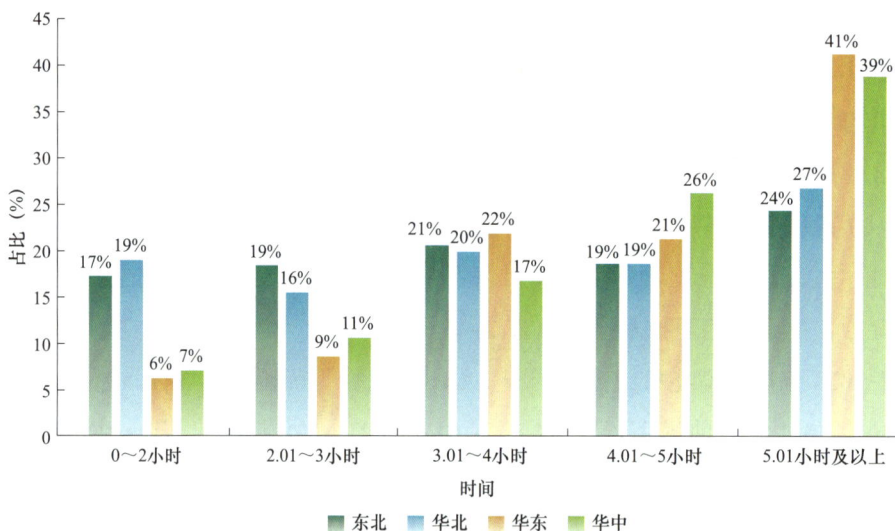

图 6-6 2023 年各区域抽水蓄能机组单次启机抽水时长占比

3. 季节性运行特征明显

新型电力系统中，电网运行方式季节性变化明显，新能源出力季节性错配特征显著，抽水蓄能在不同季节的运行方式各不相同。抽水蓄能机组在冬季主要满足"大风期""供暖期"系统调节需求，尤其是东北区域抽水蓄能机组满抽满发情况较为常见；在夏季主要满足迎峰度夏大负荷期系统顶峰需求，华东、华中、华北区域抽水蓄能机组经常晚高峰大负荷运行；春、秋季节系统负荷偏低，但光伏大发，抽水蓄能午间集中抽水运行强度较高，华北、华中、东北区域常见可用机组午间满抽的情况，华东区域也常有午间同时开机抽水台数超过可用机组 90% 的情况。

4. 持续高强度运行

（1）机组装机容量不断增长的同时，仍保持高强度运行

如图 6-7 所示，2018—2023 年国家电网经营区抽水蓄能机组利用小时数稳中有升，"十四五"以来平均利用小时数达到 2800 小时，为系统发挥了强有力的支撑作用，满足了系统与日俱增的调节需求。

（2）机组启停次数持续增加

2023 年国家电网经营区抽水蓄能机组共发电启动近 40000 次，同比增加 9.7%；抽水启动 41000 余次，同比增加 18.2%，有效应对了电力系统多样化调节需求。国家电网经营区抽水蓄能台均日启动次数如图 6-8 所示。

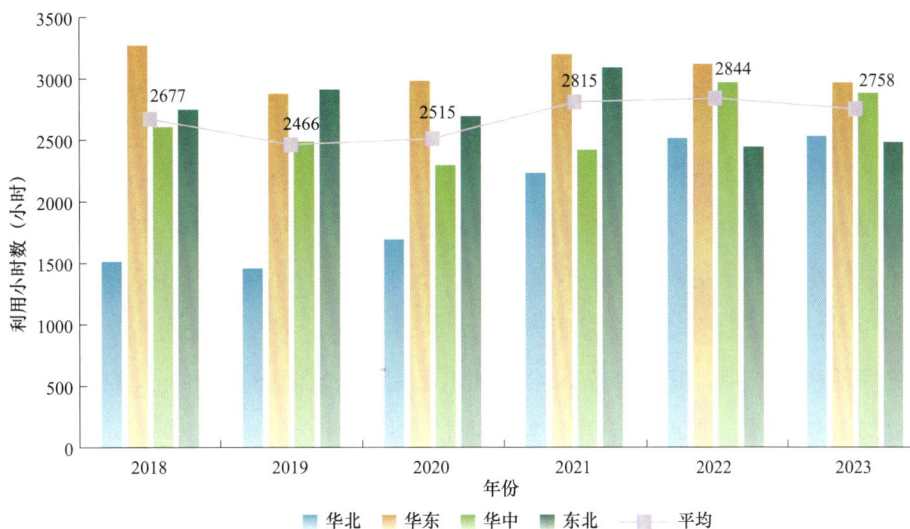

图 6-7　国家电网经营区抽水蓄能逐年利用小时数

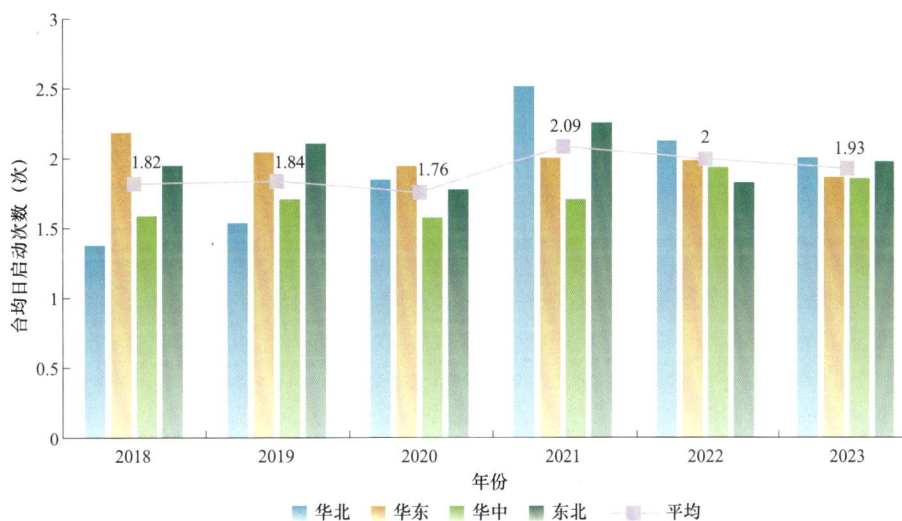

图 6-8　国家电网经营区抽水蓄能台均日启动次数

　　抽水蓄能机组高强度运行为新型电力系统安全稳定提供了保障，但频繁启停和负荷调整往往伴随着持续不断的调度指令，调度机构面临巨大调节压力。比如，山东沂蒙抽水蓄能电站单日接收到的机组启停和负荷调整指令最高达到近 100 次。在现阶段，保障新能源消纳的同时维持系统频率电压稳定，对各级调度和抽水蓄能都是一个重要挑战。

二、典型成效

（一）抽水蓄能服务电网能力

抽水蓄能机组凭借快速启停、随调随启的优势在电网历次紧急事故处理过程中起到重要支撑作用，为电网安全提供了重要保证。2021—2023 年，国家电网经营区内抽水蓄能电站紧急调整机组运行方式 110 台次支撑电网故障处置，正确响应电力系统安控装置或频率协控装置动作 21 台次，为夯实电网"三道防线"建设发挥了积极作用。其中，山东泰山抽水蓄能电站因山东电网突发故障触发大功率缺额系统动作，实现自动开机发电或抽水停机 19 台次；辽宁蒲石河抽水蓄能电站两次系统侧频率降至 49.88 赫兹，低频切泵装置正确动作，准确切除抽水机组。

（二）优化电力系统性能

1. 维持电网频率稳定

抽水蓄能电站常常在发电工况投入自动发电控制功能（AGC）运行，可自动响应电网频率波动，调整机组发电出力。各电站单台机组在投入 AGC 后出力可调区间为 10 万千瓦或 15 万千瓦左右，频率波动时每分钟功率调节超过 20 次（见图6-9），为维持电网频率稳定发挥重要作用。

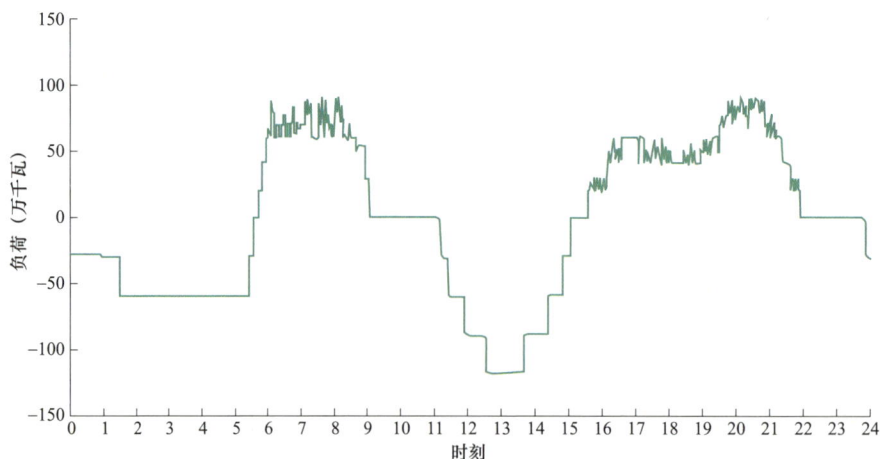

图 6-9　黑龙江牡丹江抽水蓄能电站投入 AGC 运行时的日负荷曲线

2. 维持动态电压稳定

"双高"电力系统对无功电压调节的能力要求也越来越高，抽水蓄能作为重要的无功调节电源，发挥着越来越重要的作用。

2021—2023 年，国家电网经营区抽水蓄能机组调相运行 199 台次，有效协助电网完成电压稳定任务，调相运行电站主要集中在华中区域和福建省，两地区对调压资源需求较高。2023 年，华中区域抽水蓄能机组调相运行 121 台次，其中，湖北白莲河抽水蓄能电站调相运行次数最多，达 87 台次；河南天池抽水蓄能电站进相运行深度最大，单机最高带 –11 万千乏，单机最长连续运行 9 小时 20 分钟。2024 年 1—4 月，国家电网经营区抽水蓄能机组调相运行 260 余台次，仅湖北白莲河、河南天池两家抽水蓄能电站调相运行分别就达到了 93、66 台次，系统调压需求正在快速增加。

此外，福建仙游抽水蓄能电站自 2021 年 7 月之后按要求投入自动电压调节功能（AVC）运行，仅 2021 年后半年就投入 AVC 运行 882 台次，为福建电网动态电压稳定提供了有力支撑。

（三）配合电网调试和潮流控制

1. 配合电网抗扰动试验

2021 年 3 月 21 日，辽宁蒲石河抽水蓄能电站为配合东北电网开展系统级抗扰动试验，进行 2、4 号机组发电和抽水甩负荷，充分验证了东北电网新能源场站频率支撑能力、电网转动惯量支撑能力和抗频率扰动能力，助力电网安全稳定水平提升。

2. 配合电网潮流控制

2022 年吉泉直流在安徽主网的落脚点附近线路重载、越限情况频发，安徽响水涧、安徽绩溪两个抽水蓄能电站对古泉—敬亭线潮流控制以及河沥—富阳线、广德—瓶窑线两条"皖电东送"线路送出能力起到重要保障作用。为配合电网潮流调整，两站 7 月按调度指令频繁临时开停机达 204 台次（正常情况下，华东区域抽水蓄能严格按照日负荷计划执行，临时启停较少），其中，安徽响水涧抽水蓄能电站机组最短抽水运行时间 2 分钟。

3. 配合线路调试送电

抽水蓄能机组具备调压能力，可在特高压直流调试或地区线路送电时提供动态无功支持，维持系统电压稳定。2021 年 6 月 22 日，为配合陕武直流换流站调试，湖北白莲河抽水蓄能电站 1 号机组抽水调相带 –4 万千乏无功进相运行 7 小时，提供无功支撑。2023年5月15日，为配合南阳区域某变电站线路送电，河南天池抽水蓄能电站1、2号机组抽水调相分别带 –10 万千乏无功进相运行5小时，保障送电试验顺利进行。

4. 配合特高压直流试验

抽水蓄能电站配置低频切泵系统、大功率缺额智能决策与处理系统、低频自启动系统等安控装置，以便在特高压直流出现功率闭锁等紧急情况时，能快速切泵或发电自启动，协助电网尽快恢复平稳运行。配合祁韶直流安控改造：2021年5月12日，湖南黑麋峰抽水蓄能电站为配合祁韶直流安控改造，进行低频切泵试验，1号机组正确动作。配合鲁固直流功率闭锁试验：2021年5月25日，山东泰山抽水蓄能电站配合国家电力调度通信中心开展鲁固直流功率闭锁试验，大功率缺额系统正确动作，3号机组由抽水转为停机后再转发电运行。配合灵绍直流功率闭锁试验：2021年9月29日，为配合灵绍直流200万千瓦功率闭锁试验，同步开展华东电网频率特性验证及新能源主动支撑能力试验，安徽琅琊山、江苏宜兴、安徽响水涧、安徽绩溪抽水蓄能电站参与切机或甩负荷，各有关抽水蓄能机组均正确动作，抽水蓄能机组秒级护网的可靠性得到再次验证和调度认可。

（四）支撑应对极端天气下的电网安全稳定

近几年，台风、洪水、大面积暴雪降温等极端天气增多，随之而来可能发生电网负荷骤降、陡增、电压波动剧烈，电网稳定运行面临更多的极端性和不确定性。抽水蓄能具备调峰、调压、事故备用等多种灵活调节作用，在电网遭遇极端状况、调节困难时，能迅速响应电网调节需求，有力保障电网安全稳定。

1. 台风天气协助电网调压维稳

2023年7月28日，台风"杜苏芮"登陆福建，用电负荷急剧减少，电网电压上升，福建仙游抽水蓄能电站4台机组轮换开机抽水调相进相运行，单台机组进相深度在 –10 万 ~ –7 万千乏之间，台均调相运行4小时，为维持电网电压稳定发挥了关键作用。

2. 暴雪降温天气协助电网顶峰

2023年12月9日起，全国大面积降雪降温，12月21日，华北、华东、华中、东北区域几乎同时达到入冬以来最大用电负荷。同一时段，火电供热负荷居高不下，调节空间有限，风电、光伏因天气原因出现结冰冻机、雪层遮挡等情况造成有效容量严重下降。华东、华中区域各抽水蓄能电站均在晚峰保持满发或大出力方式运行，全力以赴配合电网顶峰保供；华北、东北区域抽水蓄能机组应发尽发，在迎峰度冬电力保供的关键时期发挥了重要作用。

（五）典型案例

河北丰宁抽水蓄能电站是华北电网唯一一家纳入多个省级电网平衡的抽水蓄能电站，在促进张北、冀北地区和河北南网新能源消纳方面起到关键作用，充分发挥在张北柔性直流系统和承唐断面安全稳定控制方面的调节作用，有效保障了大电网安全。2023 年，河北丰宁抽水蓄能电站 10 台机组发电量 35.64 亿千瓦时（含调试电量），抽水电量 44.79 亿千瓦时（含调试电量），机组发电启动 3138 台次，发电运行 13204.7 小时，抽水启动 3022 台次，抽水运行 15061.22 小时。河北丰宁抽水蓄能电站自首批机组投产发电以来，已创下"单机当日工况转换最多 13 次""单机当日抽水＋发电运行时间最长 22.03 小时""单机单次发电运行时间最长 15.52 小时""单机单次抽水运行时间最长 19.87 小时"等电站运行历史纪录。

如图 6-10 所示为河北丰宁抽水蓄能电站 2023 年每月台均利用小时。从全年机组运行情况分析，12 月至次年 3 月张北、冀北地区进入"大风期"，6 月至 8 月光伏大发，这两个阶段机组运行强度相对较高，主要配合新能源消纳。4 月至 5 月和 9 月至 11 月，新能源消纳形势整体表现宽松，机组运行强度有所下降，主要配合电网晚高峰发电为主，白天少量抽水调节新能源出力波动。

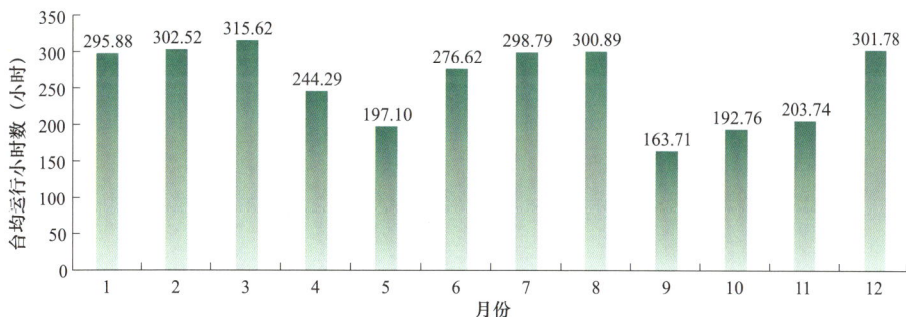

图 6-10　河北丰宁抽水蓄能电站 2023 年每月台均运行小时数

河北丰宁抽水蓄能电站全年机组总体运行强度较高，主要呈现如下特点：

常态化调峰调频。2023 年电站台均发电 343 次，台均发电运行 1441 小时，机组发电运行强度在国家电网经营区内处于前列。全年，电站按照调度指令投入AGC发电运行达377台次，负荷调整范围从15万千瓦至30万千瓦，有效应对电网频率波动。

配合新能源消纳。2023年电站台均抽水332次，台均抽水运行1643小时，有力应对风光大发。同时河北南网光伏出力易受阴雨天气影响，存在较大不确定因素，全年因光伏出力波动，电站进行计划外开停机322台次，旋转备用方式运行9台次。

长时间连续调节。作为周调节抽水蓄能电站，河北丰宁抽水蓄能电站上、下水库库容大，机组连续抽水或发电运行时间长，可避免在风电持续大发时段因库容受限无法连续抽水消纳的情况。2023年丰宁抽水蓄能电站多次单机抽水运行超过15小时。

河北丰宁抽水蓄能电站2023年运行情况统计见表6-1。

表6-1　　　　河北丰宁抽水蓄能电站2023年运行情况统计表

月份	发电电量（万千瓦时）	抽水电量（万千瓦时）	发电启动次数（次）	抽水启动次数（次）	机组累计发电时间（小时）	机组累计抽水时间（小时）	机组累计运行时间（小时）
1	25921.236	33218.325	221	240	933.81	1137.27	2071.08
2	26904.032	33690.912	264	272	967.17	1150.47	2117.64
3	34756.698	42344.296	322	296	1185.82	1339.08	2524.90
4	27601.887	35450.888	273	257	1020.56	1178.02	2198.58
5	24311.283	31204.664	212	220	950.15	1020.88	1971.03
6	35056.137	43305.790	281	253	1305.99	1460.17	2766.16
7	37264.197	47189.067	306	269	1391.12	1596.66	2987.78
8	37843.809	47806.109	261	206	1386.58	1622.24	3008.82
9	21753.390	25371.570	178	139	777.02	860.05	1637.07
10	24253.040	31532.510	216	232	889.75	1037.89	1927.64
11	24173.176	31203.593	207	267	969.30	1068.14	2037.44
12	36495.230	45687.550	397	371	1427.43	1590.35	3017.78
全年	356185.180	447515.700	3138	3022	13204.70	15061.22	28265.92

注　表中全年发电电量和抽水电量数据不包含机组调试电量。

三、抽水蓄能调相能力

随着特高压直流受端电网受电规模的不断增加，受端电网火电机组开机空间受到挤压，导致系统电压支撑能力下降，当发生直流换相失败或双极闭锁等故障时，受端电网将出现动态无功支撑不足和暂态电压不稳定等问题。同时，新能源装机规模的不断增加，给电网系统带来低惯量、过电压、宽频振荡等问题，危及系统安全。抽水蓄能机组具备调相功能，可为电网提供暂态和动态无功支持，是优秀的调相资源，但目前抽水蓄能机组调相能力尚未充分发掘，需要加强试验、研究、分析，提升调相能力，更好地为电网稳定保驾护航。

（一）调相能力现状

1. 抽水蓄能机组运行特性

抽水蓄能机组作为可逆式同步电机，其工作特性如图 6-11 所示，机组作为发电机运行时，向系统输送有功功率，同时可以发出无功功率（第 I 象限）或吸收无功功率（第 II 象限）；机组作为电动机运行时，从系统吸收有功功率，同时可以发出无功功率（第 IV 象限）或吸收无功功率（第 III 象限）。抽水蓄能机组在发电、发电调相、抽水、抽水调相工况均具备进滞相调压能力。

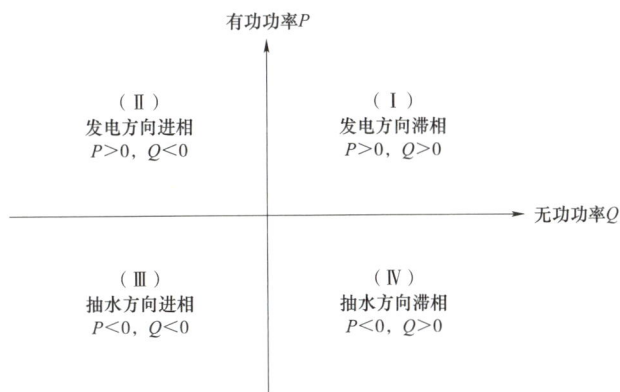

图 6-11 抽水蓄能机组工作特性

2. 抽水蓄能机组无功功率调节特性

抽水蓄能机组无功功率调节能力与机组设计额定功率因数（$\cos\phi$）相关，额定功率因数根据电网系统需求、技术、经济因素综合确定，发电方向一般取 0.9，抽水方向取 0.975~0.98，额定功率因数过低会增加发电电动机造价。由于抽水蓄能机组额定容量（S_N）限制，当机组有功功率发生变化时，相应的无功调节能力不同。发电调相或抽水调相运行时的最大调相容量为 $0.65S_N \sim 0.72S_N$，发电满负荷工况最大进相容量为 $0.435S_N$，带线路空载运行的充电容量最大为 $0.66S_N \sim 0.84S_N$。抽水工况运行下，无功功率可调节范围很小，励磁系统一般采取恒功率因数运行方式，保持在 $\cos\phi \approx 1$ 状态下运行。

通过控制机组转子励磁电流大小，可以调节无功功率的大小和方向。当发电电动机与电网系统同期并网后，在定子中形成电枢电流，该电流产生磁动势及相应的电枢磁场，该磁场与转子磁场同步旋转，保持相对静止。电枢磁场对转子磁场产生的影响有三种：增磁、去磁及交磁。减小励磁电流，使转子磁场处于欠励状态时，出现增磁反应，电机吸收无功功率，见图 6-12（a）；增加励磁电流，使转子磁场处于过励状态时，出现去磁反应，电机发出无功功率，见图 6-12（b）；若刚好出现交磁状态，则无功功率传递为 0，此时机组只传递有功功率。

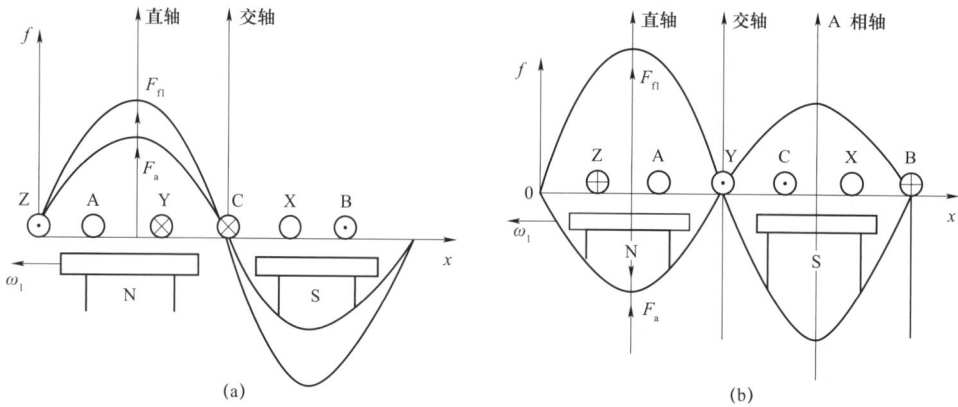

图 6-12　两种电枢反应状态

（a）增磁反应（欠励状态）；（b）去磁反应（过励状态）

抽水蓄能机组调相运行的设计安全稳定运行极限，见发电电动机功率圆图（见图 6-13），其边界主要由"定子电流限制线""励磁电流限制线""低励、失磁限制线""运行稳定极限线"等构成。

3. 与调相机对比

与大型调相机对比，抽水蓄能机组设计关注点不同，调相能力存在一定差异。调相机侧重无功调节性能，无功功率调节能力可达到全容量，次暂态响应能力强；抽水蓄能机组不以无功调节能力作为设计要点，无功调节能力为其具备的特性之一，调相能力为部分容量，对次暂态响应时间无特殊要求。在特高压直流闭锁或换相失败时，调相机可以快速响应次暂态无功需求，而抽水蓄能机组凭借其强大的励磁 AVR 控制系统，可以在次暂态后恢复过程通过快速强励等方式为电网提供暂态及稳态无功支撑，有力保障电网电压稳定。

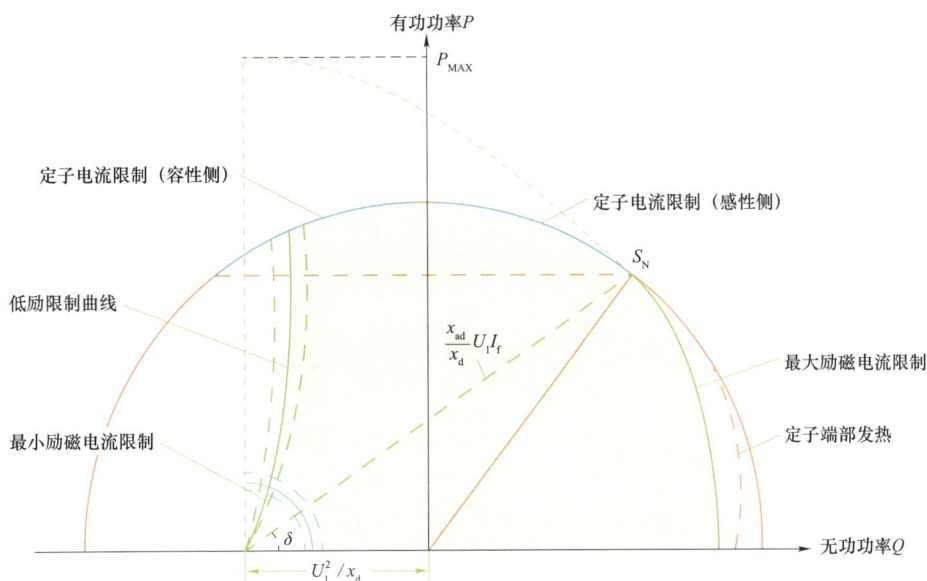

图中标注：

- 有功功率P
- P_{MAX}
- 定子电流限制（容性侧）
- 定子电流限制（感性侧）
- S_N
- 低励限制曲线
- $\frac{x_{ad}}{x_d} U_1 I_f$
- 最大励磁电流限制
- 最小励磁电流限制
- 定子端部发热
- δ
- U_1^2 / x_d
- 无功功率Q

图 6-13 抽水蓄能机组发电电动机功率圆图

（二）调相能力试验

1. 抽水蓄能机组调相能力试验开展情况

投运早期的抽水蓄能电站，由于当时电网对机组调相运行需求少，机组调相试验多以验证调相功能为主，对调相能力未做充分验证。近几年新投运的机组，根据电网需求，在调相试验中加大了对调相深度的要求，但试验方法和要求不统一。分析近三年投运的 10 家抽水蓄能电站机组进相能力试验情况，受系统电压、机端电压及厂用电电压水平限制，机组进相深度在 $0.18S_N \sim 0.57S_N$，调相能力未能得到充分验证。

2. 抽水蓄能机组调相能力试验方法改进

实际中，当电网需要无功调节时，上述系统电压限制条件将不存在，抽水蓄能机组无功调节性能主要受制于定、转子电流及主要部件温升。

2024年4月，在重庆蟠龙抽水蓄能电站4号机组调相能力试验中，采取1~3号机组支撑4号机组无功调节的方式，充分探索4号机组调相能力。

将重庆蟠龙抽水蓄能电站4号机组在不同工况下调相能力试验结果反映在发电电动机功率圆图上（见图6-14），可见机组调相能力接近设计限制线，该试验相比常规试验方法更加深入地验证了抽水蓄能机组调相能力。

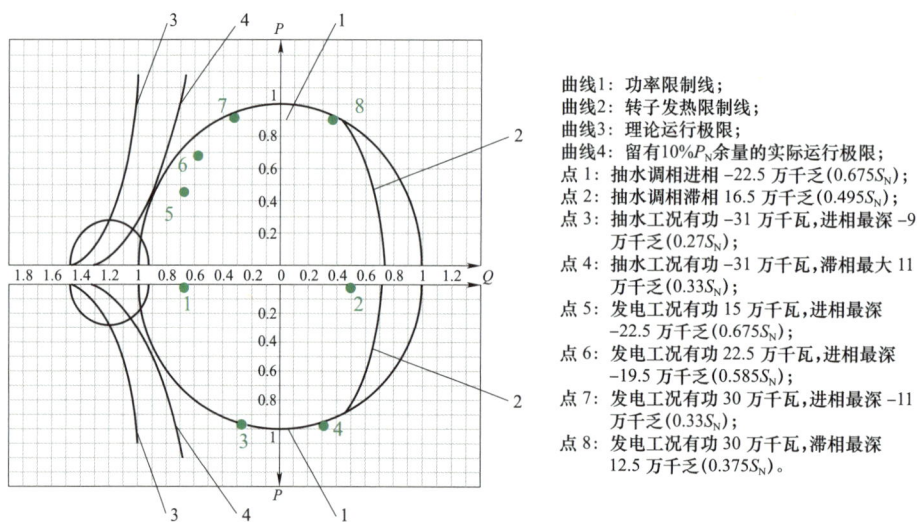

曲线1：功率限制线；
曲线2：转子发热限制线；
曲线3：理论运行极限；
曲线4：留有10%P_N余量的实际运行极限；
点1：抽水调进相 −22.5万千乏（0.675S_N）；
点2：抽水调滞相 16.5万千乏（0.495S_N）；
点3：抽水工况有功 −31万千瓦，进相最深 −9万千乏（0.27S_N）；
点4：抽水工况有功 −31万千瓦，滞相最大 11万千乏（0.33S_N）；
点5：发电工况有功 15万千瓦，进相最深 −22.5万千乏（0.675S_N）；
点6：发电工况有功 22.5万千瓦，进相最深 −19.5万千乏（0.585S_N）；
点7：发电工况有功 30万千瓦，进相最深 −11万千乏（0.33S_N）；
点8：发电工况有功 30万千瓦，滞相最深 12.5万千乏（0.375S_N）。

图6-14　重庆蟠龙抽水蓄能电站4号机组调相能力试验结果

（三）调相能力展望

抽水蓄能机组具有四象限运行能力、宽泛的无功功率调节范围、良好的励磁调节特性，同时具备大型同步电机转动惯量大的特点。相比常规水电机组距离负荷中心更近，在电网出现电压跌落时，可以提供宽泛、巨额、快速的无功支撑，对于保障特高压直流输电和新能源消纳、提高电网系统安全稳定运行水平具有重要意义。

1. 现有抽水蓄能机组调相能力验证

重庆蟠龙抽水蓄能电站4号机组调相能力试验为现有抽水蓄能机组调相能力开发提供了一个重要方向，即通过采取2~3台陪试机组配合试验机组开展测试，不会出现传统单台机组试验时电压容易受限的情况，可以更加深入地验证机组调相能力。该试验方法具有对电网影响小、试验过程可控性高、可推广性强等特点，可作为抽水蓄能机组调相能力开发的重要手段。

另外，也可通过电网系统模拟无功需求的方式开展抽水蓄能机组调相能力测试，该方法更加接近在电网故障情况下抽水蓄能机组支撑系统无功调节的实际情况，但试验条件模拟上有一定难度，风险相对较高，可作为验证抽水蓄能机组调相能力的定性试验。

2. 持续提升抽水蓄能机组调相能力

根据抽水蓄能机组结构特点，若要进一步提升抽水蓄能机组调相能力，可以从设计制造环节开展优化，改进手段主要包括改善转子散热通风、提升转子绕组绝缘耐热等级、提升励磁系统响应速度、降低定子端部漏磁、优化定子通风结构、增大气隙等。优化后，抽水蓄能机组调相性能更接近调相机，调相容量进一步提升，调节响应速度更快，但机组体积增大，成本预计会有所增加。

综上，充分挖掘和提升抽水蓄能电站调相能力，并根据抽水蓄能机组调相运行特点优化调用策略，将丰富电网无功调节手段，有助于大电网安全稳定运行。

第二节 抽水蓄能运检管理

本节介绍抽水蓄能电站生产运维体系发展演变情况、技术管理要点、机组检修等级及实施方式等内容。

随着抽水蓄能行业规模化发展，电站运维制度标准体系已基本健全，管理模式不断演变，多种模式并存。较常见的是运行与维护管理部门分立，或运维一体化模式。目前，"现场无人值守、远程集中控制"电站群管理模式，对一定地域范围内电站的调度运行和生产准备、日常运维和设备修试工作进行集约化管理，提高管理效率。

抽水蓄能行业检修模式也在持续探索。传统的定期检修已不能适应抽水蓄能行业的发展，以精准开展设备状态评价为基础的状态检修将推广开来。

一、抽水蓄能运行维护管理

抽水蓄能电站多为地下式厂房，电气设备密集，天然面临水淹厂房、火灾等重大事故风险。因此，高质效开展抽水蓄能电站运维工作，消除设备安全隐患，保证安全运行尤为重要。随着抽水蓄能产业不断发展、技术愈发成熟，电站运维管理模式也在不断演变，运维业务体系逐渐健全，运维管理机制日趋完善，逐步高效和智能。运维效率提高的同时，运维成本大大降低，现场安全管理水平不断提高，电站的长期稳定运行得到有力保障。

（一）运维管理体系发展演变

1. 制度标准体系

抽水蓄能电站转入生产阶段，制度体系建设是抽水蓄能电站生产运维管理工作中最基础、最关键的环节，生产运维管理应坚持"有章可循、有矩可依"的基本原则。

2005 年及以前，国内已建成的抽水蓄能电站较少，抽水蓄能电站方面仅有《可逆式抽水蓄能机组起动试验规程》国家标准和《抽水蓄能电站选点规划编制规范》《抽水蓄能电站设计导则》等电力行业标准，与抽水蓄能电站运维有关的行业标准尚未建立，电站运维主要参考水电厂（站）相关技术标准。随着早期北京十三陵、浙江天荒坪、广蓄等抽水蓄能电站运营经验积累，行业内部开始形成一些电站运维的指导性意见和技术规范，但还未形成统一的国家标准或行业标准。

2006 年起，随着山东泰山、浙江桐柏等 10 余座抽水蓄能电站陆续投产，抽水蓄能电站运维经验逐步丰富起来，且与水电厂（站）的运维差异日趋凸显，建立抽水蓄能电站运维标准成为行业共识。2011 年起，《抽水蓄能可逆式水泵水轮机运行规程》《可逆式抽水蓄能机组启动试运行规程》《抽水蓄能可逆式发电电动机运行规程》等国家或行业标准陆续实施。截至 2023 年底，已形成现行有效的《抽水蓄能机组励磁系统运行检修规程》等国家标准 11 项、《抽水蓄能电站厂用电系统运行检修规程》《抽水蓄能电站水库运行管理规范》等行业标准 29 项、《抽水蓄能机组现场性能试验导则》《抽水蓄能发电机断路器检修规程》等中国电力企业联合会标准 25 项，抽水蓄能制度标准体系基本完善，很好地指导了抽水蓄能电站设计、安装、运维、修试等工作，健全了抽水蓄能运维管理体系。

2. 运维管理重点

抽水蓄能电站投产初期，运维管理重点围绕规章制度建立开展，编制运行规程、检修规程等技术文件，建立完整的设备运维管理机制，如：明确操作票、工作票流程，建立设备巡回检查制度、交接班制度、设备定期试验轮换制度，形成符合各电站实际运行特性的状态分析、缺陷治理、隐患排查等专项管理制度。在建立设备运维管理制度体系的同时，运维人员提前介入设备的安装调试环节，及时衔接设备管理工作，同步开展运维管理制度培训、专业技能培训，通过师带徒、厂家培训、生产单位培训、岗位实践等措施，保证运维人员深度掌握规范制度要求，保障投产初期设备运维体系正常运转。

抽水蓄能电站稳定运行期，核心目标在于维持设备安全高效运转，规范开展设备运维、隐患排查治理等工作，对老旧设备进行升级改造，防范安全事故风险，提高设备运行可靠性。在已建立的各项设备运维管理机制运转下，电站会随着现场设备实际运行情况对各项机制进行针对性的补充完善，提升制度体系的准确性、完整性。

3. 运维业务体系

抽水蓄能电站生产业务主要分为运行和维护两方面。其中运行业务主要指以值长为核心的调度运行管理和设备运行管理工作，具体从事响应电网调度指令、实时监控设备状态、安排设备运行方式、设备停复役操作、设备定期轮换、事故应急处置等，管理重点在于运行人员对运行规章制度的刚性执行，凸显抽水蓄能服务电网优势。维护业务突出设备全寿命周期资产管理，具体包含设备状态分析评估、定期检查消缺、设备检修试验、技术监督、反事故措施排查、备品备件库存管理等工作。两块业务互相关联、环环相扣，全方位保障电站设备安全稳定运行。图6-15

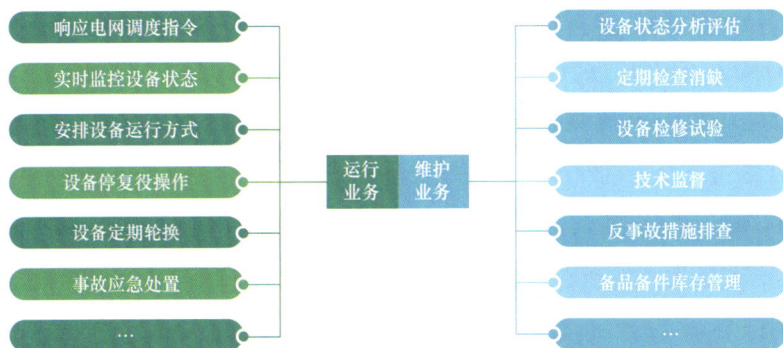

图 6-15　抽水蓄能电站运维管理业务

为抽水蓄能电站运维管理业务。

抽水蓄能电站运维业务实际执行过程中，一般安排少人 24 小时值守，主要从事监控设备运行、执行调度指令等工作，其他人员除日常运维工作以外，轮班进行 ONCALL，机动开展设备应急处置、停复役操作等工作。

4. 运维模式的发展及探索

早期，投产的抽水蓄能电站数量较少，运维模式基本沿用常规水电厂的生产管理方式（常规模式），生产部门实行"两部两分场"机构设置，即生产技术部、安全监察部、运行分场和维护分场，主要负责设备运行维护工作，该模式为水电厂一直延续下来的一种传统生产管理体系，运行与维护管理部门分离，从事运行业务和维护业务的人员相对固定，职责分工明确，管理界面清晰。2010 年前，我国投产的抽水蓄能电站近 20 座，各电站的运维模式多元化，有的沿用常规模式，有的根据自身实际创新发展出运维一体化模式，将传统意义上的运行管理部门和维护管理部门进行整合，在运行、维护两块业务相对独立的基础上，增进从业人员在不同业务之间的交流轮换，打破了两个部门之间沟通的壁垒，一定程度上提高了电站整体工作效率。

无论运行管理和维护管理部门的拆分或整合，其中最重要的是保持两块业务的相对独立，保证业务之间的优势互补、协同监督，现场运维工作才能维持安全有序。

目前，大部分抽水蓄能电站运维业务的开展方式和人员配置高度相似，既"一站一套人马"，从整个抽水蓄能行业来看，此种以单一电站为管理单元的方式不利于最大限度发挥抽水蓄能运维人才、技术和管理资源的价值，管理效率偏低，不能满足抽水蓄能投产规模爆发式增长对运维资源的需求，一定程度上制约了抽水蓄能的高质量发展。目前，各大抽水蓄能电站管理集团已开始探索新的运维模式，其中，以"现场无人值守、远程集中管控"的电站群管理模式最为常见。将一定地域范围内抽水蓄能电站进行集中管理，建立远程集控中心，统一负责各电站调度运行、值守监视等工作，同时统筹安排域内各电站的设备维护工作，分配运维团队前往各电站从事日常运维和设备修试等工作，派驻团队采用轮班方式，减少人员常驻电站时间。"现场无人值守、远程集中管控"模式统筹了管理资源，可有效发挥专业人才作用。

（二）抽水蓄能电站技术管理要点

抽水蓄能电站转入生产阶段，需做好反事故措施排查、全过程技术监督等技术管理工作，以保证抽水蓄能设备安全稳定运行。技术管理要点包括反事故措施排查防范、全过程技术监督、异动/临时措施管理、定值管理、设备设施状态分析管理等，本书主要介绍反事故措施排查防范和全过程技术监督管理。

1. 反事故措施排查防范

抽水蓄能电站多为地下式厂房，即使位置较高的发电机层高程也比下水库水位低数十米，比上水库水位低数百米。如果供水管、压力钢管等管路爆裂，大量水流将会快速涌入地下厂房，短时间内淹没机组各层，严重危及人身和设备安全。地下厂房空气流动性差，靠通风系统实现空气循环，在发生火灾时，为防止火灾范围扩大，需停运相应地点通风系统，易导致现场人员窒息。

为保障抽水蓄能机组安全稳定运行，防止发生重大人身伤亡、设备设施损坏事故，抽水蓄能行业应遵循国家能源局发布的《防止电力生产事故的二十五项重点要求》，各抽水蓄能电站应结合各自生产运行特点，编制并执行相应重大反事故措施，杜绝事故隐患。重点要求主要包括防止水淹厂房事故、防止火灾事故、防止人身伤亡事故、防止水轮发电机组（含抽水蓄能机组）事故等25项内容。本书通过事故案例，主要介绍防止水淹厂房和防止火灾反事故措施。

（1）防止水淹厂房事故

2000年10月，某抽水蓄能电站机组消水环管上的手动操作阀由于质量问题发生损坏，运行人员未能及时关闭机组供水，现有排水泵排水容量不够，直至第二天在增加排水泵后，才阻止了厂房内的水位上升，最终水淹到发电机层，发电机仅露出机头，其他设备均被淹没。

2016年9月，某抽水蓄能电站机组电气故障停机，机组甩负荷过程中，因水轮机顶盖把合螺栓断裂，顶盖抬起，压力水通过顶盖涌出，水淹厂房。

2021年3月，某水电站因大坝左岸西沟水库进水支洞闸门异常开启（正常为关闭状态）导致水库水位上升发生漫坝，坝体发生局部垮塌，库水沿交通洞流入水电站地下厂房。

2022年1月，某水电站机组主进水阀检修期间，因引水钢管闷头破裂失效，造成水淹厂房，致厂房内9人死亡。事故直接原因为闷头体未按照承压设备制造、检验，出现严重质量缺陷，在引水钢管内水压的作用下爆裂失效，大量水流高速涌入厂房，导致人员溺水死亡、设备及厂房严重受损。

抽水蓄能行业充分吸取历次水淹厂房事故教训，认真剖析事故原因，从水力设计、逻辑控制、重要部位螺栓、压力管路及阀门、应急措施、供排水设施的设计、制造、安装调试和运维等方面形成了针对性的防止水电厂水淹厂房反事故措施，为国内抽水蓄能电站防止水淹厂房事故提供指导。

（2）防范生产火灾事故

2016年6月，某变电站2台110千伏主变压器和1台330千伏主变压器相继爆炸起火，6回出线相继跳闸。事故原因为35千伏电缆中间接头故障且电缆沟道内存在可燃气体，引发燃爆。

2021年7月，某电厂1号机组跳闸，就地检查确认1号主变压器区域着火。经查，1号主变压器内部发生短路接地，主变压器受冲击后喷油着火，事故扩大原因为1号启动备用变压器、1号主变压器、2号主变压器至GIS室各屏柜信号、保护、通信等电（光）缆全部敷设在1号主变压器上方同一个电缆通道桥架上。1号主变压器着火后，将1号主变压器、2号主变压器和1号启动备用变压器一、二次电缆全部烧毁，造成两台机组跳闸，全厂失电。

为防范生产火灾事故，抽水蓄能全行业应加强消防设备设施检查和电气设备火灾管理。一是开展消防安全专业技术评估和整改，确保消防设备设施火灾自动报警和灭火功能时可用、在用；二是加强新技术的应用，通过技术革新将发电机灭火方式由传统的水灭火改为气体灭火，有效降低火灾导致的设备损失。

2. 运维技术监督

技术监督是夯实抽水蓄能产业本质安全基础、推动高质量发展的一项重点举措。通过技术监督保障，构建以全过程管控、全专业协同、全要素保障为特征的"平台+专业"技术监督体系，形成监督硬约束，确保"老问题不重复、新问题不增加、苗头性问题早遏制"，保障设备安全、稳定、经济运行，推动抽水蓄能高质量发展。

技术监督贯穿设备设施运维全过程，监督专业包括电气设备性能、金属、保护与控制、热工、电测、自动化、信息通信、电能质量、化学、节能、环境保护、水机、水工、土建等。技术监督的主要工作为：利用有效的检测、试验和抽查等手段，监督有关技术标准、运维要求和反事故措施在各阶段的执行落实情况，确保各项试验、检测、维护等工作应做必做，保证设备设施安全稳定运行。

二、抽水蓄能设备检修管理

设备检修是抽水蓄能电站投运以后设备管理工作的重要内容，主要是按照一定的周期对设备开展针对性消缺、分解检查修理、零部件更换、预防性试验等工作，以保持、恢复设备性能水平，检修期间设备处于不可用状态。

为明确抽水蓄能电站检修开展原则、规范设备检修内容，有关部门编制了《抽水蓄能电站检修导则》《水电站设备状态检修管理导则》等文件，指导电站规范化开展设备检修工作。

随着国内抽水蓄能行业的高速发展，一方面，投产机组的数量不断增加，各电站在设备检修方面的经验积累日益深厚；另一方面，随着电网结构的不断变化，抽水蓄能在电网调节中的作用日益凸显，电网调度对电站设备检修的周期、工期也提出了更加严格的要求。为了进一步提升抽水蓄能服务电网的能力，各电站总结设备运维检修经验，针对检修开展方式、检修作业项目的优化开展了多方面的探索研究。

（一）抽水蓄能机组设备检修等级划分

按照设备检修规模和检修工期，一般将抽水蓄能设备的检修分为 A、B、C、D 四个等级（见图 6-16）。

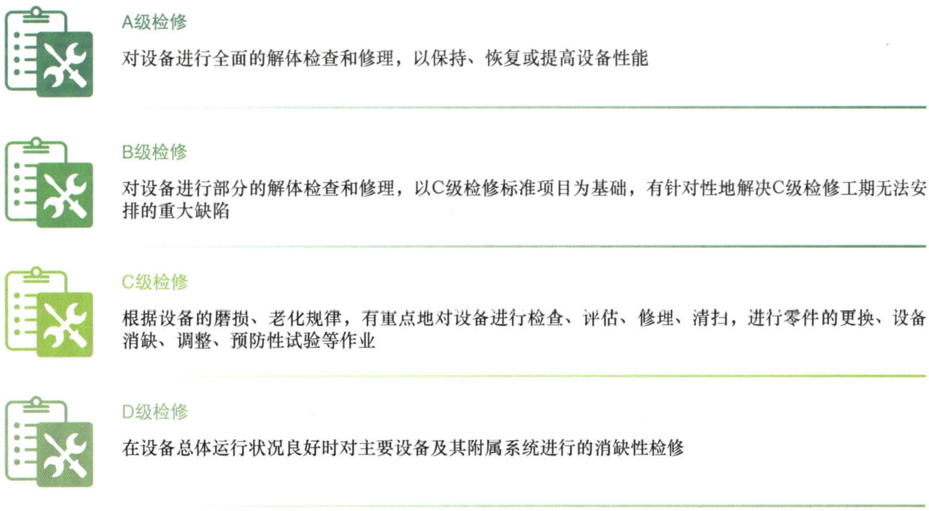

A级检修
对设备进行全面的解体检查和修理，以保持、恢复或提高设备性能

B级检修
对设备进行部分的解体检查和修理，以C级检修标准项目为基础，有针对性地解决C级检修工期无法安排的重大缺陷

C级检修
根据设备的磨损、老化规律，有重点地对设备进行检查、评估、修理、清扫，进行零件的更换、设备消缺、调整、预防性试验等作业

D级检修
在设备总体运行状况良好时对主要设备及其附属系统进行的消缺性检修

图 6-16 抽水蓄能设备检修等级划分

抽水蓄能电站机组检修一般按照 A、B、C、D 四个等级实施。高压电气设备、主变压器、计算机监控系统、继电保护及安全自动装置、公用辅助设备等设备系统的检修一般按照 A、C 两个等级实施。

为规范管理抽水蓄能机组检修工期,《抽水蓄能电站检修导则》对各级别检修的工期做出如表 6-2 所示规定。

表 6-2　　　　　　　　　　　　　检修工期表　　　　　　　　　单位:工作日

检修类型	$K \leq 0.5$	$0.5 < K \leq 0.9$	$0.9 < K \leq 1.3$	$K > 1.3$
A 级检修	70 ~ 80	80 ~ 90	90 ~ 100	100 ~ 110
C 级检修	11 ~ 20	13 ~ 22	15 ~ 24	17 ~ 26

注　1. 本表检修工期对应检修标准项目,存在非标项目时可对工期进行调整。

2. K 为检修难度修正系数,$K = \sqrt{\dfrac{\text{机组容量(万千瓦)} \times \text{转轮直径(米)}}{100}}$。

3. B 级检修工期以 C 级检修工期为基准,根据具体检修项目适当延长工期。D 级检修工期应不超过 7 个工作日。

(二)抽水蓄能机组检修方式

抽水蓄能设备检修方式主要有定期检修、状态检修、故障检修。其中,定期检修是指一种以时间为基础的预防性检修,根据设备磨损和老化的统计规律,事先确定检修等级、检修间隔、检修项目、需用备件及材料等的检修方式。状态检修是指根据状态监测和诊断技术提供的设备状态信息,评估设备的状态,在故障发生前进行检修的方式。故障检修是指在设备发生故障或失效时进行的非计划性检修,具体检修内容和检修方式根据发生故障的具体情况开展。

1. 定期检修

抽水蓄能电站定期检修包括 A、B、C、D 级检修。机组 A 级检修的周期一般为 10 年,也可根据设备技术文件要求、国内外同类型机组的检修实践、机组的运行状况、设备实际运行小时数或规定的等效运行小时数等方面进行综合分析、评价后确定。机组 C、D 级检修周期一般为 1 年。机组 B 级检修无固定的检修周期,一般针对 C 级检修工期内无法消除的设备缺陷或工期较长的改造项目,将 C 级检修扩大为 B 级检修。有 A 级检修的年份,应不安排 C 级检修。

2. 状态检修

抽水蓄能电站状态检修的主要管理流程包括设备状态信息收集、设备状态评价、检修决策、年度检修计划编制、检修实施和评价等。

状态评价是状态检修的核心内容，依据相关技术标准，开展定期评价和动态评价，主要通过持续开展设备状态跟踪监视和趋势分析，综合专业巡视、在线监测、例行试验、诊断性试验等各种技术手段对设备状态进行评价，编制设备状态评价报告和状态检修综合报告，准确掌握设备健康状态，确定设备状态级别。

检修决策是在设备状态评价基础上，参考风险评估情况（综合考虑安全性、经济性和社会影响等三个方面的风险），以全面完善的状态检修策略库为基础，科学、准确地进行检修决策，确定设备检修维护策略。

状态检修计划依据检修决策结果编制，并统筹考虑水轮发电机组和电气一次、电气二次设备集中停电检修需求。状态检修计划应明确检修时间、检修类别、检修内容、检修方式、检修工期等内容。

实施状态检修，一是通过优化检修项目，调整检修工期，实现针对性检修，可以提高设备等效可用系数等可靠性指标，更好地服务电网；二是通过设备分析评价，准确掌握设备状态，提前主动发现设备缺陷，降低故障风险和事故处理的被动投入；三是优化检修项目和工期，减少人力和物力的投入，释放的人力资源可以投入其他高附加值工作，让专业人员聚焦于核心技能的提升，创造更大的经济效益。

以部分抽水蓄能电站机组机械专业 C 级检修为例，通过状态评价将部分检修项目周期从一年优化调整为两年，统计 2022 年优化前后检修项目数量变化，见表6-3。

表 6-3　　　　　　　　　　检修项目数量对比表

电厂	类别	水轮机系统	发电机系统	调速器	球阀系统	尾闸系统	技术供水系统
广蓄 A	优化前	28	23	12	11	11	6
	优化后	10	8	5	4	4	0
广蓄 B	优化前	28	27	13	10	11	6
	优化后	11	8	5	5	4	0
惠蓄	优化前	31	24	14	10	11	6
	优化后	12	8	7	5	5	0

电厂	类别	水轮机系统	发电机系统	调速器	球阀系统	尾闸系统	技术供水系统
清蓄	优化前	33	25	14	10	11	6
	优化后	13	9	7	2	5	0
深蓄	优化前	33	25	14	10	11	6
	优化后	14	8	7	3	5	0

以两年为一个周期统计优化前后的机组 C 级检修工期变化，见表 6-4。

表 6-4　　　　　　　　检修工期对比表　　　　　　　　单位：天

类别	第一年工期	第二年工期	总计
优化前	16	16	32
优化后	7	16	23

由以上统计数据可以看出，通过精准开展设备状态评价，科学开展检修决策，合理安排检修计划，优化检修项目，可缩短检修工期，提高设备可用系数，增强抽水蓄能电站服务电网能力。

（三）检修实施方式及展望

目前，检修实施方式主要有三种，一是自主实施与业务外包相结合，监控系统、继电保护、励磁系统等二次系统检修由电站人员自主实施，电气一次、机械设备的检修由外委的专业检修单位实施，该检修方式下，电站人员对电气一次、机械设备的检修参与度不足，技能提升较慢；二是抽水蓄能运营集团成立检修试验分公司，承担集团下属抽水蓄能电站的检修业务，该检修方式下，检修人员技能提升较快；三是检修业务全部由自主实施，常驻现场的机组运维外委队伍提供必要的辅助用工，该方式检修成本较低，也可解决电站检修人员不足的问题。

状态检修可以创造更大的经济价值，保障机组更可靠、更持续地服务电网，是抽水蓄能检修管理高质量发展的必然趋势。做好状态检修工作，最重要的是如下两个方面：一是精准开展设备状态评价，科学制定检修决策，根据状态评价结果真正做到"应修必修"；二是集中优秀专家团队、优势检修资源，着力培养一批技能水平高超的专业人才和能一锤定音的行业工匠，做到"修必修好"。

第三节　抽水蓄能水工管理

本节介绍抽水蓄能电站水工建筑物运行维护管理和防汛管理的现状和发展情况。

水工建筑物的运行维护工作主要是对大坝、水库、输水系统、电站厂房等水工建筑物进行日常检查、监测、维修和管理工作，以确保其正常运行和长期安全稳定，目前的水工建筑物运行维护体系已基本完善，水工安全监测新技术尚在持续探索。

抽水蓄能电站防汛特性与大江大河上的常规水电站有所不同。抽水蓄能电站库容受限，调洪、滞洪能力较差，同时承担保大坝安全、保下游平稳多重任务，"小库大灾"风险较高。在建电站的地质灾害风险也不容小觑。加之近几年水文气象年景总体偏差，极端天气气候事件偏多，抽水蓄能电站的防汛形势严峻复杂，需持续加强水工安全监测方式优化和风险防控措施提升工作。

一、水工建筑物管理

抽水蓄能电站水工建筑物主要包括水库、大坝、输水系统、厂房及洞室群、厂区公路等设施。作为抽水蓄能电站可靠运行的基本保障，水工建筑物直接影响到电站的整体效益，部分水库还承担着灌溉、供水等任务，其安全稳定更关系到下游人民群众生命财产安全，做好水工管理意义重大。引水系统及地下厂房如图6-17所示，水库大坝如图6-18所示。

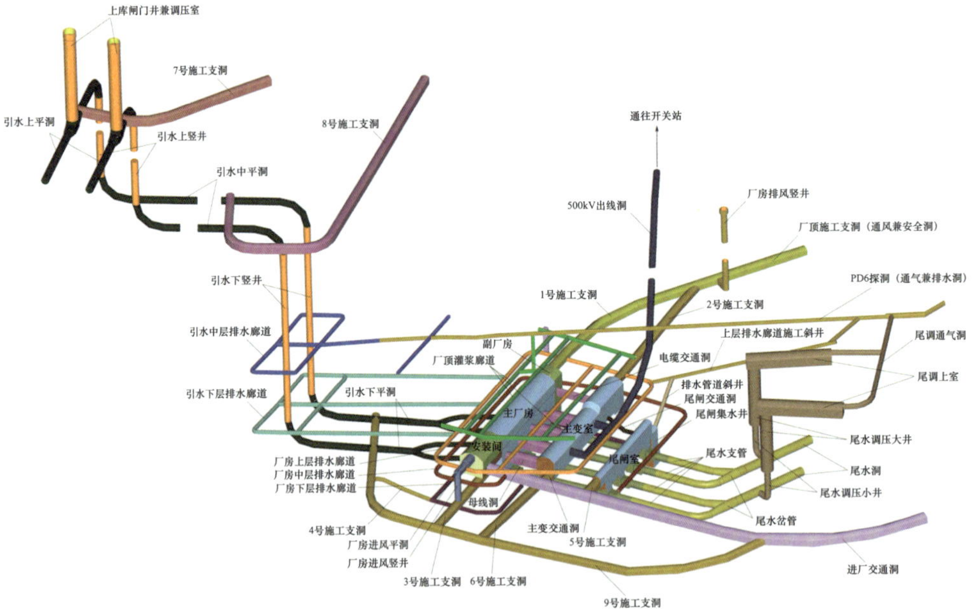

图 6-17　引水系统及地下厂房

图 6-18　水库大坝

（一）管理体系

我国历来重视大坝等水工建筑物的安全管理，经过不断的建设与完善，目前已建立起一套较为完善水工建筑物管理体系。国务院在 1991 年发布了《水库大坝安全管理条例》，是我国水库大坝管理的指导性文件，后经历了两次修订，对大坝（含永久性挡水建筑物以及与其配合运用的泄洪、输水和过船建筑物等）的建设、管理、险坝处理等内容进行了规定，明确了水利部会同国家能源局对全国电力系统大坝安全实施监督的工作机制。随着水电站数量的不断增加，电力行业也逐步意识到水工建筑物管理的重要性，2015 年国家发展改革委制定并发布了《水电站大坝运行安全监督管理规定》，细化了水电站大坝的安全管理要求，明确了电力企业是水电站大坝运行安全的责任主体。与此同时，国家能源局主导印发了《水电站大坝安全注册登记监督管理办法》《水电站大坝安全定期检查监督管理办法》《水电站大坝运行安全信息报送办法》《水电站大坝安全监测工作管理办法》《水电站大坝工程隐患治理监督管理办法》《水电站大坝运行安全应急管理办法》等管理办法和《混凝土坝安全监测技术规范》《土石坝安全监测技术规范》等技术规范，对水电站大坝的安全监测、隐患治理、注册定检等工作管理提出了细致、明确的要求。2023 年，为进一步加强水电站大坝安全监督管理，有效提升大坝安全总体水平，国家能源局印发了《水电站大坝安全提升专项行动方案》，在全国范围内组织开展大坝安全提升专项行动，推动水电站水工建筑物安全管理不断向着专业化发展。

作为水电站大坝安全管理的责任主体，电力企业也在不断完善自身的大坝安全管理系统，逐步构建起以"五规五制"（即水务管理规程、水工观测规程、水工机械运行检修规程、水工维护规程、水工作业安全规程、岗位责任制、现场安全检查制、大坝检查评级制、报汛制、年度防汛总结制）为代表的制度规程体系（见图6-19），让电站水工建筑物的安全管理做到有章可循、有据可依。

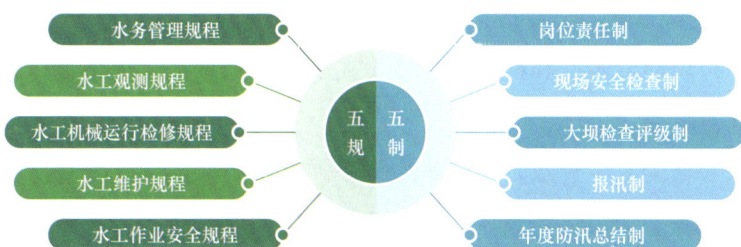

图 6-19　"五规五制"制度规程体系

抽水蓄能电站作为水电站的一种，其水工建筑物的安全管理与常规水电站存在一定的相同点，然而，由于其水工建筑物与运行方式的典型特点，同样也与常规水电站存在着不同之处。如抽水蓄能电站地下建筑物较多，其监测工作以往仅能参考大坝相关规范，为了解决这一问题，国家能源局推动发布了《水电工程地下建筑物安全监测技术规范》，弥补了这一领域的空白。再如抽水蓄能电站的水库，尤其是上水库库容通常较小，一般为日调节水库，水库水位的日变幅较大，当按照现行规范的监测频次进行水位与大坝渗漏量的关联分析时，由于渗漏的滞后性，通常难以得出较为明确的结论。抽水蓄能电站水工建筑物管理目前尚未形成自身完整的管理制度与技术标准体系，更多的是执行或参考水电站相关标准，目前仅有《抽水蓄能电站库盆检测技术规程》《抽水蓄能电站水库运行管理规范》等少量专用规范，让抽水蓄能电站水工建筑物运维管理走向更加专业化，应当是抽水蓄能行业从业人员未来努力的方向。

（二）管理要点

水工建筑物运维管理的本质是要做到真实掌握健康状态，及时发现缺陷隐患，适时开展问题处理，时刻保证水工建筑物可控、在控。其运维重点是要利用技术监督等手段做好现场检查、安全监测、分析评估与维护检修，配合做好大坝注册、定检工作。

国家能源局作为抽水蓄能电站大坝的主管部门，下设了大坝安全监察中心对大坝进行专业管理，目前主要是通过大坝安全注册登记与大坝安全定期检查来具体实施。其中，大坝注册更多的是针对电力企业管理水平的检查，对于符合安全注册登记条件、大坝安全管理实绩考核评价满足要求的大坝，核发安全注册登记证，安全注册登记等级分为甲级、乙级和丙级，甲级坝有效期为 5 年，其余为 3 年，注册登记证到期前需办理换证；而大坝定检则更多的是针对大坝本身健康状态的检查，针对大坝定检周期内运行和检查情况评价大坝的安全等级，提出存在问题和处理意见。

电力企业作为水工建筑物的运维主体，在日常工作中的首要任务是做好安全监测与现场检查。如果将大坝比作人，那么安全监测就像是"切"的微观分析，而现场检查则更像是"望、闻、问"的宏观观察，两者相辅相成、互相论证。现场检查作为目前最直观、最有效的方法，通常能够发现大部分问题，但往往是在问题出现之后，而且对检查人员的专业水平、经验都有较高的要求；而安全监测与数据分析，在进行大量数据模型分析的基础上，结合水工建筑物运行的客观规律，往往在问题萌芽状态时就能够发现，以便及时地采取措施，防止或延缓问题的发生。

水工建筑物的安全监测内容主要包含变形、渗流、应力应变等，其中，变形与渗流是较为直接反映问题的项目。以大坝的变形监测为例，分为表面变形和内部变形，目前表面变形常用的监测方法主要有针对垂直方向变形的水准测量和针对水平方向变形的交会法测量等。

某大坝坝顶沉降过程线如图6-20所示。某大坝后挡墙顶部垂直位移分布如图6-21所示。

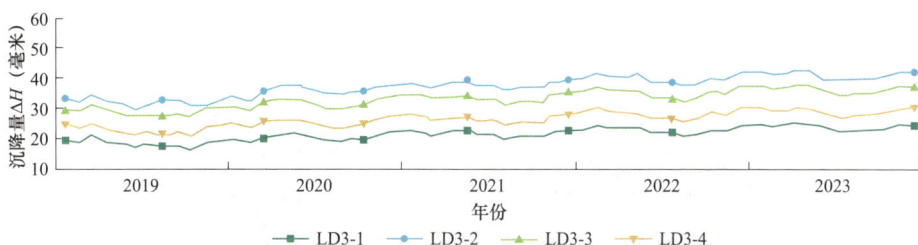

图6-20　某大坝坝顶沉降过程线

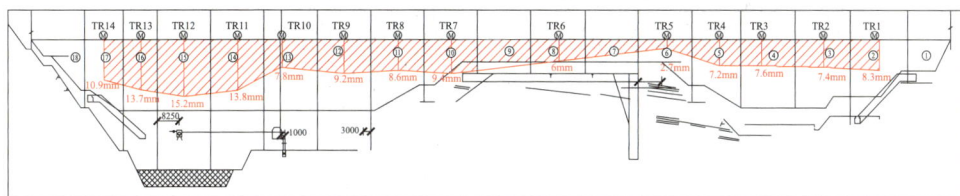

图6-21　某大坝后挡墙顶部垂直位移分布

随着科技的不断进步，行业内也在不断引进更加先进的理念，比如在表面变形监测中增加北斗卫星的应用、廊道等部位引进巡检机器人等，抽水蓄能电站水工建筑物管理从业者们正在积极推动运维工作的自动化、智能化。

如图6-22所示为廊道巡检机器人，如图6-23所示为输水道检测机器人。

图 6-22　廊道巡检机器人

图 6-23　输水道检测机器人

二、防汛管理

每年汛期，我国很多地区都会受到洪涝灾害的威胁，给人民的生命财产安全带来严重影响。近年来，颠覆传统认知的极端天气事件频繁发生，水旱灾害极端性、反常性、复杂性、不确定性显著增强。1991—2022 年"七下八上"期间，突破历史极值的站点数大幅增加，极端天气多发频发态势愈加明显，对防汛管理和防灾减灾都提出了更高的要求。

抽水蓄能电站由于地处山区，边坡陡峻，地质情况复杂，局地小范围气候多变，洪水成形速度快且预测难度大，给电站的防洪安全带来了挑战。常规水电站水库在提供发电、供水等兴利功能的同时都具有一定的控制洪水的作用，水电站发电机组在满足设计标准的前提下，与水库泄洪设施共同参与泄洪。抽水蓄能电站与常规水电站不同，洪水期电站运行时发电或抽水流量不是泄向坝下，而是与天然洪水叠加组成入库洪水，因此，抽水蓄能电站在水库防洪上，除了控制天然入库洪水，还需考虑发电、抽水流量对工程防洪的影响。拦水沙袋如图6-24所示，泄洪闸门如图6-25所示。

图 6-24 拦水沙袋

图 6-25 泄洪闸门

（一）管理体系

由于防汛管理干系重大，一旦发生问题，将直接造成巨大的财产损失，甚至威胁到人民群众的生命安全，为此，国家颁布了《中华人民共和国水法》《中华人民共和国防洪法》《中华人民共和国防汛条例》等多项法律法规，用于规范防汛管理工作。

水电企业作为水电站水库大坝的直接管理者，做好水库大坝的防汛管理责任重大，而好的管理离不开组织体系的健全和规章制度的完善，在防汛管理方面，水电企业普遍成立了以行政一把手为组长的防汛领导小组，全面负责防汛管理领导工作，组建了防洪抢险队，制定了防汛管理办法，明确了防汛检查、值班、物资储备、抢险、通报、奖惩等管理内容，结合实际编制了防汛专项预案，形成了较为完善的防汛管理体系。

应该说，目前三峡、新安江等大型常规水电站的防汛管理已经相当成熟，政企合作紧密，责任划分明确，洪水调度一般由流域防汛指挥机构统一指挥，作为水电企业则更多是做好泄洪设施的维护、调度指令的落实工作。与之形成鲜明对比的是，抽水蓄能电站水库，特别是库容小的水库的防汛管理，以往地方防汛管理部门参与的积极性不高，甚至个别地区存在汛期水库调度计划得不到地方批复的情况，这给抽水蓄能电站的水库调度等防汛管理工作带来了隐患。好在这一现象目前也引起了国家有关部委的注意，2020年水利部印发《小型水库防汛"三个责任人"履职手册（试行）》，明确要求水库所在地的县级以上人民政府要设置水库的行政责任人；2023年国家防汛抗旱总指挥部、水利部、国家能源局三部委联合发布《关于进一步明确水库水电站防洪抢险应急预案管理事项的通知》，明确规定水利部门要组织开展预案的技术审查，水电站防汛行政责任人所在人民政府的防汛抗旱指挥部负责预案批准；同年，国务院安全生产委员会、水利部、国家能源局联合下发《关于进一步加强水库水电站放水安全风险防范工作的通知》，要求划清水电站与下游河道管理界限，组建完善水电站放水安全预警联动机制，明确水利管理等部门、水利与电力调度机构以及水电站的责任人。这一系列动作，都为抽水蓄能电站水库的防汛管理工作提供了理论依据与政策支持，如何将上述要求尽快落地，更好地推动政企间的联动，促使防汛管理合规高效，则是抽水蓄能行业从业者以及行业主管部门未来一段时间仍需努力的事。同时，加强与气象部门合作也是努力的重点，需要在推进气象灾害预警监测、科学调度洪水等方面开展研究。

（二）典型案例

抽水蓄能电站的防汛呈现"小"而"难"的特点。"小"在通常流域面积小、总洪量小，由于电站自身具备两座水库，具有一定的通过抽水/发电工况转换自我调节的能力，一般面临的防汛压力小。但由于电站地处山区，边坡陡峻，地质情况复杂，局地小范围气候多变，洪水成形速度快，造成"预测难"；由于站址位置较为偏僻，一旦发生灾害，短时间内通常只能依靠自身力量开展救灾，造成"应对难"，给电站的防汛安全带来了挑战。同时，由于抽水蓄能电站的建筑物特点，其防汛重点也不仅限于水库大坝，地下厂房、工程边坡，甚至电站营地等都面临着较大的防汛压力。

2023 年 8 月，受台风"杜苏芮"残余环流影响，某抽水蓄能电站发生强降雨，下水库 24 小时累计降雨量 254 毫米，上水库降雨量超过 300 毫米，均达到特大暴雨的标准，接近历史最大降雨两倍。复核整个降雨过程，下水库入库水量达到 815 万米³，最大洪峰流量达到 448 米³/ 秒，此次降雨所带来的洪水超 1000 年一遇水平。受强降雨影响，电站下水库水位超过限制水位，一度接近大坝坝顶高程，面临漫坝风险，暴雨造成电站对外交通、通信信号中断，电站内部多处边坡塌方、道路冲毁、截排水沟损毁，上 / 下水库连接路、办公楼至营地道路中断，洪水带来的大量泥沙造成水库水质浑浊，下水库进 / 出水口等部位均存在大量泥沙，对电站机组运行造成直接影响。经清查，该电站共发现水毁 60 余处，其中，道路边坡塌方约 4300 米³、排水沟损毁约 1200 米、渣场弃渣滑塌约 12000 米³。

降雨之前，该电站及时研判雨情，发布预警，提前弃水预腾库容，同时明确应急队伍，落实物资准备，组织人员撤离，预警及时、措施得当，为成功应对强降雨打下坚实基础。洪水来临时，该电站及时与地方防汛部门沟通，错峰削落水位，合理调整泄洪闸门开度，保证了大坝等主要建筑物的安全，避免了大坝漫坝事件发生，成功发挥了水库拦蓄洪峰的作用，为下游居民转移争取到了宝贵时间，得到地方政府的肯定。

此次强降雨虽未造成人员伤亡，但电站设备设施损失较为严重。各抽水蓄能应吸取经验教训，针对防汛特点，加强对超标洪水、地质灾害、水淹厂房、山洪水冲击弃渣场等极端情况开展监测预警和风险防范措施研究，严控抽水蓄能电站生产运行期间设备设施损坏重点风险。

抽水蓄能
数字化智能化发展

▶ 浙江长龙山抽水蓄能电站

摘　要

本章面向抽水蓄能电站在新型电力系统中的功能定位需要,结合规划设计、工程建设、生产运维等各阶段业务需求,以及创新发展方向和成功实践,统筹提出抽水蓄能数字化智能化发展新思路和新实践。

随着工业信息技术的成熟应用,我国抽水蓄能电站自动化、数字化、智能化水平不断提升,当前电站数字化设计、基建智能管控以及生产阶段状态监测、生产运维智慧管理等数字化系统逐步成为行业标准配置,集控中心、经济运行、预测性维护、区域优化调度等数字化应用也逐渐普及。

面向"双碳"目标实现和新型电力系统建设需要,抽水蓄能进入规模化发展新时期,随着"大云物移智链边"等新技术的更新迭代,抽水蓄能数字化智能化手段在规划设计、工程建设、生产运维阶段等全过程广泛应用,大幅提高电站开发建设和运维的效率,电站人员管理、设备管理、专业管理水平持续提升。规划设计阶段应用数字化设计提高工程方案的科学性,数字化选点、三维协同设计高效精准;工程建设阶段通过数字化手段实现工程精益化管控,智能碾压、智能灌浆以及基建智能管控系统,持续提升工程建设安全质量水平;生产运维阶段通过智能化手段提高运行维护质量和效率,智能巡检逐步替代人工巡检,智能终端实时监测机电设备状态支撑状态评估与检修决策,生产运维管理进入数字化智能化阶段。

当前抽水蓄能进入快速发展新阶段,为科学探索未来抽水蓄能数字化智能化发展趋势,结合新需求、新经验、新实践、新技术,围绕发展现状、建设体系、建设方案和技术展望,本章提出了抽水蓄能数字化智能化发展思路,有待行业共同研究提升我国抽水蓄能数字化智能化建设水平。

第一节 数字化智能化抽水蓄能电站发展现状

本节介绍抽水蓄能行业数字化智能化发展历程，介绍数字化智能化建设典型案例，并总结行业数字化智能化发展新趋势。

抽水蓄能行业站在水电行业肩膀上，从自动化高起点起步，快速实现了自动化、信息化，并从三维设计、基建数字化管控和运维智能化决策等方向逐步推动了数字化智能化的发展。国内抽水蓄能工程的主要运营单位包括国网新源集团有限公司（简称"国网新源集团"）、南方电网储能股份有限公司（简称"南网储能公司"）均开展了多轮次的抽水蓄能数字化发展规划，并陆续开展了试点建设，取得了不同程度的建设效益和行业影响。随着进入规模化发展阶段以及新兴技术的涌现，远程集中控制、机器学习和大模型驱动运检业务的试点探索也层出不穷，为抽水蓄能行业的创新发展拓展了思路。

一、发展现状

针对我国能源大规模发展和能源结构转型的需求，为了更好地提升能源转换效率、减轻对环境的污染，推进能源供给侧的改革，2016 年 2 月，国家发展改革委发布了《关于推进"互联网＋"智慧能源发展的指导意见》，明确指出要促进能源和信息深度融合。面向"双碳"目标实现，《抽水蓄能中长期发展规划（2021—2035 年）》中对我国抽水蓄能发展提出了明确规划，抽水蓄能进入规模化发展阶段。在新发展阶段，抽水蓄能电站在规划设计、工程建设、生产运维全过程提出更加精细、高效的要求。

近年来，我国水电工程在数字化技术应用方面开展了大量探索。规划建设方面，四川两河口、白鹤滩、浙江缙云等新建电站在规划设计阶段普遍开展了三维正向设计，在减少错漏碰缺、保障并提高设计质量方面发挥了积极作用。工程建设管控方面，项目管理、智慧工地、智能碾压、智慧灌浆、土石方平衡等数字化管控技术也在白鹤滩、杨房沟、双江口等工程的施工阶段得到了广泛应用，工程建设质效不断提升。生产运维方面，国电大渡河流域水电开发有限公司（简称"大渡河公司"）、南方储能公司、中国长江电力股份有限公司、国网新源集团等在设备健康管理、数字化检修等方面也开展了大量实际应用，水电厂（站）数字化和智能化建设初具雏形。

数字化技术在水电工程各阶段得到大量应用，也为抽水蓄能行业建设数字化智能化电站提供了专业指导和技术遵循。为此，基于当前抽水蓄能行业发展需求，以及工程数字化技术发展水平，统筹规划数字化智能化电站建设实现我国抽水蓄能行业又好又快高质量发展，为实现国家"双碳"目标创造条件。

二、实践探索

（一）浙江仙居数字化抽水蓄能电站

浙江仙居抽水蓄能电站采用三维正向设计方法，2016 年工程投运时设计院同步移交了基于 BIM 的数字化电站，初步实现了实体电站到数字电站的映射。在此基础上，国网新源集团聚焦运维期业务需求，启动了集中管控中心建设，遵循"1+1+N"建设模式，完成了 1 套电站共享基础设施和 1 个全景数据中心建设，并围绕生产管理、安全管理、物资管理、计划管理、财务管理、人资管理、党建管理和综合管理等八大业务的数字化提升，基于共享基础设施和数据中心提供 N 个智能应用服务，如图 7-1 所示。运行辅助值守模块基于计算机监控系统实时数据，在监视报警基础上进一步展示报警逻辑并推送建议处理措施，实现了运行经验知识化；设备健康管理模块实现了基于专家经验的定期状态评价，并自动生成月度状态分析报告，大幅减少了设备主人繁复的数据整编工作；开停机辅助决策模块以调度计划为输入，融合计算机监控、运行辅助值守以及设备健康管理结果数据，输出各机组推荐运行及开停机计划。上述各类应用切实减轻了现场监视值守、报表报告和数据分析工作，为运行值守、巡检维护和检修决策提供了辅助工具。

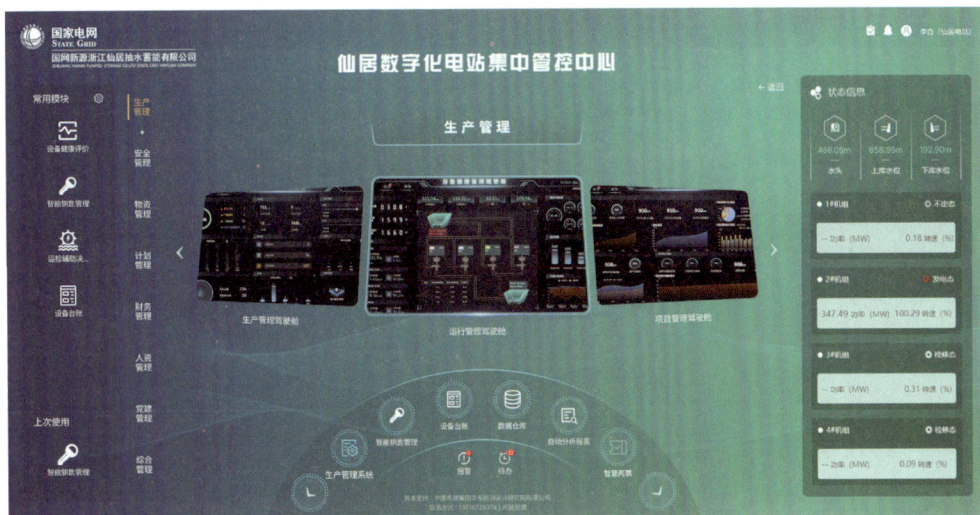

图 7-1　浙江仙居抽水蓄能电站集中管控中心

（二）国电智慧大渡河

作为典型的传统能源企业，大渡河公司提出智慧企业建设，坚持以建设"无人值班、少人值守"运行管理模式为目标，充分运用全寿命周期系统监控、人工智能、大数据分析、虚拟控制等先进技术，实现设备自动巡检、故障精准排查、设备智能联动，以新技术、新模式、新管理培育敏锐的市场洞察力和感知力，将职工从艰苦、繁重、重复的作业环境中解放出来，使数据驱动企业决策管理，让风险管控更加标准智能，促进电力流、信息流、业务流智慧一体化融合。面对新型电力系统下流域管理的新要求，提出了建设统一的流域级管理平台、建成电厂统一管控平台、统一整合数据中心功能、建设统一的数据平台、统一数据接口、统一软件开发环境、统一标准体系在内的"七个统一"建设原则，结合大渡河公司业务模式和管控模式的定位和特点，分别建设公司职能管控单元、生产业务单元和智慧服务单元（见图7-2），支撑公司规划、生产、经营、管理的整体管控，提供面向未来的下一代智慧业务能力，提升智慧企业建设水平，促进企业生产经营数字化转型。

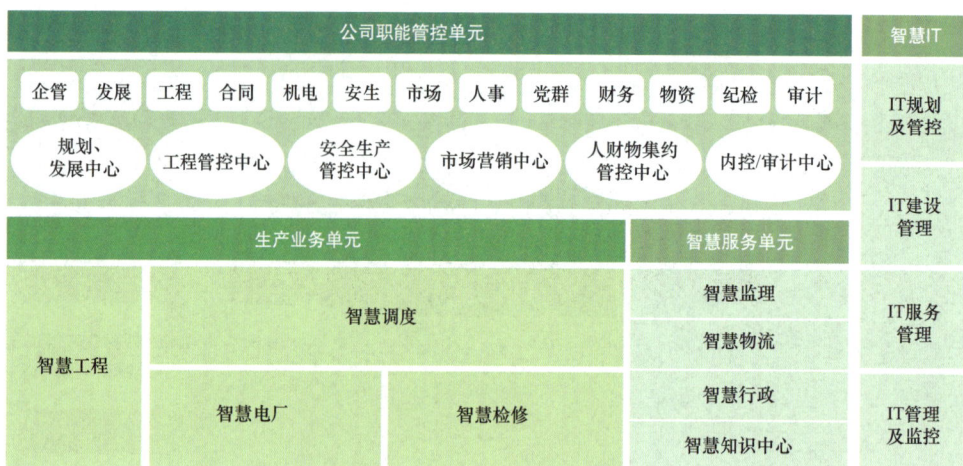

图 7-2　智慧大渡河业务体系

（三）南网储能公司状态大数据平台

近年来，中国南方电网有限责任公司（简称"南方电网公司"）积极研究探索深化数字化绿色化协同、推动构建新型电力系统和新型能源体系，高质量推进数字化转型和数字电网建设。"南网储能设备状态大数据智能分析系统 XS-1000D"（见图 7-3）是南网储能公司历时 8 年打造的我国首个抽水蓄能电站群大数据智能分析

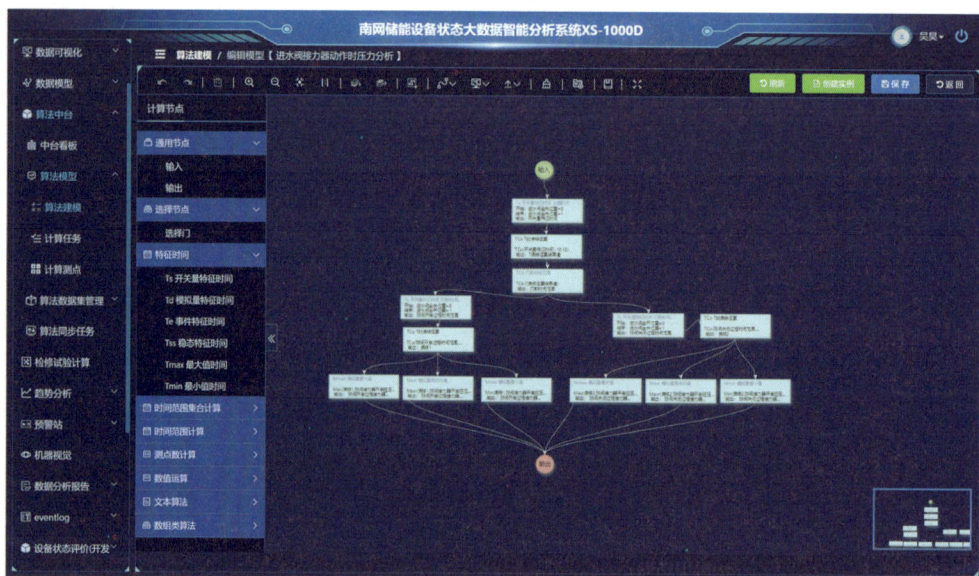

图 7-3　南网储能设备状态大数据智能分析系统 XS-1000D

系统，是南方电网公司数字化转型在储能领域的缩影。该平台基于"南网云"自主云平台构建，南网储能公司使用云算力、云资源自主搭建了业内领先的数据模型、数据中台、算法中台和底层架构，坚持核心功能、核心算法自主开发，并持续迭代升级，形成新质生产力。

该平台云端集成了装机容量为 1028 万千瓦的 7 座抽水蓄能电站、34 台机组设备、超过 35 万测点的海量数据。通过自建算法中台，研发抽水蓄能设备分析算法，实现了数据智能巡检、状态智能诊断、机器替代人工和运维模式变革，标志着我国近五分之一在运装机容量的抽水蓄能设备由传统线下人工管理向线上智能管理转变。南网储能公司运用该平台，每年提前预判主设备缺陷隐患 60 余起，包括提前发现机组关键阀门卡涩、关键继电器故障等隐患，助力机组可靠性提升，每年可创造经济效益数千万元。

第二节　数字化智能化抽水蓄能电站建设体系

本节阐述了数字化智能化抽水蓄能电站建设体系，从已有经验和成熟案例出发，结合新需求和新趋势，提出面向规模化发展新时期抽水蓄能工程全寿命周期数字化智能化总体方案。

建设体系首先结合抽水蓄能工程建设、生产运维的工作流程和业务逻辑，形成贯穿电站全寿命周期的数字化智能化建设原则和理念，提出数字化智能化抽水蓄能电站建设总体方案，给出涵盖基础硬件设施、基础软件平台以及业务数字化智能化应用的总体架构，梳理工程建设和生产运维阶段业务架构，统筹形成全寿命周期数据架构。随后，对总体架构内保障体系建设内容进行具体阐述，从信息模型标准体系、数据标准体系和信息安全体系三大体系提出详细解决方案。

一、总体架构

数字化智能化抽水蓄能电站面向电站工程全寿命周期业务需求，利用信息化、数字化、智能化手段，深入落实互联网、大数据、云计算、人工智能等新一代信息技术与水电行业的融合，形成数字化智能化抽水蓄能电站总体架构，如图7-4所示。

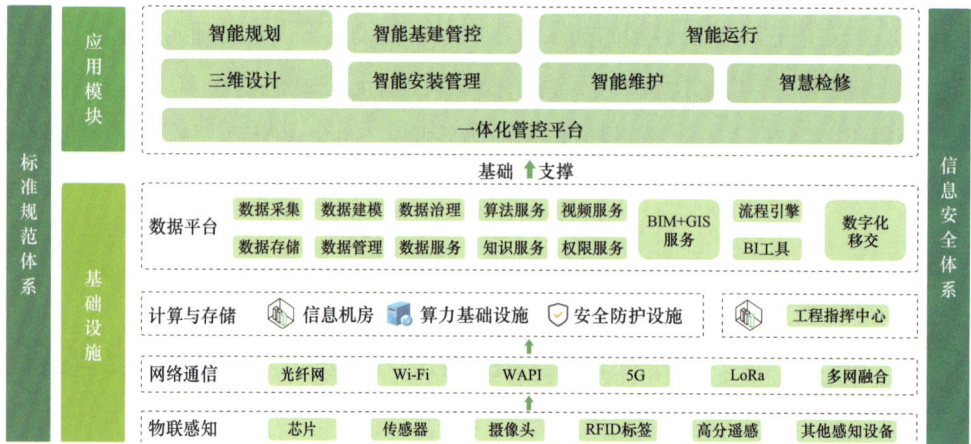

图 7-4　数字化智能化抽水蓄能电站总体架构

数字化智能化抽水蓄能电站业务架构（见图7-5）包括建设期业务和运维期业务两个部分，建设期业务包括项目管理、现场管理、施工管理三大板块，实现

图 7-5　数字化智能化抽水蓄能电站业务架构

从项目开工到竣工的全过程业务管理；运维期业务包括运行管理、维护管理、检修管理三大板块，围绕电站长期安全、高效运营的要求，实现电站精益化运维管理。

数字化智能化抽水蓄能电站数据架构（见图7-6）满足数据"采、传、存、用"的数据全链路诉求，并作为整个电站的数据底板，具备数据集成、数据存储、数据建模、数据编码、数据管理、数据治理、数据服务等能力，对内建立统一的数据管理体系，对外输出标准的数据服务和知识服务。

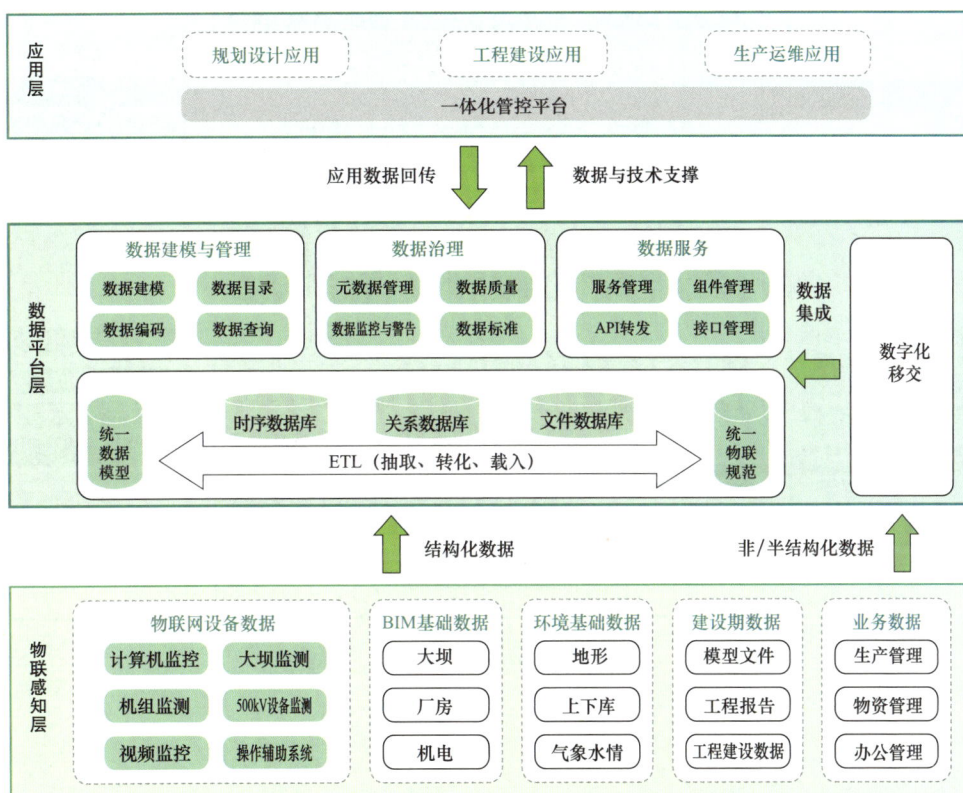

图7-6　数字化智能化抽水蓄能电站数据架构

二、标准体系

面向抽水蓄能电站全寿命周期构建标准规范体系框架，主要包括国家标准和企业标准两个层次。针对数字化智能化抽水蓄能电站建设，主要依据的建设标准包括信息模型标准体系、数据标准体系及安全保障体系，如图 7-7 所示。

图 7-7　数字化智能化抽水蓄能电站标准体系

（一）建筑信息模型标准

建筑信息模型（BIM）是在建设工程及设施全寿命周期内，对其物理和功能特性进行数字化表达，并依此设计、施工、运营的过程和结果的总称。数字化智能化抽水蓄能电站以数字孪生技术为载体，以 BIM 正向设计为手段，充分融合数字化技术、信息技术和现代工业技术，为电站建设全过程提供数据管理与服务，赋能建设工作提质增效，提升电站建设水平，并有效积累电站数字资产，服务电站全寿命周期管理。

数字化智能化抽水蓄能电站 BIM 建设，针对规划设计、工程建设、生产运维全过程实施，从基础技术标准、协同管理制度、流程管理、进度管理、质量管理、协同配置管理、实施细则等开展规范化、标准化管理建设工作。

（二）数据标准体系

数据标准是面向抽水蓄能电站的全寿命周期，为满足数字化智能化应用需求和保障数据高效共享流转而建立的一套数据标准体系，涵盖 GIS 数据、BIM 数据、专题数据，数据类型包括静态、准静态、动态和实时数据，具体包含工程全寿命周期的元数据、数据分类和编码、GIS 相关、BIM 相关和数据汇聚存储五个方面。

数字化智能化抽水蓄能电站建设应按"一个数据标准"实施，即在构建数字化智能化抽水蓄能电站时，先构建完整的、成体系的数据标准体系，并重点开展设施设备资产全寿命周期统一编码编制，从数据应用阶段、数据获取方式、数据接入形式、数据组织架构、数据编码体系等方面，提供标准化数字规约，为后续业务应用提供统一工程数据标准。

（三）信息安全体系

数字化智能化抽水蓄能电站信息安全体系设计需严格遵循国家及企业信息安全防护相关要求，基于通用等级保护安全设计框架和企业现有网络安全基础架构，通过构建信息安全技术体系、信息安全管理体系、信息安全运营体系，实现具备技术先进性和成熟性的安全保障体系。

数字化智能化抽水蓄能电站工程信息安全技术体系，围绕物理安全、边界安全、传输安全、网络安全、数据安全、应用安全六个方面安全应用需求，制定全方位、多层次的安全策略，建立终端、云端、网端三位一体的综合协同联防的安全防御模型。

第三节　抽水蓄能电站全过程数字化智能化

本节详细介绍了数字化智能化抽水蓄能电站在工程全寿命周期的建设内容，涵盖服务全寿命周期应用需求的共享硬件基础设施和软件基础平台，也包括规划设计、工程建设和生产运维等全寿命周期各阶段业务驱动的数字化智能化应用模块。

硬件基础设施和软件基础平台形成的电站基础设施是数字化智能化电站建设的基础，考虑全寿命周期各阶段分散及持续的需求，基础设施采用最新的云化和模块化解决方案，形成共享基础设施满足数字化智能化应用需求。依托共享基础设施，结合全寿命周期各阶段典型业务场景需求，阐述数字化智能化应用思路和方案，结合典型应用案例介绍数字化智能化应用效益和效果，并客观总结仍然面临的问题，提出可能的探索方向。

一、基础设施

（一）通信网络

通信网络根据电站建设周期主要分为建设期和运维期，建设期网络通信主要包含施工现场有线网络和无线网络建设，用以满足营地和施工现场办公、文件传输、智能业务终端数据传输和交互需求。运维期网络通信包含整个电站的所有通信方式，包括但不限于骨干光纤网络、无线网络、4G/5G专网等用于电站各个场景的网络通信，实现上下水库、厂房等各重点区域与设备的网络全覆盖。结合电站实际建设需求，建设期和运维期通信网络需考虑4G、NB-IoT等应用较为成熟的技术，也需充分考虑WAPI、5G、北斗等先进技术的应用，并遵循"永临结合、弹性扩展"的建设思路，打造一个具有高可靠性、高稳定性、高扩展性的通信网络系统。

骨干光纤网络推荐采用全光网，一方面利用无源光设备取代有源电设备，降低故障率和运维成本；另一方面综合利用分光技术等，满足未来网络带宽扩容需求。无线网络推荐采用 WAPI 取代 Wi-Fi，如图 7-8 所示，WAPI 采用国密加密技术构建无线局域网鉴权与保密基础结构，取代传统 Wi-Fi 专门配置的安全接入平台，弥补 Wi-Fi 在安全结构上的原理性缺陷，兼顾自主可控和经济性，适宜抽水蓄能工程等安全性较高场景使用。

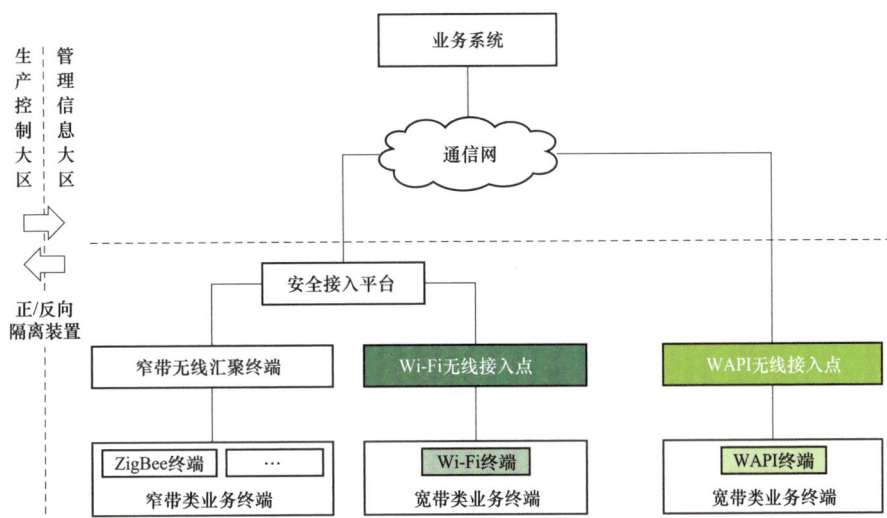

图 7-8 无线网络架构图

（二）算力基础设施

算力基础设施是现代科技创新的关键支撑，涵盖计算能力、存储能力和网络能力。抽水蓄能电站的传统信息化建设采用孤立式建设模式，形成了大量冗余的算力资源和庞杂的运维工作。为此，面向数字化智能化电站建设，考虑未来运营主体远控、集控模式需求，以及大模型等新兴技术发展趋势，算力基础设施采用云化设施。此外，考虑到电力监控系统安全防护要求，推荐采用私有云形态的基础设施，一方面具备弹性扩展、按需分配的优势；另一方面也可以作为远期集控模式下云化基础设施体系的边缘节点，实现远程统一管控。

结合当前技术发展，数字化智能化抽水蓄能电站推荐采用企业或云计算框架形态的超融合基础设施。超融合基础架构相比传统基础架构优势明显（见图 7-9），是以硬件服务器为基础，以虚拟机为核心，具有敏捷弹性、资源高效、管理极简等优势。超融合节点数量和配置根据应用模块资源需求规划，并按需规划 GPU、NPU 等新型算力资源配置。

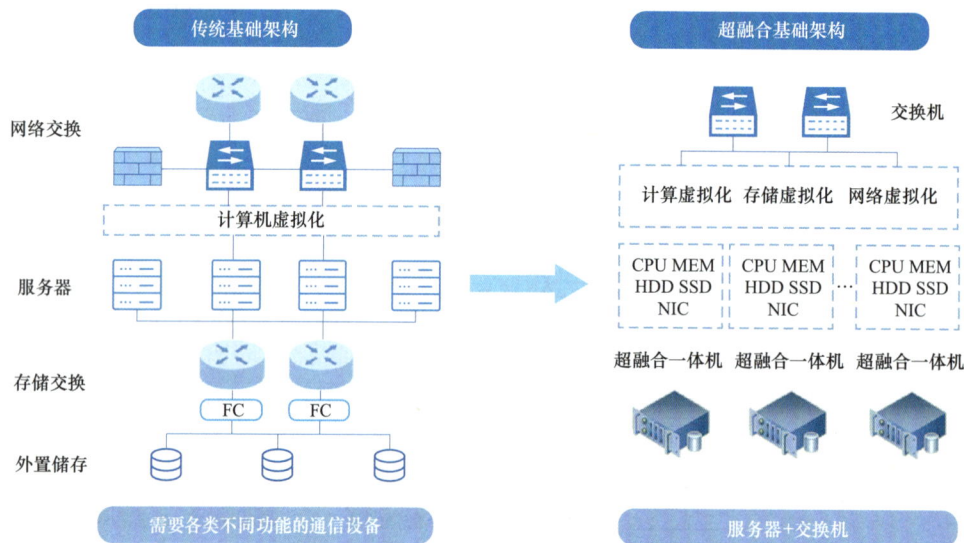

图 7-9　超融合基础架构与传统基础架构对比

（三）网络安全防护

抽水蓄能电站的网络架构需遵照《电力监控系统安全防护规定》，遵循"安全分区，网络专用，横向隔离，纵向认证"的安全方针。抽水蓄能电站网络横向分为生产控制大区（含安全Ⅰ区、安全Ⅱ区）和管理信息大区（安全Ⅲ区），纵向分为电厂区和涉网区。安全Ⅰ区和安全Ⅱ区之间采用工业防火墙隔离，生产控制大区与管理信息大区之间采用专用安全隔离装置；生产控制大区的纵向边界部署具有认证、加密功能的安全网关。

在此基础上，数字化智能化抽水蓄能电站信息安全规划依据《信息安全技术　网络安全等级保护基本要求》（GB/T 22239—2019）、《信息安全技术　移动签名服务技术要求》（GB/T 38646—2020）、《信息安全技术　信息系统密码应用基本要求》（GB/T 39786—2021）等相关标准规范，根据信息系统的重要性情况分大区进行等级保护测评。推荐生产控制大区开展等保三级测评，管理信息大区开展等保二级测评。

（四）智能终端

智能终端通过高度集成的传感技术、数据处理能力和网络通信技术，实现实时监测、数据收集与分析集成一体，并通过自动控制与信息通信技术的融合，使设备具有执行能力的同时具备思维能力，实现高效的远程监控与智能运维、优化资源调度、故障预防，助力抽水蓄能数字化智能化高质量建设。抽水蓄能电站常用的智能终端包括智能传感器、智能电子装置几大类。

随着传感技术的飞速发展，采用新原理、新技术、新工艺、新材料的智能传感器层出不穷，智能传感器所表现出的优势将成为推动抽水蓄能数字化智能化的主要力量之一，并赋予电站诸多新的特征。智能传感器是指具有信息检测、信息处理、信息记忆、逻辑思维和判断功能的传感器，充分利用集成技术和微处理器技术，集感知、信息处理、通信于一体，甚至能提供以数字量方式传播的具有一定知识级别的信息，智能传感器的发展将呈现出传感与微处理器一体化、复合传感功能、综合提高测量精度的能力、标准化总线接口通信能力的特性。随着技术的不断进步，智能传感器将朝着更高精度、更低功耗、更强适应性的方向发展，结合 5G 通信、边缘计算等新技术，传感器网络将实现更快速的数据传输与处理，进一步缩短响应时间，提升决策智能化水平。此外，通过标准化与模块化设计，降低传感器部署与维护成本，加速其在抽水蓄能乃至整个能源领域的广泛应用。

智能电子装置集成了先进的传感技术、数据处理、通信能力以及控制逻辑，支持即插即用、互操作性和模块化升级，可作为连接智能传感器和控制系统的桥梁，负责收集区域内多个传感器的数据，进行初步整合和预处理，包括数据清洗、格式转换等，确保上传的信息准确无误。部分智能电子装置往往内置边缘计算能力，能够在本地快速处理部分数据，执行简单的逻辑判断或预测分析，如即时响应某些紧急情况，减轻中央服务器的负担，降低网络延迟；也能接收来自控制系统的控制指令，如开启或关闭某个设备、调整运行参数等，实现远程控制功能；为了便于运维人员操作和监控，常配备直观的操作界面或与之配套的移动应用程序，允许工作人员在工作站或通过移动设备查看实时数据、报警信息及历史纪录，甚至执行远程运维任务。

智能终端作为实现抽水蓄能数字化智能化管理的重要支撑，主要包括可编程逻辑控制器、智能同期装置、智能调速器电气调节装置、智能励磁、智能保护装置等（见图 7-10）。在现有自动控制技术感知能力、执行能力的基础上具备思维能力，通过开展发电电动机、水泵水轮机、球阀、调速器、励磁、SFC、主变压器、GIS 等系统设备智能化以及先进传感技术和边缘计算单元的升级，实现设备运行状态的实时分析、诊断和预警，并实现自诊断、自适应、自恢复、远程参数配置、远程故障诊断等各类新功能，实现系统架构网络化、扁平化和就地化，节约大量信号电缆投资，支撑智能巡检、远程运维等数字化智能化建设需求。

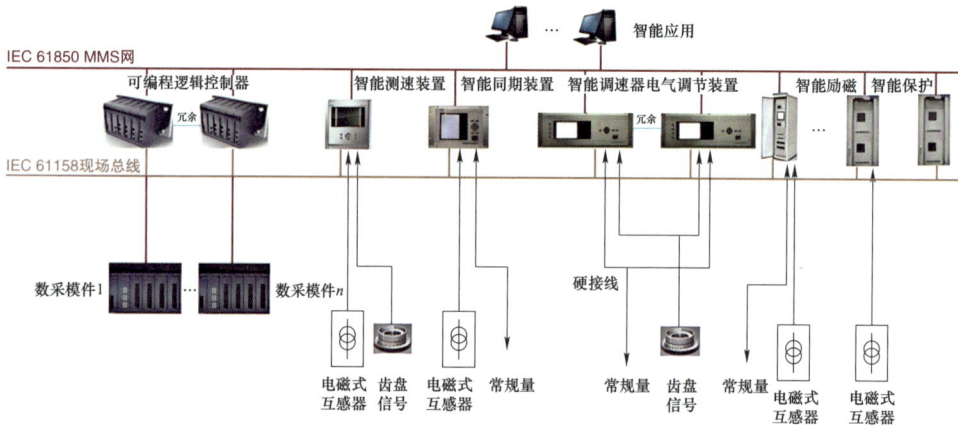

图 7-10　抽水蓄能电站典型智能终端

（五）数据平台

数据是数字化智能化抽水蓄能电站建设的核心要素，传统的孤立式建设模式导致了众多数据孤岛，需要大量人工协调来实现业务的配合，数据沉没在现场没有发挥数据资产价值。因此，数据平台作为数字化智能化抽水蓄能电站的数据枢纽，承担电站数据标准化、数据共享融合以及全寿命周期业务技术支撑的使命。

数据平台聚焦数据体系梳理、数据资源建设和统一数据服务，在规划设计、工程建设及生产运维等阶段完成各类信息、数据和资料的采集，屏蔽底层物联生态差异，管控数据汇聚链路，实现面向数字化智能化抽水蓄能电站建设的统一数据资源。在此基础上，结合业务划分规划利用贴源层、共享层和分析层数据资源进行建模管理，如图 7-11 所示。贴源层从原始数据端直接汇聚入仓，集成各业务系统数据以及外来数据；共享层对贴源层数据进行清洗，通过数据抽取、转换、加载（ETL）工具，根据业务架构形成主题数据；分析层基于共享层的共享数据，为各个数据域基础数据的整合统计汇总和个性化指标加工，对外提供分析服务能力，解决最终应用场景的具体业务诉求。

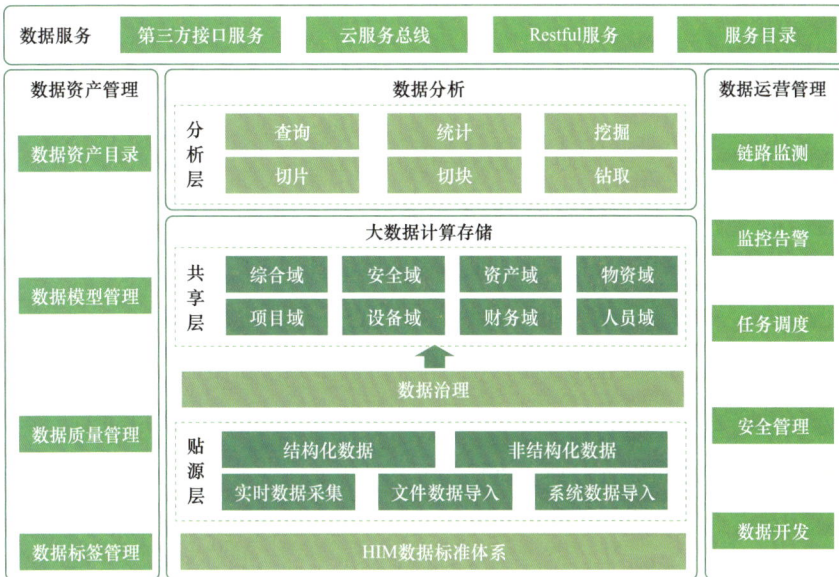

图 7-11　数据平台功能架构图

数字化移交作为数据平台的一部分，负责对规划设计、工程建设期各类文档、图纸、影音资料等半结构化、非结构化数据的收集、归类、整理、移交等工作，实现工程项目级知识库的建立。

为了使抽水蓄能电站运行维护阶段能更好地继承设计和建设过程产生的数据，在工程建设初期即应对移交数据的内容和形式做出规定，将工程设计和建设过程中产生的、运行维护需要使用的数据移交给运行方，实现统一数据入口的渐进式"数字化移交"。数字化移交应尽量减少人员的重复录入，尽可能通过数据接口等方式，从现有系统获取相关满足条件的交付文件，并需要明确质量检查机制，对移交的非结构化、半结构化数据进行完整性和一致性校验，实现移交数据的质量管理。

二、规划设计阶段

规划选点是抽水蓄能电站工程全寿命周期的初始阶段，纳入规划的抽水蓄能电站方可开发建设，实现更大范围内更高效率的规划选点，是抽水蓄能规模化发展的先决条件。通过引入数字化规划选点技术、三维设计技术等手段，提高规划设计过程的各专业产品设计效率，减少设计过程错漏碰缺情况，增强设计成果可读性、共享性，促进抽水蓄能电站高效率、高质量规划和设计工作。

（一）智能规划选点

规划选点一般以省级行政区或区域电网覆盖区为规划范围，基于人工经验选址法，我国规划建成了一批优质的抽水蓄能电站，为电力系统安全、稳定、经济运行发挥了重要的支撑作用。然而，抽水蓄能普查工作面广、涉及因素多、工作量大，传统人工经验法工作效率低、容易遗漏站点等问题也长期存在。

近年来，我国抽水蓄能规划选点工作面临新形势、新使命、新要求。一方面，受双碳发展战略驱动，抽水蓄能规划的区域全面扩张，过去的规划主要针对华北、华东、华南等经济发达的负荷中心，新时期东北、华北、西北和华南等新能源富集区域也成为规划重点地区；为了适应新能源大规模、高比例接入和长距离、大容量跨区输送，电力系统对抽水蓄能站点数量与规模的需求大幅度上升；由于抽水蓄能建设周期远大于新能源，导致抽水蓄能规划等前期工作周期大幅压缩。另一方面，随着我国经济社会进入高质量发展新阶段，生态保护、耕地保护等逐渐成为强约束，抽水蓄能电站选址需格外重视与社会、生态、经济等多维度要素的协调。传统抽水蓄能选址方法已难以适应抽水蓄能跨越式发展的新形势与新要求，亟待赋能升级。

抽水蓄能智能选址数字化平台（见图7-12）围绕抽水蓄能选址中水库识别、站点识别、站点优选三个主要流程，实现了全链条创新突破，首次提出了适应各类复杂地形的水库智能高速识别技术，实现了高效、全面、准确识别水库，为抽水蓄能站点识别提供了支撑；提出了适应各类空间尺度的抽水蓄能站点智能高效识别技术，基于水库识别成果，实现了抽水蓄能站点高效、全面、准确识别，为进一步优选站点提供了支撑；提出了基于多源数据融合的抽水蓄能站点智能高效优选技术，实现了对抽水蓄能站点的综合快速优选辅助决策。

与传统人工经验法相比，抽水蓄能智能选址数字化平台所提供的智能选址方法展示了显著的优越性，主要体现在三个方面：一是利用计算机模型取代了大量的重复性人力劳动，提高了抽水蓄能选址的自动化水平，实现站点水能参数、地形地质条件、环境及淹没影响、接入条件等的一站式综合分析比较，显著简化、优化了抽水蓄能选址的流程；二是通过并行计算等技术，在不漏选站点的前提下显著提升了选址效率；三是可以大幅提高抽水蓄能选址质量，减少人工遗漏站点的情况。

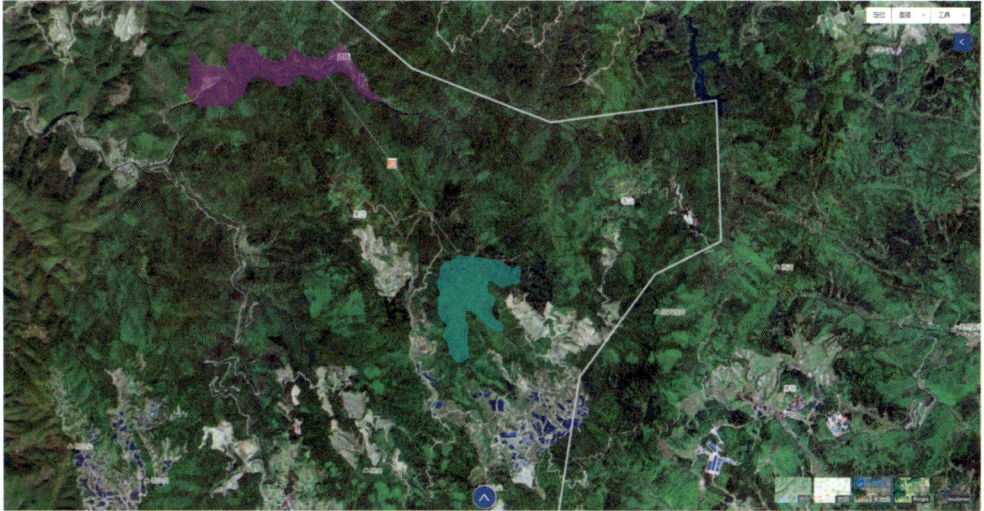

图 7-12　抽水蓄能智能选址数字化平台

抽水蓄能智能选址技术和抽水蓄能智能选址数字化平台不仅可以降低抽水蓄能电站规划选址的人力成本、提升工作成果水平，还有利于实现抽水蓄能站点的优中选优，为抽水蓄能开发决策提供更优解，为电力系统降本增效提供极大助力。

（二）三维正向设计

抽水蓄能工程规模大，涉及专业多，设计方案需要经历多轮次迭代。建设过程中设计单位采用平面图纸、人工绘制三轴侧效果图等方式与工程项目各参建单位开展设计交流，展示效果差、沟通效率低，无法适应规模化发展新时期工程设计和建设需要，迫切需要引入更加高效、可视化效果更好的技术手段。如图 7-13 所示，三维正向设计通过建立虚拟的工程三维模型，利用数字化技术，为这个模型提供完整的、与实际一致的虚拟工程信息库，其优势不仅在于其可视化的三维形体的布置，还在于其高精度的工程量统计和二次计算分析功能，如结构应力计算、水力损失计算、水锤计算、复杂区域流体动力学计算等。

规划设计阶段建立抽水蓄能工程三维数字化设计平台，支持各专业领域的三维设计，保证勘测设计各专业之间设计成果的及时传递和有效共享，实现地质、枢纽、机电等勘测设计各专业的协同设计。在协同工作环境下，基于同一个数据库，三维建模阶段能够实现在同一个模型文件中创建多专业三维模型，摆脱传统各专业分散建模、分散出图表的方式。此外，依托三维模型的空间分析功能解决传统人工二维设计的错漏碰缺等各种问题。如图 7-14 所示，机电专业三维设计是抽水蓄能工程碰撞检查问题发现、协调解决的关键，是影响设计进度、设计质量的重要因素。高质量的机电三维设计模型能有效减少甚至避免工程建设过程中的错漏碰缺现象。

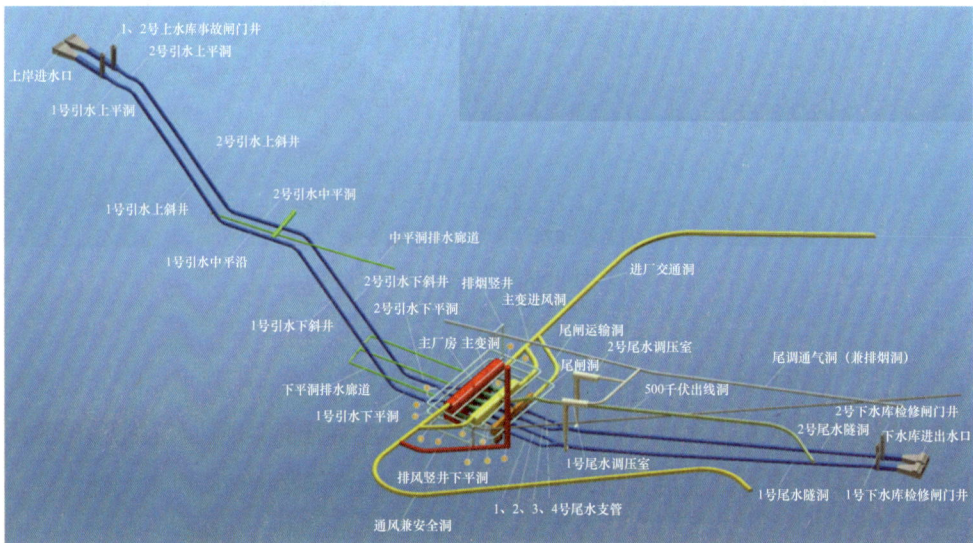

图 7-13　抽水蓄能工程枢纽三维模型

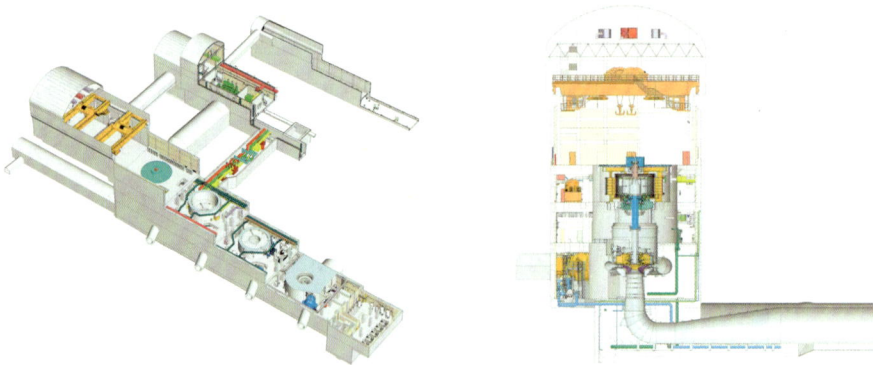

图 7-14　抽水蓄能地下厂房机电三维模型

高质量的抽水蓄能电站三维设计模型不仅能提高设计进度和质量，也为数字化移交奠定了基础，通过融合各类过程资产构建三维底板，为工程建设、生产运维等生命周期后续阶段数字化智能化应用提供服务。

三、工程建设阶段

近年来，国内抽水蓄能电站处于建设高峰期，体量越来越大，工程特点及管理难度愈加凸显，包括工程规模大、建设周期长、投资成本高、施工环境复杂、资源利用较多、管理越显薄弱等，亟待形成可复用的专业化、智能化基建管理模块，从工程项目管理、智慧工地管控、工程智能建造等方面实现"工程管理全过程、风险预防全方位、智能监控全要素"数字化管理新模式。

（一）工程项目管理

工程项目管理系统采用"分级管理、分层应用"模式，促进项目公司与设计、监理、施工、厂家等参建各方的业务协同，提升数字化管控的系统性、整体性和协同性。建立进度、安全、质量、技经、技术、综合及档案等专业共享、全要素集成、全流程一体化的基建数字化管控，为数字化电站提供技术支撑，实现工程建设开工准备至达标投产全过程管理。在档案单套制方面，满足电子签章、四性检测、元数据认证等归档要求，实现一键归档和跨单位跨系统数据融合，减轻数据多头低效报送，为基层减负。

（二）智慧工地管控

智慧工地管控应用以电站施工区网络为支撑、工程指挥中心为核心，建立"综合管控、统一调度、全局指挥"中心平台，对现场施工动态、业务管理信息、智能监测信息、实时监控信息进行整合、监督、预警，形成远程集中监控、现场流动稽查相结合的全覆盖监督体系，实现全厂区、全天候、全覆盖"一手抓"管理，实现事前管控、事中监督、事后消缺，提高施工现场的应急联动管控能力。

（三）工程智能建造

工程智能建造以现场施工作业的自动化控制为建设理念，以施工区网络为支撑，构建不同专项施工作业的管控应用，具体包括坝碾智能监控、运料车智能监控、摊铺智能监控、灌浆智能监控、智能称重加水等；核心是监管、控制施工过程质量，减少人为因素导致的质量不达标、反复施工等问题，优化并有效提升施工作业质量监管能力。

丰满重建工程智慧管控平台采用三维可视化、数据可视化、物联网数据实时采集等技术构建了覆盖数字化大坝、数字化洞室、数字化机组的施工全过程管理平台，通过数字孪生技术，构建与丰满大坝实体一致的数字孪生体，通过自动构建的单元工程模型、施工标准化数据和集成的物联数据，进行丰满电站工程规划、设计、施工、验收各阶段全过程管理，实现基建智慧管控，如图 7-15 所示。

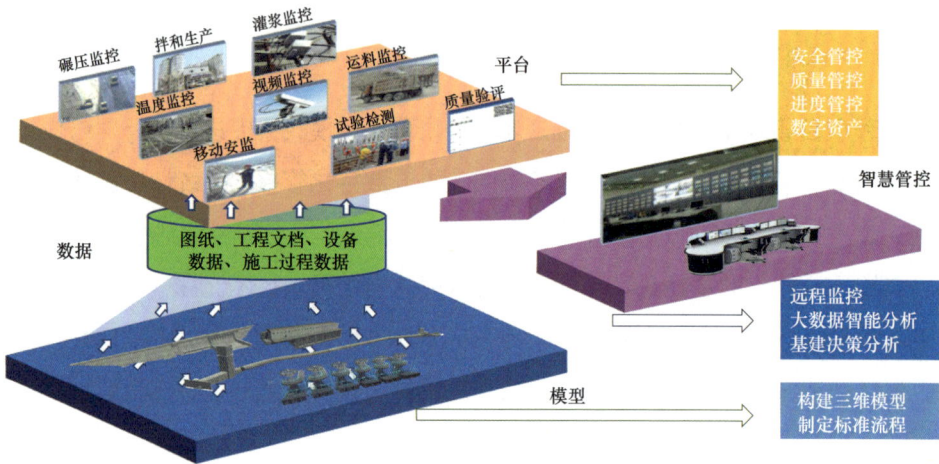

图 7-15 丰满重建工程智慧管控

辽宁清原抽水蓄能数字孪生电站（见图 7-16），在数字空间中构建真实电站的动态复制体，基于电站的基建全过程数据，采用先进的算法模型，实现对电站建设过程的智能化监控、辅助决策及持续优化。数字孪生电站首先模拟仿真物理电站，将物理电站从"人、机、料、法、环、管、测"七个维度，通过智能化管控手段将监测数据流动到孪生电站，从而为优化提升电站建设管理提供辅助决策支持。

| 地形地貌 | 视频监控 | 质量验评 | 进度管理 |

| 构造认知 | 断面分析 | 变形监测 | 安全违章 |

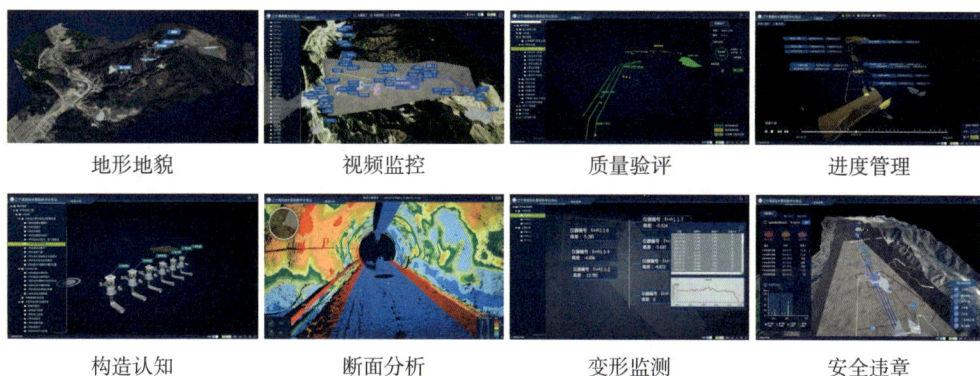

图 7-16　辽宁清原抽水蓄能数字孪生电站

四、生产运维阶段

生产运维阶段数字化智能化设计以实现电站生产运维过程智慧化运维为总体目标，围绕电站日常值守、巡检及设备健康管理等运行、维护和检修业务场景，引入物联网、人工智能等技术，实现生产运维阶段各业务流程数字化、数据分析及决策管理智能化，促进抽水蓄能电站低投入、高效率、高安全运维。

（一）远程集中管控

随着抽水蓄能电站的规划建设进入快车道，相应地带来了发展建设任务繁重和提质增效的双重压力，抽水蓄能电站点多面广、管理难度大、管理效率和决策支撑能力不足的问题逐步显现，区域远程集控的建设需求迫在眉睫。

通过先进的信息技术和远程控制技术，收集各抽水蓄能电站运行数据，对区域内多个抽水蓄能电站进行集中监控、统一调度和高效管理，建设包括发电调控、远程监控与诊断、安全运行管理、应急处置、环境与生态监测、数据分析与决策支持在内的一系列业务应用，支撑电站"无人值班、少人值守"，实现区域抽水蓄能电站的集中统一调控。通过区域远程集控的建设，实现信息的高效整合与分析，运用大数据分析和人工智能算法，更精准地预测可再生能源出力，动态调整抽水与发电策略，实现资源的最优配置，提高整个区域的能源利用效率；迅速响应电网突发状况，实施精准调控，协调各电站调整发电或抽水模式，有效平抑电网波动，增强电网的稳定性和安全性；通过集中管理降低运营维护成本、提高设备利用率实现集约化管理。

南网储能公司抽水蓄能集控中心如图 7-17 所示。

图 7-17　南网储能公司抽水蓄能集控中心

（二）智慧运行应用

智能值守以计算机监控系统为基础，如图 7-18 所示，提供智能报警、报警可视化与报警处置指导功能；水位及发电能力预测基于抽水蓄能电站上、下水库特点，基于调度计划实时演算电站上、下水库水位及发电/储能能力，为与调度沟通优化调度提供实时数据基础；开停机辅助决策面向抽水蓄能机组频繁启停需求，融合机组运行历史、调度计划及设备健康状态，优化调度机组开机顺序保障机组可用性；指标分析与智能报表面向电站日常统计分析需求，基于计算引擎与报表引擎提供指标可视化配置管理及自定义报表输出服务。

运行仿真应用三维建模及三维 GIS 技术，如图 7-19 所示，构建电站设备动态模型，建立水轮机、发电机、电气一次设备、电气二次设备、仪器仪表等三维动态仿真对象，通过三维可视化运行仿真平台，实现电站各运行设备工作状态、故障及事故现象以及调度控制的三维动态模拟，支撑抽水蓄能电站运行仿真、应急演练等业务。

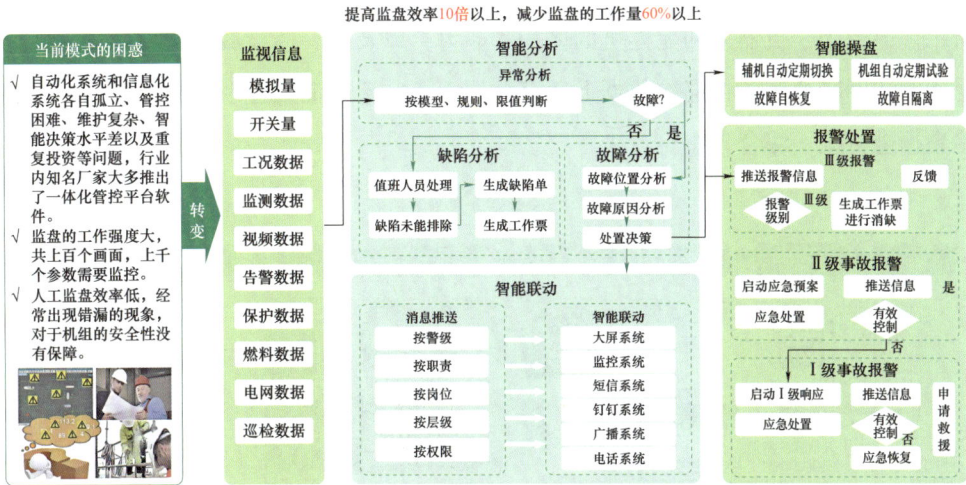

图 7-18　抽水蓄能电站智能值守

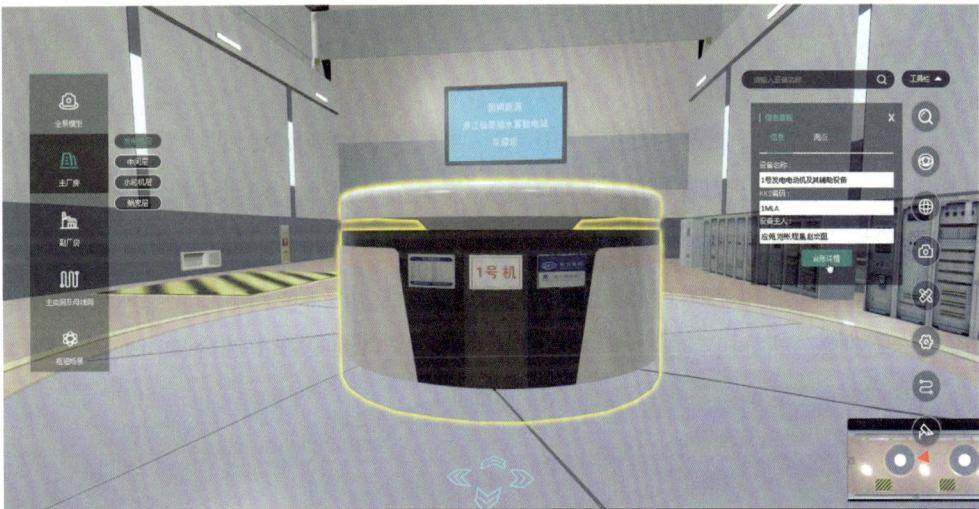

图 7-19　抽水蓄能电站运行仿真

　　智能巡检系统分为网络设备端、后台分析端、前端感知端等，其中，前端感知端包括智能巡检机器人、智能无人机、固定式摄像头。智能巡检机器人主要覆盖发电机层、GIS 室、出线场、电缆隧洞区域，智能无人机主要巡检大坝、库区等区域，固定式摄像头由工业电视系统统一部署配置，能够补充机器人、无人机的视角盲区。前端感知端采用模块化设计，可灵活搭载高清摄像机、红外热成像仪、温湿度和气体传感器、拾音器等，对巡检区域的设备、设施进行数据采集，如图7-20所示。但受限于机器人和无人机的体积和能力，以及单一巡检载体巡检的局限性，采用无线网络通信，将巡检数据上送至数据中心，旨在汇聚各个巡检载体的实时巡检数据进行统一综合分析。

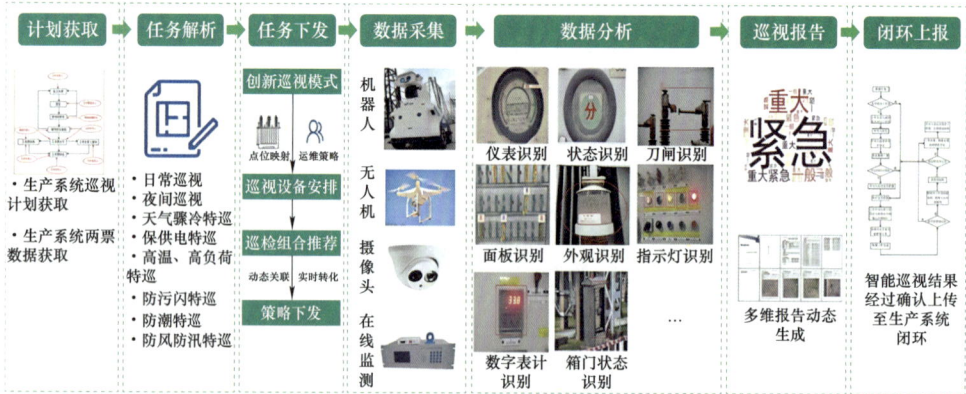

图 7-20 抽水蓄能电站巡检数字化

智能巡检系统实现发电机层、GIS室、出线场、电缆隧洞、大坝、库区设备设施状态全方位感知与智能分析，为电站运行安全提供保障。智能巡检系统提供通用数据分析能力，包括缺陷识别、裂缝识别、仪表读数识别、设备状态识别、跑冒滴漏识别、路径规划和导航、缺陷报警、系统联动等功能，将分析结果填入巡检记录单，实现巡检自动分析、自动生成报表、异常情况自动报警。平台联动生产管理系统，将巡检记录单推送至生产管理系统归档。

（三）智慧维护应用

抽水蓄能电站维护聚焦机电设备和水工结构，机电设备健康管理系统旨在通过对电站设备监测及管理数据的分析与挖掘，解析设备的运行状态，提前生成预警信息，并及时诊断设备可能存在的故障，指导运行人员对设备及时关注，合理安排检修。该系统所需的监控和各类监测及管理数据通过通信接口从工程数据中心获取，系统功能主要分为专题分析、故障诊断、健康评价三个模块。

专题分析模块主要基于在线监测数据梳理特征状态和性能指标，构建设备画像。根据机组运行规律及运行环境，对主要机电设备的运行状态进行历史跟踪和未来预测，并根据运行状态的历史和未来趋势发出预警。预警信息支持查询与推送，信息自动关联各时间粒度的状态数据，并给出相关的分析结果，以满足运维人员事件复盘的需求。

故障诊断模块（见图7-21）对机电设备和水工结构的状态进行劣化趋势分析实现故障预警，对系统故障或事件事故进行原因分析和追溯，并以可视化应用功能实现故障维修指导。失效模式和故障树的分析方法基于对设备运行原理的充分理解。

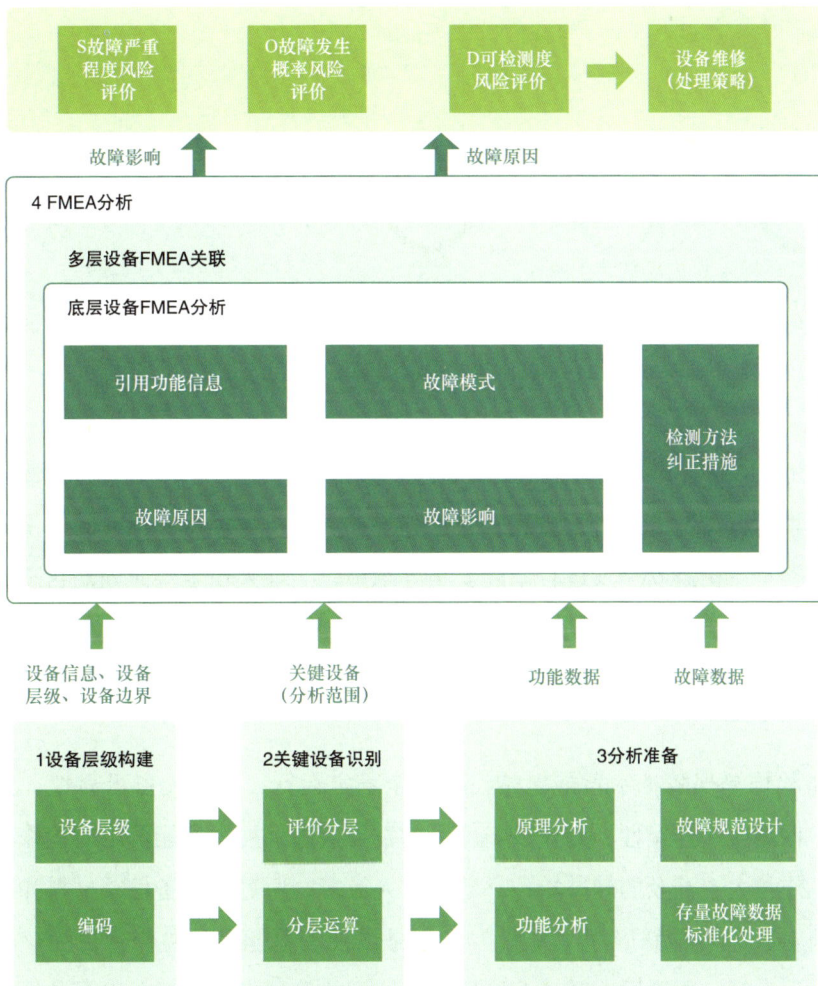

图7-21 抽水蓄能电站故障诊断

健康评价模块（见图7-22）构建设备监测分析模型和设备健康评估模型，基于数据平台汇聚集成的实时监控、监测数据、生产管理数据、检修试验数据，并结合专家知识库运用大数据分析技术生成设备评估报告，构建电站日常会商和周期性状态分析的基础，实现设备健康状态的准确评估及评价。

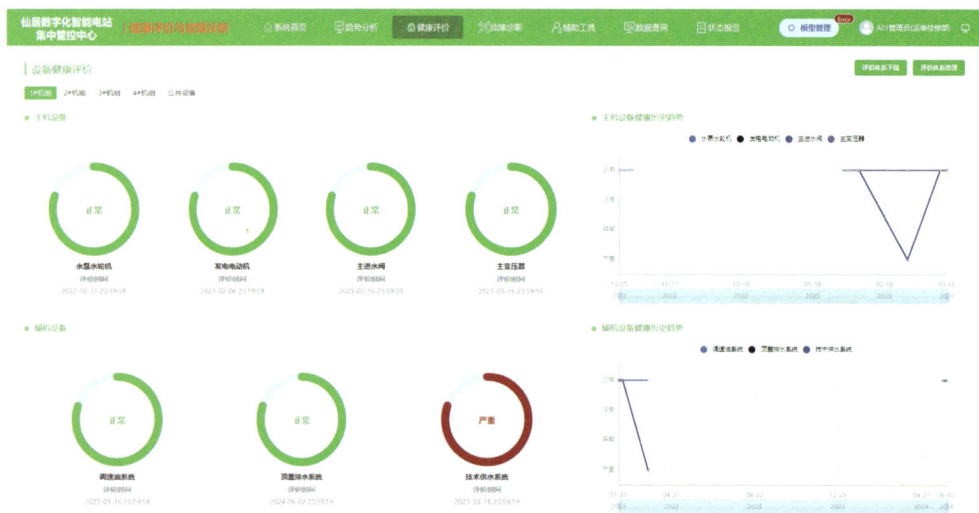

图 7-22　抽水蓄能电站健康评价

针对水工结构，数字化大坝模块通过"大云物移智"等新技术全面感知筑坝质量和大坝运行情况，通过大数据、云计算等技术分析大坝可能存在的质量安全、气象水文安全、抗震安全及运行调度安全等隐患，实现大坝全寿命周期状态的"全面感知、真实分析、实时控制"，为大坝长期安全稳定运行提供手段。

（四）智慧检修应用

设备检修是保障抽水蓄能电站设备安全稳定运行、提升设备可靠性、预防安全隐患、保障生产连续性、延长设备寿命的重要措施。抽水蓄能机组的检修工作时间紧、工作量大，涉及的外委单位、部门和人员多，所需备品备件、材料和工器具数量多且杂。智慧检修应用（见图 7-23）是以抽水蓄能电站检修项目为核心，以大数据、云计算、物联网、移动互联网、人工智能等技术为支撑，以服务检修人员为宗旨，实现检修项目的"启动、策划、执行、监控、收尾"全过程管理，实现检修项目全要素管控，实现管控能力的"项目智慧策划、现场立体感知、过程可视展示、结果智能分析"多方位提升。

图 7-23　电站智慧检修

1. 精益化检修决策

基于设备状态的检修保障决策大脑，根据设备健康状态、故障类别和影响大小，结合持续积累的设备检修保障策略规则，实现状态检修决策自动化。基于全要素感知、全过程管控、全面风险防控的管理理念，以闭环管理、对标管理、风险管理、精细管理的管理要求，通过检修策划、过程管控、现场管控、效果评估、知识输出等方面的数字化转型升级，实现检修项目全寿命周期管理、检修资源全面管控的精益检修模式，最终实现电站设备故障预防、防控、可控、在控的良性管控状态。

2. 检修作业管控

通过安全大数据的融合贯通，实现对场站安防的全场景、全要素、全流程的贯通，实现路线规划、车辆识别、人脸识别、身份认证、资质识别、两票联动、轨迹跟踪、周界防护、智能报警与提醒等安防场景的智能联动。通过作业风险数据库与安全大数据的融合贯通，实现对作业前、作业中、作业后的全过程实时动态智能监管与智能安全提醒，避免违规作业。通过监管人员佩戴的智能头盔或执法记录仪识别现场作业人员行为是否符合安全要求，是否存在危险的行为，如超出施工区域、违法攀登、人员摔倒以及区域警戒防范等。

3. 基于知识图谱的检修标准化

通过现场人员的交互问询和监测数据，研究基于知识图谱和子图匹配的启发式询问算法，实现基于不同作业场景的处理建议推荐算法，构建抽水蓄能电站标准化作业包智能助手应用功能。

第四节　数字化智能化抽水蓄能电站发展趋势

本节基于业务趋势发展，从人员和设备两个维度对抽水蓄能电站未来发展趋势进行展望。当前抽水蓄能电站仍然受限于现场大量运行、维护及检修工作，一方面现场人员需求居高不下，另一方面也不可避免仍有人员安全风险。因此，逐步利用各种数字化智能化技术释放现场人员将是未来发展趋势。为了实现现场无人化，抽水蓄能电站各种设备本身智能化要求也将同步提高，包括自感知、自诊断和自优化等特征。此外，新型电力系统下抽水蓄能电站作为重要储能资源，本身的能源消耗水平也将深度影响功能发挥和电站收益，从设备层面也将在绿色低碳低能耗方向面临日益严格的要求。

数字化智能化抽水蓄能电站的终极目标是实现"黑灯电站"。"黑灯电站"是一种智能化电站运营模式，通过自动化、人工智能、远程监控等技术方法将人从繁重的体力劳动和艰苦的工作环境中解放出来，实现区域集控、现场无人化生产、少人化运维。"黑灯电站"致力于建设成为绿色低碳清洁、安全高效灵活、灾害协同预警、风险泛在感知、精细捕捉变化、生产无人值守、管理少人值班、智慧贯穿全流程全寿命周期的示范电站。

一、设备智能化

随着国家能源转型的加速推进，抽水蓄能电站正经历一场前所未有的技术革新，其中，智能设备的发展尤为引人瞩目。在这个过程中，借助不断提升的视觉感知、激光传感、微波传感、通信传感等环境感知手段，与物联网、大数据、人工智能等先进技术的深度融合，从自动化控制到人工智能集成，从远程监控到数据分析优化，每一项技术进步都在重新定义电站的运行效率、安全性与可持续性，成为推动抽水蓄能电站绿色、高效、可持续发展的重要力量。

1. 模块化与标准化

设备的模块化与标准化设计允许设备根据实际需要进行快速组装、升级或替换，有效提升不同系统间的高效协同工作，简化维护流程，降低运维整体复杂度，为抽水蓄能电站的灵活扩展和高效运维提供便利。

2. 二次设备智能化

在抽水蓄能电站众多设备中，二次设备借助数字化智能化技术得到的提升尤为明显，如监控系统 PLC、状态监测系统传感器及通信网络设备等，这些设备通过集成先进的通信技术和自适应控制逻辑，提升对设备运行状态的全面感知与智能调控，保障抽水蓄能电站的稳定运行和高效互动。

3. 设备运行自主化

随着人工智能技术的不断成熟，设备正逐步具备更高的自主决策能力，通过集成机器学习算法，设备能够实时分析大量运行数据，自动调整运行参数，能够实时预测故障风险、评估设备健康状况，从而转向更为前瞻的预测性维护模式，能有效降低维护成本、减少意外停机，为连续稳定运行提供保障。

二、现场无人化

"机械化换人、自动化减人、智能化无人、信息化管人"是制造型企业必然的发展趋势。机器人作为"黑灯电站"的主要"工人"，肩负着监视、巡视、维护等各项艰巨任务，是实现"黑灯电站"的基础，也是未来实现工业自动化、数字化、智能化的保障。在"黑灯电站"建设中，机器人作为"黑灯电站"的"四肢和五官"，必须代替原有运维人员，从监视、巡视逐步过渡到维护、检修、应急处置等高附加值工作，利用其低成本、高安全、高效率、强连续性、多样性等特点，为"黑灯电站"的建设与实践提供基本保障。

1. 操作自动化

现场操作是决定人员需求的主要业务，涉及电站内各个系统，当前已实现大部分主设备和部分辅助设备的远程自动控制，但仍有部分阀门、刀闸以及闭锁措施等还需要前往现场人工控制。为了进一步削减现场人员需求，仍需持续优化现场自动化控制水平，通过设备智能化设计实现更精细的自动化控制，并结合必要的控制机器人逐步取代现场人员控制操作。

2. 巡检无人化

抽水蓄能电站作为最成熟、规模最大的储能方式，在新型电力系统下运行方式日益灵活，因此，开机巡检、专业巡检等日常工作需求居高不下，当前固定视频巡视、移动机器人巡检已在行业内大规模试点应用，在部分场景中取得了减员增效的效果，行业还需进一步从管理体制和技术可行性方面探索，从管理体制方面优化控制巡检范围和规模，从技术可行性方面探讨全面覆盖现场巡检工作的技术手段。

三、电站智慧化

数字化智能化是抽水蓄能的发展趋势，通过提升抽水蓄能电站态势感知能力和设备智能化水平，促进源网协调运行提高水电设备自主可控能力，推进新兴技术与抽水蓄能业务融合应用，构建涵盖建设、运行和管理等的智能化业务应用体系，将先进的信息技术、人工智能、大数据、物联网、5G通信等高新技术与传统的抽水蓄能电站运维管理深度融合，促进数据流和业务流的融合，实现电站的高效、安全、绿色、智能化运行，最终实现电站智慧化。

1. 电站运行控制智能化

为实现抽水蓄能与新型电力系统的高效协调互动，以设备设施状态广域采集、全面感知，设备设施运行规律、潜在风险精准研判分析，设备设施响应指令智慧自动执行为目标，建设一个可观可测可调可控的抽水蓄能电站。以智能终端及智慧算法、垂域大模型等实现电站可观设备设施状态的监测预警分析研判；以先进通信控制技术和设备设施状态自动判断为基础，实现响应系统指令自动执行。

2. 电站管理智慧化

借助"大云物移智链边"等新兴技术和垂域大模型，在设备智能化和运行控制智能化基础上，建立电站运行、维护和检修大模型，推动流程和知识驱动的生产管理、安全管理、物资管理、计划管理、财务管理、人资管理、党建管理和综合管理，在生产过程控制智能化、运行调度智能化、检修决策智能化的同时，实现抽水蓄能电站全过程生产运行管理的智慧化，以提升抽水蓄能电站的本质安全和运行管理水平。

四、源网协调互动

以新能源为主体是新型电力系统的本质特征，随着新能源替代工作的深入推进，将显著增大电力系统运行难度。一是将运行一个高度不确定的、概率化的电力系统，电力计划平衡由过去预测负荷侧变化规律转变为必须对新能源波动规律进行预测；二是新能源功率的大幅波动将导致电力系统运行方式变化多端，如开机方式、潮流方向等。电力系统运行要向智慧化发展，实现分析在线化、决策智能化、执行自动化。为适应这种趋势，通过数字化智能化手段，实现抽水蓄能与新型电力系统的高效协调互动，这也是抽水蓄能高质量发展的应有之义。

1. 机组运行方式灵活化

新型电力系统促使抽水蓄能运行方式发生深刻变化，将由确定性电源为主导电力系统的"机组组合"模式转变为波动性电源为主导电力系统的"灵活调节性资源组合"模式。抽水蓄能将由"间歇式运行，发电抽水为主"转变为"长期在线运行，发电抽水和调相并重、多工况频繁转换"，为系统提供持续不间断的有功、无功、惯量以及容量等支撑。

通过应用新型数字化技术、先进信息通信技术、先进控制技术，以能量流和信息流的深度融合，实现抽水蓄能电站可观可测可调可控，建设调节更灵活、响应更迅速的抽水蓄能电站。可以设想，未来抽水蓄能机组将根据电力系统实时运行需要，实现调度端自动安全启停、工况安全快速转换、长时在线安全运行等，更好地发挥安全、储能、调节三大作用，增强电力系统新能源接纳能力、故障抵御能力，确保高比例新能源电力系统的安全稳定运行。

2. 多能互补

利用抽水蓄能电站的多种功能和灵活性，为电网提供更多的调峰填谷容量和调频、调相、紧急事故备用的手段，增强对风、光等间歇性能源的接纳能力，解决弃风、弃光问题，实现风光水多能互补，加快绿色能源的发展步伐。

抽水蓄能电站是建设现代智能电网的支撑性电源，是构建清洁低碳、安全稳定、经济高效现代电力系统的重要组成部分，是保障电力系统安全、可靠、稳定、经济运行的有效途径，其作用暂时无其他途径可以替代。数字化智能化抽水蓄能电站建设，将进一步促进保障抽水蓄能电站传统作用的发挥，成为源网荷储一体化的重要推手，一同改变能源生产和消费方式，引领人类社会走向更加可持续的未来。

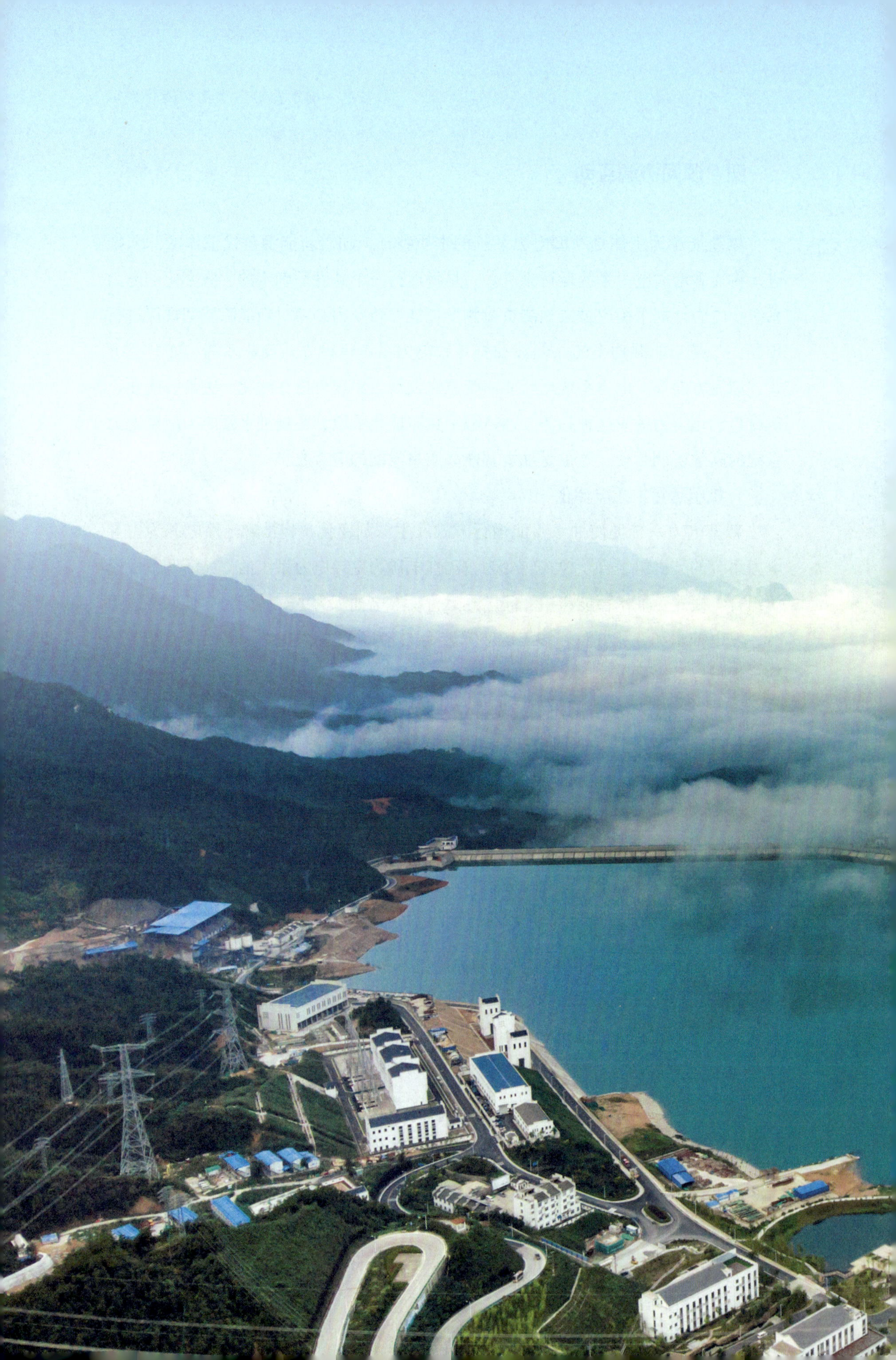

抽水蓄能
电价和市场

▶ 安徽绩溪抽水蓄能电站下水库

摘　要

本章梳理了抽水蓄能电价政策和电站经营模式，提出了基于功能定位的抽水蓄能电站分类方式，对我国抽水蓄能参与电力市场及电碳市场开展了探索研究，可作为抽水蓄能参与电力市场及电碳市场的研究参考。

抽水蓄能电站具有安全支撑、有效容量、绿色储能、动态效益等多方面的功能作用，并且具有规划属性强、建设周期长、投资体量大等特点。伴随着我国电力系统发展以及电力市场建设，抽水蓄能电站的投资运营模式和价格机制也在相应地进行优化调整。总体来看，通过价格信号和市场机制引导抽水蓄能产业健康发展，激励抽水蓄能技术进步，优化系统调节资源配置，降低系统成本的政策目标清晰明确且一以贯之。

发改价格〔2021〕633号文明确了抽水蓄能两部制电价机制，解决了当前抽水蓄能发展的"堵点"问题，并明确了推动抽水蓄能电站参与市场的政策预期。下一步，随着我国电力市场化改革的持续推进，将抽水蓄能逐步推向市场是大势所趋。在面临系统安全保供压力增大、保供需求大幅提升、系统性成本不断攀升、电力市场建设尚未成熟、新型储能功能替代性和经济竞争力逐步增强的复杂局面下，应在综合考虑抽水蓄能电站功能定位基础上，以保障抽水蓄能电站可持续发展，引导新建电站合理布局，有效提升系统效率为目标，密切结合我国电力市场建设进程，采用试点先行、分阶段、分类型的方式逐步推进抽水蓄能电站进入市场。

未来，成熟完善的电力市场机制应能够充分发挥抽水蓄能电站削峰填谷、调频、备用、黑启动、调相、转动惯量以及长期容量可靠性等功能价值。通过合理的电能量现货市场体现削峰填谷能量时移价值，通过完善的辅助服务市场体现调频、备用、调相、转动惯量以及黑启动等调节和保障价值，通过配套的容量市场等机制体现长期容量可靠性价值。

此外，抽水蓄能电站的绿色价值应进一步体现。建议加快抽水蓄能温室气体自愿减排项目方法学的研究，探索通过争取抽水蓄能电站获得CCER等方式，充分体现抽水蓄能电站的正外部性价值，向碳市场疏导一部分储能成本。同时，呼吁建立绿色价值收益激励机制，体现抽水蓄能绿色价值的付费分配。

第一节　抽水蓄能电价政策

本节介绍了抽水蓄能电站成本构成，对其造价水平进行了分析，对我国的电价政策变化及核价机制进行了梳理。

基于习性和生产要素分析了抽水蓄能电站成本构成，总结出抽水蓄能电站年度成本主要为购电费，其次为财务费用和固定资产折旧费。我国抽水蓄能电站造价水平总体呈现先降后升的趋势，随着优质站点的逐步开发，单位造价将持续上升。随着抽水蓄能发展政策的调整、投资运营模式的转变，以及电力市场化改革进程的不断推进，其价格机制也在相应地进行演变。《国家发展改革委关于进一步完善抽水蓄能价格形成机制的意见》（发改价格〔2021〕633号）和《国家发展改革委关于第三监管周期省级电网输配电价及有关事项的通知》（发改价格〔2023〕526号）明确将抽水蓄能容量电费纳入系统运行费用回收，激励抽水蓄能电站进入市场，为未来政策向市场过渡奠定基础。

一、抽水蓄能电站成本构成及影响因素

（一）成本构成

厘清抽水蓄能电站成本构成，有助于更好理解抽水蓄能电价政策的演变，也是研究预判抽水蓄能价格机制优化方向的重要基础。

1. 基于成本习性的成本构成分析

按照成本习性来划分，可以将抽水蓄能电站成本分为固定成本和变动成本两大类。固定成本指在一定业务量范围和时间范围内，其总额不随业务量变化而变化的成本，如固定资产折旧费、维修费、保险费、管理人员工资等。变动成本又称为变量成本，指在一定时间范围和业务范围内，其总额随业务量变化相应发生变化的

成本，如工人工资、原材料、外购半成品、燃料等。固定成本与变动成本之和构成总成本。根据《抽水蓄能电站经济评价暂行办法》（电计〔1998〕289号），抽水蓄能电站固定成本相对稳定，在特定条件下不受发电量影响，包括固定资产折旧费、材料费、固定修理费、工资及福利费、财务费用和其他费用。变动成本随发电量变动，包括抽水购电费、可变修理费和委托运行维护费。图8-1所示为抽水蓄能电站基于成本习性的成本构成。

图8-1　抽水蓄能电站基于成本习性的成本构成

2. 基于生产要素的成本构成分析

抽水蓄能电站作为特殊水电站，其日常运行必须从电力市场购买电能，用于向水库抽水，使水库保持在最优水位，为发电积蓄能量。因此，抽水蓄能电站同时扮演水力发电和电力用户的双重身份，基于此特点，其发电成本除包括一般水电站的项目之外，还应包括抽水购电费。根据生产费用要素的经济内容，抽水蓄能电站生产成本可分为产品成本和财务费用。产品成本包括折旧费和经营成本。经营成本包括材料费、修理费、委托运行维护费、工资及福利费、抽水购电费和其他费用。图8-2所示为抽水蓄能电站基于生产要素的成本构成。

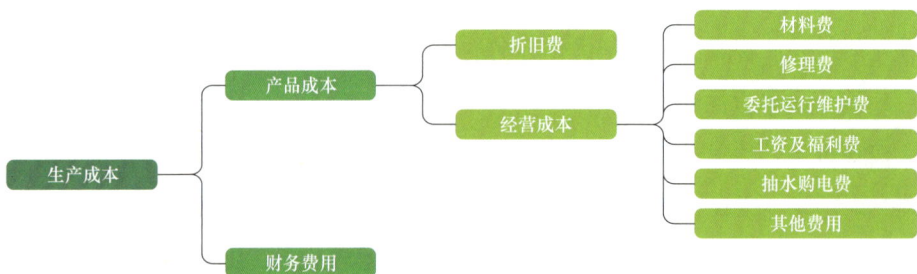

图8-2　抽水蓄能电站基于生产要素的成本构成

（二）成本影响因素

以某典型抽水蓄能电站为例，该抽水蓄能电站装有四台 37.5 万千瓦可逆式水泵水轮机 / 发电电动机组，年设计发电量 19.1×108 千瓦时，年抽水用电量 23.8×108 千瓦时，年发电利用小时数 1273 小时。调研核定 2020—2022 年成本和收入数据，运用成本效益核算模型进行计算。总成本费用计算结果如表 8-1 所示。

表 8-1　　　　　　　　　某典型抽水蓄能电站成本费用表　　　　　　　　单位：万元

费用	2020 年	2021 年	2022 年
抽水购电费	60243.83	74131.05	74131.05
固定资产折旧费	16382.92	20159.46	20159.46
材料费	900	900	900
修理费	4311.29	5305.12	5305.12
委托运行维护费	1077.82	1326.28	1326.28
工资及福利费	2761.89	3398.55	3398.55
其他费用	1800	1800	1800
财务费用	15873.67	20285.72	19828.3
总成本费用	103351.4	127306.2	126848.8

数据来源：国网经济技术研究院项目团队调研数据。

某典型抽水蓄能电站 2022 年度成本费用结构如图 8-3 所示。

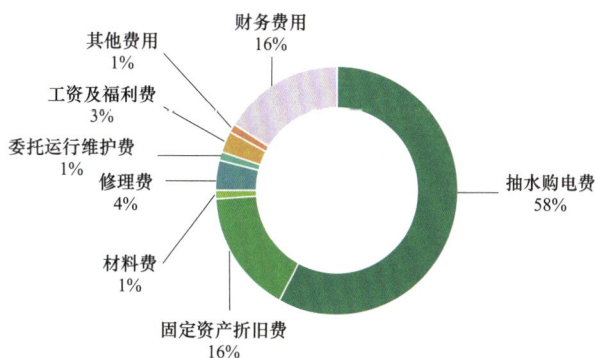

图 8-3　某典型抽水蓄能电站 2022 年度成本费用结构

从表 8-1 和图 8-3 中可以看出，典型抽水蓄能电站年度成本中，主要为购电费，占到总成本费用的 58%。其次为财务费用和固定资产折旧费用，均占到各年成本的 16% 左右。材料费、修理费、运维费、工资及福利费及其他费用占比较少。抽水蓄能电站通过电量电价回收抽水、发电的运行成本，也就是购电费通过电量电价回收，不计入容量电价。

1. 抽水购电费

结合《国家发展改革委关于进一步完善抽水蓄能价格形成机制的意见》（发改价格〔2021〕633 号）对抽水蓄能电站抽水购电费用的计费方式规定，不同方式下抽水购电费用影响因素不同。

在电力现货市场运行的地方，抽水蓄能电站抽水电价、上网电价按现货市场价格及规则结算。

在电力现货市场尚未运行的地方，抽水蓄能电站抽水电量可由电网企业提供，抽水电价按燃煤发电基准价的 75% 执行。

在电力现货市场尚未运行的地方，委托电网企业通过竞争性招标方式采购，抽水电价按中标电价执行，因调度等因素未使用的中标电量按燃煤发电基准价执行。

上述抽水蓄能电站抽水电量均不执行输配电价、不承担政府性基金及附加。

2. 固定资产折旧费

投资形成的固定资产以折旧费方式计入生产成本中，折旧费主要影响因素为建设投资成本。

3. 材料费

材料费指抽水蓄能电站提供服务所耗用的消耗性材料、事故备品等，包括因电站自行组织设备大修、抢修、日常检修发生的材料消耗和委托外部社会单位检修需要企业自行购买的材料费用。

4. 修理费

修理费指维护和保持抽水蓄能电站相关设施正常工作状态所进行的外包修理活动发生的检修费用，包括周期性（固定）修理费和非周期性（可变）修理费，不包括电站自行组织检修发生的材料消耗和人工费用。

5. 委托运行维护费

抽水蓄能电站如果采用委托运行方式，需要支付相应费用，委托运行维护费指各单位委托其他单位进行发电设备、设施运行维护、信息及通信设备集中运行维护而支付的费用，影响因素为运行状况、修理次数等。委托运行维护费中大部分属于修理费，其中大修费用占比较大。

6. 工资及福利费

工资及福利费指从事抽水蓄能电站运行维护的职工薪酬支出，包括工资总额（含津补贴）、职工福利费、职工教育经费、工会经费、社会保险费用、住房公积金，含劳务派遣及临时用工支出等。

7. 财务费用

财务费用指企业在筹集资金等财务活动中发生的费用，包括生产经营期间发生的利息净支出、汇兑净损失。利息支出为固定资产和流动资金在生产期内要纳入成本的借款利息，主要影响因素为资金筹措方案、借款年利率，由投资成本决定。

8. 其他费用

其他费用包括办公费、会议费、水电费、差旅费、低值易耗品摊销、劳动保护费、财产保险费、租赁费、房产税、车船使用税、土地使用税、印花税、研究开发费、业务招待费、中介费、绿化费、无形资产摊销、广告宣传费、物业管理费、管理信息系统维护费、存货跌价准备、安全费、设备检测费、电量补偿（水费）、清洁卫生费、车辆使用费、团体会费、地方政府收费、党建工作经费、长期待摊费用摊销、出国人员经费、其他（不含劳务派遣和临时用工支出）等。影响因素主要为抽水蓄能电站除主营业务外的其他经营活动花销。

二、我国抽水蓄能电站投资造价水平分析

（一）分时期抽水蓄能电站造价对比分析

我国抽水蓄能电站单位造价呈现先降后升走势。"十五"到"十一五"期间随着抽水蓄能电站设备国产化率的提升，我国抽水蓄能电站单位造价逐步降低。"十二五"到"十三五"期间，单位造价总体上保持平稳增长，基于所调研抽水蓄能电站项目数据，2011—2015 年投产的抽水蓄能电站单位造价约 3545 元/千瓦，2016—2020 年投产的抽水蓄能电站平均单位造价上涨至 3981 元/千瓦。2021—2025 年投产的抽水蓄能电站单位造价呈现大幅增长态势，基于所调研抽水蓄能电站项目数据，平均单位造价增加至 5653 元/千瓦，预测"十五五"投产的抽水蓄能电站单位造价将进一步上升。抽水蓄能电站分时期单位造价与涨跌幅如图 8-4 所示。

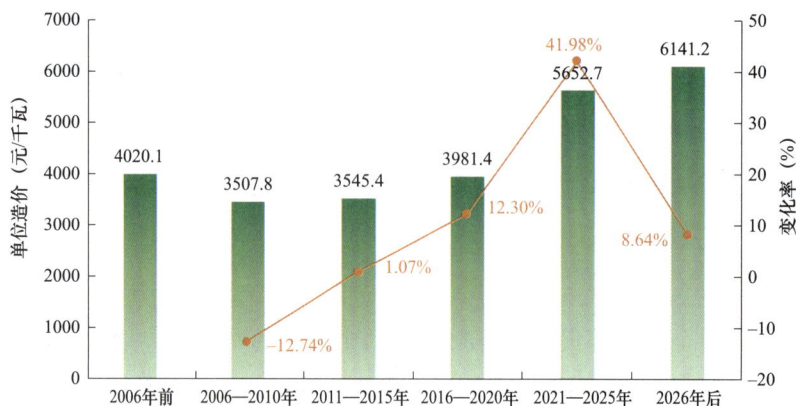

图 8-4　抽水蓄能电站分投产时期单位造价与涨跌幅❶

（二）分容量抽水蓄能电站造价对比分析

项目装机容量方面，基于所调研抽水蓄能电站项目数据，抽水蓄能电站不同投产年份的单位造价分析和预判如图 8-5 所示（气泡大小代表抽水蓄能项目容量大小）。抽水蓄能电站投资项目逐年增加，120 万千瓦是抽水蓄能电站最常见的装机容量。

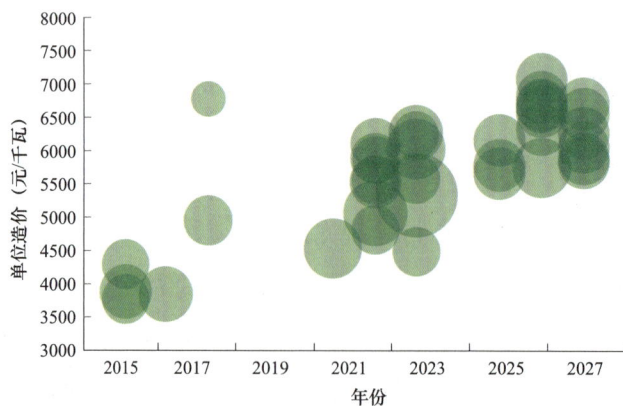

图 8-5　抽水蓄能电站近年单位造价分析和预判

---

❶ 数据来源：国网能源研究院项目调研数据，图 8-4～图 8-9 中数据取自可行性研究概算动态投资。

从不同容量看，由于早期抽水蓄能电站和近期电站投资成本差异较大，因此在分析不同容量单位造价时，选取 2011 年至今开工的电站进行比较。不同容量单位造价对比如图 8-6 所示。从图 8-6 中散点分布可以看出，随着容量的增加，单位造价呈现下降趋势。取平均值看，120 万、140 万、180 万千瓦平均单位容量造价分别为 6483、5974、5405 元 / 千瓦。

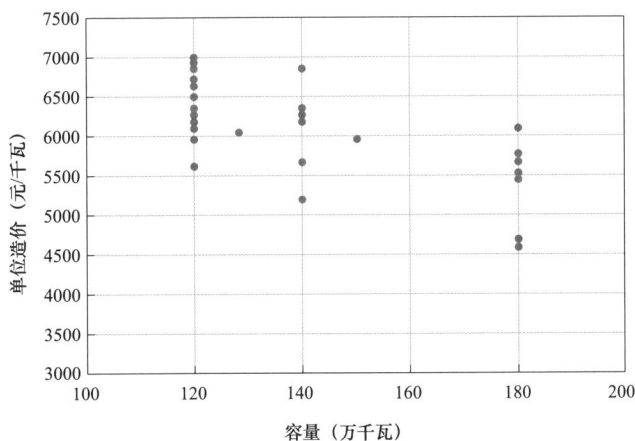

图 8-6　不同容量单位造价对比

（三）分区域抽水蓄能电站造价对比分析

随着条件好、位置优越的站址资源优先被开发，不同投产年份的抽水蓄能单位造价整体呈现上涨趋势，各区域造价水平出现明显分化。其中，华北地区由于前期投建项目多，所调研在建项目较少，造价有所下降；西北及西南地区为服务大型风电光伏基地，计划项目数量大幅增长，而该地区站址建设条件较差，单位造价水平呈上升趋势，如图 8-7 所示。

从趋势上看，东北、西北、西南地区整体造价水平较高，且未来仍有上涨趋势；华中与华北地区，近年单位造价水平保持较为稳定；华东地区项目数量较多，单位造价水平稳定。独立分区造价水平逐年变化趋势如图 8-8 所示。

分区分时期来看，2006 年前区间内，华东与华中地区平均单位造价较高，华北与东北相对较低；2006—2020 年间，华中和东北单位造价有明显升高；2021—2025 年间，单位造价显著增长并呈现华东、华中以及西北西南地区相对较高，华北与东北相比较低的现象；基于所调研抽水蓄能电站项目数据，2025 年后各区域造价水平小幅增长，并保持上升趋势。图 8-9 所示为全国分区分投产时期造价水平及趋势。

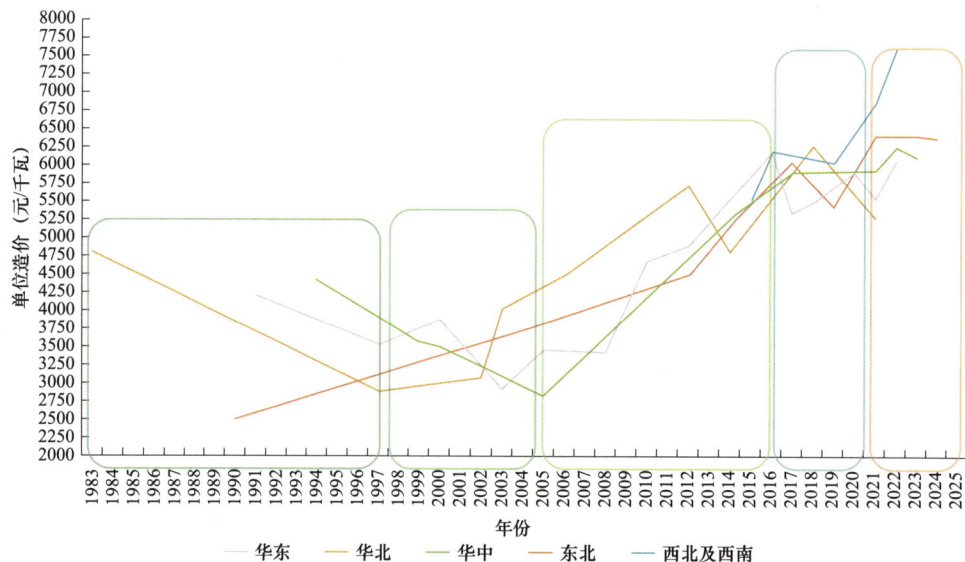

图 8-7　抽水蓄能电站分区各投产年造价水平变化趋势

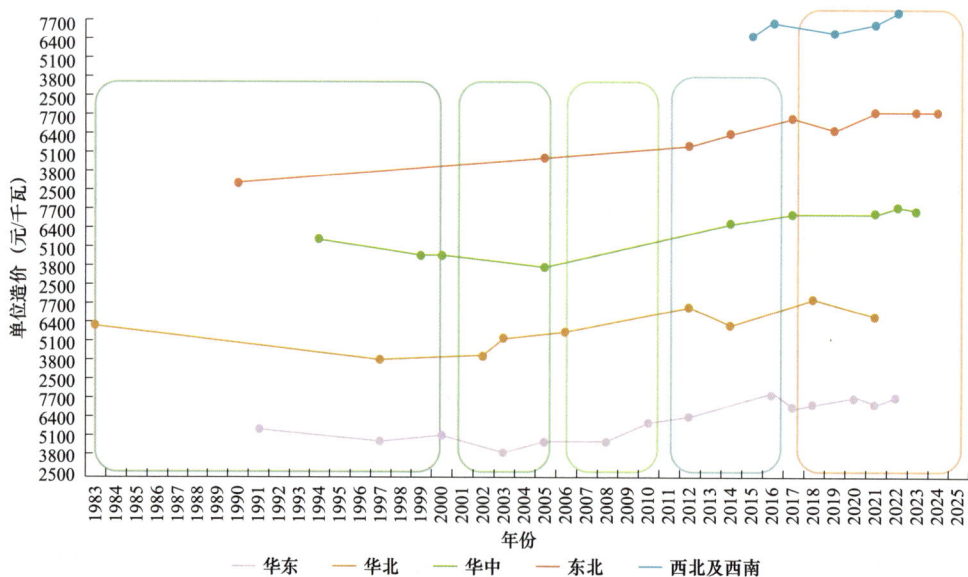

图 8-8　独立分区各投产年造价水平变化趋势

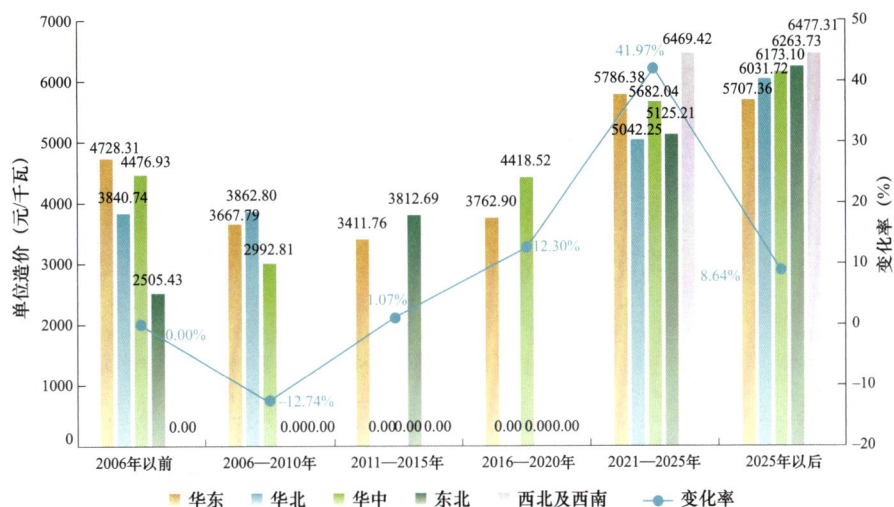

图 8-9　全国分区分投产时期造价水平及趋势

三、抽水蓄能电价政策变化及核价机制

我国抽水蓄能电站伴随着抽水蓄能发展政策的调整、投资运营模式的转变，以及电力市场化改革进程的不断推进，价格机制也在相应地进行演变，抽水蓄能电站成本回收和价格机制主要政策如表 8-2 所示。

表 8-2　　　　　　　　　　抽水蓄能电站成本回收和价格机制

序号	时间及部门	文件名称	主要内容
1	2004 国家发展改革委	《关于抽水蓄能电站建设管理有关问题的通知》（发改能源〔2004〕71 号）	明确抽水蓄能电站建设和运行成本纳入电网运行费用统一核定
2	2007 国家发展改革委	《关于桐柏、泰安抽水蓄能电站电价问题的通知》（发改价格〔2007〕1517 号）	1）发改能源〔2004〕71 号文件下发后审批的抽水蓄能电站，由电网企业全资建设，不再核定电价，其成本纳入电网运行费用统一核定。2）发改能源〔2004〕71 号文件下发前审批但未定价的抽水蓄能电站，作为遗留问题由电网企业租赁经营
3	2011 国家能源局	《关于进一步做好抽水蓄能电站建设的通知》（国能新能〔2011〕242 号）	强调抽水蓄能电站建设运行成本纳入电网运行费用

续表

序号	时间及部门	文件名称	主要内容
4	2014 国家发展改革委	《关于完善抽水蓄能电站价格形成机制有关问题的通知》（发改价格〔2014〕1763号）《关于促进抽水蓄能电站健康有序发展有关问题的意见》（发改能源〔2014〕2482号）	明确在电力市场形成前，抽水蓄能电站实行两部制电价
5	2016 国家发展改革委	《省级电网输配电价定价办法（试行）》（发改价格〔2016〕2711号）	认定抽水蓄能电站为"与输配电业务无关的费用"，不得计入输配电定价成本，未明确抽水蓄能电站费用疏导途径
6	2019 国家发展改革委	《输配电定价成本监审办法》（修订）（发改价格规〔2019〕897号）	将抽水蓄能电站列为与输配电业务无关的费用，不得计入输配电定价成本
7	2021 国家发展改革委	《关于进一步完善抽水蓄能价格形成机制的意见》（发改价格〔2021〕633号）	形成"以竞争性方式形成电量电价，将容量电价纳入输配电价回收"的新型抽水蓄能电站价格机制
8	2021 国家发展改革委	《抽水蓄能容量电价核定办法》	明确抽水蓄能电站经营期内资本金内部收益率按6.5%核定
9	2023 国家发展改革委	《国家发展改革委关于抽水蓄能电站容量电价及有关事项的通知》（发改价格〔2023〕533号）	核定在运及2025年底前拟投运的48座抽水蓄能电站容量电价

抽水蓄能电站价格机制演变从2004年至今可以划分为四个阶段，如图8-10所示，具体来看，各阶段都是结合我国电力系统运行环境进行设计的。

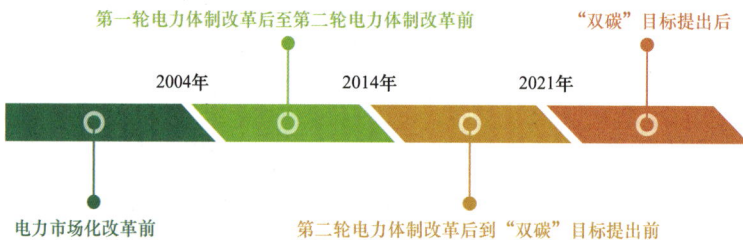

图 8-10　抽水蓄能电站价格机制演变的四个阶段

（一）第一阶段：电力市场化改革前（2004年前）

电力市场化改革前，抽水蓄能电站由电网统一运营或租赁运营，其定价未实行独立价格机制。一体化运营是指抽水蓄能电站由电网公司或厂网合一的电力公司所有并统一运营的产业组织形式，即抽水蓄能电站完全由国家电力公司经营，电站不具备企业法人资格，其资产所有权和经营权属电网企业。抽水蓄能电站的运行成本和合理回报等一并计入国家电力公司销售电价中，通过销售电价回收。

在运行上，抽水蓄能电站由国家电力公司直接调度，主要承担日常调峰、调频、紧急事故备用等任务。在技术上，由电力公司对抽水蓄能机组可用率、等效可用系数、电压稳定等主要指标进行考核。在财务上，抽水蓄能电站成本进入电力公司成本，由电力公司统一核算，通过计入电力销售电价在全网回收。

该经营模式的主要优点在于，电力公司作为抽水蓄能电站的资产所有者和经营者，可以统一调度抽水蓄能电站生产与运行，有利于充分发挥抽水蓄能电站的静态和动态效益，优化电力系统运行，有效提高电力系统的经济性与安全稳定运行水平。该经营模式的主要缺点在于，不利于调动社会其他投资方参与抽水蓄能电站建设，对电力公司资金要求较高。

电价机制方面，2002 年前，抽水蓄能电价形态各异，价格主要由当地政府核定，包括单一电量电价、两部制电价、容量租赁电价，以及电网内部结算等四种电价模式。如安徽响洪甸、河南回龙等抽水蓄能电站采用单一电量电价模式，收入完全取决于上网电量和电价；浙江天荒坪等抽水蓄能电站采用两部制电价，将电量和容量电价分开计费；广东广州抽水蓄能电站采用容量租赁电价，抽水蓄能电站获得容量租赁费用；河北潘家口抽水蓄能电站采用电网内部结算模式，成本纳入当地电网运行费用。早期由于厂网未分离，投资主体主要为电力公司，电价形态各异，主要都是通过销售电价全额疏导。

（二）第二阶段：第一轮电力体制改革后至第二轮电力体制改革前（2004—2014 年）

第二阶段，抽水蓄能电站处于建设与蓬勃发展的起步阶段，为了规范行业发展，2004 年，国家发展改革委印发《关于抽水蓄能电站建设管理有关问题的通知》（发改能源〔2004〕71 号，简称 71 号文），明确抽水蓄能电站原则上由电网经营企业进行建设和管理，其建设和运行成本纳入电网运行费用统一核定。

2007 年，国家发展改革委发布了《关于桐柏、泰安抽水蓄能电站电价问题的通知》（发改价格〔2007〕1517 号，简称 1517 号文），以〔2004〕71 号文为限，将管理机制分为两种形式，对 71 号文下发前审批但未定价的抽水蓄能电站，采用电网企业租赁经营形式，租赁费在电网企业、发电厂和电力用户之间按 50%、25% 和 25% 比例分摊；发电企业承担的部分通过电网企业在用电低谷招标采购抽水电量解决，用户承担的部分纳入销售电价调整方案统筹解决。对 71 号文下发后审批的抽水蓄能电站，由电网经营企业全资建设，不再核定电价，其成本纳入电网运行费用统一核定。

1517 号文虽然开始逐渐根据抽水蓄能功能定位考虑抽水蓄能的疏导方式，但是在实际操作中电价疏导仍然存在较大问题。第一，71 号文下发前审批的电站电价疏导不到位。电站容量电费在电厂、电网和电力用户之间按固定比例分摊，加重了电网企业负担。电网企业承担 50% 的容量电费，在没有通过输配电价单独疏导前，没有对应的收益支撑；受电力供求形势影响，当电力供不应求时，按批复的抽水电价难以招标到足够电量，由发电企业承担的 25% 租赁费无法实现，事实上由电网企业承担。第二，71 号文下发后核准的电站电价疏导缺乏可行性。71 号文发布以后国家发展改革委核准的项目均有大比例的地方参股，按照《公司法》规定，作为有地方企业参股的有限公司是一个独立投资主体，在经营上与电网必须有价格结算关系，资产难以在独立的输配电价机制形成后界定为电网有效资产，不应纳入电网运行维护费作为统一核定输配电成本和输配电价的基础；此外，在当时独立的输配电价机制尚未建立，即使电网全资建设的抽水蓄能电站成本也无法通过输配电价疏导。

电价机制方面，电力体制改革之前尚未形成独立的输配电价，政府统一制定上网电价、销售电价，电网的收入模式体现为购销价差。当时的抽水蓄能电站，客观上是作为电网的一部分，为电网企业在大范围内调度、平衡电力电量、保障电力实时平衡服务的。因此，当时抽水蓄能电站由政府核定单一容量（电量）电价或者两部制电价，并将其纳入电网购销价差中进行疏导，是契合当时的运营模式和价格管理模式的。

（三）第三阶段：第二轮电力体制改革后到"双碳"目标提出前（2014—2020 年）

2014 年，电力市场化改革逐渐起步，投资主体逐步多元化，抽水蓄能电站初步明确独立价格机制，成本传导渠道却十分阻塞。

国家发展改革委于 2014 年发布《关于完善抽水蓄能电站价格形成机制有关问题的通知》(发改价格〔2014〕1763 号,简称 1763 号文),规定了"抽水蓄能电站价格机制:电力市场形成前,抽水蓄能电站实行两部制电价。容量电价按照弥补抽水蓄能电站固定成本及准许收益的原则核定,电量电价按当地燃煤机组标杆上网电价执行。鼓励通过市场方式确定电价,推动抽水蓄能电站电价市场化,在具备条件的地区,鼓励采用招标、市场竞价等方式确定抽水蓄能电站项目业主、电量、容量电价、抽水电价和上网电价。"同时明确抽水蓄能电站费用回收方式为在电力市场化前,抽水蓄能电站容量电费和抽发损耗纳入当地省级电网(或区域电网)运行费用统一核算,并作为销售电价调整因素统筹考虑。1763 号文确立了抽水蓄能电站独立定价的两部制价格机制,为推动抽水蓄能电站多元化投资主体奠定了重要基础。

2016 年 12 月,国家发展改革委印发了《省级电网输配电价定价办法(试行)》,明确提出抽水蓄能电站相关费用不纳入电网企业准许收益,但对该费用如何疏导并无明确规定。2019 年,国家发展改革委修订出台《输配电定价成本监审办法》(发改价格规〔2019〕897 号),再次将抽水蓄能电站列为与输配电业务无关的费用,规定不得计入输配电定价成本,但对抽水蓄能电站产生的费用如何疏导仍无明确规定。

进入独立定价阶段,抽水蓄能电站虽然明确了两部制方式确定独立电价机制,但由于市场化改革尚未完善,销售电价尚未完全放开,输配电定价成本和资产又不包含抽水蓄能电站费用,而抽水蓄能电站的运营又完全依照调度指令,此时抽水蓄能电站成本传导成为制约抽水蓄能发展的最大问题,不仅新的电站成本传导机制不明确,老机组(成本已在销售电价中疏导)在伴随着市场化逐步放开的过程中(由目录电价改为市场顺价模式),成本传导也将会出现问题。

同时,我国市场化改革也在不断深化,《中共中央　国务院关于进一步深化电力体制改革的若干意见》(中发〔2015〕9 号)和《完善电力辅助服务补偿(市场)机制工作方案》(国能发监管〔2017〕67 号)中均提出,要进一步完善和深化电力辅助服务补偿机制,推动电力辅助服务市场化。但总体上看,补偿费用偏低而无法弥补抽水蓄能电站相对较高的投资运行成本。随着新能源快速发展和特高压输电的发展,我国电力系统安全稳定、频率控制问题突出,必须考虑建设抽水蓄能电站等灵活电源和必要的负荷控制措施,确保大功率缺失情况下的频率稳定和频率恢复能力。抽水蓄能电站大规模建设和发展被提上日程，但受限于成本疏导问题，各方投资主体均持观望态度。

随着电力市场化改革不断深化，我国"十三五"规划明确要加快抽水蓄能电站建设，鼓励抽水蓄能投资主体多元化。加强抽水蓄能电站调度运行管理，切实发挥抽水蓄能电站提供备用、增强系统灵活性的作用。支持抽水蓄能电站投资主体多元化。建立龙头电站梯级水库补偿机制，促进水电流域梯级电站联合优化运行。完善新能源发电电价补贴机制，探索市场化交易模式，推动技术进步和成本下降。建立调峰、调频、调压等辅助服务市场，完善电力调峰成本补偿和价格机制。建立可再生能源全额保障性收购的电力运行监测评估制度。研究促进可再生能源就近消纳和储能发展的价格政策。

（四）第四阶段："双碳"目标提出后（2021年至今）

在此阶段，电力市场化改革加速，新的定价机制和传导机制确立，较好解决了由政府定价向市场竞价的过渡问题。

2021年5月，国家发展改革委印发了《关于进一步完善抽水蓄能价格形成机制的意见》（发改价格〔2021〕633号，简称633号文），提出坚持抽水蓄能电站的两部制电价，以竞争性方式形成电量电价，将容量电价纳入输配电价回收，逐步推动抽水蓄能电站进入市场。电量电价方面，在电力现货市场运行的地方抽水蓄能电站抽水电价、上网电价按现货市场价格及规则结算。在电力现货市场尚未运行的地方，抽水蓄能电站抽水电量可由电网企业提供，抽水电价按燃煤发电基准价的75%执行，抽水蓄能电站上网电量由电网企业收购，上网电价按燃煤发电基准价执行。容量电价方面，对标行业先进水平合理确定核价参数，按照经营期定价法核定抽水蓄能容量电价，并随省级电网输配电价监管周期同步调整。同时文件明确抽水电量产生损耗和容量电费通过输配电价疏导。在市场发展初级阶段，辅助服务市场还未成熟。抽水蓄能机组存在20%~25%的发电损耗，其在市场中的发电报价需比抽水电价提高至少1/3才能收回成本，电量收益存在受电价影响较大且存在大幅波动风险，难以保障抽水蓄能电站成本的稳步回收。两部制电价机制通过政府定价方式保证容量效益，弥补了辅助服务市场缺失，适合这个阶段的市场环境。633号文对两部制电价进一步完善，如图8-11所示。

633号文实现了政府定价与市场定价、按成本定价与按效果付费的有机结合。

首先，633 号文为抽水蓄能建立"独立"的电价机制，不再作为电网"购销价差"的一部分。改革的基本思路就是要在机制上把电能量价格（电量的价格、电力服务的价格）和输配电价之间分开，这也就需要建立"独立"的抽水蓄能价格机制，为其成为独立的电力市场主体创造条件，为吸引多元主体投资创造条件。其次，633 号文明确容量电价由电网企业通过输配电价的渠道进行回收，同时要求电网企业要对抽水蓄能电站电价结算单独归集、单独反映，即通过输配电价回收并不等同于输配电价的直接组成部分。

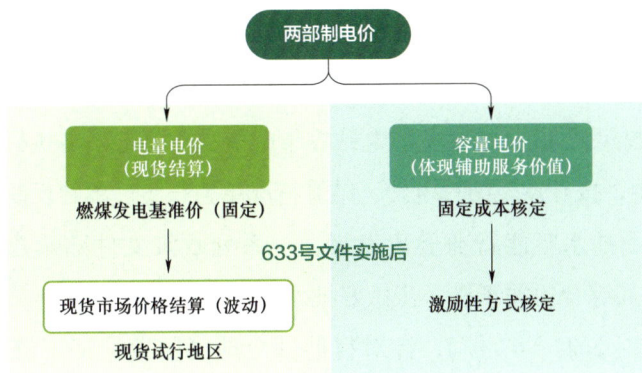

图 8-11　两部制电价机制

抽水蓄能电站为电力系统实时平衡服务，在现行条件下由电网公司"代表"整个电力系统"购买"抽水蓄能服务，向抽水蓄能主体支付"服务费"，也就是容量电价，并不等于抽水蓄能电价进入了输配电价。2023 年《国家发展改革委关于第三监管周期省级电网输配电价及有关事项的通知》（发改价格〔2023〕526 号）进一步明确"工商业用户用电价格由上网电价、上网环节线损费用、输配电价、系统运行费用、政府性基金及附加组成。系统运行费用包括辅助服务费用、抽水蓄能容量电费等。"容量电价根据抽水蓄能电站服务范围可以在一省回收、可以向相关的多省（区、市）回收；根据受益主体可以向用户回收，也可以向特定电源回收。短期内可以通过政府定价方式过渡，长期要完善市场价格形成机制。

633 号文明确了以竞争性方式形成电量电价，已经建立现货市场的地方，通过现货市场发现价值；没有建立现货市场的地方，也鼓励通过竞争性招标的方式确定抽水电价。对于容量电价，暂时采取了由价格主管部门在严格审核成本的基础上，对标行业先进水平按照经营期方法核定的办法，有利于稳定社会主体的投资预期，调动各方投资建设抽水蓄能电站的积极性。提出鼓励抽水蓄能电站参与辅助服务市场或辅助服务补偿机制，相关收益在核定容量电价时相应扣减，这体现了市场化的改革导向。同时，为了鼓励抽水蓄能电站积极参与市场，允许抽水蓄能电站保留20%的收益。

2021年5月7日，国家发展改革委印发《抽水蓄能容量电价核定办法》，就容量电价核定方式进一步规范，文件明确提出对标行业先进水平确定核价参数标准，经营期内资本金内部收益率按6.5%核定，稳定的回报机制有望重新唤起市场主体投资意愿。2023年5月11日，国家发展改革委印发《国家发展改革委关于抽水蓄能电站容量电价及有关事项的通知》（发改价格〔2023〕533号），核定了在运及2025年底前拟投运的48座抽水蓄能电站容量电价，并要求严格执行核定的抽水蓄能电站容量电价，按月及时结算电费，结算情况单独归集、单独反映。

此外，为了抽水蓄能行业健康发展，一系列政策文件陆续出台。2023年5月，《国家能源局综合司关于进一步做好抽水蓄能规划建设工作有关事项的通知》（国能综通新能〔2023〕47号），针对目前部分地区前期论证不够、工作不深、需求不清、项目申报过热等情况，要求坚持需求导向，深入开展抽水蓄能发展需求研究论证工作。2023年7月，《国家能源局综合司关于印发〈申请纳入抽水蓄能中长期发展规划重点实施项目技术要求（暂行）〉的通知》（国能综通新能〔2023〕84号）明确"申请纳规项目应加强功能定位、布局及建设时序等的分析论证"。

结合近年出台的政策综合看，在定价机制方面，从抽水蓄能功能定位及其服务对电网具有公共产品属性出发，综合利用现阶段市场之手和政府之手各自优势，做出了现阶段抽水蓄能继续实施两部制电价、未来逐步推动抽水蓄能进入市场的政策选择。分摊传导机制方面，建立起完整的成本回收与分摊机制，对于电量电价，确定了抽水蓄能电量电价执行方式以及抽水电量产生损耗的疏导方式；对于容量电价，明确将抽水蓄能容量电费纳入系统运行费用回收。激励机制方面，在节约融资成本、运维费用等方面设计了容量电价核定的激励性措施。衔接机制方面，与未来电力市场化改革进行了有效衔接，建立了适应电力市场发展的调整机制和收益分享机制，为未来政策向市场过渡奠定基础。

第二节　抽水蓄能电站经营模式

本节介绍了国外抽水蓄能电站运营模式、价格机制和效益来源，梳理了我国抽水蓄能电站运营模式和投资回收模式。

国外抽水蓄能电站的运营模式可分为电网统一经营、容量租赁、电力市场竞争三种模式。抽水蓄能电站投资回收模式根据电站内外部环境确定，从市场回收成本需完善的市场环境，容量补偿中应考虑综合运行效率等因素，不同时期需动态调整。

随着我国抽水蓄能投资主体多元化和大规模建设投产，其功能定位也逐渐分化为电网抽水蓄能、综合用途抽水蓄能、特定电源抽水蓄能三类，对于功能定位不同的抽水蓄能电站应该采取差异化的投资回收方式。抽水蓄能电站运营模式分为：电网统一运营、租赁运营、独立运营。

一、国外抽水蓄能发展模式分析

（一）美国抽水蓄能电站发展模式分析

1. 运营模式和价格机制

美国在运抽水蓄能电站一般都由电力公用事业公司建设和运营。自 1992 年开始电力市场化后，抽水蓄能电站才由独立电力生产商建设，但总体占比不高。由于美国各州电力体制改革的方式不同，抽水蓄能电站在各州的运营和盈利方式存在差异，主要存在以下三种：电网统一经营、作为独立主体参与电力市场竞价、租赁模式。

（1）电网统一经营

对于由电网公司建设和拥有的抽水蓄能电站，实行的是电网统一核算方式，抽水蓄能电站的运行成本，以及合理回报等一并计入电网公司销售电价中，通过销售电价回收成本。该模式主要在未实行 ISO/RTO 批发电力市场的地区采用，电力供应仍以公用电力事业公司垂直一体方式运行。

（2）作为独立主体参与电力市场竞价

在施行 ISO/RTO 批发电力市场模式的地区，现货市场中电力调度交易机构对电能市场和辅助服务市场进行联合优化，实行的是集中化的电力市场。抽水蓄能电站作为独立市场主体参与电力市场竞争。

（3）租赁模式

在该模式下，电站建设前投资方与电网公司签订备忘录，就电站的租赁容量、电力系统服务辅助设施以及调度控制等方面达成协议，最大程度上降低抽水蓄能电站的运营风险，并以此作为贷款保证。

总体来看，美国的抽水蓄能电站经营模式和电价机制，可以分为两大类，一类是以成本核算并允许有合理的投资回报率的形式，如租赁经营、统一核算经营等，一般投资回报率为 5%~6%；另一类是电力市场竞价的形式，一般由容量补偿、电量效益与辅助服务效益组成。

2. 效益来源

由于美国各州电力市场体制改革的方式不同，抽水蓄能电站在各州效益来源也有所不同，下面以位于俄亥俄州 Summit 抽水蓄能电站和位于加利福尼亚州（简称"加州"）Helm 抽水蓄能电站为例，研究其效益来源。

（1）俄亥俄州 Summit 抽水蓄能电站

俄亥俄州 Summit 抽水蓄能电站效益主要来源于容量租金，属于非市场化方式。Summit 电站母公司与俄亥俄州电力公司签订备忘录，就电站的租赁容量、输变电服务辅助设施以及调度控制等方面达成协议，Summit 电站母公司要保证此期间抽水蓄能电站的设备可用率和机组启动成功率。电站运行过程中的维修费用和低谷抽水用电都由承租者电力公司提供。因此，容量租赁费实际上包括建设投资的偿还及投资者的利润。承租者除支付容量租金外，还要向抽水蓄能电站逐月支付燃料费用。这种形式的电站收入相对辅助服务竞价上网来说，风险大大降低；从另一方面来说，效益也不会过高。

（2）加州 Helm 抽水蓄能电站

在辅助服务市场建立之前，加州 Helm 抽水蓄能电站主要依照它所替代的常规机组的发电费用来计取收入。与加州电力公司签订合同，对相关辅助服务费用进行以下规定：旋转备用每月 4.07 美元 / 千瓦，能量偏差每月 4.93 美元 / 千瓦，自动出力控制每月 0.156 美元 / 千瓦，负荷跟踪每月 7.5 美元 / 千瓦，蓄能服务每月 7.2 美元 / 千瓦，计划事故备用每年 7.56 美元 / 千瓦，调度每月 5 万美元。

Helm 抽水蓄能电站可以在电能量市场和辅助服务市场间进行策略选择，以获得最大收益。其年收入中约 40% 来自峰谷套利（削峰填谷），其峰谷价差较大，在 0.1 ~ 0.2 美元 / 千瓦时之间，且有着逐年拉大的趋势。辅助服务收入约占总收入的 60%，该收入主要来自调频及备用等服务，不包括调峰。基于辅助服务市场的建立，Helm 抽水蓄能电站的辅助服务收入占其总收入的 60%，电站启动次数也比市场化前增加。美国加州 Helm 抽水蓄能电站在现货市场中实现电能量峰谷价差套利如图 8-12 所示。

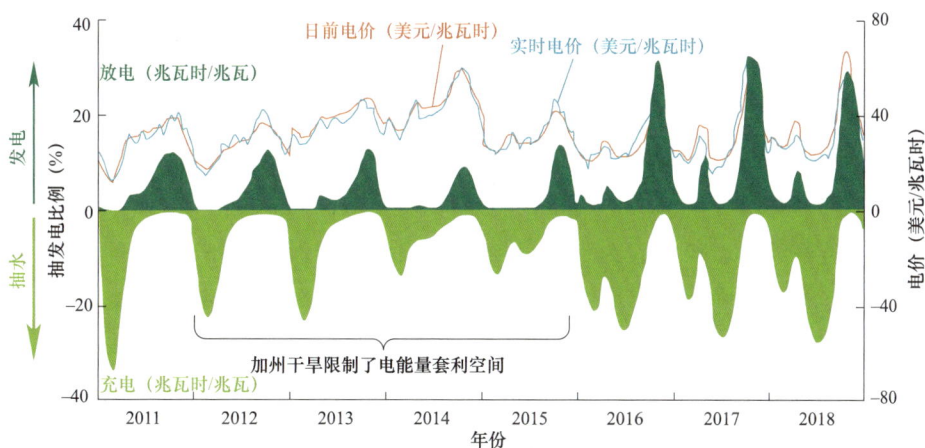

图 8-12　美国加州 Helm 抽水蓄能电站在现货市场中实现电能量峰谷价差套利示意图

由于加州电力市场中对于某些与外部联系较薄弱的负荷区提供"照付不议"合同，导致基荷发电量超额，Helm 抽水蓄能电站位于这类地区，电力市场交易中包括抽水卸荷的协议，使 Helm 电站的收入进一步增加。

（二）英国抽水蓄能电站发展模式分析

1. 运营模式和价格机制

英国是分散式电力市场的典型国家，电力交易以发电商与用户的双边交易形式为主，双边交易电量在总交易电量中的占比超过 90%。为了便于双边交易的物理交割，所有的双边交易合同须在关闸前（目前为 1 小时）向市场运营机构提交该交易时段的出力（用电）计划。由于负荷预测偏差、局部输电阻塞等因素，实际调度时段的电力平衡总会与出力（用电）计划存在一定偏差，此时需要平衡机制和辅助服务市场作为市场的必要补充，以解决电量不平衡问题。英国电网调度机构根据系统运行需要，以购电成本最低为目标进行平衡市场的服务采购。这一市场模式中，由于双边交易合同量的绝对性占比，可实现系统内的传统电源与用户对未来收入/用能成本的稳定预期。但对于以提供灵活性调节资源为主的电源类型抽水蓄能电站而言，由于平衡机制市场规模的不稳定性（不同交易日之间平衡市场规模存在明显波动性）及价格波动性（价格取决于平衡市场的需求方向），使得抽水蓄能电站难以在这一市场模式中产生稳定的收益预期。

因此，为保障抽水蓄能电站的合理收益，英国电力市场专门制定抽水蓄能机组的电价机制，明确抽水蓄能电站收入包括固定收入（固定部分）与平衡机制收入（变动部分）两部分。在此模式下，抽水蓄能电站将承受一定的电价审批和市场变化的风险，其收入由固定部分和变动部分两部分组成。

（1）固定部分

固定部分就是英国电力市场所称的"容量补偿"，是对抽水蓄能电站其中的两部分功能进行补偿：第一，是对其参与削峰、填谷，保障电网系统的安全稳定运行，以及提高电网系统经济效益的补偿，该补偿在签订年度合同时明确固定电量和固定电价，固定电量根据双边市场平衡差额确定（即调峰电量），固定电价即调峰电价，较基荷电价高。第二，是对其承担电网系统快速响应、调频、调相、事故备用，以及黑启动等电网辅助服务等功能的补偿，根据英国电网系统辅助服务机制进行核算，每年支付一次。电力公司与电站提前签订合同，明确上述补偿费用，按年一次性支付。在英国电力市场中，固定部分收入占抽水蓄能电站全年总收入的70%～80%，其中辅助服务补偿费约占固定部分收入的70%。

（2）变动部分

变动部分的补偿收入是抽水蓄能电站通过参加电力平衡交易而获得的，与常规的机组稍有不同，由于抽水蓄能电站担负了电网系统负荷中的峰荷，因此该电价是对应峰荷的价格，与基荷价格相比较高，一般高出几倍。这部分收入根据市场需求报价实时变动。2021年初，英国电力市场上峰荷报价最高达到4英镑/千瓦时的高位，英国电网2020年的平衡费用高达17.89亿英镑。抽水蓄能电站较之同样能承担尖峰的机组，在竞价上的竞争优势较大，它通过竞价交易获得的电量销售收入会因时段、报价的不同而不同，有一定的波动，市场需求和竞价交易是最大的影响因素。根据英国国家电网调度要求，预留相关辅助服务及调峰填谷容量外，抽水蓄能电站的剩余容量可通过自主参加平衡市场获得一部分变动收入，这部分收入随着不同时段、不同报价而变动，完全依靠市场需求和竞价交易获得。变动收入占抽水蓄能电站全年总收入的 20%~30%。

2. 效益来源

英国抽水蓄能电站效益来源主要通过固定收入和变动竞价获取，属于市场化和非市场化相结合方式。Dinorwig 抽水蓄能电站的管理体制几经变迁，它的效益来源也随之发生变化，近年电站年盈利额基本上维持在 1 亿英镑。

辅助服务补偿费收益。英国电力实行私有化后，Dinorwig 抽水蓄能电站的效益一方面来自国家电网购买全部辅助服务的收益，包括无功补偿、热备用、频率调整等，另一方面来自向供电局收取辅助服务费用。在英国，参加电网调峰的电站除上报电价外，还要增报启动价和空载价，以更好地反映其运营性能和成本。英国 Dinorwig 抽水蓄能电站 2017 年发电 11800 万千瓦时，装机年利用小时数仅 632 小时，但它的年运营收入中辅助服务收费几乎占一半。

（三）日本抽水蓄能电站发展模式分析

1. 运营模式与价格机制

日本是抽水蓄能电站开发较早的国家之一，日本已建造超过 40 座抽水蓄能电站，装机容量为 3070 万千瓦，占水电总装机容量的一半以上，占发电总装机容量的 10% 以上。日本启用抽水蓄能机组进行电网调峰、调频及事故备用等。

电价核定方面，日本采用成本主义、公正报酬、对用户公平等三大原则，主要体现在两点上：第一，电价测算方面，主要采用"电价测算总成本 = 营业费用 + 事业报酬"进行测算，其中，营业费用的项目根据日本电气事业会计规则进行规定，主要包括人工、燃料、购电、财务、折旧、税收等费用。第二，事业报酬的计算方面，主要采用"事业报酬 = 经营用资产 × 利润率"进行计算，其中，利润率的确定并不是任意确定或采用某一固定利率的，是根据发电类型的种类制定不同的利润率，抽水蓄能电站确定为 6%。日本在遵循三大原则的基础上确立电站经营模式，其类型主要有两种：

（1）电力公司租赁运营

从当前日本国内电力体制着眼，还无法真正实现精确计算和评估抽水蓄能电站的全部经济价值，因此，采用固定容量电费模式较为理想。独立电源开发商的抽水蓄能电站在经营上全部采用租赁经营模式，例如日本电源开发公司建设和经营的抽水蓄能电站，就全部采用该模式。

租赁制是在成本主义原则的指导下，以电站建设费为基价的基础上形成的一种固定电费制度，在计算总费用时，将营业费和事业报酬均列为基本费用进行计算。电力公司会在租赁合同条款中，将各种要求进行明确，例如租赁费用、电站运行责任、电网调度等要求，同时，规定租赁费的支出需与考核挂钩、销售价格的购电费中包括租赁费。

（2）电力公司统一核算运营

在日本，电力公司的经营权利和范围很强大，能够融发、输、配、售于一体，拥有的发电资产极其丰富，其中就包括了抽水蓄能电站。因为已按总资产核算电力公司总收入，所以作为电力公司内部下属单位的抽水蓄能电站，采用内部核算制，如归属东京电力公司所有的电站共 191 座，装机容量达到了 6183 万千瓦，其中抽水蓄能电站就约占 10%。电力公司着眼于综合经济效益的最大化，并以此为据安排电站的经济运行，协调抽水蓄能电站与其他电源的作用，使两者达到良好的效益互补功效，并将抽水蓄能电站的经济价值在公司内部进行统一核算。

2. 效益来源

日本抽水蓄能电站的效益来源基本上可以分为两类：第一类是每年当地电力公司向电源开发公司支付一笔投产前以合同方式签订的租赁费用，以满足电站运行维修、还贷、税收及利润等需要，该金额大小与电量无关；第二类是电网对抽水蓄能电站实行的奖励资金，日本电力公司对于电站大修少于规定时间进行奖励。

（四）澳大利亚抽水蓄能参与市场及盈利情况

1. 参与市场情况

澳大利亚电力市场执行国家电力规则。国家电力规则辅助服务分为：频率控制辅助服务、网络支持控制辅助服务及黑启动辅助服务。澳大利亚的抽水蓄能主要参与电能量市场，并提供频率控制辅助服务。

2. 收入情况分析

根据澳大利亚能源市场运营机构（Australian Energy Market Operator，AEMO）的能源动态季度报告，2020 年四季度至 2022 年四季度的抽水蓄能电站收益情况如表 8-3 所示。通过数据可以看出，电能量市场的峰谷套利是澳大利亚抽水蓄能收入的主要来源，电力市场价格波动越大，抽水蓄能的收益越高。

表 8-3 　　　　　　　　　　澳大利亚抽水蓄能收益来源情况　　　　　　　单位：百万澳元

时间	能量收益（0～300澳元/兆瓦时）	能量收益（大于300澳元/兆瓦时）	能量成本	抽水收益（负价时）	调节调频收益	应急调频收益	净收益
2020 年第 4 季度	7.11	1.03	−3.72	0.28	0.00	0.00	4.7
2021 年第 1 季度	3.07	1.42	−1.78	0.06	0.00	0.00	2.8
2021 年第 2 季度	9.15	27.74	−2.68	0.51	0.00	0.00	34.7
2021 年第 3 季度	13.90	6.74	−4.60	1.01	0.00	0.00	17.0
2021 年第 4 季度	14.17	21.35	−6.18	1.47	0.00	0.00	30.8
2022 年第 1 季度	25.00	47.50	−16.06	0.07	0.00	0.00	56.5
2022 年第 2 季度	46.30	56.45	−41.55	0.14	0.00	0.00	61.3
2022 年第 3 季度	61.53	29.46	−33.96	3.00	0.00	0.00	60.0
2022 年第 4 季度	31.93	2.88	−10.71	2.73	0.00	0.00	26.8

（五）国外抽水蓄能运营模式总结及启示

国外抽水蓄能电站的运营模式可分为电网统一经营、容量租赁、电力市场竞争三种方式。电网统一经营运营模式下，抽水蓄能电站作为电网组成部分，类似其他输变电资产，没有独立电价，采用内部核算制；容量租赁运营模式下，第三方投资建设抽水蓄能电站，由电网租赁，相关费用纳入电网统一核算，再通过销售电价一并疏导；电力市场竞争运营模式下，抽水蓄能电站参与电力市场，通过市场峰谷差、提供辅助服务获取收益。

根据电站内外部环境确定适用的投资回收模式。从美国、英国、日本抽水蓄能电站的经营模式来看，美国的抽水蓄能投资回收模式随各州电力市场模式的不同而有所差异，但总体上体现了容量和电量的两部分收益。英国的抽水蓄能电价相当于两部制电价模式，通过年度合约固定补偿的方式保障电站大部分的投资回收，以参与平衡市场的方式获取变动收入。日本抽水蓄能电站以租赁制模式为主，弱化电量竞争，强化容量部分效益。从国外经验来看，要保证抽水蓄能电站投资的有效回收，电量和容量两部分收益都非常重要，应建立一个符合我国电力体制实际的抽水蓄能电站投资运营体系，确保抽水蓄能电站充分发挥作用。

抽水蓄能电站从市场回收成本需完善的市场环境。从美国、英国、日本抽水蓄能电站的收益情况来看，典型的抽水蓄能电站其辅助服务收入占到其总收入的50%以上。成熟市场化国家辅助服务定价基于机会成本定价方法，国内辅助服务市场是基于会计成本定价方法。因此不但需要推进电力现货市场建设，辅助服务市场也需要同步改革到位。

容量补偿中应考虑综合运行效率等因素，不同时期需动态调整。国外抽水蓄能电站收入主要来源于容量租金，租金合同中设立与综合效率相关的调整系数，随着电站综合效率的提高，基础租金会增加，对于电站高效运行起到鼓励作用。在衡量动态效益、确定补偿标准时，设计动态调整制度，能更充分体现抽水蓄能的容量价值。

二、我国抽水蓄能发展模式分析

（一）基于功能定位的抽水蓄能电站分类

抽水蓄能作为技术成熟灵活好用的调节资源，电力系统对其保障电网安全、调峰储能、消纳新能源等需求不断增加且逐渐细化。随着抽水蓄能投资主体多元化和大规模建设投产，其功能定位也逐渐分化为电网抽水蓄能、综合用途抽水蓄能、特定电源抽水蓄能三类，以匹配电力系统各环节需要。

1. 电网抽水蓄能

电网抽水蓄能服从服务电网调度，作为电网基础调节电源，机组与电网密切绑定，实现电网自动调度控制，主要发挥保障电力持续可靠供应（顶出力），保障电网安全稳定运行作用（调频、调相、事故备用、黑启动等），替代电网投资（替代输配电投资、缓解输配电阻塞）作用。

电网抽水蓄能提供的辅助服务具有公共产品特征。首先，电网抽水蓄能提供的辅助服务具有消费非竞争性。电网抽水蓄能保安全功能惠及系统内所有用户，一部分用户的安全可靠用电，并不会降低系统对另一部分电力消费者的供电质量。其次，电网抽水蓄能提供的辅助服务具有受益非排他性。电力系统不能将一些用户排除于系统的安全与可靠性之外，让电力系统某一环节独享抽水蓄能的服务而阻碍其他环节享受相应服务，从技术上看不可行，从经济上看不合算。

2. 综合用途抽水蓄能

综合用途抽水蓄能主要是自调度，其用途主要体现在负荷侧调峰和储能，可作为独立市场主体参与电力市场竞争，运营成本主要通过峰谷差电价套利的形式，从节约的用电成本、减少限停故障损失中回收，同时也服务新型电力系统调节需要。

综合用途抽水蓄能服务的私人产品特征及一定公共产品特征。一方面，综合用途抽水蓄能提供的电能量产品具有私人产品特征。首先，抽水蓄能提供的电能量产品具有竞争性。抽水蓄能电能量受系统可调容量的限制，用电负荷越大，系统裕度就越小，如果超过系统可调容量的极限，就必须对一部分用户限电。其次，抽水蓄能提供的电能量产品具有排他性。抽水蓄能电能量的消费者及其消费的数量，可通过计量手段加以甄别和确认，对那些不遵守规则的用户，也有足够的技术手段予以排除。另一方面，综合用途抽水蓄能在提供电能量产品同时提供的辅助服务、容量服务具有一定的公共产品属性。

综合用途抽水蓄能提供的主要产品是电能量这一私人产品，市场可以充分反映该部分价值，提供电能量同时提供的辅助服务产品、容量服务产品在辅助服务市场成熟后也可通过辅助服务市场优化配置。

3. 特定电源抽水蓄能

特定电源抽水蓄能配套新能源投资建设，在经济关系上属于电源配套储能，主要用于满足电源须具备相应调节能力的义务要求和服务发电电源降低发电成本、增加发电量，提高经济效益。

特定电源抽水蓄能主要服务对应的特定电源。特定电源抽水蓄能主要与特定电源配套运行，一起配合提供电能量产品，具有明显的私人产品特征。同时，特定电源抽水蓄能用于满足对应特定电源须具备相应调节能力的义务要求。特定电源抽水蓄能与特定电源共同提供电力产品，应按照特定电源价格机制向用户疏导，抽水与特定电源协商分摊收益。

（二）抽水蓄能电站投资回收模式

投资回收方式直接关系到抽水蓄能电站能否有保障地回收投资成本，影响着各主体投资抽水蓄能电站积极性。在不考虑抽水蓄能电站相关政策前提下，仅结合我国国情、电网特征、市场环境，客观地分析抽水蓄能电站最适用的投资回收方式。对于功能定位不同抽水蓄能电站应该采取差异化的投资回收方式，主要可分为三种。

固定补偿投资回收方式：对于发挥计划性调节功能，辅助省区达到可再生能源消纳责任权重指标，承担政治保供任务的抽水蓄能电站，属于系统级调节资源，投资回收方式应该服从电网调度，并且要有固定补偿成本回收渠道作为保障。按照公共产品在政府监管下进行定价，纳入监管范围内，作为系统服务费从输配电成本中疏导。

容量租赁投资回收方式：对于与新能源联合经营、满足一定比例配置储能硬性要求的抽水蓄能电站，主要服务于特定电源，未发挥计划性调节功能，投资成本应该通过容量租赁方式从特定电源回收。如果抽水蓄能电站在服务特定电源外，还发挥相对较少的系统调节作用，也可以从辅助服务市场中回收少量投资。投资回收方式以容量租赁费用为主，以辅助服务市场为补充。

参与电力市场投资回收方式：对于投资成本回收完成、投资成本回收压力小或者具备参与市场条件的抽水蓄能电站，为了避免引起系统运行费用上涨进而导致终端销售电价上涨，投资回收方式不应该采用固定补偿，应该作为独立主体参与电能量市场和辅助服务市场，投资从市场中回收，并自行承担市场风险。

（三）抽水蓄能运营模式

1. 电网统一运营模式

电网统一运营模式指抽水蓄能电站由电网公司或厂网合一的电力公司全资建设，作为电力系统中的一个环节接受电网调度，不能自发确定发电计划。抽水蓄能电站不具备独立法人资格，电网公司拥有抽水蓄能电站的所有权和运营权。电网公司统一调度并安排抽水蓄能电站的日常工作，并负责管理电站的日常维护维修费用、税收、利润及考核等。如发输配一体化的法国和日本的原九大地区电力公司所属的抽水蓄能电站等均实行电网运营模式。

电网统一运营模式的优势在于，电网统一运营模式下，电网公司拥有经营权和产权，权责明确，运营模式简单，方便调度运行安排，有利于充分发挥抽水蓄能电站安全保供的作用。

电网统一运营模式的劣势在于，电网统一运营模式不能充分利用社会资金，制约抽水蓄能电站的投资建设环境和行业发展空间，抽水蓄能电站的投资及还贷均由电网公司负责，电网公司面临投资能力制约。

2. 租赁运营模式

租赁运营模式指拥有抽水蓄能电站产权的企业不直接运营电站，而是租赁给电网运营管理或租赁给风光等新能源企业进行联合运营。具体执行方式是电站将全部抽水蓄能机组按容量大小租赁给所在电网或新能源企业，机组由租赁方根据需要直接调度。安全、生技等业务由电站经营者管理，电站通过收取租赁费，支付自身的运行、维护管理等发电成本，偿还贷款本息及支付相应的各种税费。

采用容量租赁运营的电站建设资金按照借款合同可以按时偿还本息，出资方又可得到相应的利润，电站也能得到相应的公积金和公益金，同时又可按国家规定缴纳各种税金，可保证抽水蓄能电站正常运行。以广东广州抽水蓄能电站为例，抽水蓄能电站于2000年3月全部建成投产，并成立广东抽水蓄能联营公司对电站进行管理，公司享有独立的法人资格，对电站享有自主经营管理权，对外以自身财产承担有限责任。从广东广州抽水蓄能电站的经验看，电站租赁经营风险较小。

租赁运营模式的优势在于，租赁运营模式有利于吸引社会资本和地方资金，方便调度运行安排，有利于充分发挥抽水蓄能电站安全保供的作用，有利于保障抽水蓄能电站经营稳定。

租赁经营模式的劣势在于，租赁运营模式下，租赁费需要在电价中考虑疏导问题，存在一定的政策性风险，租赁费的确定缺乏公允的方法，如果租赁费用偏低，会影响设备维护和技术更新，如果租赁费用过高，将导致电网负担增大。

3. 独立运营模式

独立运营模式是指在厂、网分开，有竞争性电力市场的国家和地区，非电网企业投资开发的抽水蓄能电站的运营模式。该模式下抽水蓄能电站主要通过参与电力市场和辅助服务市场获取收益。抽水蓄能电站拥有独立法人地位，能够以独立主体身份参与市场竞争，自负盈亏。独立运营的抽水蓄能电站能够以自身经济利益最大化为目标，安排运行计划。但是在电力市场机制不完善的情况下，独立经营的抽水蓄能电站经营风险难以控制，承担一定的市场和政策风险。

抽水蓄能电站独立运营模式的优势在于，电站独立运营模式有利于抽水蓄能电站自主经营，自负盈亏，充分发挥市场主体的作用，有利于建立良好的市场环境。

抽水蓄能电站独立经营模式的劣势在于，我国电力市场起步较晚，正处在不断地改革和完善中，我国现货市场尚未全面覆盖，已实行现货市场的部分地区由于限价较低，导致市场价差不大，影响抽水蓄能电站的获利空间，此外我国电力市场的辅助服务市场机制不完善，产品品种单一，不利于抽水蓄能电站功能效益的发挥。此外，从成熟市场运营经验看，抽水蓄能电站获得稳定收益存在较大风险，在缺乏兜底机制保障的情况下，市场经营风险较大。

第三节　抽水蓄能参与电力市场研究

本节结合未来发展方向和现实条件约束，对我国抽水蓄能参与电力市场的机制和方式开展了探索研究，可作为抽水蓄能电站参与电力市场的研究参考。后续如有抽水蓄能参与电力市场的相关政策文件发布，应以政策文件为准。

随着我国电力市场化改革的持续推进，抽水蓄能参与电力市场的政策预期日益明确。本节首先梳理了我国电力市场建设的主要成效和发展目标，整理了市场相关的基本概念；进而，探索性提出了我国抽水蓄能参与电力市场的机制设计原则和整体方案设想，设计了市场化起步阶段、转型阶段和成熟阶段的分阶段方案，区分现货市场运行地区和非现货市场运行地区，研究了抽水蓄能参与电力市场的不同方式。

2015 年，《中共中央　国务院关于进一步深化电力体制改革的若干意见》（中发〔2015〕9 号）明确了"加快构建有效竞争的市场结构和市场体系，形成主要由市场决定能源价格的机制"的市场化改革方向，明确了"按照管住中间、放开两头的体制架构，有序放开输配以外的竞争性环节电价"。2021 年，《国家发展改革委关于进一步深化燃煤发电上网电价市场化改革的通知》（发改价格〔2021〕1439 号）发布，在"放开两头"即放开发电侧上网电价、用户侧销售电价方面取得了重要进展，标志着电力市场化改革又迈出了重要一步。2022 年，《关于加快建设全国统一电力市场体系的指导意见》（发改体改〔2022〕118 号）印发，作为指导电力市场建设的纲领性政策文件，明确了全国统一电力市场体系建设的总体目标，从健全市场体系、完善市场功能、健全交易机制、加强规划监管、适应新型电力系统等方面指明了未来发展方向。一系列重要政策文件的印发，推动我国电力市场化改革持续推进，对抽水蓄能参与电力市场形成了明确的政策预期。

一、我国电力市场发展简介

（一）主要成效

《中共中央　国务院关于进一步深化电力体制改革的若干意见》（中发〔2015〕9 号）及其配套文件印发实施以来，我国电力市场化改革持续向纵深推进，取得一定成效，改革的"四梁八柱"已经建立，市场在资源优化配置中作用明显增强，市场化交易电量比重大幅提升，为进一步深化改革奠定了基础。基于国家能源局披露信息，截至 2023 年底，我国电力市场建设已经取得如下成效：

多层次电力市场体系有效运行。电力中长期交易已在全国范围内常态化运行，交易周期覆盖多年到多日，中长期交易电量占市场化电量比重超 90%，充分发挥"压舱石"作用，稳定了总体市场规模和交易价格。山西、广东电力现货市场相继转入正式运行，南方区域电力现货市场首次实现全区域结算试运行，长三角电力市场建设正式启动，电力现货市场以价格信号调节供需平衡，引导主体参与调节和供需协同。跨省跨区中长期市场平稳运行，省间现货市场调剂余缺，对大范围电力资源优化配置和互济保供发挥了积极作用。

电力市场规则体系进一步完善。国家发展改革委、国家能源局印发了《电力现货市场基本规则（试行）》（发改能源规〔2023〕1217 号）、《关于建立煤电容量电价机制的通知》（发改价格〔2023〕1501 号）、《关于建立健全电力辅助服务市场价格机制的通知》（发改价格〔2024〕196 号）和《电力市场信息披露基本规则》（国能发监管〔2024〕9 号）等重要文件，明确了坚持市场化改革方向，加快推进电能量市场、容量市场、辅助服务市场等高效协同的电力市场体系建设。

电力市场机制在保供应、促转型方面发挥积极作用。在迎峰度夏、迎峰度冬电力保供关键时期，跨省跨区市场化交易机制对省间电力支援、互济保供发挥了积极作用。新能源逐步进入电力市场，2023 年市场化交易电量 6845 亿千瓦时，占新能源总发电量的 47.3%。电力辅助服务机制 2023 年挖掘系统调节能力超 1.17 亿千瓦，促进清洁能源增发电量超 1200 亿千瓦时。

市场化交易电量持续上升。2023 年，全国电力市场交易电量 5.7 万亿千瓦时，同比增长 7.9%，占全社会用电量比例 61.4%，比 2022 年提高 0.6 个百分点。在交易机构注册的主体数量达到 70.8 万家，市场活力有效激发。电力市场化改革不断深入，市场化交易电量占比从 2016 年不到 17% 上升到 2023 年超过 61%，市场机制已在资源配置中起到决定性作用。

电力市场秩序监管持续加强。政府电力市场主管部门一手推市场建设，一手抓市场监管。在部分省（区、市）开展涵盖电力规划建设、生产运行、供应保障等全链条的电力领域综合监管工作，强化监管权威，推进问题整改。根据国务院部署，国家能源局在全国开展了电力市场化交易不当干预专项整治，着力规范电力市场秩序。

（二）基本概念

电力市场包括广义和狭义两种含义。广义电力市场是电力生产、传输、使用和销售的关系总和。狭义电力市场是竞争性市场，电能生产者和使用者通过协商、竞价等方式，就电能及其相关产品交易，通过市场竞争确定价格和数量的机制。本章未加说明时，指狭义电力市场。从交易的类型角度，电力市场可以分为电能量市场、电力辅助服务市场和容量保障机制。

电能量市场是买卖电量（有功）的市场。电能量交易按照交易周期分为电力中长期交易和电力现货交易。电力中长期交易，是指对未来某一时期内交割电力产品或服务的交易，包含数年、年、月、周、多日等不同时间维度的交易。电力现货交易，是指通过现货交易平台在日前及更短时间内集中开展的次日、日内至实时调度之前电力交易活动的总称。

电力辅助服务市场是买卖电力辅助服务的市场。电力辅助服务是指为维护电力系统安全稳定运行，保证电能质量，向系统提供的辅助性调节服务。我国定义的电力辅助服务是指为维持电力系统安全稳定运行，保证电能质量，促进清洁能源消纳，除正常电能生产、输送、使用外，由火电、水电、核电、风电、光伏发电、光热发电、抽水蓄能、自备电厂等发电侧并网主体，电化学、压缩空气、飞轮等新型储能，传统高载能工业负荷、工商业可中断负荷、电动汽车充电网络等能够响应电力调度指令的可调节负荷（含通过聚合商、虚拟电厂等形式聚合）提供的服务。电力辅助服务的种类分为有功平衡服务、无功平衡服务和事故应急及恢复服务。其中，有功平衡服务包括调频、调峰、备用、转动惯量、爬坡等电力辅助服务；无功平衡服务即电压控制服务，电压控制服务是指为保障电力系统电压稳定，并网主体根据调度下达的电压、无功出力等控制调节指令，通过自动电压控制（AVC）、调相运行等方式，向电网注入、吸收无功功率，或调整无功功率分布所提供的服务；事故应急及恢复服务包括稳定切机服务、稳定切负荷服务和黑启动服务。

容量保障机制是指为提高发电容量充裕度和提高电力系统可靠性，合理调控发电机组的投资规模的机制。《关于加快建设全国统一电力市场体系的指导意见》（发改体改〔2022〕118号）提出"建立市场化的发电容量成本回收机制，探索容量补偿机制、容量市场、稀缺电价等多种方式，保障电源固定成本回收和长期电力供应安全"。我国目前面临着电力市场化改革和能源转型的双重任务，对于容量支持性政策设计的系统性、合理性提出了更高的要求。2023年《关于建立煤电容量电价机制的通知》（发改价格〔2023〕1501号）发布，明确了对煤电实行两部制电价政策，对系统调节资源的容量价值进行了确定。未来我国容量补偿机制设计应该综合考虑电源投资成本和系统实际需求，结合更长周期电力市场的运行数据，判断市场对于主体投资积极性的影响，及时调整补偿标准或者容量需求曲线，避免过补偿或者欠补偿。

（三）发展目标

2022年，国家发展改革委、国家能源局印发《关于加快建设全国统一电力市场体系的指导意见》（发改体改〔2022〕118号），明确了加快建设全国统一电力市场体系的指导思想：遵循电力系统运行规律和市场经济规律，适应"碳达峰、碳中和"目标的新要求，更好统筹发展和安全，优化电力市场总体设计，健全多层次电力市场体系，统一交易规则和技术标准，破除市场壁垒，推进适应能源结构转型的电力市场机制建设，加快形成统一开放、竞争有序、安全高效、治理完善的电力市场体系。

《关于加快建设全国统一电力市场体系的指导意见》（发改体改〔2022〕118号）设定了电力市场建设目标：到2025年，全国统一电力市场体系初步建成，国家市场与省（区、市）/区域市场协同运行，电力中长期、现货、辅助服务市场一体化设计、联合运营；到2030年，全国统一电力市场体系基本建成。

二、我国抽水蓄能参与电力市场机制的探讨

在国外成熟的电力市场中，抽水蓄能电站和其他市场主体一样，平等参与电

力市场交易，通过市场决定抽水蓄能资源需求和价值。抽水蓄能价值主要体现在削峰填谷、调频、备用、黑启动、转动惯量及长期容量可靠性等方面，成熟的电力市场应能充分体现抽水蓄能资源价值。

《国家发展改革委关于进一步完善抽水蓄能价格形成机制的意见》（发改价格〔2021〕633 号）中已经明确推动我国抽水蓄能电站作为独立市场主体参与市场。各地价格主管部门、能源主管部门要按照职能分工，加快确立抽水蓄能电站独立市场主体地位，推动电站平等参与电力中长期交易、现货市场交易、辅助服务市场或辅助服务补偿机制。2023 年，山西西龙池抽水蓄能电站已经参与山西电力现货交易，开始了抽水蓄能电站参与市场的实践探索。然而，我国处于电力市场建设的初期，市场体系尚需进一步完善，抽水蓄能电站直接全部进入市场并完全通过市场化运行回收其成本的风险较大；同时，抽水蓄能是支撑新型电力系统建设的重要灵活性资源，具有规划属性较强、建设周期长、投资体量大等特点，稍有不慎将会影响抽水蓄能投资的热情，进而影响新型电力系统建设。

（一）抽水蓄能参与电力市场机制设计需考虑的原则

机制设计应满足抽水蓄能电站建设需要，能够吸引系统所需的抽水蓄能电站建设投资。抽水蓄能等灵活性调节电源是新型电力系统的重要支撑，应保持合理的开发规模。要保证合理的开发规模，就需要保障抽水蓄能电站能获得合理收入，有合理的回报，进而能够吸引投资，支撑新型电力系统建设。

机制设计应突出市场导向，发挥价格信号对资源优化配置的引导作用，释放明确的政策预期。这个市场导向需要有明确的抽水蓄能进入市场的路线图，通过有效市场价格信号，引导抽水蓄能项目有序规范建设和安全高效运行。

机制设计应适应我国电力市场建设进程。目前我国各省、区、市的市场化改革进程存在较大差异，抽水蓄能在市场中的收益也将会存在较大差异，其中现货市场成熟程度、价差水平、限价范围、有无容量市场或容量补偿机制、辅助服务市场品种及补偿水平等将是影响抽水蓄能在市场获利的重要因素。

维护政府公信力，保证价格政策的稳定性和连续性。政策执行应体现权威性和实效性，政策效力应体现人民性和持久性。例如，对于《国家发展改革委关于进一步完善抽水蓄能价格形成机制的意见》（发改价格〔2021〕633 号）出台前的已核准机组，当时政策上并未明确要执行市场机制，应该考虑继续执行政府核价机制。发改价格〔2021〕633 号文出台后的新建电站，由于政策文件已充分说明了抽水蓄能的市场化改革路线，投资者投资项目时已有预期，所以执行市场化新价格机制，也符合投资者预期。

（二）整体方案设计

抽水蓄能电站的成本疏导机制优化应密切结合我国电力市场的建设情况，采用试点先行，分阶段、分类型的方式逐步推进抽水蓄能电站进入市场。如本章第二节所述，可基于功能定位进行分类施策，对于特定电源抽水蓄能，由特定电源制定内部价格，或与特定电源联合运营，不单独定价；对于综合用途抽水蓄能，由于发改价格〔2021〕633 号文已充分说明了抽水蓄能的市场化改革路线，所以执行市场化新机制，可以探索实行"市场化容量补偿机制 + 作为独立市场主体参与电力市场获取市场收益"；对于电网抽水蓄能，容量电费继续纳入系统运行费疏导，并优化容量电价形成方式，明确市场化方向。通过选取市场成熟省份和区域进行试点，结合电力市场不同阶段分类施策，保障抽水蓄能电站在改革中稳步发展。

抽水蓄能电站的成本疏导机制优化既要统一规则以更好适应全国统一大市场建设要求，还要具备较强的灵活适应能力以适应各地具体情况的差异性。例如，我国清洁能源资源与负荷中心呈逆向分布，"十四五"规划纲要提出建设的 9 个大型清洁能源基地有 7 个在西部，一方面，西部新能源发电需要通过特高压输电向东部输送；另一方面，西部新能源发电装机的增加带来抽水蓄能等调节资源配置需求。在这种情况下，分类施策方式具有较好的适应性，西部外送电源或大基地配套的抽水蓄能可归入特定电源抽水蓄能，其成本向所配套特定电源疏导后，该类抽水蓄能可随同配套电源以打捆方式进行清洁能源外送和参与省间电力市场。

（三）市场化起步阶段

1. 选取试点抽水蓄能机组参与电力市场

我国大部分辅助服务市场，主要围绕调峰、部分地区辅以调频开展。目前参与辅助服务市场的抽水蓄能电站为 6 家，收入在 1% ~ 5%。以东北区域为例，辽宁蒲石河抽水蓄能电站近三年辅助服务年均收入 676 万元；吉林白山抽水蓄能电站 2020 年辅助服务补偿 125 万元。截至 2024 年 5 月，绝大部分抽水蓄能电站仍执行由调度机构按需调用的方式。在抽水蓄能实际参与现货案例较少的情况下，很难预计抽水蓄能参与市场后的收益水平，有必要采用试点先行的方式积累经验和实践数据。通过选取试点抽水蓄能机组参与电力市场，获取市场收益的相关真实数据。同时，按发改价格〔2021〕633号文，试点机组的市场收益80%用于冲减其容量电费。

对于试点电站的选取，可考虑在已有现货市场长周期稳定试运行省份中，选取由单一省承担全部费用的抽水蓄能电站作为试点电站，参与该省内电力市场；在已有区域市场长周期稳定试运行的区域中，选取由区域内各省/市/区承担全部费用的抽水蓄能电站作为试点电站，参与该区域电力市场。

在价格机制方面，目前通行的电力市场价格结算机制基本分为两种，一种是按各市场主体的报价结算；另一种是按照边际出清价格结算，这是一种统一的价格机制，即各市场主体按照统一的市场边际出清结算，所以也被称为统一价格结算。在两种价格机制下，市场交易都是按照机组或发电商的报价，由低到高分配发电负荷，直至满足系统供需平衡，但报价结算是按照实际报价进行结算，而边际出清价格则是以最后一台满足系统负荷平衡的机组报价为基准，将其作为边际价格进行结算。在按边际出清价格结算的电力市场中，无论发电公司报价高低，一旦被选中，一律按照边际出清价格结算。目前国内外的主要电力现货出清价格形成机制采用边际出清价格机制，主要包括系统边际电价、分区边际电价和节点边际电价等具体价格形成机制。其中，节点边际电价包含电能量分量和阻塞分量。对于电网阻塞程度较为严重、输电能力受限的地区，普遍采用节点边际电价机制。

2. 容量标杆电价可行性分析

标杆电价是为推进电价市场化改革，国家在经营期电价的基础上，对新建发电项目实行按区域或省平均成本统一定价的电价政策。主要有以下作用：

提前向社会公布标杆电价。 为投资者在事前提供了明确的电价水平，稳定了投资者投资预期，为投资决策提供了价格信号，促进了资源优化配置和资本的合理流动。

促使电站企业加强内部管理，促进公平竞争。 各个电站执行统一的标杆电价后盈利水平的差异，反映了企业项目管理水平和经营管理水平的高低。企业对利润的追求促使企业以标杆电价倒推标杆造价、标杆生产成本，通过加强内部管理控制成本。电站之间的竞争演变为造价成本和运营成本的竞争，使得造价水平不断下降和运行效率不断提高。

为逐步向电力市场过渡奠定基础。新投资的项目受标杆电价限制，造价逐步接近，各电站逐步站在同一起跑线上，有了竞价上网的实力基础，有利于向电力市场过渡。

然而，抽水蓄能作为一种特殊的水电项目，其成本特性相较于燃煤、燃气电站，具有固定成本占比高（固定资产投资占总成本90%以上）、成本动因受选址影响差异较大（难以核定统一标杆电价）等特征。基于国网新源集团所有在运、在建、拟建抽水蓄能项目的调研分析，抽水蓄能电站造价在不同时期、不同区域、不同站址资源下差异显著。现有技术水平下，实行抽水蓄能容量标杆电价的标准化条件尚不具备，实施难度较大。

（四）市场化转型阶段

1. 针对新建电网抽水蓄能电站引入竞争性招标

（1）项目式容量竞争性招标方式

项目式容量竞争性招标方式是指通过市场化竞争性的招标方式确定所招标抽水蓄能电站的业主、单位千瓦容量中标价和容量中标价有效期。

对于新增电站，建立抽水蓄能电站竞价招标机制，纳入电力系统平衡使用的电站向社会公开招标，形成容量中标价；其他电站主要通过进入电力市场获得收益。

引入招标方式，通过竞争性招标方式确定电站业主、单位千瓦容量中标价和容量中标价有效期。电站容量收入（电费）= 容量中标价 × 中标容量。对于非必建电站，其容量中标价不得高于政府规定的价格上限，有效期不得长于有效期上限。其中，价格上限是基于资源区划分情况和所在区域社会承受力设计的容量电价指导价；容量招标价有效期上限暂定为40年。对于必建电站，不设容量招标价格上限。

设计总招标费用约束。明确各省份抽水蓄能容量电费总额上限，各省在此范围内自主选择省内建设或采购外省抽水蓄能容量。

鼓励根据各地实际情况对招标合同进行多样化设计。在竞争招标起步阶段，为避免流标，允许采用招标容量电价在40年经营期内覆盖全部容量的招标方案；同时鼓励各地根据当地电力系统需求、电力市场建设进程和社会电价承受能力等实际情况设计采用容量退坡式招标方案。

由政府能源主管部门会同电网企业做好公开招标抽水蓄能电站的需求总量控制。国家能源主管部门、价格主管部门会同电网企业及第三方规划机构，以满足用户供电保障和系统安全稳定运行为目标，兼顾对国民经济的影响，综合考虑电网网架结构、电源结构布局、用电负荷特点和电网调节需求等因素，结合《抽水蓄能中长期发展规划（2021—2035年）》方案，制定年度全国和省级抽水蓄能竞争性招标规模及方案，并对外公布。由省级价格主管部门统筹考虑电价承受能力，将电价承受能力作为抽水蓄能电站规划、开展市场化招标的前置条件，确保电站投运后容量中标电费能够向用户侧传导。在电站招标文件中明确所招标储能电站的容量收入上限、容量中标收入有效期、电站技术指标要求、电站投运时间和有效期内容量收入所包含的电站服务内容。竞争性招标向所有市场主体和社会资本开放，并严格实行全过程监管，保障公平竞争。

（2）总规模式的竞争性招标容量电价机制

总规模式的竞争性招标容量电价机制在市场化电价机制完全建成前，通过合理确定招标规模、期限，定期采用竞争性招标方式形成调节资源容量电价，所有未核定容量电价的调节资源共同参与。

起步阶段，竞争性招标容量电价机制可仅针对新型储能和抽水蓄能，并且在区分招标容量投运时间并基于实际需求对招标容量进行产品细分。后期，逐渐增加可控负荷、虚拟电厂、煤电灵活性改造等调节资源。最终建立全部新型储能、抽水蓄能、火电、可控负荷等各类调节资源的市场化容量机制。中标主体执行中标容量电价，未中标主体无容量电价，从市场获取全部收益，并可以在下一个招标周期参与竞争性招标。

合理确定电网快速调节容量规模。已核价的抽水蓄能电站容量自动纳入，剩余快速调节容量规模实施竞争性招标，现有各地新型储能补贴或补偿政策退出，所有新型储能和新增抽水蓄能电站公平同台竞争。按期确定执行容量电价的快速调节资源发展目标，并分解到各地、各年度。统筹考虑当地电力系统调节资源缺口、电价承受能力等实际情况，合理确定执行容量电价的快速调节资源最低容量限值，原则上可以参照各地统调负荷的2%~5%。

合理选择竞争性招标周期。基于各地实际情况合理选择竞争性招标周期和招标容量电价有效期，原则上招标周期应与输配电价核价周期相协调。调节电源中标后，在有效期执行中标容量电价，到期后重新参与竞争性招标，也可选择在执行完第一个招标周期后，在保证剩余招标容量电价有效期内可用性的前提下，参与市场，不再执行招标容量电价。

区分招标产品，严格细化技术条件要求。一方面，政府主管部门明确竞争性容量招标的容量构成要求，形成区分储能时长和响应速度的招标产品体系。另一方面，各地结合实际情况严格细化技术条件要求，确保公平竞争、同价值同价格。

制定竞争性容量招标总费用上限，并通过边际出清方式确定容量电价。竞争性招标方案中应明确容量规模和容量电价上限（即招标总费用规模上限）、招标周期、产品体系和技术条件等要求。报政府主管部门审核后，对外发布并组织集中式竞争性招标，区分不同招标产品，采用边际出清方式，确定各中标项目的业主、容量电价等。

中标要求及费用分摊。中标的快速调节资源，在所需时段，须严格按电力调度机构指令运行；在其他时段，可自主参与电力市场，可参考市场收益的20%由调节资源享有、80%向全体工商业用户（系统运行费承担者）返还的方式进行激励。在执行中标容量电价周期内，不得向外租赁容量。中标调节资源容量电费及按电力调度机构指令运行所产生的相关损益，纳入系统运行费用，向全体工商业用户分摊。

加强全流程监管。执行容量电价的快速调节资源应向电力系统提供负荷标准的等效可用系数、启动成功率，按要求进行停运检验。严格执行调度指令，无法按指令执行的，相应扣减容量电费，如引发其他损失，承担相应处罚。

2. 探索容量电价退坡机制

（1）容量电价退坡机制

容量电价退坡机制，具体包括容量电价退坡启动规则、容量电价退坡进度规则、容量电价退坡评估和调整规则三个部分。

容量电价退坡启动规则。应参考所在地电力现货市场、辅助服务市场建设进程，科学设置客观的容量电价退坡启动条件。如：电力现货市场开始长结算周期试运行，且辅助服务市场中备用、调频等项目稳定运行并达到一定规模。

容量电价退坡进度规则。容量电价退坡启动后，设置一年市场运行观察期。观察期内容量电价覆盖比例仍为100%。根据观察期得到的电力市场实际运行数据，结合实际情况，考虑各方承受能力，对容量电价退坡期内各年的容量电价覆盖比例进行详细设置，作为退坡的具体执行依据。

容量电价退坡评估和调整规则。在退坡期过半时，开展退坡计划评估，根据实际情况调整退坡进度，有必要时延长或缩短退坡期。

（2）分类、分阶段施策

对于在运抽水蓄能电站，为维护政府公信力和避免原有低建设成本电站在市场中获取超额市场收益，在电力市场基本成熟前，继续执行现行核价机制，不进行容量电价退坡，鼓励存量电站通过参与市场交易获得增量电量收益，按照政策要求可冲抵部分容量电费，进而降低政府定价的占比；在电力市场基本成熟后，将容量电价机制转换为政府授权合约，既不影响电站参与市场和按市场出清结果运行，又保障电站获取的超额市场收益向所有用户返还。

对于新建电网抽水蓄能电站，理论上存在两种容量电价退坡方式。第一种方式是降低容量招标电价对抽水蓄能容量的覆盖比例，推动电站自主运用剩余电站容量参与电力市场。第二种方式是降低容量招标电价的标准，通过容量招标电价、电力市场共同保障抽水蓄能电站运营发展。但由于现阶段无法量化抽水蓄能不同功能作用的市场化收益及其占比，第二种方式难以实际执行。建议采用第一种方式。

采用第一种方式时，在招标合同中结合电站机组情况明确不同时期容量招标电价对抽水蓄能容量的覆盖比例。原则上，同一年度同一市场所有抽水蓄能电站的招标容量电价覆盖比例应该相同，即统一确定容量电价退坡时间表，从而引导抽水蓄能投资逐步转向市场化水平完善、选址造价水平低的地区。此外覆盖比例方面具体细节还可以再进一步做深入分析，例如覆盖比例原则上按容量比例，电站还可以不超过这个比例自定。

在掌握抽水蓄能电站市场化收益数据和电力市场建设进程有更高确定性的条件下，制定容量退坡计划要求。各竞争性招标项目均须采用容量退坡式招标方案，且退坡进度不滞后于容量退坡计划要求。例如，容量退坡计划要求可制定为在电力现货市场连续稳定运行满1年，电力辅助服务市场产品体系基本健全条件下，启动抽水蓄能电站容量退坡，并在一定年限内完成全部容量退坡。具体条件和退坡进度要求，应结合实际情况进行充分论证后制定。

采用第二种方式时，各地价格部门每年测算快速调节资源参与市场的平均电能量及辅助服务收益；在下一招标周期，可将上次招标价格扣除测算的市场化收益，作为该轮招标的容量电价上限。

对于在建电站，可采用在运电站方案、新增电站方案，或者自行申报容量电价退坡方案，经政府价格主管部门审批后执行。方案只能一次性选择，后续不得更改。

（五）成熟电力市场阶段

在成熟的电力市场中，抽水蓄能电站应和其他市场主体一样，平等参与电力市场交易，通过市场决定抽水蓄能资源需求和价值。抽水蓄能价值主要体现在削峰填谷、调频、备用、黑启动、转动惯量及长期容量可靠性等方面，成熟的电力市场应能充分体现抽水蓄能资源这些价值。

通常，抽水蓄能电站的削峰填谷价值主要通过合理的电能量现货市场实现，所谓合理主要是指电能量现货市场规则合理，例如各类电源同等对待，市场价格上下限等参数设置合理等；抽水蓄能电站的调频、备用及黑启动价值主要通过完善的辅助服务市场实现，所谓完善主要是指调频、备用服务市场应该考虑服务效果和对整体系统成本的影响，例如响应精度、响应速度等；抽水蓄能电站的长期容量可靠性价值主要通过容量市场、容量补偿机制或稀缺价格机制体现。

例如美国 PJM 电力市场中，电能量现货市场出清价格允许范围为 –250 ~ 3000 美元 / 兆瓦时，电能量现货市场电价能充分反映市场供需情况，当系统峰谷差较大时，抽水蓄能电站可通过低谷抽水储能，高峰时段发电释能赚取收益，调频服务市场中，充分考虑了调频的效果，备用服务市场中，针对响应速度引入了多种备用交易品种，较大程度地体现了抽水蓄能电站的调频、备用价值，此外，PJM 电力市场还引入了容量市场，抽水蓄能电站具有装机容量大、容量可靠的特点，可通过容量市场获取一定收益。

再如美国 ERCOT 电力市场和澳大利亚电力市场，虽未建立容量市场，但建立了稀缺价格机制，ERCOT 电能量市场的出清价格上限为 5000 美元 / 兆瓦时，澳大利亚电能量市场的出清价格上限为 13500 澳元 / 兆瓦时，当系统出现极度严重的供不应求时，市场价格将急剧上升，此时抽水蓄能电站进行响应将能获取较大收益。

综上分析，抽水蓄能电站完全通过市场化运行回收其成本的前提应包括合理的电能量市场体系、完善的辅助服务市场体系以及配套的容量市场、容量补偿机制或稀缺价格机制。

在电力市场基本成熟后，新增抽水蓄能电站建设由市场决定。抽水蓄能容量电价通过参加涵盖各类电力资源的容量市场或容量补偿机制获得。投资者可基于市场判断，通过各种电力产品的中长期合约、电力金融市场等方式规避风险。市场建设基本成熟，电站通过市场竞争获取全部收益。

三、我国抽水蓄能参与电力市场的方式研究

（一）现货市场运行地区

现货市场运行地区，抽水蓄能电站通过参与电能量市场和辅助服务市场回收成本并获取合理收益。

1. 参与电能量市场

电力现货市场运行的地区，抽水蓄能电站抽水电价、上网电价按现货市场价格及规则结算。根据抽水蓄能调度模式的不同，抽水蓄能参与现货市场的方式主要有三种。

自调度模式。抽水蓄能电站可以根据次日市场的市场价格预测，向市场运营机构提交自计划的运行功率曲线（申报出力需扣除参与调频市场和备用市场的中标容量，下同），市场运营机构将抽水蓄能自计划功率曲线作为市场出清的边界条件，不参与优化出清。在实时运行中，抽水蓄能电站需要按照自计划的功率曲线执行，并根据实时市场电价进行结算。

半调度模式。允许抽水蓄能电站自行优化确定发电窗口和抽水窗口，抽水蓄能电站通过申报发电报价和抽水报价，与其他市场化机组联合优化出清。其中，在发电窗口，抽水蓄能电站只能申报发电报价；在抽水窗口，只能申报抽水报价。若报价在实时市场中未中标，则机组运行在停机状态。

全调度模式。抽水蓄能电站向运营机构提交抽水蓄能机组的运行参数数据，即库容数据和机组数据。市场运营机构基于其他机组报价数据和抽水蓄能机组的运行参数，以其他市场化机组发电成本最小为目标进行统一优化出清，得到抽水蓄能机组的日前出力曲线，并按日前市场电价进行日前结算。

2. 参与辅助服务市场

按照国外经验，辅助服务的品种中通常调频服务和备用服务会以市场化竞争的形式进行交易，调压、黑启动等其他服务为长期合同固定价格采购。目前，需明确参与市场的抽水蓄能电站可作为市场主体参与调频市场，采用里程报价的方式，通过参与市场出清获得调频里程和调频容量补偿收益。同时，采用与电网企业签订中长期合同等市场化方式，通过提供黑启动、无功调节等服务回收部分固定成本。随着电力市场逐步成熟，探索建立与电量市场联合运行的备用市场，体现抽水蓄能备用容量的市场价值。

（二）现货市场未运行地区

现货市场未运行地区，抽水蓄能电站根据各地电力市场建设情况，通过参与辅助服务市场或辅助服务补偿、需求侧响应、上下调预挂牌等方式回收成本并获取合理收益。

1. 参与辅助服务市场

抽水蓄能电站抽水、发电运行方式由调度机构统一安排确定，抽水电量按照超发电量偏差结算价格及规则结算，上网电量按照超用电量偏差结算价格及规则结算。同时，抽水蓄能电站可结合当地市场建设情况，通过参与调频、调峰、备用辅助服务市场竞争获取收益，采用与电网企业签订中长期合同等市场化方式，通过提供黑启动、无功调节等服务回收部分固定成本。

2. 参与需求侧响应

鼓励各地建立以市场为主的需求响应补偿机制，将抽水蓄能电站纳入需求响应准入资源范围，充分发挥抽水蓄能电站作为需求响应资源在电力削峰填谷方面的作用。抽水蓄能电站可根据市场需求，通过参与削峰需求响应、填谷需求响应、可中断负荷等交易获取响应调节收益。

3. 参与上下调预挂牌

鼓励各地电力市场开展上下调预挂牌交易，在系统月度实际用电需求与月度发电计划存在偏差时，优先采用发电侧上下调预挂牌机制进行处理。月度交易结束后，抽水蓄能电站通过申报上调、下调报价，并根据实际调用情况获得提供平衡服务的相应费用（交易机构根据上调报价由低到高、下调报价由高到低形成上下调机组排序，月度最后根据平衡预测，参考排序表调用机组上下调服务）。

4. 参与中长期分时段交易

在已开展中长期分时段交易的地区，探索推动抽水蓄能电站参与中长期分时段交易。分时段交易是指将每日分为若干个时段，以每个时段的电量为交易标的，组织开展电力中长期交易，由各个时段的交易结果形成各市场主体的中长期合同曲线。抽水蓄能电站的发电电量按照分时段的发电侧交易价格结算；抽水蓄能电站的抽水电量按照分时段的用户侧交易价格（不执行输配电价、不承担政府性基金及附加）结算。

第四节　抽水蓄能参与电碳市场

　　本节从体现抽水蓄能降低碳排放价值角度出发，对我国电碳市场发展和抽水蓄能如何参与电碳市场进行了探索研究，可作为抽水蓄能参与电碳市场的研究参考。

　　本节梳理了我国绿电市场发展情况和我国碳市场发展情况，进行了趋势研判。以此为基础开展了我国抽水蓄能参与电碳市场的探讨，分析了我国抽水蓄能参与电碳市场的理论依据，探索性研究设计了参与模式和机制。抽水蓄能电站可降低系统中燃煤消耗量，进而减少二氧化碳等温室气体排放。抽水蓄能电站获取国家核证自愿减排量具有可行性，但需要加快抽水蓄能温室气体自愿减排项目方法学的上报和发布。应探索建立抽水蓄能环保价值收益激励机制，体现抽水蓄能环保价值的付费分配。

一、我国电碳市场发展情况概述及趋势研判

（一）我国绿电市场发展情况

　　2015年新一轮电力体制改革以来，我国电力市场顶层设计持续深化，多层次统一电力市场体系的市场总体框架基本建立，覆盖多时间尺度和多交易品种的全市场结构体系初步形成，创新开展绿电、绿证交易。

　　绿电交易是以风电、光伏发电等绿电产品为标的物的中长期交易，属于新能源市场化交易的特殊品种。相比于普通电能量交易，用户参与绿电交易，在获得电能量产品的同时获得绿色电力证书（限陆上风电、集中式光伏发电）与绿色电力消费凭证，反映可再生能源环境价值、用户消纳绿电的贡献水平。2024年前8个月，已累计达成绿电交易电量1775亿千瓦时，累计核发绿证突破18亿个，呈现交易需求、成交规模"双增"趋势。

（二）我国碳市场发展情况

碳排放权交易（简称碳交易）属于控制和减少温室气体排放的政策工具，交易标的物是碳排放配额。政府设定碳排放总量上限，向重点行业控排企业发放配额，企业管理自身碳排放，根据配额余缺情况，在碳市场中进行买卖，市场决定交易价格。此外，碳交易还允许企业购买一定比例的温室气体自愿减排量（CCER）抵消碳排放配额。目前全国碳市场仅纳入发电行业，未来将逐步纳入石化、化工、建材、钢铁、有色、造纸、航空等其他温室气体高排放行业。

碳交易通过显性碳定价原则，也称"污染者付费"原则，将排放的负外部效应内部成本化，为处理经济发展与减排关系难题提供了一种解决方案。与传统的行政管理手段相比，碳交易具有良好的政策和市场兼容性、区域和行业拓展性以及金融衍生性，在全球发展势头不断增强。截至 2024 年 1 月，全球共 36 个碳交易体系已经生效，14 个正在开发或设计。全球碳市场覆盖 18% 的排放量、1/3 的人口和世界经济 58% 的国内生产总值❶。

我国自 2011 年起先后建立 8 个试点碳市场。2013 年，党的十八届三中全会明确，建设全国碳市场成为全面深化改革的重点任务之一，全国碳市场设计工作正式启动。2017 年 12 月，国家发展改革委提出将推进碳市场建设工作。2020 年 12 月，生态环境部发布《碳排放权交易管理办法（试行）》，明确重点排放单位纳入门槛、配额总量设定与分配规则、交易规则等。2021 年 7 月 16 日，全国碳市场开市，首批纳入 2162 家发电企业，首年覆盖排放量超 45 亿吨。开市之后，全国碳市场"边做边学"，不断完善碳市场建设框架，从数据质量管理、核算方法调整、规范数据来源等方面多次做出调整。截至 2024 年底，全国碳排放权交易市场配额累计成交量 6.3 亿吨，累计成交额 430.33 亿元。全国碳市场制度框架初步建立，全国碳市场和北京、天津、上海、重庆、湖北、广东、深圳、福建等 8 省市试点碳市场并行。地方试点碳市场逐步纳入全国碳市场，纳入全国碳排放权交易市场的重点排放单位，不再参与地方碳排放权交易试点市场。

---

❶ 数据来源："碳"路国际市场 丈量钢铁入局全国碳市场的距离，中国冶金报社。

（三）趋势研判

由于气候变化的全球外部性，碳排放权天然具有国际自由流动属性，预计我国碳市场碳价将逐渐向国际碳市场趋平。截至 2023 年底，欧盟、美国、韩国的碳价都远远高于我国碳价，欧洲度电碳价大约是我国度电碳价的 10 倍以上。有专家认为，我国碳市场以平均约 50 元 / 吨的价格水平很难起到资源配置、风险管理、价格发现的作用，无法成为碳达峰、碳中和过程中的有效市场机制。长远看，我国碳价或将打破目前的低估状态。随着资本市场开放和全方位引进外资，外资也会进入我国碳市场，国内外巨大的碳价差异会产生巨大的套利空间，一旦存在套利，价格差就会消除。

预计全球碳市场呈现出广度、深度持续加强的形势。国家、地区层面的碳市场建设和规划工作将稳步推进，在地域范围内持续扩大影响范围和程度。各碳市场不断优化自身机制，表现在覆盖行业持续扩大、温室气体范围逐渐全面、免费配额比例分阶段降低、拍卖份额适时增加等方面。根据国际货币基金组织（IMF）的研究，为了实现将全球变暖限制在 1.5 ~ 2℃以内以避免气候灾难，全球平均碳价需要在 2030 年达到 75 美元 / 吨。

二、我国抽水蓄能参与电碳市场研究

（一）理论依据

抽水蓄能电站在降低碳排放方面的贡献主要体现在降低系统中燃煤消耗量，进而减少二氧化碳等温室气体排放。可归纳为两个主要方面：

*消纳更多新能源，替代火电发电量。*一方面，相对其他电源形式，单位容量抽水蓄能电站能提供更多的调峰能力，更好助力大规模风光等新能源并网消纳，对系统整体产生巨大的减排效益。另一方面，抽水蓄能电站调频、调相、旋转备用等安全稳定支撑作用帮助系统克服新能源出力不稳定和高比例电力电子设备带来的转动惯量缺失等问题，可进一步提高新能源在电力系统中的渗透比例，从而减少化石能源消费带来的排放。

*减少空转火电备用机组及启停次数，降低火电机组煤耗。*一方面，抽水蓄能可以改善火电机组运行条件，使火电运行在更经济的位置，降低运行煤耗。另一方

面，火电机组启停期间水汽指标变化大，为确保汽水品质合格，就需要加大热力系统排污，造成热损失增加，锅炉排污量增大；抽水蓄能可以减少火电备用机组的空转时间及启停次数，大量减少启停排放。

然而，目前抽水蓄能的碳减排效益并未得到有效认可。一是由于相关单位在抽水蓄能能耗管理中缺乏碳方法学等制度依据，二是电力行业以外的社会其他领域对抽水蓄能的功能原理尚缺乏深入了解，导致目前部分碳排放权交易试点根据企业（单位）二氧化碳排放核算和报告指南对抽水蓄能电站进行碳排放核算，并把全部抽水电量作为排放计算基数，使抽水蓄能电站变成了"重点排放单位"。

（二）参与模式和机制设计

1. 测算抽水蓄能电站碳减排量

由于不同电网区域的电源结构、负荷特性等均有差异，因此目前并无准确的数学公式能够计算出抽水蓄能电站投入后增加的新能源消纳电量及减少的煤炭消耗量，一般采用系统模拟工具模拟在所研究的抽水蓄能电站投入系统前后两种情况下，系统消纳的燃料规模之差，然后根据所研究水平年的火电各类污染物排放绩效，测算抽水蓄能电站带来的减排量。

2. 抽水蓄能电站获取国家核证自愿减排量的可行性分析

国家核证自愿减排量（China Certified Emission Reduction，CCER），是一种碳抵消机制。我国 CCER 体系于 2012 年启动建设，2015 年进入交易阶段，2017 年暂停签发。暂停签发后，存量 CCER 仍可在地方碳市场（上海环境能源交易所、北京绿色交易所、天津排放权交易所、湖北碳排放权交易中心、广州碳排放权交易所等共 9 家）上交易，并用于全国碳市场履约抵消。2024 年 1 月，全国温室气体自愿减排交易市场启动。新发 CCER 将在北京绿色交易所集中统一交易。由北京绿色交易所牵头开发的全国温室气体自愿减排交易系统已启动开户功能。全国统一交易有助于打破市场壁垒，提升 CCER 流动性。抽水蓄能避免、减少温室气体排放，其纳入温室气体自愿减排项目具备技术基础，但目前生态环境部仅制定发布了造林碳汇、并网光热发电、并网海上风力发电、红树林营造等 4 项温室气体自愿减排项目方法学，并不包括抽水蓄能。2023 年 3 月，生态环境部发布《关于公开征集温室气体自愿减排项目方法学建议的函》，并发布《温室气体自愿减排项目方法学编制大纲》（简称《大纲》）。《大纲》指出，方法学领域包含能源产业、能源分配、能源需求、制造业、化学工业、采矿/矿产品生产、燃料逸出性排放（固体燃料、石油和天然气）等多领域。具备温室气体自愿减排项目方法学编制技术条件的项目业主、行业协会及科研机构、大专院校等企事业单位均可提出方法学建议。

抽水蓄能项目纳入温室气体自愿减排项目需要进一步深入研究抽水蓄能碳减排的机理和计算方法，合理评估和科学量化其绿色减排效益，推进抽水蓄能 CCER 方法学开发。生态环境部已明确将畅通方法学建议反映渠道，常态化开展方法学的评估、遴选工作，按照"成熟一个，发布一个"的原则，逐步扩大自愿减排交易市场支持领域。根据《温室气体自愿减排交易管理办法（试行）》，申请登记的温室气体自愿减排项目应当有利于降碳增汇，能够避免、减少温室气体排放，或者实现温室气体的清除。并且，申请登记的温室气体自愿减排项目应当具备下列条件：①具备真实性、唯一性和额外性；②属于生态环境部发布的项目方法学支持领域；③ 2012 年 11 月 8 日之后开工建设；④符合生态环境部规定的其他条件。此外属于法律法规、国家政策规定有温室气体减排义务的项目，或者纳入全国和地方碳排放权交易市场配额管理的项目，不得申请温室气体自愿减排项目登记。

抽水蓄能项目纳入温室气体自愿减排项目需要满足交易机制的技术要求。首先，减排项目应具有额外性。具有碳减排效益的项目，假设没有减排机制下的核证自愿减排量激励，因面临投融资或技术障碍，项目不会被实施；开发为温室气体自愿减排项目所获得的直接或者间接激励，有助于克服上述障碍，从而得以顺利实施并实现相应的减排效益。其次，减排量应可监测、可报告、可核查，符合项目方法学和相关技术规范。最后，减排量应具有唯一性，减排项目未参与其他减排机制，减排效果不会被重复计算、重复申领。

3.CCER 注册登记系统和交易系统的流程梳理

生态环境部组织国家气候战略中心、北京绿色交易所等单位共同筹建了新的 CCER 注册登记系统和交易系统❶。温室气体自愿减排项目执行步骤为：在《温室气体自愿减

---

❶ 国家气候战略中心负责全国温室气体自愿减排注册登记系统的运行和管理，通过该系统受理温室气体自愿减排项目和减排量的登记、注销申请，记录温室气体自愿减排项目相关信息和核证自愿减排量的登记、持有、变更、注销等信息，并依申请出具相关证明。注册登记系统记录的信息是判断核证自愿减排量归属和状态的最终依据。新的 CCER 注册登记系统完善了业务功能的需求设计，包括实现项目管理和减排量的所有流程在线上完成，如项目公示、申请和登记、减排量公示、申请和登记等。此外，在履约抵消方面，新系统在与全国碳市场配额注册登记系统连接的同时，还预留了地方碳市场、国际抵消功能接口。

排交易管理办法（试行）》指导下，温室气体自愿减排项目登记阶段完成后，将对其相关参数和排放量进行监测，监测报告需要公示，并由第三方审定核查机构进行核查。最后，向登记机构申请登记。图 8-13 所示为温室气体自愿减排相关主体责任示意图。

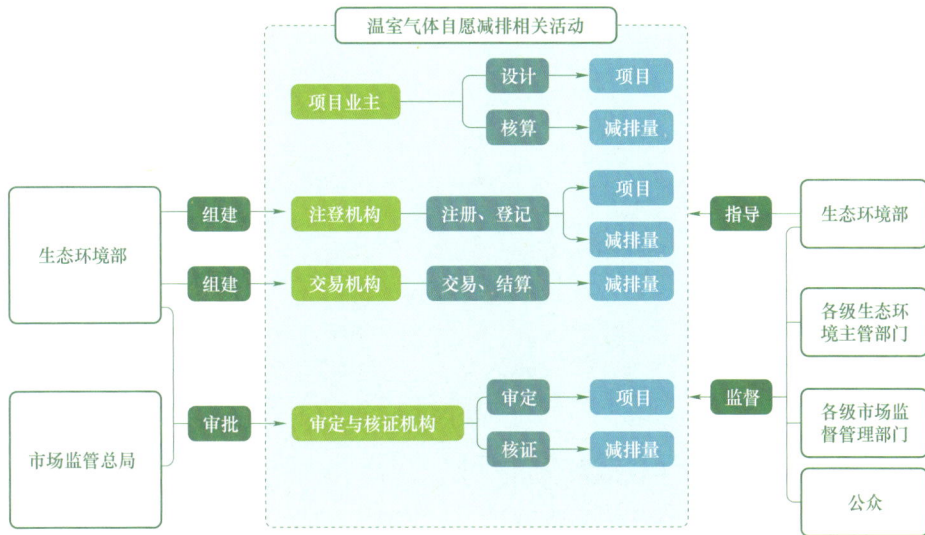

图 8-13　温室气体自愿减排相关主体责任示意图

图片来源：国家气候战略中心。

碳交易市场有两类基础产品，一类为政府分配给企业的碳排放配额，另一类为国家核证自愿减排量。碳市场按照 1∶1 的比例给予 CCER 替代碳排放配额，即 1 个 CCER 等同于 1 个配额，可以抵消 1 吨二氧化碳当量的排放。《碳排放权交易管理办法（试行）》规定重点排放单位每年可以使用国家核证自愿减排量抵消碳排放配额的清缴，抵消比例不得超过应清缴碳排放配额的 5%。一般而言 CCER 可申请的项目较多，因此 CCER 交易价格较碳配额通常更加便宜，控排企业会考虑优先购买符合条件的 CCER 来抵消碳排放。

研究认为，有必要探索建立抽水蓄能环保价值收益激励机制。探索将各省的抽水蓄能电站容量电费分摊比例与各省的能耗总量、碳排放配额拍卖收入分配、核证自愿减排量分配、可再生能源消纳责任考核等挂钩，体现抽水蓄能环保价值的付费分配。

抽水蓄能
发展新业态

▶ 山西西龙池抽水蓄能电站上水库

摘　要

本章系统梳理了抽水蓄能发展出现的新模式、新业态，总结了风光蓄一体化、水风光蓄一体化、混合式抽水蓄能、矿坑抽水蓄能、中小型抽水蓄能、海水抽水蓄能等多种开发模式的技术特点和关键问题，为新形势下抽水蓄能多元化协同发展提供参考。从开发、建设、运行、技术、电价等多个角度对抽水蓄能在未来新型电力系统中的发展进行展望。

构建新型电力系统，推动能源清洁转型，是贯彻落实我国能源安全新战略的重大需要，是实现碳达峰、碳中和目标的必由之路。当前，我国正处于能源绿色低碳转型发展的关键时期，风、光等新能源大规模高比例发展，新型电力系统对调节电源的需求更加迫切。抽水蓄能作为现阶段技术最成熟、经济性最优、最具大规模开发条件的电力系统绿色低碳清洁灵活调节电源，在新型电力系统中的功能作用越发凸显。随着国家一系列抽水蓄能利好政策的颁布实施，我国抽水蓄能迎来高速发展新局面，抽水蓄能的开发方式日趋多样，在传统的应用场景基础上，多类型多场景的抽水蓄能发展业态陆续显现。

风光蓄、水风光蓄一体化开发，将不稳定的风电、光伏发电转变为稳定输出的优质电能，带动了可再生能源的规模化、高质量开发，增强了能源绿色低碳转型动力；混合式抽水蓄能电站结合已建常规水电建设，是纯抽水蓄能站点资源的有效补充，可为新能源资源禀赋好、水电开发程度高但抽水蓄能站点资源稀缺地区的抽水蓄能项目开发提供思路；抽水蓄能和新型储能具有技术上的互补性，二者联合开发可以发挥各自技术优势，以满足电力系统多场景需求，提升储能系统的适用性；中小型抽水蓄能布局灵活、与分布式新能源结合紧密，可作为大型抽水蓄能的补充，在城市周边、新能源富集区域发挥调节作用，促进分布式新能源消纳利用，提高配电网供电质量和供电可靠性。

第一节　配套可再生能源大基地发展模式

本节对与可再生能源大基地配套开发的抽水蓄能发展模式进行介绍，包括以沙漠、戈壁、荒漠地区为重点的大型风电光伏基地开发为代表的风光蓄一体化模式和以主要流域可再生能源基地开发为代表的水风光蓄一体化模式，分别阐述了风光蓄一体化和水风光蓄一体化两种模式的运行原理，论述了两种模式各自的开发技术优势。基于能源清洁转型和新型电力系统构建对新能源规模化持续发展需求和国家相关政策文件，对配套可再生能源大基地的抽水蓄能发展前景进行简要分析。

基于我国可再生能源资源禀赋条件以及资源承载区和资源消费区呈现明显逆向分布的特有国情，可再生能源基地化规模化开发、远距离外送成为我国实现"双碳"目标的必然选择和必要抓手，抽水蓄能具备大容量、长时储能和灵活调节特性，在服务新能源大基地安全开发、经济运行和稳定外送方面价值凸显，西北沙漠、戈壁、荒漠等大型新能源基地风光蓄一体化、西南水电基地水风光蓄一体化的开发格局逐渐打开。

一、风光蓄一体化

风光蓄一体化是指在规划建设大型风电、光伏发电新能源基地时，同步配套建设抽水蓄能电站，发挥抽水蓄能储能和调节作用，以满足新能源具备相应调节能力的义务要求和服务新能源的安全稳定送出，并降低发电成本、增加发电量，进而提升风电、光伏发电开发规模、竞争力和发展质量。

（一）运营原理

风光蓄一体化主要由发电和储能两部分组成，发电部分包括风力发电与光伏发电，储能部分是抽水蓄能电站。风光机组与抽水蓄能电站一体化建设运营时，可以利用抽水蓄能电站实现电能在时间尺度上的转移。风光蓄一体化具体运营方式如下：

当风光机组发电充足但负荷需求不大时，通过抽水蓄能电站抽水将风光机组产生的多余电能转换为水的势能储存起来，待负荷高峰时使用。

当负荷需求大但风光机组发电不足时，例如风光机组已满发但仍不能满足电网负荷的需求时，抽水蓄能电站将上水库已储存的水释放到下水库，把水的势能转换为电能，利用抽水蓄能的快速调峰调频能力，迅速跟踪负荷，响应电网需求。

（二）技术优势

风光蓄一体化通过抽水蓄能弥补了风电、光伏发电天然的随机、波动缺陷，有效提高了可再生能源基地的新能源消纳利用率和容量支撑能力，实现了多能互补、稳定高效、绿色环保的能源利用，在促进新能源消纳、提升电网调节能力、提高基地市场竞争力方面，具有较大技术优势。

1. 促进新能源消纳

抽水蓄能本身作为大容量储能设施，在给新能源调峰时具备双倍的大容量优势，可完美匹配新能源反向调峰特性，实现新能源电量"时空挪移"。

2. 提升系统调节能力

抽水蓄能机组配套风光新能源大基地运行，通过抽水蓄能机组为系统提供可观的转动惯量和快速调节能力，可适应因风电、光伏发电的随机波动性造成的系统频率波动及缓解光伏早晚高峰出力陡增陡降等造成的快速调节问题，增加系统的调节能力和抗扰动能力，保证电网安全稳定运行。

3. 提高基地市场竞争力

风光蓄一体化运营作为一个整体参与电能量市场交易，可使风电、光伏发电机组发挥最大出力，通过抽水蓄能电站的调节能力消纳富余的新能源或者弥补出力，以减少市场的偏差考核费用，提高了风光基地市场竞争力，确保风光基地取得稳定收益。

二、水风光蓄一体化

水风光蓄一体化是指依托主要流域水电开发，充分利用水电和抽水蓄能的灵活调节能力和水能资源，在合理范围内配套建设一定规模的风电和光伏为主的新能源发电项目，建设可再生能源一体化综合开发基地，实现一体化资源配置、规划建设、调度运行和消纳，提高可再生能源综合开发经济性和通道利用率，以社会成本最优模式开发流域可再生能源。以已建、在建和规划的大型水电基地为支撑，统筹推进可再生能源一体化综合开发基地建设，推动新能源大规模、高比例、高质量、市场化发展，对构建清洁低碳安全高效的能源体系、实现"双碳"目标意义重大。

（一）运营原理

水电和风电、光伏发电在日内出力和年内出力上天然具有互补特性。风电一般呈现白天出力小、夜晚出力大，夏季出力小、冬春秋季出力大的特点；光伏发电则白天出力大、夜晚无出力，晴天出力大、阴天出力小；水电丰水期发电量多、枯水期发电量少。通过一体化开发，充分挖掘流域调节能力，利用梯级水电和抽水蓄能储能与灵活调节能力，将随机波动的风电、光伏发电调整为平滑、稳定的优质电源，有效破解风能、太阳能开发难题，带动流域风光大规模开发利用，并提高流域枯水期电量比例，缓解丰枯矛盾。

（二）技术优势

水风光蓄一体化以流域内水电开发为核心，同步带动流域内可再生能源规模化开发和送出，实现综合开发成本最优，是新时期破解能源"不可能三角"矛盾的创新举措，具有诸多技术优势。

1. 促进新能源大规模开发

一般常规水电可配套开发相当于自身规模 1~1.5 倍的新能源，增加抽水蓄能电站后，可将这一数值提升到 3~4 倍，极大促进了新能源的规模化开发。

2. 增强电力保供能力

风电、光伏发电的随机性、波动性增加了一次能源供给的不确定性和电力保供压力，常规水电和抽水蓄能的建设，在促进新能源规模化开发的同时，也为电力系统提供了可观的电力保供能力，为更好保障电力供应、服务国家能源安全提供更加有力的支撑。

3. 提升输电通道利用率

利用流域内已建水电项目配套建设输电通道的富余容量，带动周边新能源开发，大幅提高输电通道利用率，减少新能源项目建设成本。同时，基地内新建水电、抽水蓄能项目还可进一步推动新的输电通道建设，破解偏远山区新能源送出难题。

4. 提升基地安全稳定运行能力

可再生能源一体化基地中新能源规模巨大，大量的电力电子类电源接入后，会导致系统转动惯量降低。抽水蓄能除调峰储能外，还可提供转动惯量，增加电力系统抗扰动能力。

5. 提升基地电能质量

抽水蓄能电站运行灵活，响应速度快，一般在 2 分钟内可实现从静止到满出力运行。配置抽水蓄能，可利用其快速跟踪能力配合新能源运行，提升基地电能质量，降低因风光出力波动对受电区域电网安全稳定的影响。

6. 提高基地开发的经济性

水风光蓄一体化建设运营借助风电光伏发电全面平价、未来全面低价契机，摊薄了水电和抽水蓄能的建设成本，提升了基地开发整体的经济性。

（三）开发实例

雅砻江流域水风光一体化基地是国家九大清洁能源基地之一，雅砻江流域干流水电技术可开发容量约 3000 万千瓦，两岸风能、太阳能资源超 6000 万千瓦，抽水蓄能超 1000 万千瓦，基地总规模超 1 亿千瓦，是当今世界最大的绿色清洁可再生能源基地。

2023 年 9 月，国家能源局印发《雅砻江流域水风光一体化基地规划》，这是全国首个印发的一体化流域规划。根据规划，雅砻江流域水风光一体化基地由雅砻江上 22 级水电站、8 座大型抽水蓄能电站、16 个大型风电场、40 个大型光伏电站组成，规划装机容量 7800 万千瓦，其中水电 2840 万千瓦、抽水蓄能 1060 万千瓦、风电 260 万千瓦、光伏发电 3640 万千瓦，分两河口水风光一体化、雅中水风光一体化、锦官水风光一体化、二滩水风光一体化四个项目群推进，并将于 2035 年前全面建成。基地全面建成后，每年可提供约 2000 亿千瓦时的"零碳"电力。

截至 2024 年 3 月，雅砻江流域水风光一体化基地已投产 7 座大型水电站、5 个风光新能源项目，总装机容量近 2100 万千瓦。3 月 14 日，基地累计发电量突破 1 万亿千瓦时，绿色清洁能源发电量减排二氧化碳约 8 亿吨，相当于 800 多万公顷人工林的固碳量，为经济社会绿色低碳发展和美丽中国建设贡献强劲动能 ❶。

---

❶ 数据来源：雅砻江水风光一体化基地累计发电量突破 1 万亿千瓦时，凉山日报，2024-03-19。

三、发展前景

当前是实现碳达峰的关键时期，是构建以新能源为主体的新型电力系统的起步阶段，为实现"双碳"目标，以风电、光伏发电为代表的新能源还要加快发展。2022 年 6 月，国家发展改革委等九部门印发《"十四五"可再生能源发展规划》，提出"坚持生态优先、因地制宜、多元融合发展，在'三北'地区优化推动风电和光伏发电基地化规模化开发，在西南地区统筹推进水风光综合开发"。2023 年 6 月，国家能源局发布《新型电力系统发展蓝皮书》，提出"稳妥推动西南地区主要流域可再生能源一体化基地建设，实现水电、风电、光伏发电、储能一体化规划研究、开发建设与电力消纳"。

随着风、光新能源大规模高比例发展和电力系统峰谷差不断增大，新型电力系统对灵活调节电源需求更加迫切，抽水蓄能在可再生能源大基地开发中的价值不断显现，与可再生能源大基地配套的抽水蓄能发展模式是助力能源绿色低碳转型的创新型发展途径，具有广阔的市场前景。

需要指出的是，抽水蓄能配套可再生能源大基地开发不仅需要国家层面政策引领、统一规划，也需要地方和电网公司分别在风光资源获取、（水）风光蓄一体化调度方面给予支持，以便更好支撑运行实践，探索出可复制、可推广的一体化建设运营模式，推动全面发挥不同可再生能源的协同作用。

第二节　结合其他工程发展模式

本节对现阶段抽水蓄能与其他工程结合开发的几种可能模式进行简要介绍，包括与常规水电结合开发、与已建水库结合开发、与新型储能联合开发、与矿坑治理结合开发以及与调水工程结合开发 5 种模式。阐述了每种模式的基本开发思路，概述了每种模式的国内外发展现状，归纳总结了以上各模式的开发特点和存在的问题，指出开发技术要点和前期阶段需要重点关注的技术问题，为抽水蓄能多元化、高质量发展提供参考。

一、混合式抽水蓄能电站

抽水蓄能站点属于稀缺资源，随着抽水蓄能电站建设速度加快，剩余的优质站点资源不断减少，环境因素愈发复杂，项目开发建设条件越来越苛刻。利用已建的常规水电站站点资源进行混合式抽水蓄能电站开发，可以缓解抽水蓄能电站资源紧张的问题。通过合理的调度，还可提高已开发水电资源的综合利用效率。特别是在调峰容量缺口大、可开发利用抽水蓄能站点资源少的区域，在符合国家政策的前提下，结合当地已开发的水电资源建设混合式抽水蓄能电站是一种可行方式。

（一）开发方式

混合式抽水蓄能电站按水库结合方式和新增机组形式可以分为单库结合开发、一体化结合开发和加泵开发三种方式。典型的混合式抽水蓄能电站示意图见图9-1。

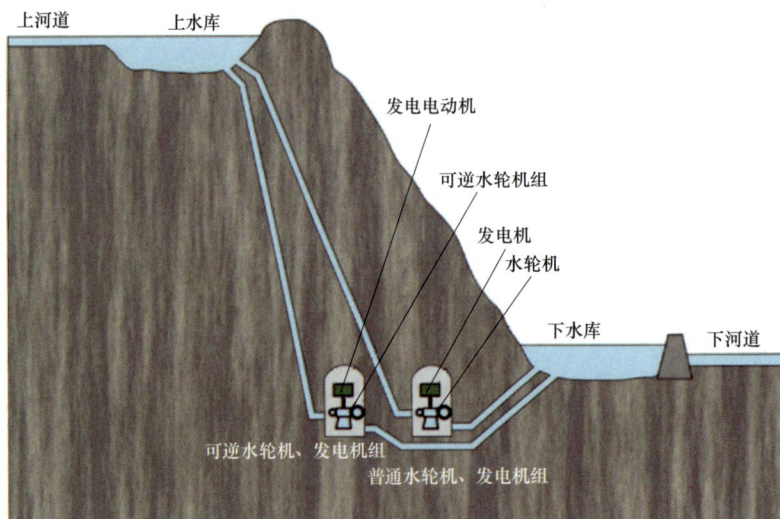

图9-1　典型的混合式抽水蓄能电站示意图

（二）发展现状

截至2024年底，中国已建成投运抽水蓄能电站总装机规模达到5846.5万千瓦，然而结合常规水电站建设的混合式抽水蓄能电站总装机容量仅为84.3万千瓦，占抽水蓄能电站总装机容量的1.44%。表9-1为我国已建混合式抽水蓄能电站情况。

表9-1　　　　　　　　　我国已建混合式抽水蓄能电站情况

序号	名称	机组情况	利用水库	运行水头（米）	建成年份
1	河北岗南	常规机组 2×1.5 万千瓦 抽水蓄能机组 1×1.1 万千瓦	岗南（上水库）	28.00～64.00	常规 1961 年 抽水蓄能 1968 年
2	北京密云	常规机组 4×1.5 万千瓦 抽水蓄能机组 2×1.1 万千瓦	密云（上水库）	28.00～64.00	常规 1960 年 抽水蓄能 1973 年
3	河北潘家口	常规机组 1×15 万千瓦 抽水蓄能机组 3×9 万千瓦	潘家口（上水库）	43.00～85.70	常规 1981 年 抽水蓄能 1992 年
4	西藏羊卓雍湖	常规机组 1×2.25 万千瓦 抽水蓄能机组 4×2.25 万千瓦	羊卓雍湖（上水库）	840.00（设计水头）	常规 1997 年 抽水蓄能 1997 年
5	安徽响洪甸	常规机组 4×1.25 万千瓦 抽水蓄能机组 2×4 万千瓦	响洪甸（上水库）	27.00～63.00	常规 1958 年 抽水蓄能 2000 年
6	湖北天堂	常规机组 2.665 万千瓦（11 台） 抽水蓄能机组 2×3.5 万千瓦	天堂一级（上水库） 天堂二级（下水库）	38.00～52.00	常规 1994 年 抽水蓄能 2001 年
7	吉林白山	常规机组 5×30 万千瓦 抽水蓄能机组 2×15 万千瓦	白山（上水库） 红石（下水库）	105.80～123.90	常规 1994 年 抽水蓄能 2007 年
合计		抽水蓄能机组 84.3 万千瓦			

1. 我国混合式抽水蓄能电站发展的显著特点

起步早，但发展慢。我国早在 1968 年就建成了第一座混合式抽水蓄能电站（河北岗南），但在之后半个多世纪里，仅陆续建设了河北潘家口等 6 座混合式抽水蓄能电站，混合式抽水蓄能电站装机容量占抽水蓄能总装机容量比重不足 2%，发展十分缓慢。

多为分阶段开发。混合式抽水蓄能电站大多在已建成的常规水电上进行改扩建或续建，以提高水库综合运用能力及效益。以安徽响洪甸抽水蓄能电站为例，电站原设计安装 4 台常规水轮发电机组，由于响洪甸水库以灌溉供水为主，利用灌溉放水发电，灌溉季节水库放水量大于发电用水量，造成水资源浪费。而在长达半年的非灌溉期内，电站又处于停机状态，不能为电力系统调峰，发电效益较低。扩

建 2 台 4 万千瓦抽水蓄能机组后，改变了响洪甸电站"以水定电"的被动局面。以湖北天堂抽水蓄能电站为例，通过在原天堂河一级、二级水电站间增加抽水蓄能电站优化天堂河电站群调度后，已有梯级电站总发电量由 9300 万千瓦时增加至 9600 万千瓦时。

机组容量普遍较小。已建成的混合式抽水蓄能电站机组单机容量普遍在 10 万千瓦以下，最大的吉林白山抽水蓄能电站单机容量也仅有 15 万千瓦，且还是因为当时制造 15 万千瓦大型水泵的技术储备不足，不得已才采用水泵水轮机替代。

2. 混合式抽水蓄能电站发展缓慢原因分析

选址受限。由于需要结合已建常规水电站来开发建设，混合式抽水蓄能电站的选址不如纯抽水蓄能电站那样可根据用电负荷灵活选址。

效益难以单独核算，投资回收困难。混合式抽水蓄能电站调度运行受到原常规水电站运行方式的影响，其有效发电容量、有效抽水容量、有效备用容量等难以明确，较抽水蓄能电站容量电价打折扣。另外，混合式抽水蓄能电站抽水产生的效益隐含在常规水电机组的综合增发电量中，目前国内常规水电站的管辖权及产权属性极其多样，只有在抽水蓄能电站与原水电站属于同一投资主体的情况下才能进行统一核算。否则，其他投资方想开发建设难度大，且无法进行投入产出效益核算。

调度运行复杂。混合式抽水蓄能电站在调度运行时，需优先满足原有水库的任务，受原有水库调度运行的影响，尤其是具有防洪、灌溉、供水、生态保护等需要的水库，更需要结合已建水库的综合利用功能和运行特征研究抽水蓄能电站的运行调度方式，因此抽水蓄能电站运行方式受到较多限制。

抽水蓄能需求不大，纯抽水蓄能站点资源即可满足要求。在"双碳"目标、新型电力系统建设提出前，我国风电、光伏发电等可再生能源并未大规模发展，电力系统对储能设施的需求通过已有的纯抽水蓄能站点资源即可满足。

受益于我国能源清洁转型和新型电力系统建设，风电、光伏发电等可再生能源大规模高比例发展，电力系统对灵活性调节资源的需求陡增，抽水蓄能迎来跨越式发展。随着抽水蓄能建设速度的加快，剩余的纯抽水蓄能优良站址越来越少，环境因素也越来越复杂，开发条件越来越苛刻，混合式抽水蓄能电站也逐渐受到各方重视。目前，我国已规划并逐步实施了浙江乌溪江、四川两河口等一批混合式抽水蓄能站点，见表 9-2。

表 9-2　　　　　　　我国已规划并逐步实施的混合式抽水蓄能电站情况

序号	名称	利用水库	装机容量（万千瓦）	运行水头（米）	抽发比①	转速（转/分）	距高比
1	浙江紧水滩	紧水滩（上水库）石塘（下水库）	3×9.9	56.42~83.47	1.52	150.0	约21
2	湖北潘口	潘口（上水库）小漩（下水库）	2×14.9	66.78~93.79	1.47	142.9	12.6
3	浙江乌溪江	湖南镇（上水库）黄坛（下水库）	2×14.9	85.50~117.60	1.41	187.5	24.5
4	四川两河口	两河口（上水库）牙根一级（下水库）	4×30	195.90~267.00	1.38	250.0	11
5	四川双江口	双江口（上水库）金川（下水库）	6×30	192.40~252.00	1.33	250.0	16.7
6	贵州光马	光照（上水库）马马崖一级（下水库）	4×20	122.23~163.05	1.36	214.3	7.2
7	云南梨园—阿海	梨园（上水库）阿海（下水库）	6×15	93.10~117.10	1.38	187.5	15.9
8	青海龙羊峡储能	龙羊峡（上水库）拉西瓦（下水库）	6×20	120.10~158.40	1.35	214.3	13.7
9	叶巴滩	叶巴滩（上水库）拉哇（下水库）	18×25	157.40~196.70	1.32	250.0	约41

①　抽发比即水泵水轮机运行的最大扬程与最小水头的比值。

（三）工程特点

与纯抽水蓄能电站相比，混合式抽水蓄能电站主要有以下特点：

1. 增发电量、提高调节能力

混合式抽水蓄能电站既有常规水电机组，又有抽水蓄能机组或蓄能泵，既可以利用自然径流发电，又可在电网负荷低谷期抽水蓄能。由于常规水电机组发电效率要优于抽水蓄能机组发电工况的效率，发电工况主要由常规水电机组承担，抽水蓄能机组可以作为电网事故备用容量；汛期来水量大需要弃水时，抽水蓄能机组开始发电增加季节性电量。混合式抽水蓄能电站发电量效益主要体现在增加水量、增加水头、增加季节性电量和减少弃水四项增发效益。

结合常规水电建设混合式抽水蓄能电站，还可利用现有水库的调节性能，实现更长周期的调节，进行周、旬甚至是月、年调节，进一步提升了电网的调节能力。

2. 具有一定的开发便利性

混合式抽水蓄能电站可利用常规水电站现有地质资料和施工记录，可为勘测设计提供便利；减少了水库工程施工，通常只需新建进/出水口、输水系统和地下厂房及安装水泵水轮机组。施工过程中可利用常规水电站的永久进场交通运输道路，减少了交通工程施工时间。

3. 环境、社会影响相对较小

新建纯抽水蓄能电站，上、下水库及枢纽工程等需要占用大量的土地资源，导致征地及水库移民安置困难。特别是对自然条件差、耕地匮乏、生态脆弱、安置容量有限、少数民族移民比重大的地区，移民安置难度更大。混合式抽水蓄能电站由于共用水库，可以减少水库淹没用地，不新增移民，减轻移民安置难度，降低了对生态及社会环境的改变，社会压力较小。

4. 提高流域水资源的综合利用效益

以一体化结合开发的混合式抽水蓄能电站为例，常规水电机组调峰发电时上水库流入下水库的水量，可通过水泵水轮机组夜间抽回一部分到上水库，进而可使全流域的水资源延迟下泄，延长了全流域年径流量流存河道的时间，增加了水资源的利用量和利用时长。另外，我国有不少常规水电站设计时制定的设计水平年早已过去，电站容量不足，急需增容扩建。开发混合式抽水蓄能电站，可满足常规水电增容需求，进一步提升水资源的利用率。

5. 运行水头不高、抽发比大，机组运行条件较差

混合式抽水蓄能电站水泵水轮机组运行稳定性主要受泵工况空化和部分负荷压力脉动的影响。混合式抽水蓄能电站利用已建常规水电站水库建设，由于水库位置既定，一般运行水头不高、抽发比较大。与纯抽水蓄能电站相比，混合式抽水蓄能电站水泵水轮机转轮会运行到偏离设计点更远的区域，机组比速变化范围相对较广。由于水泵工况高效率范围比较窄且进口存在撞击和低压区，过大的抽发比导致偏离设计工况的来流在绕流叶片头部后产生脱流，空化急速发展。低运行水头导致计算的吸出高度绝对值又偏小，转轮空化性能下降，严重时出现运行不稳定现象，故水泵水轮机的设计难度相对较大。

另外，混合式抽水蓄能电站机组在水轮机小负荷工况区域运行时，由于导叶开度变化，转轮出口水流方向改变形成较大的旋涡，在尾水管产生涡带，导致压力脉动值上升；抽水工况在高扬程小流量和低扬程大流量运行时，转轮出口水流对导

叶的撞击加剧，产生脱流，引起压力脉动的增大。

6. 进 / 出水口施工难度大

混合式抽水蓄能电站由于利用已有水库，其进 / 出水口需在水下建设，且往往水深较大，因此进 / 出水口施工需要利用岩坎或堰塞作为围堰，拆除难度大，具有一定的施工风险。

7. 运行受限、调度关系复杂

混合式抽水蓄能电站的运行受到水库功能、常规水电运行等多方面的限制，其调度运行需要统筹考虑，以实现最优调度经济性和对系统的调节性。一般应满足以下条件：水库原有的防洪、供水、灌溉、航运等功能不受影响；利用常规电站水库作为上水库的混合式抽水蓄能电站机组和常规电站机组不应边抽边发，发电流量叠加天然来水量不超过下游电站设计洪峰；利用常规电站水库作为下水库的混合式抽水蓄能电站抽水运行不影响下游电站机组发电功能。

二、与水利工程结合开发的抽水蓄能电站

在当今能源需求持续增长的背景下，抽水蓄能电站作为大型灵活调节电源，其重要性愈发凸显。利用已建水库建设抽水蓄能电站，可节省水库工程投资，提高水库的综合利用水平。在国家政策允许的前提下，是抽水蓄能发展的一种可行方式。

（一）开发方式

与水利工程结合开发的抽水蓄能电站，其开发方式主要有三种，分别是利用已建水库作为抽水蓄能电站上水库、利用已建水库作为抽水蓄能电站下水库，以及利用流域内两座有落差且近距离的水库分别作为抽水蓄能电站的上水库和下水库，如图 9-2～图 9-4 所示。

从我国已建、在建的利用水利工程建设的抽水蓄能电站来看，利用单个水库作为抽水蓄能电站的上水库或下水库的情况居多。如山东潍坊抽水蓄能电站利用嵩山水库作为下水库，浙江桐柏抽水蓄能电站将桐柏水库加固改建作为上水库。

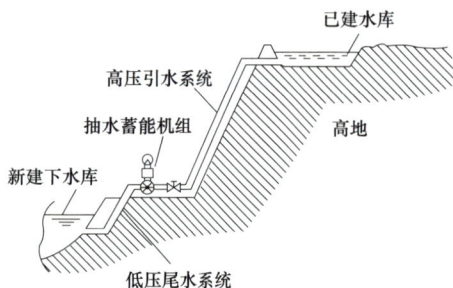

图 9-2　利用已建水库作为抽水蓄能电站上水库　　图 9-3　利用已建水库作为抽水蓄能电站下水库

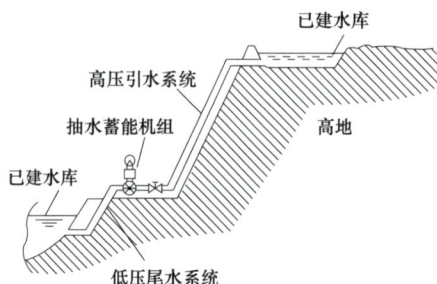

图 9-4　利用已建水库作为抽水蓄能电站上水库和下水库

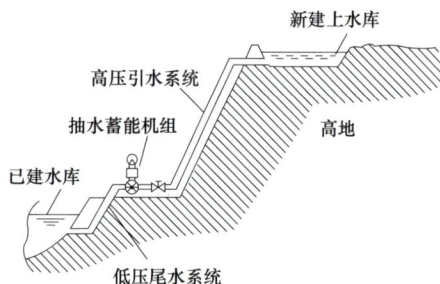

（二）应用模式

1. 抽水蓄能 + 灌溉

该模式充分发挥抽水蓄能电站的调节和储能功能，将电站的发电能力与农业灌溉需求相结合，实现了水资源的最大化利用。在非灌期时，当电网处于用电低谷期时，抽水蓄能电站水泵工况运行，将下游的水源抽调至上游水库进行储存。进入用电高峰期后，这些储存的水资源将被用于发电，以满足电网的电力需求。在农业灌溉季节，水库的水源可直接用于农田灌溉，保障农业生产的稳定与高效。该模式的优势在于提高水资源的利用效率、优化电力系统的稳定性及改善农业灌溉条件，不仅实现水资源的可持续利用，还为农业生产和电力行业的发展提供了有力支持。

2. 抽水蓄能 + 供水

该模式致力于实现能源储存与供水的优化组合，通过科学的水资源配置，结合供水需求，实现了供水和储能发电的优化配置，充分利用了水力资源。该模式的优势在于在保障供水的同时，提高了电力系统稳定、减少新能源弃电率，为生产供水和电力行业的发展提供了有力支持。

3. 抽水蓄能 + 综合利用应用

除单一的灌溉及供水外，大部分水利工程的工程任务较为多样化，如发电、通航、养殖等。通过抽水蓄能电站实现上、下水库间的能源存储与转换，同时满足灌溉、供水、发电、通航、养殖等综合利用需求，进一步提升了水利工程的综合效能和能源的利用效率。

（三）开发技术要点

近年来，随着抽水蓄能行业的蓬勃发展，结合水利工程建设的抽水蓄能电站因水库淹没少、环境影响小、可减少部分枢纽建筑物建设等优势而受到关注。结合水利工程建设的抽水蓄能电站设计思路及施工技术与常规抽水蓄能电站略有不同，其开发应主要关注以下几个方面：

1. 站址选择

利用已建水库建设抽水蓄能电站选址工作至关重要，已建水库需要具有一定库容，水库周边需要有一定落差、具有建设抽水蓄能电站的地形地质条件，同时还需要考虑环境敏感因素、电网需求、电力系统接入等因素。

2. 工程规模选取

结合水利工程建设抽水蓄能电站，需要复核水库原有工程任务，在不改变原有工程开发任务的基础上判断抽水蓄能电站的规模。最主要的制约条件是已有水库的库容、工程任务、建筑物等级，建设规模主要由上水库或下水库富余的可被抽水蓄能利用的发电蓄能库容决定。

3. 工程建设条件

由于利用已有水库，抽水蓄能电站进／出水口需在水下建设，且通常水深较大，因此进／出水口施工需要利用岩坎或堰塞作为围堰，拆除难度大。同时部分项目受利用水头的制约，输水管径较大，机组转轮直径较大，也会增加施工及机组制造难度。若涉及已有水库的加固和改造，则需关注建筑物等级、大坝稳定性等。

4. 厂房开发布置方式

抽水蓄能电站的厂房系统多采用地下厂房形式，但受已有水库位置的影响，部分结合水利项目建设抽水蓄能项目利用水头及建设条件有限，电站装机容量较小，输水系统、机组设备等投资较高，若仍采用地下厂房，项目单位千瓦投资容易较高。此时应研究采用半地下厂房（竖井）开发布置方式规避常规地下洞室群，简化枢纽布置，以节省投资。

5. 调度关系协调

利用水利项目建设的抽水蓄能电站，在调度运行时，需优先满足原有水库的任务，调度运行较为复杂，需协调"电调"与"水调"的关系。

三、与新型储能联合开发的抽水蓄能电站

目前，储能主要包括抽水蓄能和新型储能两类方式。新型储能是指除抽水蓄能外，以电力为主要输出形式的各类储能技术，包含电化学储能、压缩空气储能、飞轮储能、氢储能等。新型储能布局灵活、建设周期短、响应速度快、调节精度高，但容量一般不大，且受成本、安全性等因素制约；抽水蓄能具有容量大、可靠性高、经济性好、应用技术成熟等优势，但受到选址条件高、建设周期长等因素制约。随着我国能源结构加快转型，新能源装机占比将进一步增大，电网的能量及功率需求更加复杂多样，单一储能技术难以满足电力系统在时间、空间和经济性上的所有要求。与新型储能联合开发的抽水蓄能电站可实现抽水蓄能与新型储能互补运行，是电力系统灵活性资源配置的积极探索。

（一）新型储能发展现状

"十四五"以来，国家发展改革委、国家能源局大力完善新型储能发展政策体系，先后出台了《关于加快推动新型储能发展的指导意见》《"十四五"新型储能发展实施方案》等文件，引导各地因地制宜发展新型储能。截至 2024 年 9 月底，全国已建成投运新型储能项目累计装机规模达 5852 万千瓦 /1.28 亿千瓦时，平均储能时长 2.2 小时。2024 年前 9 个月新增装机规模约 2713 万千瓦 /6113 万千瓦时，较 2023 年底增长超过 86%，近 20 倍于"十三五"末装机规模❶。

从新型储能技术路线来看，锂离子电池储能仍占绝对主导地位，压缩空气储能、液流电池储能、飞轮储能等技术快速发展。2023 年以来，多个 30 万千瓦级压缩

---

❶ 数据来源：可再生能源装机规模实现新突破，经济日报，2024-11-20。

空气储能项目、10万千瓦级液流电池储能项目、兆瓦级飞轮储能项目开工建设，重力储能、液态空气储能、二氧化碳储能等新技术落地实施，总体呈现多元化发展态势。截至2023年底，全国已投运锂离子电池储能占比97.4%，铅碳电池储能占比0.5%，压缩空气储能占比0.5%，液流电池储能占比0.4%，其他新型储能技术占比1.2%❶。

（二）技术优势

分析抽水蓄能和新型储能的技术特性，对具备耦合条件的储能形式进行系统集成，以进一步优化储能对电网的支撑响应能力。

抽水蓄能和新型储能的能量特性见表9-3。

表9-3　　　　　　　抽水蓄能和新型储能的能量特性

储能类型	集成功率等级（万千瓦）	能量转换效率（%）	体积功率密度（千瓦/米³）	体积能量密度（千瓦时/米³）
抽水蓄能	10～300	70～80	0.1～0.2	0.5～1.5
压缩空气储能	1～60	55～65	0.5～2	2～8
锂离子电池	0.0001～10	90～94	1500～10000	200～500
飞轮储能	0.0005～0.15	80～95	1000～2000	20～80
氢储能	0.0001～100	30～50	600	0.2～20

抽水蓄能和新型储能的时空特性见表9-4。

表9-4　　　　　　　抽水蓄能和新型储能的时空特性

储能类型	持续放电时间	响应速度	循环寿命
抽水蓄能	5～8小时	分钟级	30～40年
压缩空气储能	4～6小时	分钟级	30～40年
锂离子电池	分钟级～2小时	毫秒级	5～10年
飞轮储能	15秒～2分钟	毫秒级	15～20年
氢储能	秒级～24小时	秒级～分钟级	20～30年

❶ 数据来源：李丽旻，国家能源局：新型储能成为经济发展"新功能"，中国能源报，2024-01-29。

由表 9-3、表 9-4 可以看出，抽水蓄能和压缩空气储能的集成功率大、持续放电时间长，具备大规模运行能力；飞轮储能功率密度高，但放电持续时间短，更适合暂态支撑；锂离子电池、氢储能设备协调能力较强，具有较大的耦合潜力。

抽水蓄能与新型储能联合开发具有以下优势：

1. 提升电力系统调节能力

利用电化学储能的快速响应特性提升整体的调节性能，解决抽水蓄能机组功率响应速度无法达到秒级和电站安全可靠性不足的问题。在系统发生频率波动时，电化学储能响应速度较快，可以立即响应进行系统调频，对频率起到快速支撑的作用，防止系统频率迅速增高或跌落。以一台 30 万千瓦抽水蓄能机组为例，机组从满载抽水紧急转满载发电的工况转换时间约为 150 秒，而电化学储能实现"负荷"向"电源"转化只需几十毫秒，事故响应速度大幅提升。但一般情况下，电化学储能的容量较小，无法长时间维持充电或放电状态，而抽水蓄能通常容量较大，可以在响应后进行较长时间的持续功率支撑，以维持电网频率稳定。此外，在调峰、调相、系统备用等方面，抽水蓄能与新型储能协同运行也可以发挥更大作用。

2. 优化调节电源容量配置

抽水蓄能与新型储能在调节能力、响应速度、建设条件、建设规模等方面具有一定互补性。针对电力系统不同的调节需求，多种储能形式的协同配置可以优化调节电源的容量规模，避免冗余配置、资源浪费。另外，随着电力市场建设的逐步完善，抽水蓄能和新型储能协同配置，可参与多种电力系统辅助服务，发挥各自优势，并获得经济收益。

3. 减少碳排放

现阶段电力系统的调峰、调频等服务很大程度上依赖常规火电机组。新能源发电装机占比的不断提升可能导致电力系统调节能力不足。这在一定程度上也会制约新能源的发展。因此，构建新型电力系统需要开发清洁低碳的调节电源。抽水蓄能和新型储能协同运行可为新能源电源接入创造更有利的系统环境，还能起到降低碳排放的作用。

（三）关键技术分析

1. 容量配置技术

在考虑抽水蓄能和新型储能协同配置时，需要研究配置何种类型的新型储能，以及各自容量关系。因此，必须先明确区域电网的调节需求，包括新能源消纳情况、负荷峰谷差情况、系统频率 / 电压波动情况等，针对不同的调节需求，选择合适的储能类型。之后结合对调节需求的量化分析结果，确定抽水蓄能和新型储能的容量配置关系。重点要综合考虑多种因素，如市场政策情况、电力系统规划运行情况等。同时，电力系统往往存在多种调节需求，确定多目标需求下的容量优化配置方案，也是协同配置的关键。

2. 接入技术

受地理条件等因素限制，抽水蓄能电站的选址存在一定的局限性。而新型储能的布置相对灵活，需要考虑其接入点位置对于调节效果的影响。对于新型储能，除了集中接入的方式外，还可以考虑分散接入方式，这将使接入点的选择较为复杂。同时，未来如果开发建设条件要求相对宽松的中小型抽水蓄能电站，抽水蓄能的接入点选择也将成为一个新的研究方向。

3. 协同运行技术

在实际应用中，针对电网不同的调节需求，需要对抽水蓄能和新型储能制定相对应的协同运行策略。这一过程中要考虑多种影响因素，如抽水蓄能电站的库容约束、新型储能的容量约束等。例如，协同调峰时需结合调峰缺口的持续时间、调峰缺口的大小，安排合理的协同运行策略。同时，由于抽水蓄能、新型储能和常规火电机组相比，都具有响应速度较快、转换工作模式较灵活等特点，也需要确定灵活性更高的调度控制方式，以更好地发挥调节性能。

四、矿坑抽水蓄能电站

矿坑抽水蓄能是利用地下矿产资源开发过程中形成的矿坑作为抽水蓄能电站的下水库来建设抽水蓄能电站的一种新模式，是以抽水蓄能为标志性工程，推动传统产业与新兴产业、现代旅游、文化服务相融合发展的创新尝试。

（一）发展现状

利用废弃矿坑建设抽水蓄能电站，国内外目前还处于理论研究阶段，没有实际建成的工程项目。2013 年 10 月美国 Mineville 抽水蓄能项目提交立项计划，准备在纽约 Morisah 的废弃矿洞中建设一个完全地下抽水蓄能电站，目前仍处于前期研究阶段；2018 年德国 ProsPer-Haniel 煤矿计划利用废弃的煤矿矿井建造抽水蓄能电站，该项目下水库利用长约 25 千米的地下巷道，库容可达 100 万米³，目前仍处于可行性研究论证阶段；南非计划利用 Fast West Rand 区废弃的深井金矿建设一个抽水蓄能电站，上、下水库均位于地下矿井内。由于深度较大，采用两级布置，水位分别为 1200 米和 1500 米，目前正在进行可行性研究。

澳大利亚昆士兰北部的 Kidston 抽水蓄能电站利用废弃的两个金矿矿坑分别作为上、下水库，装机容量 25 万千瓦，该项目于 2016 年 11 月完成了技术可行性研究，2017 年 10 月完成了优化技术可行性研究，2022 年 1 月开工，预计将于 2024 年末完工。该项目建成后将成为全世界第一座利用废弃金矿矿坑建设的抽水蓄能电站。

国内的研究机构很早就提出了利用废弃矿坑建设抽水蓄能电站的构想，陆续开展过的相关研究课题包括中国工程院重大咨询课题《我国煤矿安全及废弃矿井资源开发利用战略研究》，教育部人文社科青年基金项目《废弃煤炭井巷抽水储能的综合效益评价及对策研究》，山西省揭榜招标项目《废弃矿山遗留资源及地下空间开发利用关键技术研究》，国家电网有限公司科技项目《利用废弃矿洞开展抽水蓄能应用基础技术研究》等。这些研究项目对废弃矿坑中建设抽水蓄能电站开始了技术探索，为矿坑抽水蓄能项目的实施提供了宝贵参考。

"十四五"以来，国内已有一批利用废弃矿坑开发建设抽水蓄能电站的具体工程正在实施或开展前期工作。河北滦平抽水蓄能电站（磁铁矿，装机容量 120 万千瓦）、河北隆化抽水蓄能电站（磁铁矿，装机容量 280 万千瓦）分别于 2022 年 10 月、2022 年 11 月通过核准，目前均处于建设阶段；辽宁抚顺西露天矿抽水蓄能电站（煤矿，装机容量 120 万千瓦）、江苏句容石砀山抽水蓄能电站（铜矿，装机容量 120 万千瓦）完成了预可行性研究报告审查；辽宁阜新海州露天矿抽水蓄能电站（煤矿，装机容量 120 万千瓦）正在开展预可行性研究阶段设计。

（二）开发技术要点

多数煤矿矿坑由于多年大规模开采导致滑坡、泥石流、地面塌陷变形、残煤自燃等地质灾害现象产生，且相互交叠进一步加剧了地质灾害危害性。这些环境地质问题的存在将引发边坡失稳、水库渗漏、不均匀沉陷等一系列工程地质问题。利用矿坑开发建设抽水蓄能电站需重点关注以下问题。

1. 矿坑边坡稳定性处理

相比煤矿安全生产，作为抽水蓄能电站建筑物基础的矿坑边坡，其使用要求更为苛刻。例如，地下煤层自燃和有毒气体的封堵以及涌水的疏排措施需要满足电站地下建筑物的使用要求。当输水系统采用地上结构时，边坡变形量不能超过输水管道基础的安全变形量。另外，传统的水电工程边坡往往通过自然山体开挖形成，可以选择相对有利的位置和坡形，而露天矿矿坑边坡作为电站建筑物基础时，则几乎没有选择余地。

综合来看，露天煤矿相比传统煤炭和水电行业，其边坡治理难度要大很多。矿坑边坡稳定性处理的效果将对抽水蓄能电站的安全产生直接的影响，是制约工程成立的主要因素之一。

2. 电站适应性布置

区别于自然山体中的抽水蓄能电站，利用矿坑作为水库的抽水蓄能电站在布置建筑物时需要适应矿坑治理要求。库线、坝线、坝型和水道、厂房等的位置和形式都需要充分适应矿坑地形地质条件和矿坑治理的要求。筑坝料需要利用排土料，库底高程需要和压脚回填高程协调，水道和厂房需要与地质灾害治理协调等。相比常规抽水蓄能电站布置与设计，露天矿坑抽水蓄能电站在进行设计时除了满足行业技术标准要求之外，还须满足矿坑治理的安全和环保要求。

3. 矿坑与抽水蓄能电站的水体控制

大型露天矿坑均存在大量涌水，抽水蓄能电站的水库也需要补水和排水，利用涌水作为水源是应有之义。在存储地下涌水和渗透水时，可采用矿井、地下巷道作为储水空间。废弃矿井原巷道的支护系统只考虑了服务年限内满足矿山安全生产的需要，对于废弃后的再利用，尤其是作为抽水蓄能电站储水空间的长期稳定性并没有考虑。矿坑抽水蓄能电站除了要研究井、巷储水的长期稳定性外，还需要解决库盆防渗与矿坑疏排水协同的问题，水体控制更加复杂，需要按照防渗、排水、放空、储水的多方面要求合理控制水量、水位、水体的空间转换，同时解决在水体转换过程中产生的结构安全、环境安全问题。

五、结合抽水蓄能的新型调水工程

我国地形复杂多样，山区面积广大，引调水工程建设经常洞穿大型山体或山脉群，多数地区地质条件复杂，深埋长隧洞施工技术难度高，导致经济成本偏高，且部分隧洞开挖可能受环保等非技术因素影响难以实施。抽水蓄能电站可适应高落差地形建设条件，与引调水工程长距离深埋隧洞具有较好的互补性。结合抽水蓄能的新型调水工程将抽水蓄能电站与引调水工程协同实施，在流域间建设一系列调蓄水库、不同高程的短距离引水道以及可逆式水泵水轮机组和水轮发电机组，既实现了跨流域调水，又实现了电能的储存利用，是调水与发电储能融合发展的一种创新模式。

（一）工作原理

结合抽水蓄能的新型调水工程通常由提水、引水、发电三部分构成，如图9-5所示。

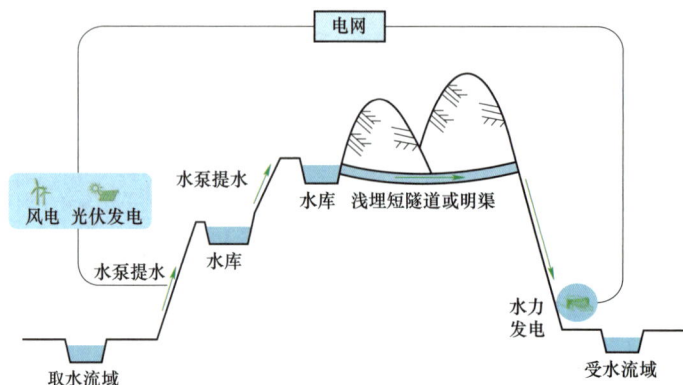

图9-5 结合抽水蓄能的新型调水工程系统构成

提水工程主要包括水泵水轮机等，利用周边新建的风电、光伏发电等新能源电力作为提水电源；引水工程主要包括明渠、管道及隧洞等，将水从取水区输送至受水区；发电工程主要包括水轮发电机组等，利用水体势能发电回收能量。

在丰水期以调水为主，在新能源出力富余时满功率从取水区抽水，利用水库的调蓄功能实现向受水区稳定输水；在枯水期可调水量有限时，在取水区作为常规抽水蓄能电站运行，发挥调峰填谷、储能、调频调相等作用。

结合抽水蓄能的新型调水工程改变了常规调水水流方向由重力决定的特点，也改变了抽水蓄能电站在同一组上、下水库间就地循环的运行方式，既可"就地抽发"也可"异地抽发"，是一种联结"水系统"和"电系统"的综合工程。

（二）发展现状

国外关于抽水蓄能与调水工程结合发展的理论研究和工程实践起步较早，在长距离输水工程中融合抽水蓄能电站的工程案例最早可追溯到 20 世纪 60 年代的美国加州北水南调水利工程。该工程全长 1046 千米，共修建 18 个提水泵站，年耗电量达 13.7 亿千瓦时。工程沿线修建了 9 个水电站，其中 5 个径流式水电站和 4 个抽水蓄能电站，每年可提供电量约 6 亿千瓦时，其中 75% 用于维持调水工程运转。工程修建的 4 座抽水蓄能电站分别为年调节的凯悦抽水蓄能电站、铁马利托抽水蓄能电站及周调节的吉亚尼利抽水蓄能电站、加斯达克抽水蓄能电站。从多年运行情况来看，该调水工程沿途结合调蓄水库修建的抽水蓄能电站和径流式水电站，不仅为调水工程提供了电力保障、降低了工程运行成本，还对加州电力保障起到一定调节作用。

除美国外，澳大利亚也有抽水蓄能与调水工程结合发展的成功经验。澳大利亚东部跨越大分水岭的雪山调水工程包括 7 座水电站、16 座坝、2 座泵站、225 千米输水管道和隧洞及附属设施。7 座水电站总装机容量 374 万千瓦，年发电量 50 亿千瓦时，其中蒂默特三级电站即是抽水蓄能电站，在实现东部湿润多雨地区向西部干旱缺水地区跨流域调水过程中发挥了重要作用。

国内尚未有抽水蓄能与调水工程结合发展的建设工程案例，当前还处于概念、思路、线路方案等研究阶段。

（三）工程特点

结合抽水蓄能的新型调水工程与常规抽水蓄能、引调水工程相比，具有如下特点。

1. 电水协同

通过大规模水库群实现水的稳定配置和电的灵活调节两大功能。抽水蓄能与调水工程结合可通过建设流域间一系列上水库群和下水库群，对来水量的变化以及新能源的出力波动进行调节，同时满足受水区的水量需求和电力系统的储能需求。跨流域大规模调水的距离远、路径长，水库站址的选择多，抽水蓄能电站的调节能力通常可达到年调节甚至多年调节水平，调水工程在优化配置水资源的同时高效利用风光等清洁能源，两者结合实现了水资源系统和能源电力系统的协同优化。

2. 抽发分离

可根据调水和储能需求，分别优化部署抽水端与发电端。可结合地形地貌情况，灵活选择取水点和受水点。抽水端综合考虑取水点的水文特性和新能源资源、出力特性，合理安排抽水蓄能机组；受水端结合用水和用电需求，实现发电机组的高效利用和水资源的有效保障。抽水蓄能机组和发电机组共同决定抽水蓄能与调水工程配合运行的调水、供电调节性能。

3. 运行灵活

以灵活多样的运行方式适应新能源的波动性和水资源的时空不均衡性。抽水端采用可逆式水泵水轮机组，可根据需要采用"就地抽发"和"异地抽发"两种运行方式。

（四）开发要点

抽水蓄能与调水工程结合建设虽然在技术上具有一定可操作性，但在规划布局、工程选址、投资成本、调度运行等方面还有一系列技术问题需要解决。

1. 规划布局方面

抽水蓄能与调水工程结合开发，应基于区域抽水蓄能需求、新能源基地建设规模以及调水工程规划科学合理论证，统筹实施，才能发挥最佳效果。目前，国家层面尚未形成抽水蓄能电站与调水工程协同规划机制。

另外，抽水蓄能和调水工程的建设时序也应相互匹配。同一地区抽水蓄能电站和调水工程的规划水平年可能不同，一般装机容量120万千瓦的抽水蓄能电站建设周期7~9年，调水工程的建设周期受工程规模、地质条件、财政资金等较多因素影响，短至2~3年，长则10年。作为一体化工程建设需要充分做好前期规划设计、政府部门审批和实施主体的协同。

2. 工程选址方面

抽水蓄能与调水工程结合既要满足抽水蓄能电站建设条件，又要结合水资源、供水区需求科学合理选择输水线路，一般优先选择调水工程线路。取水起点应选在靠近水源、水量充沛的地方。调水线路要避让自然风景区、保护区及重大规划区，同时还要考虑新能源和电网布局等条件。确定好调水线路后，在调水工程沿线开展抽水蓄能站址普查，以减少调水工程线路、埋深，提高调水工程经济性为主要原则，确定抽水蓄能工程位置。

3. 投资成本方面

常规调水工程一般为自流线路，在取水区、受水区分别建设一座水库即可满足需求。抽水蓄能与调水工程结合后，由于抽水蓄能电站运行时段、水量与受水区的用水时段、水量均不匹配，需要最后一级抽水蓄站电站末端与受水区之间新建一个调节水库，用以调节水量变化、暂存额外水量。调节水库的库容要根据抽水蓄能电站规模、受水区调水量进行合理优化，否则将增大投资，影响水价。

4. 调度运行方面

抽水蓄能电站的功能任务主要是调峰、调频、调相、储能、事故备用及黑启动等，为电网安全稳定运行提供保障，同时兼顾系统新能源电力消纳。要求抽水蓄能电站运行灵活，具备快速响应电网调度的能力。调水工程主要任务是跨流域或跨区域调水，满足受水区水资源供需平衡，部分水库兼具防洪功能。抽水蓄能与调水工程结合，既要满足调水防洪要求，又要满足保障电网安全稳定运行任务，因此，工程规划设计阶段需要提前研究引调水与电站联合调度方式，最大程度减少相互影响，实现最优化联合调度。

第三节　其他发展模式

> 本节对抽水蓄能其他发展业态进行简要介绍，包括中小型抽水蓄能和海水抽水蓄能。梳理了我国中小型抽水蓄能的开发利用现状，基于以往工程开发运行经验和现阶段对中小型抽水蓄能电站的新认识，总结归纳了中小型抽水蓄能的工程特点，提出"因地制宜、需求导向、经济合理"开发中小型抽水蓄能。海水抽水蓄能以海水作为储能介质，海水腐蚀、海洋生物附着等系列问题决定了海水抽水蓄能具有其技术的特殊性。简述了海水抽水蓄能的工作原理和发展现状，指出了海水抽水蓄能开发需要重点攻克的技术难点。

一、中小型抽水蓄能

中小型抽水蓄能是适应新形势下抽水蓄能发展特点的新概念，目前抽水蓄能领域还没有对中小型抽水蓄能的明确定义，参考《水电工程等级划分及洪水标准》

（NB/T 11012—2022），本书从装机容量、并网等级、服务范围角度对中小型抽水蓄能加以定义，即本书中出现的中小型抽水蓄能是指装机容量30万千瓦以下，接入220千伏及以下电网，为所在地区服务的抽水蓄能电站。

（一）开发利用现状

我国早期中小型抽水蓄能电站多为试验性建设项目，以混合式电站为主，工程多结合已建水利水电工程，通过改、扩建降低单位造价。在当时的系统规模下，中小型抽水蓄能电站发挥了较好的调峰填谷、调频调相、事故备用等功能。随着大范围电力系统互联，已建中小型抽水蓄能电站的功能作用愈发有限。因此，在抽水蓄能电站技术进步和国内工程经验总结的基础上，规模效益明显的大型抽水蓄能电站成为我国发展的主流。

截至2023年底，我国已建中小型抽水蓄能电站装机容量85万千瓦，占已建抽水蓄能电站的比重不足2%。我国已建、在建中小型抽水蓄能电站情况见表9-5。

表9-5　　　　　　我国已建、在建中小型抽水蓄能电站情况 [1]

序号	电站名称	装机容量（万千瓦）	投产年份	所在省（自治区、直辖市）	电站类型
1	河北岗南	1.1	1968	河北	混合式
2	北京密云	2.2	1973	北京	混合式
3	湖南李家垭	0.012	1986	湖南	混合式
4	河北潘家口	27	1992	河北	混合式
5	四川寸塘口	0.2	1993	四川	混合式
6	广东东洛	0.5	1996	广东	混合式
7	西藏羊卓雍湖	9	1997	西藏	混合式
8	浙江溪口	8	1998	浙江	纯抽水蓄能
9	安徽响洪甸	8	2000	安徽	混合式
10	湖北天堂	7	2001	湖北	混合式
11	江苏沙河	10	2002	江苏	纯抽水蓄能
12	河南回龙	12	2006	河南	纯抽水蓄能
13	四川春厂坝	0.5	2022	四川	混合式

[1] 数据来源：于倩倩，杨德权，徐玲君，等.中小型抽水蓄能电站合理发展探讨.水力发电，2021，47（8）：94-98。

我国中小型抽水蓄能电站一般由省级电网调度，其中小型抽水蓄能电站主要承担调峰填谷任务，保障小系统尖峰负荷供应；中型抽水蓄能电站可以发挥一定的调频作用。受装机容量限制，尽管中小型抽水蓄能电站具备一定的辅助服务能力，但在区域和省级电力系统中作用不大。

在《国家发展改革委关于抽水蓄能电站容量电价及有关事项的通知》（发改价格〔2023〕533号）出台以前，国内已建中小型抽水蓄能电站多采用单一电量电价，依靠抽发电量的电费差值获得相应的电量收益，无容量效益和其他辅助服务收入。尽管也有少数中小型抽水蓄能电站执行了两部制电价，但电价实施效果并不明显。表9-6为我国已建中小型抽水蓄能电站运营情况。

表9-6　　　　　　我国已建中小型抽水蓄能电站运营情况 ❶

所属区域电网	电站名称	装机容量（万千瓦）	主要功能	电价机制	运行状态
华北电网	河北潘家口	27	调峰填谷、调频	单一电量	在运
	北京密云	2.2	调峰填谷	单一电量	停运
	河北岗南	1.1	调峰填谷	单一电量	停运
华东电网	江苏沙河	10	调峰填谷	两部制	在运
	安徽响洪甸	8	调峰填谷	两部制	在运
	浙江溪口	8	调峰填谷	单一电量	在运
华中电网	河南回龙	12	调峰填谷	单一电量	在运
	湖北天堂	7	调峰填谷、事故备用	两部制	在运
	湖南李家垭	0.012	调峰填谷	不详	无运行资料
西南电网	西藏羊卓雍湖	9	调相	单一电量	在运
	四川春厂坝	0.5	调峰填谷	单一电量	在运
	四川寸塘口	0.2	调峰填谷	不详	停运
南方电网	广东东洛	0.5	调峰填谷	不详	无运行资料

为保证收益，中小型抽水蓄能电站更倾向于采用增加抽水发电利用小时数的运行方式，以分摊成本、创造利润。但由于缺乏合理的调度方式，部分采用早期国产机组的电站，机组故障率较高，维修次数多，电站亏损较严重。

---

❶ 数据来源：于倩倩，杨德权，徐玲君，等. 中小型抽水蓄能电站合理发展探讨. 水力发电，2021，47（8）：94-98。

（二）工程特点

对比大型抽水蓄能电站以及其他调峰电源和储能设施，中小型抽水蓄能主要有以下特点：

1. 站点资源丰富

大型抽水蓄能电站选址要受地理条件、地形地质条件、生态红线等因素制约，选址相对苛刻，且随着大规模开发，优质的大型抽水蓄能电站站点越来越稀缺。而中小型抽水蓄能建设规模相对较小，对调节库容、水头等要求不高，选址相对容易。因此，其站点资源数量非常可观，且资源分布范围较大型抽水蓄能电站更广泛，呈现"点多面广"的特点。

2. 布局灵活

中小型抽水蓄能对水源和地形地质条件适应性好，因此可接近负荷中心布置，缩短线路走廊布局，减少输电损失和送出工程投资。

3. 建设形式多样

中小型抽水蓄能的建设模式较多，除独立新建外，可利用已建小水库或流域梯级作为上、下水库，或者结合已建水电站建设混合式电站。

4. 建设周期短

大型抽水蓄能电站从预可研开始到建成投产一般需要6~8年时间，而中小型抽水蓄能由于建设规模小，水工建筑物等级低，枢纽布置简单，从预可行性研究开始到建成投产仅需2~4年时间，可尽早发挥效益。另外，对于结合已建项目建设的中小型抽水蓄能，由于减少了坝体、交通工程等施工，其建设周期还会再短一些。

5. 环境、社会影响较小

中小型抽水蓄能容易避开环境敏感制约因素，整体环境影响小。建设征地和移民安置总量小，尤其是利用已建项目建设的中小型抽水蓄能，可减少水库淹没、移民和施工影响，降低电站建设对生态社会环境的影响。

6. 单位千瓦投资高

尽管中小型抽水蓄能多结合已建项目建设，但由于其前期工作和经济性评估不深以及装机容量小规模效益不显著，致使其单位千瓦投资普遍较高。从现有资料看，已建、在建中小型抽水蓄能电站的单位千瓦投资均高于同区域、同时期、同价格水平的大型抽水蓄能电站，略好于现阶段同等规模的化学储能、物理储能等其他新型储能方式。

大型抽水蓄能电站与中小型抽水蓄能电站建设条件对比见表9–7。

表9–7　　　　大型抽水蓄能电站与中小型抽水蓄能电站建设条件对比

建设条件	大型抽水蓄能电站	中小型抽水蓄能电站
选址	选址要求高、难度大	选址灵活
装机容量	≥ 30 万千瓦	< 30 万千瓦
水头	一般 300 米以上	一般 300 米以下
调节库容	一般 500 万米^3 以上	一般 500 万米^3 以下
满发利用时长	4 ~ 6 小时	4 ~ 6 小时
环境影响评价	容易涉及生态红线	一般不允许涉及生态红线
征地移民	涉及征地移民范围大	涉及征地移民范围小
工期	6 ~ 8 年	2 ~ 4 年
单位千瓦投资	总投资大，单位千瓦投资一般在 5000 ~ 7000 元 / 千瓦	总投资小，单位千瓦投资一般在 8000 元 / 千瓦以上
接入电压等级	多为 500 千伏	220 千伏及以下
功能	调峰、调频、调相、储能、事故备用、黑启动等综合效用	调峰、调频、储能等功能

（三）应用场景

由于前期工作广度与深度不足，我国中小型抽水蓄能当前总体经济性较差，暂不具备全面铺开大规模开发的条件。在"因地制宜、需求导向、经济合理"的条件下，中小型抽水蓄能主要应用于以下场景：

接入 220 千伏及以下电网，作为地区性调节电站，适应电网分层分区运行需求。在地方电网负荷中心适当布局中小型抽水蓄能，便于更好地发挥快速响应能力，满足局部电网的储能调峰需求，适应电网分层分区运行需要，节约线路走廊和投资，降低电网电力潮流负担。尤其是对于线路走廊开辟困难地区、与主网连接较弱的边缘地区以及独立地方电网，中小型抽水蓄能可在保障用电安全、提高供电质量方面发挥重要作用。

与分布式新能源互补运行。中小型抽水蓄能较大型抽水蓄能电站建设周期短、投资见效快；较同等规模的其他储能成本低、可靠性高。对于可再生能源发展迅猛,调峰电源和系统事故备用相对缺乏,需要配置大量储能的电网而言,可以中小型抽水蓄能为核心,联合周围小水电以及风电、光伏发电等分布式新能源组成可调节的区域供电网,实现分布式新能源就地消纳,解决供电质量差、可靠性低等问题。

二、海水抽水蓄能

海水抽水蓄能电站是以海水为介质的一种新型抽水蓄能电站。它一般利用海洋作为下水库,并在地理位置和地形合理的海岸山地上或海岛上修建上水库,具有占地面积小、水源充足等优点。

(一)工作原理

在海边的高地上设置水库作为海水抽水蓄能电站的上水库,利用海洋作为电站的下水库。在抽水工况时,电能驱动水泵水轮机组将海水抽至上水库,将电能转换为海水的势能;在发电工况时,海水通过水泵水轮机组从上水库排至海洋,将海水的势能转化为电能。图9-6所示为海水抽水蓄能电站示意图。

海水抽水蓄能电站主要有以下两点优势:一是不需要专门建设下水库,减少了水库工程费用;二是可以建在向沿海经济发达地区供电的大型电源点(如火电站、核电站)附近,也可以建在负荷中心周边的海边,降低了输电成本。

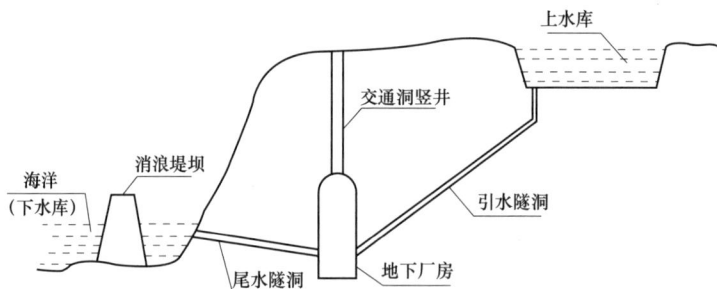

图9-6 海水抽水蓄能电站示意图

(二)发展现状

目前,国际上开展海水抽水蓄能电站的研究和工程数量还不多,但海岛资源丰富的国家对海水抽水蓄能技术表现出浓厚的兴趣并开展了初步研究。作为陆地资源开发与运用上限较低，但海洋资源丰富的国家，日本从 20 世纪 80 年代就开始对海水抽水蓄能电站相关技术的研究试验，并于 1999 年建成了世界上第一座也是目前唯一一座海水抽水蓄能试验性电站——冲绳海水抽水蓄能电站。日本建设冲绳抽水蓄能电站的主要目的是通过对海水抽水蓄能从规划、设计、建设、运行、维护、保养进行一系列考察、研究，综合验证海水抽水蓄能技术的安全性、可靠性和稳定性，以及对自然环境因素的影响性，进而使海水抽水蓄能达到与淡水抽水蓄能有同等的可靠性、经济性，为其最终实现商业运行创造条件。冲绳抽水蓄能电站最大水头 152 米，最大流量 26.0 米^3/秒，安装 1 台额定容量 3 万千瓦的可变速抽水蓄能机组。上水库蓄水池离海岸大约 600 米，是一个深 25 米、宽 251.5 米、周长 848 米的八角形水池，有效落差 136 米，有效蓄水量 56.4 万米^3。压力钢管、厂房和尾水管均为地下布置，地下厂房深约 150 米、宽 16.4 米、高 32.3 米、长 40.4 米。发电工况从上水库蓄水池取水，海水经压力钢管进入水泵水轮机后流入太平洋，满负荷可运行 6 小时。抽水工况将太平洋中水沿原路抽到上水库蓄水池，上水库蓄水池从死水位到满水位机组满负荷运行需 8 小时。冲绳海水抽水蓄能电站断面图如图 9-7 所示。

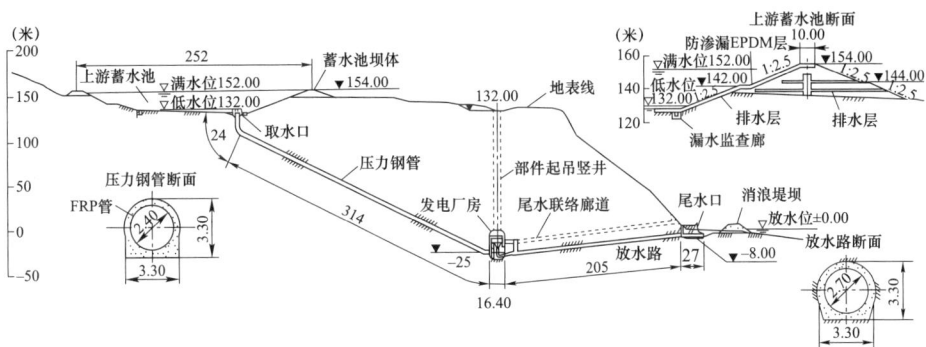

图 9-7 冲绳海水抽水蓄能电站断面图

从 1999 年真机试验投运开始到 2004 年真机运行试验结束，5 年间冲绳海水抽水蓄能设备平均利用率达 12.2%。2004 年，冲绳海水抽水蓄能电站投资方日本电源开发株式会社与当地电网公司冲绳电力株式会社达成 10 年投入商业运行试验协议，进一步对海水抽水蓄能紧急应对能力验证及机组运行状况进行数据收集和研究。至 2016 年，冲绳海水抽水蓄能电站在真机试验完成及其相关的数据收集已达目的基础上，冲绳电力株式会社提出冲绳海水抽水蓄能机组对系统影响小，而运营费用相对较高，商业运行价值甚微，终止了商业运行协议。日本电源开发株式会社决定将冲绳海水抽水蓄能发电站撤除，计划将相关的设备移到别处再利用。通过冲绳海水抽水蓄能电站，日本积累了大量海水抽水蓄能电站建设和运行相关经验，已具备建设更大规模的商业化海水抽水蓄能电站的技术水平。

近年来，随着可再生能源的大量开发和利用以及沿海发达地区和海岛经济发展需要，世界各国不同程度加大了对海水抽水蓄能电站的相关研究。印度尼西亚提出了 East Java 海水抽水蓄能电站方案，相关部门就工程造价、经济与环境分析、社会影响分析等进行前期论证工作，并邀请了日本相关公司做技术论证；爱尔兰对其西北部区域进行了海水抽水蓄能的前期研究，主要为了配合该地区的风电及潮汐能发电；苏格兰对其东北部区域进行了海水抽水蓄能选址研究，并初步对两个站址进行比选；葡萄牙正研究在圣米格尔岛建设海水抽水蓄能电站，并分析其与可再生能源联合运行的模式；希腊对海水抽水蓄能电站前期设计进行研究，提出了海水抽水蓄能选址的合理地形参数；智利开展了北部 EDT 海水抽水蓄能与太阳能联合电站研究。此外，美国、日本和爱沙尼亚对地下式海水抽水蓄能电站建造的可行性进行了初步探索。

我国海水抽水蓄能起步较晚，近年来相关科研、设计单位及机组厂家正积极参与海水抽水蓄能技术的相关课题和关键技术的研究工作。水电水利规划设计总院 2013 年组织相关单位开展了沿海地区海水蓄能开发潜力的评价工作，于 2015 年受国家能源局委托牵头组织开展了海水抽水蓄能电站资源普查工作，共确定了 238 个站点。在普查站点的基础上，重点考察了各站点的工程地形、工程布置、交通运输等工程建设条件以及开发价值，最终确定了 8 个示范工程站点，并对各示范站点在技术可行性和经济合理性上做了评估。

为持续推动抽水蓄能技术创新，支撑能源结构清洁化转型和能源消费革命，从基础研究、重大共性关键技术研究到典型应用示范全链条布局，实现抽水蓄能关键装备国产化，2017 年，国家重点研发计划"海水抽水蓄能电站前瞻技术研究"通过立项，选择了珠海万山岛作为代表性站点，以对海水抽水蓄能电站前瞻设计的共性关键问题开展深入研究与实证。在原站点普查基础上，对广东万山岛海水抽水蓄能电站设计参数进行深化，基本参数如表 9-8 所示。截至目前，国内围绕广东万山岛海水抽水蓄能电站开展了大量卓有成效的工作，取得了一批丰富的成果。

表 9-8　　　　　　　　　广东万山岛海水抽水蓄能电站基本参数表 ❶

项目	参数	项目	参数
装机规模（万千瓦）	2×1	最小毛水头（米）	99.90
上水库正常蓄水位（米）	120.40	最大净水头（米）	120.39
上水库库容（万米³）	46.12	最小净水头（米）	99.79
上水库死水位（米）	100.00	最大扬程（米）	120.45
上水库死库容（万米³）	1.91	最小扬程（米）	99.94
上水库调节库容（万米³）	44.21	最大扬程/最小净水头	1.207
上水库消落深度（米）	20.40	平均毛水头（米）	113.93
最大毛水头（米）	120.39	连续满发小时数（小时）	6.0

（三）关键技术分析

1. 库盆防渗技术

海水的强腐蚀性对大坝及库盆防渗的选材提出了更高要求；大坝布置及防渗结构须考虑生物附着问题及可检修性，避免因生物附着降低系统的整体效率；库盆及大坝防渗结构上要求实现更严格的防渗效果，避免因上水库海水渗漏污染地下水及周边动植物生长环境。

2. 防海水飞散

由于海水抽水蓄能电站站址多处在热带风暴的活动范围，易受风暴潮及台风等的侵袭，致使上水库海水飞散到周边，破坏陆生生态系统。需要针对上水库在台风作用下的波浪特征，开展库水壅高计算方法研究，确定坝顶高程的设计原则以指导工程设计。

3. 输水系统特殊设计

由于以海水作为工作介质，海水抽水蓄能电站输水系统的布置方案与常规抽水蓄能电站存在显著差异。输水系统在压力管道的布置上必须考虑防海生物附着问题及可检修性，避免因海生物附着降低系统的整体效率 ❷；输水系统压力管道的结构上要求实现更严格的防渗效果，防止因隧洞内海水外渗带来的地下水环境污染问

❶ 数据来源：滕军，吴新平，吴林波，等. 海水抽水蓄能电站设计关键技术问题研讨. 中国农村水利水电，2022，1：159-162。
❷ 以藤壶为例，藤壶在流速5米/秒以下时就会产生附着，在流速1~2米/秒时最容易附着。

题，要求采用不透水衬砌。另外，对于海岛型抽水蓄能电站，考虑离岸海岛淡水及天然建材等资源匮乏，输水系统压力管道以及进/出水口结构形式的设计理念应适应特殊的施工条件。

4. 尾水围护

下水库具有相对稳定、安全的进/出流条件是保障抽水蓄能电站安全稳定运行的基础条件。对于以海洋作为下水库的海水抽水蓄能电站，受外海潮汐、波浪等的影响，下水库水体波动较大，难以满足电站机组取水平稳和安全稳定运行的要求，因此需对下水库进/出流区域进行适当的围护。海水抽水蓄能电站尾水围护结构主要起到以下作用：①在满足进流要求的同时具备足够的消波、防浪功能，即满足尾水围护区内水面波高限值要求。②防漂浮物、防泥沙。③保证围护结构包络区域有适宜的水深、范围与形状，以满足取水进流、排水出流消能要求，同时也满足外形结构稳定性要求。④尽量减少附加水头损失及满足典型海生物保护、通航等要求。

5. 海洋环境下机组的运行稳定性

水泵水轮机在海洋环境下运行，将受到台风、潮汐、洋流等多因素产生的波浪影响。海洋的波浪扰动对于机组的稳定运行带来挑战，虽然尾水围护可削减部分的波浪扰动，但尾水位变动可能造成有效落差改变使机组运行范围波动。为改善机组运行环境，减轻系统波动，采用频率能自动调节，运行范围更广的可变速抽水蓄能机组是必要的。另外，为消除上述不利因素对机组运行的影响，还需事前监测潮位的变动范围，在水力设计、模型试验实施基础上，在高波浪时尾水口选择合适的水深确保尾水水位。

6. 机组过流部件及海水管路系统的防护设计

海水抽水蓄能电站的水泵水轮机过流部件、水力机械辅助系统在海水环境下运行，容易发生腐蚀，影响设备的安全、稳定、高效运行；海水中的海生物容易附着在金属结构表面，影响过流部分、管路系统的过流条件。过流部件及管路系统的防腐、防污是海水抽水蓄能电站需要解决的关键技术问题。

海水管路系统的特点是用材主要为金属材料、结构复杂精密、管路数量众多，腐蚀与污损对辅助系统的危害非常大。必须制定合适的防护方案应对不同的腐蚀与污损风险。

7. 含盐高湿环境下厂房通风空调设计

海水抽水蓄能电站环境中空气盐雾含量高于陆地，大气环境具有含盐高湿的特点。电站厂房通风散热需要把大量的含盐高温高湿空气送入厂房，会加速室内设备的腐蚀，因此厂房环境除控制温湿度外，还应采取必要的措施控制盐雾含量。通风设计关系到电站运行状态和寿命，分析和设计符合海洋环境的通风空调系统是海水抽水蓄能电站建设的一项重要任务。

第四节　抽水蓄能发展展望

本节从发展机遇、发展需求方面论述抽水蓄能在推动新型电力系统构建、推进能源低碳清洁转型、助力实现"双碳"目标方面的不可替代性。从抽水蓄能开发、运行、技术革新、电价政策多个角度对未来抽水蓄能发展情况进行系统展望。

一、发展机遇

目前，我国正处在实现中华民族伟大复兴的关键时期，世界百年未有之大变局加速演进，全球新一轮能源革命和科技革命深度演变、方兴未艾，大力发展可再生能源已成为全球能源转型和应对气候变化的重大战略方向和一致宏大行动。

实现"双碳"目标，构建以新能源为主体的新型电力系统，加快规划建设新型能源体系是党中央、国务院作出的重大决策部署。当前，我国正处于落实"双碳"目标和能源绿色低碳转型发展的关键时期，加快建设新型能源体系和新型电力系统，推动风电、光伏等新能源大规模高比例发展，使得发展抽水蓄能等调节性电源的需求更加迫切。结合我国能源资源禀赋条件等，抽水蓄能电站是当前及未来一段时期满足电力系统调节及储能需求的关键方式，对保障电力系统安全、促进新能源大规模发展和消纳利用具有重要作用。

二、发展需求

从装机比重来看，我国抽水蓄能发展水平明显偏低。截至2024年11月底，我国抽水蓄能发电装机仅占1.77%，而有关研究机构预计到2030年这一数据至少应达到3%才能满足建设新型电力系统所需。事实上，全国可再生能源装机规模正不断实现新突破，截至2024年9月底，全国可再生能源装机容量达到17.3亿千瓦，同比增长25%，约占我国总装机容量的54.7%。其中，风电和光伏发电之和突破12.5亿千瓦，而抽水蓄能装机规模仅为风光装机规模的4.45%。随着新能源的大规模发展，电力系统对抽水蓄能的装机需求持续增长。同时，随着我国经济社会快速发展，产业结构不断优化，人民生活水平逐步提高，电力负荷持续增长，新型电力系统峰谷差逐步加大，对系统灵活调节资源的需求也将进一步加大。在电源侧和负荷侧对抽水蓄能需求不断变化的背景下，在现代能源体系中抽水蓄能既是服务大规模新能源开发的大容量"储能仓库"，也是提高新型电力系统灵活性的"调节资源"，还是保障新型电力系统安全运行的"最后一根火柴"，在储电、稳电、调电、保电各个方面发挥重要作用。

三、发展展望

未来，为构建清洁低碳、安全高效的新型能源体系，风电、光伏发电等新能源大规模高比例发展，电源转型路径整体呈现出清洁化发展的态势。面向新的发展阶段，抽水蓄能的发展定位、发展理念、发展模式将会不断涌现，新定位、新理念、新模式相互融合形成抽水蓄能发展的新格局。

抽水蓄能灵活调节能力作用发挥更为充分。抽水蓄能是新型电力系统的关键支撑，抽水蓄能从传统电力系统发展的中"奢侈调节资源"转变为新型电力系统发展中的"必要调节资源"，抽水蓄能在相关技术的发展下，具备机组启停迅速、运行方式灵活、负荷跟踪能力强等特点，未来在提升常规电源开发利用效率、高效消纳新能源、支撑系统动态平衡、保证系统低碳经济、促进分布式发电有效并网、提高供电质量等方面将发挥更加重要的作用。

抽水蓄能经济和社会价值属性更加丰厚。抽水蓄能发挥的功能将由传统"保障电网安全稳定运行"的电力系统功能向能源电力、经济社会多领域综合效益发挥

转变。抽水蓄能电站将在规模化拉动经济发展和促进乡村振兴等方面发挥重要作用，进一步发挥其经济、社会价值。

抽水蓄能生态环境和绿色发展更加和谐。抽水蓄能行业将贯彻新理念，总结新模式，引进新技术，聚焦全过程，统筹推进抽水蓄能高质量发展与生态环境高水平保护。按照"制度引领、一站一案、突出特色、创新驱动、示范引领"的原则，提升抽水蓄能电站生态环境标准化管理水平。立足新科技，探索抽水蓄能电站生态环境数字化管控措施，研发利用多种生态修复新技术。统筹新发展，融入生态旅游、文化康养等新业态，最大程度赋能抽水蓄能生态潜能。

抽水蓄能工程科技创新发展更加卓越。抽水蓄能在规划建设层面将更加注重合理布局和科学发展规模，站址规划将综合考虑电力系统功能需求和电站自身建设条件来科学确定主要动能参数，工程设计将更加关注抽水蓄能＋综合利用/治理等关键技术研究，施工技术将迈入"少人化、机械化、标准化、智能化"新时代，机电设备将在适应新型电力系统需求等方向开展技术攻关，拉动并提升我国抽水蓄能设备的研发能力和制造水平。

抽水蓄能开发建设管理水平更加优异。抽水蓄能工程建设将更加强化项目可研、设计、施工全过程衔接，加强各专业协同，抓好重大技术问题会商，可研阶段即明确工程主要技术方案和工程建设要求，控制、减少建设实施阶段的工程变更。强化产业链协同发力，加大设计、施工、装备技术创新，统筹安全、质量、进度、造价等方面建设管理目标，推动形成更强大的工程建设能力，推进抽水蓄能建设水平持续提升。

抽水蓄能生产管理体系运转更加高效。积极应对电力系统"双高"特征以及新能源大发与用电负荷季节性错配、时段性错配特性，支撑电网安全稳定高效运行。进一步提升抽水蓄能"午储晚发""调相调压"等调节作用，强化机组调相能力提升。建成成熟完善的状态检修机制，建设智能化状态评价平台，开展基于可靠性指标的 RCM 评估，制定检修策略库，形成科学、完善、先进的状态检修体系的工作体系，进一步提高机组可用率水平。

抽水蓄能数字化智能化特点更加鲜明。推动抽水蓄能电站全过程贯彻数字化建设的思想和理念，实现电站全过程"一张图"，实体工程转变为数字工程、机电设备升级为智能设备，电站具有高可靠性运行、智能状态监测与诊断、源网荷储通过数字化手段协调联动鲜明特征，抽水蓄能电站向智能化、智慧化方向发展。

　　抽水蓄能市场化价格机制更加完善。采用市场化价格引导方式实现抽水蓄能资源优化配置，通过价格信号和市场机制引导抽水蓄能产业健康发展，激励抽水蓄能技术进步，优化系统调节资源配置，降低系统成本。采用试点先行，分阶段、分类型的方式逐步推进抽水蓄能电站进入市场。推动完善电力市场机制，充分发挥抽水蓄能电站功能价值。探索抽水蓄能电站获得 CCER 等方式，建立绿色价值收益激励机制，体现我国抽水蓄能电站的绿色价值。

　　抽水蓄能多维度发展模式更为广阔。从管理模式看，抽水蓄能由原来国家通过选点控制开发规模，到现在高频次出台促进抽水蓄能高质量发展的相关政策机制，推动抽水蓄能开发项目、滚动调整、加快实施，管理更加高效灵活。从投资模式看，随着市场价格机制的完善，未来更多的投资主体将进入抽水蓄能电站投资建设中，基本形成央企、国企、民企等共同参与、共同建设的多元化局面。从开发模式看，抽水蓄能电站开发更多结合流域一体化基地、"沙戈荒"新能源基地开发等，作为流域水电调节能力的重要组成参与构建流域可再生能源一体化基地，并探索与以沙漠、戈壁、荒漠地区为重点的大型风电光伏基地联营模式。"抽水蓄能 +"的联合开发模式也将成为人类未来能源领域的重要解决方案。

参考文献

［1］ 水电水利规划设计总院.抽水蓄能产业发展报告2022［M］.北京:中国水利水电出版社,2023.

［2］ 中国电建集团北京勘测设计研究院有限公司.抽水蓄能电站工程技术［M］.2版.北京:中国电力出版社,2023.

［3］ 中国水电顾问集团华东勘测设计研究院.抽水蓄能电站设计［M］.北京:中国电力出版社,2012.

［4］ 华丕龙.抽水蓄能电站建设发展历程及前景展望［J］.内蒙古电力技术,2019,37(6):5－9.

［5］ 晏志勇,翟国寿.我国抽水蓄能电站发展历程及前景展望［J］.水力发电,2004(12):73－76.

［6］ 靳亚东,唐修波,赵杰君,等.我国抽水蓄能电站的现状及发展前景分析［C］//中国水力发电工程学会电网调峰与抽水蓄能专业委员会.抽水蓄能电站工程建设文集2019.北京:中国电力出版社,2019:11－15.

［7］ 张姝.我国抽水蓄能电站发展对策研究［D］.哈尔滨:哈尔滨工业大学,2008.

［8］ 陶凤玲.中日抽水蓄能电站发展的对比分析［J］.青海大学学报(自然科学版),2004(4):23－25.

［9］ 翟国寿.我国抽水蓄能电站建设现状及前景展望［J］.电力设备,2006(10):97－100.

［10］ 胡锐.我国抽水蓄能电站管理体制改革研究［D］.武汉:武汉大学,2005.

［11］ 肖达强,黎舒婷,舒康安,等.我国抽水蓄能电站的管理体制和运营模式探讨［J］.电器与能效管理技术,2016(14):79－84.

［12］ 张智刚,康重庆.碳中和目标下构建新型电力系统的挑战与展望［J］.中国电机工程学报,2022,2806－2818.

［13］ 舒印彪,陈国平,贺静波,等.构建以新能源为主体的新型电力系统框架研究［J］.中国工程科学,2021,23(6):61－69.

［14］ 中关村储能产业技术联盟.储能产业研究白皮书2023［R］.2023.

［15］ 全球能源互联网发展合作组织.大规模储能技术发展路线图［R］.2020.

［16］ 陈海生,李泓,马文涛,等.2021 年中国储能技术研究进展［J］.储能科学与技术, 2022,11（3）:1052 – 1076.

［17］ 韩冬,赵增海,严秉忠,等.2021 年中国抽水蓄能发展现状与展望［J］.水力发电, 2022,48（5）:1 – 4.

［18］ 张婷.高质高效推进抽水蓄能开发——访国家电网有限公司抽水蓄能和新能源 事业部主任刘永奇［J］.国家电网,2022（6）:26–29.

［19］ 傅睿,王斌斌,俞芸.生态文明下的美丽抽水蓄能电站环境设计研究与实践［M］. 北京:中国水利水电出版社,2023.

［20］ 郝荣国,吕明治,王可.抽水蓄能电站工程技术［M］.2 版.北京:中国电力出版社, 2023.

［21］ 包中坚,宁昭印.梅州抽水蓄能电站机电安装进度管理［J］.水电站机电技术, 2022,45（11）:19–21.

［22］ 王海波,张忠桀.抽水蓄能电站工程建设安全管理要点［M］.北京:中国水利水电 出版社,2022.

［23］ 刘洪,左勇志,陈鸣飞,等.工程建设全过程风险防控实务［M］.北京:中国建筑工 业出版社,2017.

［24］ 周尚洁.水电站造价管理工作回顾与思考［J］.水力发电,2004（12）:91–94,98.

［25］ 余贤华,王卿然,栾凤奎,等.抽水蓄能电站项目前期管理培训教材前期工作管理 ［M］.北京:中国电力出版社,2020.

［26］ 孙启星,尤培培,李成仁,等.适应中国现行电力市场环境下的容量市场机制设计 ［J］.中国电力,2022,55（8）:196 – 201.

［27］ 刘思佳.电力现货交易,价格机制如何选?［J］.能源评论,2018（9）:3.

［28］ 唐瑱,高苏杰,郑爱民.国外抽水蓄能电站的运营模式和电价机制［J］.中国电力, 2007（9）:15 – 18.

［29］ 程晓春,张辰达.我国绿电交易的问题挑战及前景展望［J］.中国电力企业管理, 2023（16）:70 – 72.

［30］ 王科,吕晨.中国碳市场建设成效与展望（2024）［J/OL］.北京理工大学学报（社 会科学版）:1 – 15［2024 – 03 – 03］.

［31］ 刘锦涛.温室气体自愿减排交易重启,低碳减排进入快车道［J］.金融博览,2024 （1）:14 – 15.

［32］ 水电水利规划设计总院,中国水力发电工程学会抽水蓄能行业分会.抽水蓄能产 业发展报告 2021［M］.北京:中国水利水电出版社,2022.

［33］ 水电水利规划设计总院,中国水力发电工程学会抽水蓄能行业分会.抽水蓄能产

业发展报告 2022［M］.北京:中国水利水电出版社,2023.

［34］王轶辰.水风光一体化开发探新路［N］.经济日报,2023 – 05 – 31(6).

［35］陈宏宇,陈同法,秦晓宇,等.混合式抽水蓄能电站选点条件分析[J].水电与抽水蓄能,2017,3(4):28 – 31.

［36］卢兆辉,张盛勇,张正平.联合运行式抽水蓄能电站的建设运行现状及发展思考[J].水电与抽水蓄能,2022,8(6):8 – 14.

［37］宗万波,赵良英.泛谈混合式抽水蓄能电站[J].红水河,2023,42(5):93 – 97.

［38］高苏杰,栾凤奎,董闯,等.陕甘青宁电网混合式抽水蓄能电站建设必要性[J].水电与抽水蓄能,2017,3(4):12 – 18.

［39］潘雪,赵添辰,李凯玮,等.我国混合式抽水蓄能电站开发优势及制约[J].水电与抽水蓄能,2023,9(6):108 – 114.

［40］贾承宇,王驰中,陈衡,等.基于多类型储能的新型综合能源技术路线研究[J].能源科技,2023,21(1):62 – 66.

［41］马实一,周泊宇.抽水蓄能与储能协同配置 助力新型电力系统构建[N].国家电网报,2021 – 10 – 26(8).

［42］孟祥飞,庞秀岚,崇锋,等.电化学储能在电网中的应用分析及展望[J].储能科学与技术,2019,8(S1):38 – 42.

［43］李璟延.多能耦合协同的新一代抽水蓄能电站[J].水电与抽水蓄能,2019,5(5):7 – 11.

［44］李丽旻.国家能源局:新型储能成为经济发展"新动能"[N].中国能源报,2024 – 01 – 29(2).

［45］刘笑驰,梅生伟,丁若晨,等.压缩空气储能工程现状、发展趋势及应用展望[J].电力自动化设备,2023,43(10):38 – 47.

［46］刘泽洪.新型抽水蓄能与西部调水[M].北京:中国电力出版社,2023.

［47］皮钧,熊雁晖.加利福尼亚调水工程对我国调水工程的启示[J].南水北调与水利科技,2004,2(4):50 – 52.

［48］于倩倩,杨德权,徐玲君,等.中小型抽水蓄能电站合理发展探讨[J].水力发电,2021,47(8):94 – 98.

［49］苏南.中小型抽蓄项目建设箭在弦上[N].中国能源报,2022 – 07 – 04(5).

［50］钱钢粮.我国海水抽水蓄能电站站点资源综述[J].水电与抽水蓄能,2017,3(5):1 – 6.

［51］滕军,吴新平,吴林波,等.海水抽水蓄能电站设计关键技术问题研讨[J].中国农村水利水电,2022(1):159 – 162.

［52］张皓天,吴世东,芮德繁.我国海水抽水蓄能电站示范项目选择及开发研究[J].

水电与抽水蓄能,2017,3(5):7-10.

[53] 张旭,张鹏,陈昕.海水抽水蓄能电站发展及应用[J].水电站机电技术.2019,42(6):66-70.

[54] 熊伟平,郑觉平,吴金水.冲绳海水抽水蓄能电站概况、技术特点及借鉴[J].水电与抽水蓄能,2018,4(6):56-66.

[55] 丁仲礼,张涛,等.碳中和:逻辑体系与技术需求[M].北京:科学出版社,2022.

内容索引

D

E

F